我国大学数学课程建设与教学改革六十年

我国大学数学课程建设与教学改革六十年课题组

高等教育出版社·北京

内容简介

自1949年10月1日新中国成立到现在，我国大学数学课程建设与教学改革已有六十多年的历史。在半个多世纪的改革与发展历程中，既有顺利发展的时期，也经历过不少曲折，走过不少弯路；既取得了丰硕的成果，也有一些经验教训。与我国整个高等教育的改革与发展历程类似，大学数学课程的改革与发展不但受到科学技术发展的影响，而且与我国不同时期的政治与经济形势紧密相关。本书就是将六十多年我国大学（本科）数学课程的改革与发展，按照我国政治经济发展的不同时期，大致划分为八个阶段进行总结。全书包括六十年的历史回顾（包括每个阶段的形势与背景、重大建设与改革事件、简要评述），六十年的建设与改革成果、经验教训和对今后工作的建议，并将很多珍贵历史资料收集在附录中。

图书在版编目（CIP）数据

我国大学数学课程建设与教学改革六十年/我国大学数学课程建设与教学改革六十年课题组编.--北京：高等教育出版社，2015.5

ISBN 978-7-04-042134-7

Ⅰ.①我… Ⅱ.①我… Ⅲ.①高等数学-教学研究-高等学校 Ⅳ.①O13-42

中国版本图书馆CIP数据核字(2015)第040820号

策划编辑 蒋 青　责任编辑 蒋 青　封面设计 赵 阳　版式设计 范晓红
插图绘制 宗小梅　责任校对 刘娟娟　责任印制 韩 刚

出版发行 高等教育出版社
社　　址 北京市西城区德外大街4号
邮政编码 100120
印　　刷 北京汇林印务有限公司
开　　本 787mm×1092mm 1/16
印　　张 23.25
字　　数 450千字
购书热线 010-58581118
咨询电话 400-810-0598
网　　址 http://www.hep.edu.cn
　　　　 http://www.hep.com.cn
网上订购 http://www.landraco.com
　　　　 http://www.landraco.com.cn
版　　次 2015年5月第1版
印　　次 2015年5月第1次印刷
定　　价 30.00元

物 料 号 42134-00

序

“数学教学改革已有悠远的历史。远的不说，新中国成立以来差不多一直在进行教学改革，一部新中国的数学教育历史可以说就是一部新中国的数学教学改革史。这个改革规模大、时间跨度长，并经过了多次大大小小的反复，是一个宏大的社会实践活动。其经验与教训，其成功与失败，是一笔巨大的财富，是我们在中国这个土地上深入进行数学教学改革的历史积淀和重要借鉴。正因为如此，对这一段丰富的历史值得认真总结，努力找出规律性的东西，并使年轻一代的教师知道过去这一段历史，更自觉地投身于数学教学改革，避免重复以往已经犯过的那些错误。遗憾的是，现在很多搞数学教育研究的同志，一味地从国外引进各式各样的教育流派及思想，以至各种各样的新名词、新概念充斥市场，使人不得要领，无所措手足，却很少有人认真总结一下我们过去走过的道路、所亲身经历的那一段历史。

对过去的历史，对过去的经验教训，采取虚无主义的态度，没有好好总结，没有认真对待，实际上已造成严重的后果，影响了数学教学改革的进程。因为没有重视历史的经验，就很容易重复以往的错误，甚至可能将过去已被证明是行不通或错误的东西当成时髦的教改举措提出来，在新的形势下重犯过去的错误。因为没有借鉴历史的经验，我们所进行的数学教学改革很可能就变成一个瞎折腾，而成为一个永无收敛希望的振荡迭代序列，大好的时间和精力就这样白白浪费掉了。现在，趁着一批曾经亲身参加新中国教学改革实践的同志们还在，有必要强调抓紧总结我们丰富的历史经验，把它们真正变成我们的财富。‘历史的经验值得注意’。希望大家重视总结我们自己的历史经验，并认真分析梳理，找出有规律性的东西，在这方面做出自己的贡献。更希望从事数学教育与数学史研究的同志们，认真研究新中国成立以来数学教学改革的历史，认真查阅和收集资料，采访有关人员，从中找出经验教训，写出切实有分量的文章及著作来，以指导我们的数学教学改革工作。这是一个丰富的宝藏，是一个大有可为的事业，不要捧着金饭碗讨饭，一味只知道从国外搬弄一些什么东西进来，而要立足在中国的土地上，抓住这一富有我国特色的研究，为数学教学改革做一些真正有意义的基础性工作。这样做，是功德无量的，希望我们大家共同努力。”

上面的这两段话，是我在2009年大学数学课程报告论坛上发言的一部分，并曾以“关于高校数学教学改革的一些宏观思考”为题发表于《中国大学教学》2010年第1期上。时隔近五年，我十分高兴地看到，《我国大学数学课程建设与教学改革六十年》这本书针对为非数学专业学生所开设的“大学数学”、特别是“工科数学"课程教学改革六十多年的历史,进行了认真梳理和总结。这一梳理和总结不是将有关学科关起门来孤立进行的,由于我国的教学改革不但受到科学技术发展的影响,而且一直与不同时期的国家政治经济形势紧密相关,本书特意将六十多年的历史划分为八个阶段,并在每个阶段陈述了相关的政治形势,为理解当时教学改革的基本走向和有关举措提供了重要的背景和有益的帮助。

本书的几位作者从上世纪五六十年代开始,就曾于不同时期活跃于"大学数学"教学改革的第一线,既是这段历史的见证者,也是有关改革的积极参与者。他们一直将教学作为自己的第一要务,全心全意并满腔热忱地投入数学教学的改革与实践,是高校数学教学方面的骨干和杰出代表,本身就值得大家尊重和敬佩。这次,他们又通过认真查找文献、召开研讨会和个别访谈,收集了"大学数学"课程建设和教学改革方面的不少珍贵历史资料,展示了"大学数学"课程教学改革的曲折历程,再一次做出了可贵的贡献。

当然,本书对各阶段"大学数学"的改革情况和经验教训所作的一些总结和评价,所提出的对今后工作的建议,很可能也只能算是一家之言,甚至有一些可待商榷之处,但无疑会引起大家进一步的思考和讨论,且可以作为今后工作的参考,从而促使对这一历史经验的回顾与总结走向更加全面与深刻。衷心地希望本书的出版能激发更多的同志积极参与、关心和支持这项意义深远的工作,并希望关于这一历史经验的回顾与总结,能够拓展到"大学数学"以外的各类数学教学领域,期待着对大学数学类专业的教学改革,大学理科非数学类专业的数学教学改革,甚至中、小学的数学教学改革等,也能尽早出现相应的回顾与总结,将这一丰富的历史经验发掘出来,发扬开来,珍藏起来,充分发挥其应有的作用。

李大潜

2014年4月8日

编者的话

根据高等学校数学与统计学教学指导委员会主任李大潜院士的建议，经“高等学校大学数学教学研究与发展中心”（以下简称“中心”）学术委员会研究确定，把《我国大学数学课程建设与教学改革六十年》作为“中心”2011年的一项研究课题。两年多来，“我国大学数学课程建设与教学改革六十年”课题组通过收集查阅资料、进行个别访谈、召开座谈和研讨会，认真回顾并总结了新中国成立六十多年来大学数学课程建设与教学改革的历史，取得了一些初步成果。本书就是在这些资料和成果的基础上，加工整理编写而成的。

大学数学课程是指为高等学校非数学类专业学生开设的数学系列课程，是大学本科生的基础课，在高素质创新型人才的培养中具有独特的、不可替代的重要作用。半个多世纪以来，为了不断提高课程的教学质量，我国大学数学课程建设与改革经历了漫长的历程，既取得了许多重大改革成果，积累了很多成功的经验，也有过多次的反复和挫折，有过不少失败的教训，所有这些都是一笔宝贵的财富。认真总结这段历史，从中找出规律，使年轻的一代了解这段历史，在当前和今后的课程建设与教学改革中不犯或少犯过去曾经犯过的错误，避免重复，少走弯路，是很有必要的，这也是本书的编写宗旨。

全书包括三大部分：六十年的历史回顾，六十年的建设与改革成果、经验教训和对今后工作的建议及附录。

由于我国大学数学课程的建设与改革不但受到数学和其他科学技术发展的影响，而且与我国不同历史时期的政治和经济形势密切相关，所以，我们将“六十年的历史回顾”大致划分为八个历史阶段，每个阶段都包括形势与背景、重大建设与改革事件和简要评述三个方面。在每个阶段的“形势与背景”中，简单叙述了对教学改革影响较大的政治、经济形势和背景。在编写这部分内容（1981年之前）时，主要参考了中国大百科全书出版社1984年出版的《中国教育年鉴》编辑部编写的《中国教育年鉴（1949—1981）》。在“重大建设与改革事件”中，重点阐述了和大学数学课程建设与教学改革密切相关的事件。由于编者经历或参与工科类数学课程建设与教学改革工作较多，虽然也曾多方收集资料，但在这部分内容中，仍多局限于工科数学方面，涉及理科、经管等其他方面的很少。在“简要评述”中，我们仅对该阶段的课程建设和改革事件从总体上谈了一些粗浅的看法。

在第二部分中，编者对半个多世纪以来我国大学数学课程建设与改革成果、经验教训进行了初步总结，并对今后的数学课程建设提出了一些建议，以期引起广大教师和专家的关注，希望更多的同志们积极参与这项改革，共同探讨。

在第三部分中，我们收集梳理了许多历史资料，包括大事记、历届教学指导委员会委员名单、课程教学基本要求、部分有代表性的优秀教材目录以及对课程建设和教学改革有重要影响的文献等，作为附录，供大家参考。

本书是由“我国大学数学课程建设与教学改革六十年”课题组全体成员集体讨论编写而成的，他们是课题组组长华南理工大学汪国强教授，西安交通大学马知恩、王绵森教授，广东工业大学郝志峰教授，高等教育出版社数学分社蒋青编审。此外，北京航空航天大学李心灿教授也参加了部分工作。本书的第一、第二部分和附录中的大事记由王绵森执笔，其他部分由汪国强和蒋青负责编写。

在本书编写过程中，我们始终得到众多大学数学教师的支持和帮助。在北京、上海、成都、广州和九江等地召开的座谈研讨会上，许多大学数学教学指导委员会的老委员、中老年教师对本书的编写提出了很多宝贵的意见和建议；不少学校的教师为我们收集并寄来了珍贵的历史资料；同济大学郭镜明教授和高等教育出版社的丁鹤龄编审对本书书稿进行了认真审查，提出了许多中肯的修改意见。借此机会，编者对他们一并表示衷心的感谢！我们感谢高等教育出版社数学分社的大力支持和帮助，感谢“高等学校大学数学教学研究与发展中心”的资助，没有这些支持和帮助，本书是很难与读者见面的。

令编者感到十分荣幸的是，李大潜院士在百忙中不但逐字逐句地阅读了本书的书稿，提出了许多重要的修改意见，而且亲笔为本书作了序。他在序中对编写本书的意义以及如何总结这段历史经验发表了许多精辟而深刻的见解，我们根据这些意见和见解又对书稿再次做了修改。在此，编者对他表示诚挚的敬意和感谢！

在编写本书的过程中，编者深感力不从心。在主观上，虽然想努力做到观点正确、材料完整可靠、叙述简单明了，但是由于水平不高、缺乏经验、时间跨度大、资料不全，在评价与总结这段历史时，不妥与遗漏之处一定不少。我们真诚地欢迎广大教师、专家和领导批评指正，待再版时改正。

编者

2014 年 5 月

目　　录

从1949年10月1日新中国成立到现在，我国大学数学课程建设与教学改革已有六十多年的历史。在半个多世纪的改革与发展历程中，既有顺利发展的时期，也曾经历过不少曲折，走过不少弯路；既取得了丰硕的成果，也有一些经验教训。与我国整个高等教育的改革与发展历程类似，大学数学课程的改革与建设不但受到科学技术发展的影响，而且与我国不同时期的政治与经济形势紧密相关。下面，我们将六十多年来我国大学（本科）数学课程的改革与建设，按照我国政治经济发展的不同时期，大致划分为八个历史阶段进行总结。全文包括以下三个部分：

一、六十年的历史回顾（包括每个阶段的形势与背景、重大建设与改革事件、简要评述）；

二、六十年的建设与改革成果、经验教训和对今后工作的建议；

三、附录。

一、六十年的历史回顾

第一阶段（1949—1952年上半年）

（一）形势与背景

新中国成立初期，面对历经沧桑和满目疮痍的旧中国，百废待兴。为了尽快恢复国民经济，培养适应新中国需要的建设人才，党和政府制订了一系列的方针政策，采取了一系列的措施，对旧中国的教育事业实行接管和改造。主要有：

1. 接管和接办原国民党统治区的学校。1949年新中国成立之初，全国共有高等学校205所（学生11.7万人），中等学校5216所（学生126.8万人），小学34.68万所（学生2 439万人）。新中国成立初期，新中国采取“维持现状，立即开学”的办法接收了新解放区中国民党遗留下来的各种公立学校，除个别反革命分子外，原有教职工一律留用。1950年12月，按照政务院通过的《关于处理接受美国津贴的文化教育救济机关及宗教团体的方针的决定》，人民政府接管了接受外国津贴的21

所高等学校,514 所中等学校,约 1 500 所初等学校,收回了我国的教育主权。1952 年后,逐步将私立中小学校改为公立,全部由政府接办;原有的 65 所私立高等学校也在院系调整中全部改为公立。

2. 提出新中国成立初期的教育方针。1949 年 9 月 12 日通过的《中国人民政治协商会议共同纲领》(以下简称《共同纲领》)指出:“中华人民共和国的文化教育为新民主主义的,即民族的、科学的、大众的文化教育。人民政府的文化教育工作,应以提高人民的文化水平,培养国家建设人才,肃清封建的、买办的、法西斯主义的思想,发展为人民服务的思想为主要任务。”

3. 规定了教育事业的发展方向。1949 年 12 月召开的第一次全国教育工作会议强调指出,教育必须为国家建设服务,学校必须向工农开门,要按照《共同纲领》的规定,“有计划有步骤地实行普及教育,加强中等教育和高等教育,注重技术教育,加强劳动者的业余教育和在职干部教育,给青年知识分子和旧知识分子以革命的政治教育,以适应革命工作和国家建设工作的广泛需要。”

4. 规定了高等学校的办学宗旨。政务院于 1950 年 7 月 28 日批准了《教育部关于实施高等学校课程改革的决定》中指出:中华人民共和国高等学校的宗旨,为根据《共同纲领》关于文化教育政策的规定,以理论与实际一致的教育方法,培养具有高度文化水平、掌握现代科学与技术成就并全心全意为人民服务的高级建设人才。

5. 提出了高等学校课程改革的基本思路和措施。在上述课程改革的规定中还明确规定:全国的高等学校的课程,必须根据《共同纲领》第四十六条的规定,实行有计划有步骤的改革,达到理论与实际的一致。一面克服“为学术而学术”的空洞的教条主义的偏向,力求与国家建设的实际相结合,这是我们现有高校的主要努力方向;另一面,要防止忽视理论学习的狭隘实用主义或经验主义的倾向;应根据《共同纲领》第四十一条和四十七条的规定,废除政治上的反动课程,开设新民主主义的革命的政治课程,借以肃清封建的、买办的、法西斯主义的思想,发展为人民服务的思想;高校应以学系为培养专门人才的教学单位,各系课程应密切配合国家经济、政治、国防和文化建设当前与长期的需要,在系统的理论知识的基础上,实行适当的专门化;应根据精简的原则,有重点地设置和加强必需的与主要的课程,删除那些重复的和不必要的课程与内容,并力求各种学科的相互联系与衔接;为加强教学与实际结合,高校应当与政府各业务部门及其所属的企业和机关建立密切联系,高校教师应与上述部门的工作、生产和科学研究适当配合,有计划地组织学生实习与参观,并将这种实习和参观作为教学的重要内容。改革学制,大学和专门学院修业年限为 3~5 年,每学期授课时间为 17 周,每周学习时间 44~50 学时;高校教师应努力加强自己的政治学习、业务学习及研究工作,应就各项主要课程,组织教学研究指导组,由教师实行互助,改进教学的内容与方法;应有计划有步骤地加强高校内研究部或研究所的研究工作,并以此作为培养我国高校教师的主要场所;应大大加强对助教及研究生的指导和关心,鼓励其积极学习和研究的精神,培养他们成为新中国高校的良好教师;用科学的观点和方法编译为新中国高校所适用的教材。1951 年 3 月,经政务院文教委员会批准,成立高等学校教材编审委员会,有计划有步骤地编译各学科适用的教材和参考书。除外语系外,教材应逐步做到一律用本国文字。各高校应根据上述原则,就各校具体情况制订本校可行的课程及教学计划草案,并报请教育部批准实行。

6. 要学习苏联经验。新中国成立初期,中共中央就提出要学习苏联的先进经验。除聘请了一批苏联专家帮助我国创办新的高等学校(例如,中国人民大学和哈尔滨工业大学)、培养青年教师和研究生外,同时还有组织地翻译了一批苏联的教学计划、教学大纲和教材等作为参考。从 1952 年下半年开始全面学习苏联经验,采用苏联的教学计划、教学大纲和教材,在不破坏科学系统整体性的原则下,按照我国高等学校的具体情况加以适当压缩或精简。采用了苏联的一套管理模式和教学方法,同时,还派出了大批留学苏联和东欧的学生。

(二) 重大建设与改革事件

在这个阶段,根据当时的实际情况,我国高等教育的工作重点是对旧教育的制度、性质、内容和方法进行全面的改造,制订了新的教育方针、明确了高等教育的宗旨,从宏观上提出了改造旧教育体制的一系列的指导思想、措施,以及课程改革的思路。在废除反动的课程和增加革命的政治教育、停开或精简内容重复庞杂不适用于建设需要的课程、开展理论联系实际的教学方法等方面做了大量的工作,并取得了一些成效。由于缺乏经验以及各方面条件的限制,全国还没有制订统一的教育事业的发展规划,我国大学数学课程的设置还没有明确的界定,因此,课程建设和教学改革工作还没有也不可能深入到制订我国自己的教学计划、教学大纲的阶段,更谈不上教学内容与教学方法的改革。

新中国成立初期,各大学所使用的数学教材,大部分是外国(主要是英、美等国)的教材,仅有少数是国人编写的教材和讲义,适用于非数学类专业使用的更是微乎其微。实际上,非数学类专业学生使用的数学教材大多与数学专业低年级学生的教材是一致的。根据一些在世的老教授的回忆,1952 年之前,大学数学课程的主要内容是微积分和简单微分方程,没有统一的教学大纲,不同学校、不同教师讲课内容的深广度可能有很大差异。使用的教材仍沿用新中国成立前的教材(如"三氏微积分"等)或自编的讲义。"三氏微积分"理论浅显,注重直观和几何说明,例如极限概念,只给出 ε,N 与 δ 均未出来,重视方法和应用。只有少数院校开始部分地翻译苏联别尔曼特的《数学解析教程》,作为教学参考书。1952 年,教育部曾召开部分专家座谈会,清华大学的赵访熊教授、交通大学的朱公谨教授、南开大学的杨宗磐教授等参加了会议。会上,他们认为,我国高等学校非数学类专业学生的数学教材不宜用美国的“三氏微积分”,应当采用苏联的教材,例如,别尔曼特的《数学解析教程》、斯米尔诺夫的《高等数学教程》等。

(三) 简要评述

1. 制订新中国成立初期的教育方针,对旧中国高等教育的制度、宗旨、教学内容和方法进行全面改造无疑是非常必要的,它们为下一阶段进一步健全新中国的高等教育体制和开展更深入的课程改革奠定了基础。

2. 在面临帝国主义的重重包围、缺乏社会主义建设经验的情况下,提出学习苏联的经验,对改革不合理的教育制度有积极的作用,成绩是很大的。但是,我国的高等教育由新中国成立前的“欧美模式”简单地转向“全盘苏化”,出现了结合中国的实际情况不够和生搬硬套的倾向,对我国高等教育改革产生了一些不利影响。

3. 没有以科学的态度对旧中国的办学思想和理念进行认真的总结。新中国成立前,我国大学教学基本上是欧美模式的,在办学思想和理念方面有不少可借鉴之处,例如:教学计划中上课的总学时较少,强调学生自学,强调学生学习的主动性和自觉性,学生有较多的时间阅读课外书籍,选修自己想学的课程;课堂上,提倡讨论式、研究式学习,教师不必什么都讲,常常留一些思考题让学生课外独立去解决;请国外知名学者来华任教,讲授基础课(而不仅是作一两个报告);我国自己的一批优秀的科学家不仅亲自上基础课,而且还根据自己的专长开设高水平课程和研讨班,让青年教师和学生较早地进入科学前沿、开展研究等。这些优良传统即使在今天,也是值得继承和发扬的。

第二阶段(1952年下半年—1958年上半年)

(一) 形势与背景

1. 1952年下半年开始进行第一次院系调整。调整的方针是:以培养工业建设人才和师资为重点,发展专门学院,整顿和加强综合大学。通过调整,使我国高等工业学校基本建成机械、电机、土木、化工等主要工科专业比较齐全的体系。在这次调整中,将理科类的系和专业都调整到综合性大学,而将工科类的系和专业都集中到工科院校，形成了“理工分家”的局面。

2. 从1953年开始，我国进入国民经济发展的第一个五年计划时期。为了适应“一五”计划的需要，并为“二五”计划做必要的准备，国家将有计划地调整、扩大和开办各类高校和中等专业学校，五年内高等教育以发展高等工业学校和综合性大学的理科为重点，同时适当发展农林、师范、卫生和其他各类学校，大力培养国家建设所需要的科技人才和管理人才。

3. 1953年9月，中央人民政府通过了政务院文化教育委员会的工作报告，确定了今后文教工作的总方针：“整顿巩固、重点发展、提高质量、稳步前进”。根据这个十六字总方针，要继续完成对高等学校的院系和工科专业设置的调整，力求高等教育与中等专业教育建设布局与国防建设和经济建设相适应，逐步改变高等学校集中于沿海大城市的现象，加强内地与少数民族地区各类学校的建设；高等教育部编制颁发了1953年全国教育建设计划，这是新中国的第一个比较系统、完整的教育事业发展计划，克服了盲目发展，各级学校发展比例不合理、追求数量、忽视质量的现象；采取了一些切实的步骤，有准备、有重点、实事求是地进行教学改革，学习苏联的先进科学和先进的教育建设经验，提高教学质量；1955年又进一步提出“以提高教育质量为重点，有计划有重点地稳步发展”的工作方针。

4. 为了提高教学质量，在高等教育部的领导下，从1953年开始，制订我国自己的统一的教学计划。在当时制订的有关文件中强调指出：“教学计划是教学工作的基本大法”，“为了保证培养具有一定质量的合格人才，就必须有统一的教学计划”，“学校在执行高教部批准的统一计划时，不得任意变动”。为了保证教学计划的实施，同时着手制订各门课程的教学大纲。教学大纲是教师进行课程教学的主要依据，是规定学生关于各课程所应获得的知识、技能和技巧范围的文件，高教部提出了制订教学大纲的原则和要求，并于1954年开始审订。

5. 1956年1月14日，周恩来总理在中共中央召开的关于知识分子问题会议上的《关于知识分子问题的报告》中，不但详细阐述了党的知识分子政策，而且提出了要制订1956—1967年科学发展的远景计划，争取12年后，使我国的科学技术水平接近苏联和其他世界大国。为此，要求按计划增加高校的学生名额。此后，在全国范围内出现了一个向科学进军的高潮。

6. 1956年，由于农业社会主义合作化运动的发展和手工业、资本主义工商业社会主义改造提前实现，中央要求“中国的工业化的规模和速度，科学、文化、教育、卫生等项事业的发展规模和速度，已经不能完全按照原来所想的那个样子去做了，这些都应当适当地扩大和加快。”教育事业落后于经济建设的状况必须改变，而且应当加快速度努力追赶上去，争取五年计划四年完成。中央还指出：强调加速教育事业发展速度，丝毫也不能被理解可以忽视教育质量的提高，要使普及与提高结合起来……必须是质、量兼顾，既多又好，才符合社会主义建设的要求。根据中央和国务院的指示精神，高教部、教育部检查了右倾保守思想，提出1956年教育事业的建设方针是："加速发展，提高质量，全面规划，加强领导"。高等教育要尽可能地扩大数量，并抓紧制订12年远景规划。此后，教育事业发展迅速，出现了发展速度过快，超过了可能条件等现象，严重影响了教育质量。针对这种情况，1957年又提出了要"适当收缩，保证重点"，切实注意质量，务使计划放在既积极又充分稳妥可靠的基础上，重点是保证质量，适当减少招生人数。

7. 1957年2月毛主席作了《关于正确处理人民内部矛盾的问题》的讲话，针对教育工作中存在的问题，提出了"我们的教育方针，应该使受教育者在德育、智育、体育几方面都得到发展，成为有社会主义觉悟的有文化的劳动者。"并强调指出："现在需要加强思想政治工作，不论是知识分子，还是青年学生，都应当努力学习。除了学习专业之外，在思想上要有所进步，在政治上也要有所进步，这就需要学习马克思主义，学习时事政治。没有正确的政治观点，就等于没有灵魂。"当时正在按照上述指示进行教学改革。但是，由于反右斗争的开展，一批知识分子被错误地划为"右派分子"，使知识分子的积极性受到很大的挫伤。

（二）重大建设与改革事件

1. 1952年院系调整后，工科院校的数学课教学全面学习苏联。例如，当时机械制造专业所用的高等数学课程教学大纲是根据苏联工学院的教学大纲制订的。由于我国是四年学制（苏联是五年），所以大纲比苏联略有精简，总学时为352。大纲中规定教学环节为大班讲课、小班习题课、课后答疑及课外作业等，并以讲课为主。讲课、习题课、自学时间比为1 : 1 : 1.25，推荐参考书为别尔曼特著的《数学解析教程》。

2. 1954年8月，教育部在大连召开了有500多名教师参加的高等工业学校基础课程（含共同的技术基础课）教学大纲审订会议。会议提出了审订教学大纲的原则和要求：按照学习苏联先进经验并与中国实际相结合的方针，在尽量保持系统性和完整性的原则下，进行必要的和慎重的缩减；要注意贯彻理论与实际相结合，科学技术知识和政治思想教育相结合的方针；基础课大纲既要照顾专业教学计划的要求，又不应过分强调结合专业而破坏课程的科学系统性与独立性；教学大纲应包括文本，实验题目，教科书、教学参考书及其他参考资料等三部分，并应对各种教学方式的学时分配，讲课与习题应注意之点及对不同专业可以删减的部分予以说明。会议审订出包括高等数学在内的统一教学大纲32种。

朱公谨教授

3. 受教育部委托，于1954年由交通大学朱公谨教授负责主持制订了我国高等工业学校用本科"高等数学"课程第一个教学大纲。朱公谨（1902—1961）教授是浙江余姚人,1921年毕业于清华大学,于1927年在德国哥廷根大学获得博士学位,是国际著名数学家柯朗(R.Courant)的学生。回国后,历任光华大学、大同大学等校教授,光华大学副校长、教务长。新中国成立后到交通大学任教,曾任西安交通大学数理力学系主任。由于他主张保持数学应有的严密性,在教学中注重揭示数学中科学的思想性,不赞成"三氏微积分"对极限的讲法,据说他在赴大连开会之前,对负责制订高等数学课程教学大纲是心存疑虑的。当他看到当时作为主要参考的苏联教学大纲和有关的教材后,发现与其本人的思想一拍即合,所以顺利地完成了任务,并自告奋勇地编写出版了我国第一套《高等数学》教材。

在朱先生主持制订的这个大纲①中,主要内容包括绪论、解析几何和数学分析三个部分。其中,解析几何包括:平面上的直角坐标、直线、二次曲线、极坐标、行列式及线性方程组、矢量代数初步及空间直角坐标、曲面与空间曲线的方程、空间的平面及直线、二次曲面等九个方面的内容;数学分析包括:函数及其图形、数列的极限及函数的极限、函数的连续性、导数及微分、函数的研究及函数图形的作法、方程的近似解、不定积分、定积分、定积分的应用、常数项级数及旁义积分、幂级数、[富氏级数]、多元函数、微分方程、二重及三重积分、曲线积分[曲面积分]等十六个方面的内容。其中有方括号的内容供选学,并规定总学时为320~340学时。该大纲中对讲课与习题课的学时比未作统一规定,但列出了几本教学参考书。关于该大纲的详细内容参见附录Ⅲ。

4. 翻译出版了一批外国的高等数学教材与教学参考书,并开始编写出版我国的自编教材。

翻译出版的外国数学教材与教学参考书主要有:

(1) 别尔曼(А.Ф.бермант)著,张理京译《数学解析教程》,先由重工业出版社于1953年出版,1955年3月又由高等教育出版社出版。

(2) 斯米尔诺夫(В.И.Смирнов)著,孙念增译《高等数学教程》(第一、二卷),先由商务印书馆出版,1956年4月又由高等教育出版社出版。

(3) 鲁金(Н.Н.Лузин)著,谭家岱、张理京译《微分学》、《积分学》,先由大连工学院出版,1954年7月又由高等教育出版社出版。

(4) 罗德著,常彦、邓立生、秦裕瑗译《高等数学》(1—3卷),1956年由高等教育出版社出版。

(5) 勃立瓦诺夫著,苏步青译《解析几何学》,先由商务印书馆出版,1956年7月又由高等教育出版社出版。

---

① 根据东南大学已故高金衡教授在他的一篇文章中所说,大纲分为三种类型:350~380学时,320~340学时,280~300学时。到目前为止,我们只找到第二种类型,此处介绍的就是这种类型的大纲。

（6）叶菲莫夫著，胥长辰译《解析几何简明教程》，先由商务印书馆出版，1956年12月又由高等教育出版社出版。

（7）А.Я.辛钦著，北京大学数学力学系数学分析与函数论教研室译《数学分析简明教程》，1954年由高等教育出版社出版。

（8）Б.П.吉米多维奇著，李荣涑译《数学分析习题集》，1953年8月由商务印书馆出版。

（9）Г.М.菲赫金哥尔茨著《微积分学教程》，分三卷。第一卷由叶彦谦等译，第二卷由北京大学高等数学教研室译，第三卷由路见可等译。1954年到1956年期间由高等教育出版社陆续出版。

国内自编并出版的教材（含1958年出版的）主要有：

（1）朱公谨编《高等数学（初稿）》（上、下册），1956年8月由高等教育出版社出版。

（2）樊映川等编《高等数学讲义》（上、下册），1958年3月由人民教育出版社出版。

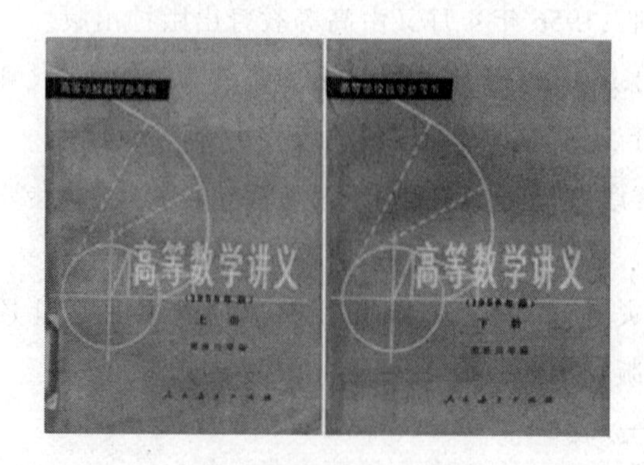

（3）陈荩民编《高等数学教程》，1958年由国防工业出版社出版。

(4) 王榘芳编《高等数学》,1958 年由高等教育出版社出版。

为了使读者对当时国内工科院校的“高等数学”课程的教学内容有更多的了解,下面仅就使用面最广的两本教材作一些简单的介绍和比较。一本是由别尔曼特著、张理京译的《数学解析教程》(第七版,以下简称《教程》)。该书是按照苏联“高等工业学校高等数学教学大纲”的要求编写的,它强调数学概念和数学理论,强调数学思想的启迪,注意贯彻辩证唯物主义,也强调近似计算和应用,讲解十分细致。正如作者在序言中所说的那样,“工程师要想在解决技术问题时能灵活运用解析学的概念,就更有必要来掌握这些概念的精神实质。”“写这本书时,还怀着这样的目的,就是要启发读者的数学思维,引起读者对数学的兴趣和进一步研究的要求,并开阔读者对数学的眼界。”例如,《教程》中把一致连续、一致收敛作为正文来讲,并对一致收敛的函数项级数的分析性质与幂级数的分析运算均加以证明。另一本是由同济大学樊映川[①]等编

---

① 樊映川(1900—1967),1920 年考入北京大学。毕业后受聘任上海暨南大学数学系讲师,1930 年他受聘国立安徽大学教授,1937 年秋,安徽省公费派他到美国密歇根大学学习,1940 年获博士学位。1941 年春,樊映川来到在河南嵩县潭头流亡办学的河南大学任教,并先后兼任数理系主任、理学院院长等职。1950 年到上海同济大学任教,1952 年兼任该校数学教研室主任和校务委员会委员等职。1956 年被评为二级教授。先后担任上海市政协委员、常委,并担任全国高等工科院校数学教材编审委员会委员。1958 年 3 月由他主编的《高等数学讲义》(上、下册)在高等教育出版社出版,先后获得全国优秀科技图书一等奖、全国高等院校优秀教材奖,成为我国高等数学教材中的一本经典教材,在我国高等数学的教材和课程建设中发挥了历史性的重要作用。1967 年,樊映川病逝于同济大学。

的《高等数学讲义》(以下简称《讲义》),它是20世纪五六十年代国内最具影响力的工科高等数学教材。参加该书编写的还有张国隆、陆振邦、侯希忠、方淑姝、王福楹、王福保、王嘉善等,1964年出版的第二版又增加了陈雄南。该书以高等教育部1954年颁发的我国第一个统一的“高等数学教学大纲”(高等工业学校用)为依据,参考了别尔曼的《教程》,并总结了自己的教学经验编写而成。因此,在内容与体系上与该大纲比较一致,也包括绪论、解析几何与数学分析三大部分,分上、下两册。上册包括解析几何,函数与极限,一元函数的微分学和积分学;下册包括级数,傅里叶级数,多元函数的微分学和积分学,微分方程等。而且全书语言通俗,讲解细致,便于教学。

樊映川教授

《讲义》与《教程》相比,虽在内容与体系上差异不大,但也有不少特色。例如,《教程》将无穷小的比较以及两个重要极限放在闭区间上连续函数的性质之后来讲,而《讲义》把它们提前到极限运算法则之后,这样做更有利于加强对学生求极限方法的训练。又如,《讲义》也讲解了一致连续、一致收敛和一致收敛级数分析性质的证明(这是1954年的教学大纲中所没有的),但将幂级数的分析运算的内容冠以“*”号。再如,《教程》在拉格朗日中值定理之后就讲解原函数概念,而《讲义》则将它放到不定积分中来讲解。《教程》内容太多、太全,全书开头所讲的函数与极限需要的学时太多,学生一上来就被$\varepsilon-\delta$搞得昏头昏脑。该书中也没有配备习题,而《讲义》内容较少,文字也较简练。

5. 在课程的教学管理和教学组织方面采取了一些积极的举措,主要有:

(1) 将高等数学课分为大班讲课与小班习题课,讲课与习题课学时比例为2∶1~1∶1,课内外学时比为1∶1.5~1∶1.2;

(2) 重视师资培养,实行新开课教师试讲制,大班教师负责制;

(3) 积极开展教学法活动,组织集体备课;

(4) 根据高等教育部1954年7月9日颁发的《高等学校课程考试与考查规程》规定,很多高校采用口试和以四级分制(优等、良好、及格、不及格)评定学生考试成绩。

(三) 简要评述

1. 在这五年中,为了适应第一个五年计划的需要,中央制订了文教工作发展的十六字方针,颁布了我国第一个教育事业发展规划,制订了统一的高等教育的教学计划和教学大纲。虽然在1956年曾出现过短时间的发展过快以及1957年反右斗争等问题,但总体来看,这一阶段教育事业,特别是高等教育事业的发展是健康的,我国高校的教学质量有了较大的提高。

2. 1954 年教育部提出的制订教学大纲的原则和要求是符合当时我国的实际情况的,制订的第一个用于高等工业学校的高等数学教学大纲使教师进行该课程教学有了依据,该大纲的内容和体系是适当的,贯穿于大纲中的对高等数学课程应保持应有的严密性,注重揭示数学中的科学思维方法等方面的要求是正确的,它不但使我国高等数学课程教学逐渐从欧美模式中走出来,也为我国以后该课程的教学奠定了基本框架。但是,由于当时主要参照了苏联的教学大纲和教材,在以后的较长时间内受到苏联 20 世纪 50 年代教学模式的影响。主要表现在过分强调系统性、完整性和严密性,内容过多,有些内容(例如一致连续、一致收敛等)要求过高。知识面较窄,对理论联系实际、培养学生的应用能力重视不够。

3. 将高等数学课程分为大班讲课和小班习题课,实行大班教师负责制;组织集体备课;实行新教师开课试讲制以及保证学生有足够的课外学习时间等管理措施都是十分必要的,即使在 60 年后的今天,这些措施对提高教学质量也具有积极的意义。考试要求严格,考题重视基本概念和基本理论,采用口试或笔试加口试,采用四级记分制等,学生的数学基础相当扎实,这些也是值得重新总结和认真研究的。

4. 通过院系调整,改变了我国高等院校分布不合理的状况,使绝大多数省份都有一所综合大学和工、农、医、师范等专门学院;将清华大学、交通大学、浙江大学等校改造成多科性的工业大学,使我国高等工业院校基本建成学科、专业比较齐全的体系,对改变旧中国不能完全培养配套工程技术人才的落后状况具有深远的战略意义。但是,由于对科学技术发展的趋势认识不足,专业设置过细、专业面过窄、特别是将理工专业分家,对我国科学技术的发展产生了长期的不良影响。另外,不适当地砍掉某些文科专业,多数财经、政治、哲学专业受到削弱,也是对这些专业在社会主义建设中重要性认识不充分的表现。

第三阶段(1958 年下半年—1960 年)

(一) 形势与背景

1. 1958 年,我国进入第二个五年计划发展时期。根据 1956 年党的八大通过的关于“二五”计划建议的要求,制订了第二个五年教育发展计划。要求在“二五”期间应采取着重提高教育质量和有重点地稳步发展数量的方针，适当地调整各科、各类专业的比例，积极创造条件，补足科学技术上的缺门专业，五年内计划高校学生大约增加一倍。“为国家培养各项建设人才，首先是工业技术人才和科学研究人才，是教育工作的首要任务。”高等教育“应该实事求是地而不是主观主义地调整科系和设置专业，切合实际地改进教学计划、教学大纲、教材和教学方法，以便使培养的人才能够更加适应国民经济各部门的具体要求”。为了解决缺乏师资和学生质量不高的问题，提出“从高等学校毕业生中抽调适当数量的优秀学生，培养更多数量的研究生，并且有重点地选派高等学校的毕业生和教师出国学习我们缺乏的学科，以增加师资”。此外，还要积极稳步地发展夜大学、函授大学教育。

2. 然而，1958 年，“二五”计划刚刚开始，就出现了以钢铁产量高指标为先导的工农业“大跃进”运动，推翻了“二五”计划建议方案，改变了原订计划发展的方针。根据中共“八大”二次会议制订的“鼓足干劲，力争上游，多快好省地建设社会主义”总路线精神，于 1958 年 5 月下达的计划，发展速度比原定计划大幅度增长。同年 9 月，中共中央、国务院发布的《关于教育工作指示》中提出，“为了多快好省地发展教育事业，必须动员一切积极因素，既要有中央的积极性，又要有地方的积极性和厂矿、企业、农业合作社、学校和广大群众的积极性。为此，必须采取统一性与多样性相结合，普及与提高相结合，全面规划与地方分权相结合的原则。”“全国应在 3 到 5 年时间内，基本上完成扫除文盲、普及小学教育、农业合作社社社有中学和使学龄前儿童大多数都能入托儿所和幼儿园的任务。应大力发展中等教育和高等教育，争取在 15 年左右的时间内，基本上做到使全国青年和成年，凡是有条件和自愿的，都可以受到高等教育。”不切实际的要求，使教育事业出现了盲目冒进的混乱局面，浮夸之风盛行，教育质量普遍下降。1959 年教育事业虽然提出了“巩固、调整和提高”的方针，但由于 1958 年“大跃进”所造成的问题没有得到有效地纠正以及 1959 年下半年反对“右倾机会主义”斗争的开展，上述情况并没有根本转变。

3. 1958 年，我国试图突破苏联教育经验的局限性，创立适合我国情况的社会主义教育制度，开展了以勤工俭学、教育与生产劳动相结合为中心的教育革命。在 4 月召开的中共中央教育工作会议上，讨论教育方针，批判教条主义、右倾保守思想和脱离生产、脱离实际，并在一定程度上忽视政治，忽视党的领导的错误；5 月，刘少奇提出“两种教育制度，两种劳动制度”；8 月，毛泽东主席指出：“高等学校应该抓住三个东西，一是党的领导；二是群众路线；三是把教育与生产劳动结合起来。”9 月，中共中央、国务院发布《关于教育工作的指示》中提出：“党的教育工作方针是教育为无产阶级政治服务，教育与生产劳动相结合。”在这些指示的指导下，我国教育战线上开展了第一次大规模的教育革命和教学改革。由于受到“左”倾错误的影响，不但将生产劳动列为一切学校中的正式课程，要求学校要办工厂和农场,工厂、农业合作社办学校(例如,是年 9 月,全国大、中、小学教职工和小学高年级以上学生普遍停课,投入大炼钢铁和三秋劳动),而且开展了“拔白旗”“插红旗”“红专辩论”与批判“反动学术权威”的群众运动,挫伤了知识分子的积极性,忽视了课堂教学和教师在教学与科研中的主导作用,打乱了正常的教学秩序,降低了教学质量。

4. 1960 年 11 月,为了扭转 1958 年以来出现的种种问题,中央提出了“调整、巩固、充实、提高”的八字方针,提出高等学校要把提高质量摆在第一位。要调整新建高校,集中力量办好 64 所重点高等学校;要缩短战线,压缩规模,合理布局,提高质量;采取多毕业、少招生的办法,调整招生指标。

(二) 重大建设与改革事件

1. 在 1958 年开展的第一次教育革命和教学改革中,由于受到“大跃进”和极“左”思潮的影响,为了贯彻“教育为无产阶级政治服务,教育与生产劳动相结合”的方针,高等工科院校数学课程的教学改革,主要集中在教学内容和课程体系方面。强调课程教学中要大力贯彻辩证唯物主义思想,加强理论联系实际,冲破旧的课程体系,把生产劳动列为正式课程,大砍大并基础课,大大削弱了基础理论课。例如,有的学校当年入学的新生刚进校就被带到农村参加一个月的农业劳动,后来又调回学校参加大炼钢铁运动,整个一学期断断续续只上了约一个月的理论课程。在“高等数学”课的改革中,有人提出了打倒“柯家店”等极左口号,企图从根本上突破著名数学家柯西将微积分建立在极限理论基础上的科学体系,削弱了微积分的理论基础。在某些综合大学的数学系,不但喊出了“打倒牛(牛顿)家店,打倒柯家店”的口号,还喊出了“打倒 $\varepsilon-\delta$!”,由于 $\varepsilon-\delta$ 真的被打倒了,因而使得 58 级学生成了最大的受害者,二、三年级开设的后继课无法讲下去。到 1960 年纠偏时,有的学校对这个年级学生进行重新考试(主要考 $\varepsilon-\delta$ 说法),然后根据成绩决定其是否继续学习。结果发生了“大面积”退学、降级或改学制提前毕业的事件。在教学中,片面强调理论联系实际,每讲一个定理与定义都要有实际例子,而所谓实际又仅指生产实际或生活实际。为了使“高等数学”课的教学“多快好省”,在很多院校一度盛行所谓“单多合并”,就是在讲授微分学和积分学时,将一元与多元函数的相应概念、理论和方法合并起来,同时讲授;后来,由于难点过于集中,学生在短时间内难以消化和巩固,很快又被否定了。由于在教学中,强调学生的主体作用,有的院校采用“单课独进”的方法,并由学生“自教自辅”,实行由学生、干部和教师“三结合”编写教材或由学生“自编教材”。这些做法,削弱了教师在教学过程中的主导作用,违背了人的认识规律和教学规律,对教学改革认识过于简单化,大大降低了教学质量。在许多学校还大搞“拔白旗”“插红旗”“红专辩论”、把对教学改革有不同意见的专家当做“反动学术权威”来批判,严重地挫伤了一些专家教授的积极性。例如,负责制订我国第一个高等数学教学大纲的朱公谨教授在这场运动中被当做“白旗”,使他的身心健康受到了打击和伤害。

2. 为了在教材编写和教学过程中贯彻辩证唯物主义思想和理论联系实际的原则,不少院校和教师进行了积极的探索和大胆的改革尝试。例如,有的教师以《矛盾论》和《实践论》为指导,努力揭示数学中主要概念的实质,揭示数学理论和方法中的重要思想方法。1960 年 4 月由天津大学等 27 所工科院校集体编写的高等数学教学大纲(包括第一部分和第二部分)打破了多年以来我国工科院校本科生的高等数学课程仅包括解析几何、微积分和常微分方程的局面,根据科学技术的发展和工程技术专业的需要,增加了工程数学课程。按照该大纲编写了四套教材,即高等数学的基础部分,以及无线电类专业、水土类专业和化工类专业三种类型结合专业部分,每套教材均附有使用说明书,由人民教育出版社于 1960 年 7 月至 11 月分别出版(详见附录Ⅲ)。制订该大纲所遵循的原则是:(1) 以马克思列宁主义、毛泽东思想为指导思想;(2) 加强理论,联系实际,结合专业,反映现代科学成就,建立新系统;(3) 坚决贯彻教学、生产劳动、科学研究三结合的方针。基础部分总学时为 189~195(其中包括习题课 24 学时,数学实习 32 学时,大型作业 22 学时)。结合专业部分:无线电类型专业 200 学时,水土类型专业 89 学时,化工类型专业 68~97 学时)。

据参加过编写工作的高金衡教授回忆说,这四套书有以下特点:(1) 注意贯彻辩证唯物主义观点;(2) 注意理论联系实际,许多章后附有大型作业,以培养学生综合运用所学知识分析解决问题的能力;(3) 注意事物本质,不追求数学上的严密性,例如极限部分只出 ε,不出 N 和 δ;(4) 精简了内容,减少了学时。而且结合专业部分的内容实践性很强,注意与专业实际的联系。

天津大学齐植兰教授在翻阅了这四套教材(她本人并未用过)后认为,其中的基础部分有以下特点:(1) 单多元函数合并,将二元函数(多元函数主要讲二元)作为点函数,与单元函数的极限、连续、函数图形一起讲。因此要先讲矢量与空间坐标。在导数及其几何意义部分,导数与偏导数同时给出。由曲边梯形面积、曲顶柱体体积、物体质量一起引出定积分、二重积分、三重积分概念。(2) 分析问题、引出概念多处引用恩格斯《自然辩证法》中的论述(略)。(3) 定理多用几何说明,而不作严格论证。例如,微分中值定理部分,略去罗尔定理,从几何上给出拉格朗日定理、柯西定理……牛顿-莱布尼茨公式由路程与速度的关系(直线运动)给出,不证明。级数部分主要讲幂级数,数项级数内容大部分删去,只是由判断幂级数在收敛区间端点处的敛散性提出数项级数的收敛性问题,仅仅给出 p-级数的收敛性及交错级数的收敛性定理。(4) 增加了一些实际应用的内容,如傅里叶级数中使用的谐量分析法,用拉普拉斯变换解微分方程,微分方程的级数解以及数值计算等,体现与专业结合,重实际应用的特点。另外,三本结合专业部分的高等数学,突出体现了专业特点。如无线电类型,结合网络问题引出矩阵概念;只讲二、三阶行列式,

未给出 n 阶行列式的一般定义,举例用降阶法(代数余子式)计算四阶行列式;由复数阻抗引出复数,指出复数法使交流电路与直流电路有类似的计算公式,并给出复数欧姆定律,基尔霍夫第一、二定律,串并联支路阻抗公式及电流的功率公式。又如,概率论部分,三本教材都没有用常见的投硬币、掷骰子问题引出随机试验、偶然事件等概念,而是通过氢分子的运动状态、计算机的装配与调整、钢筋的屈服强度等引入随机试验与随机变量等概念。三本书均以实例归纳总结给出概率的古典定义、统计定义、全概率公式、贝叶斯公式、随机变量的数学期望、方差等,体现了重实际应用的特点。

3. 一些重点院校也在教学内容、体系和教学时数的分配上进行了探索和调整。例如,西安交通大学于 1959 年制订的机电类教学大纲将高等数学课程划分为(Ⅰ)、(Ⅱ)两部分。高等数学(Ⅰ)即为过去的高等数学,学时数为 330~347(机类低限,电类高限),其中讲课与习题课比例为 2∶1,实验课(计算尺和手摇计算机使用方法、误差理论和简单的近似计算)14 学时,课内外学时比为 1∶1.5。制订大纲的原则是:(1) 贯彻辩证唯物主义与爱国主义思想;(2) 加强理论与实际的联系;(3) 保持系统的完整性,并提高理论水平;(4) 着重计算能力与独立工作能力的培养。基础部分的教学内容与传统内容变化不大,但增添了一致收敛,广义积分(反常积分)审敛准则等理论以及渐伸线与渐屈线、包络、微分方程的算子解法和微积分的一些近似计算等应用性比较强的内容。高等数学(Ⅱ)供不同专业选修,包括矢量分析与场论(14 学时)、复变函数(24 学时)、数理方程初步(14 学时)、特殊函数(14 学时)、积分方程初步(12 学时)、拉普拉斯变换(10 学时)、差分方程(14 学时)、变分法(22 学时)、最小二乘法(18 学时)、概率论(45 学时)、线性代数(18 学时)。

(三) 简要评述

1. 1958 年上半年开始历时近两年的教育革命和教学改革,改革的初衷是为了探索适合我国实际情况的教育制度。然而,由于受到“大跃进”极“左”思潮的严重影响,加之缺少经验,对改革的认识过于简单化,对教学规律与认识规律重视和研究不够,把学术问题当做政治问题。因此,有些想法过于极端,做法也比较粗糙,对改革的成果没有进行认真的总结和鉴别,鱼龙混杂,一哄而起,又一哄而散,致使一些正确的改革思想和萌发出的改革成果的幼芽在简单的否定中被淹没,使教学秩序受到了破坏,教师的积极性受到了打击,教学质量大幅度降低。这个沉痛的教训是值得我们认真汲取的。

2. 如果说发展工农业生产不能违背客观规律,盲目地随心所欲地搞“大跃进”,那么,进行教学改革就不能违背教育规律,违背学生的认识规律,胡思乱想地提出一些口号和指标,更不能搞“大跃进”,对数学课程的教学改革尤其如此。现在看来,1958 年开展的教学改革实际上是一次在极“左”思潮支配下,既无明确改革目标,也无具体改革方案的群众运动。在这场运动中所提出的极“左”口号和出现的过激行为,不是真正意义下的“改革”,而是一种倒退。由于没有认真总结这段历史,正确地从中吸取经验和教训,致使我国的教学改革在很长时间内受到它的影响和危害,并出现反复(例如,在“文化大革命”期间,上述一些极“左”思潮还有所发展),至今还能在我们的改革中看到它的影子。这种教训是应当永远记取不能忘记的!

3. 尽管如此,在这三年中广大教师出于对教育事业的忠诚和热爱,在以辩证唯物主义思想为指导,在加强理论联系实际,冲破旧的课程体系,揭示数学概念的本质和数学理论中的重要科学思想,增加科学技术中所需要的数学内容等方面进行了大胆的改革探索和实践。虽然这些探索和实践还是初步的,存在着这样或那样的问题,27 院校编写的《高等数学》系列教材也因不够成熟而未能推广使用,但是,改革的精神和改革方向是值得肯定的!特别是将工程技术中所需要的一些常用的数学知识和方法纳入工科院校数学课程的教学内容,对提高工程专业学生的数学素养和教学质量是很必要的。因此,我们认为,这一阶段的教学改革锻炼了师资队伍,在许多教师的思想中播下了教学改革的火种。

第四阶段(1961—1966 年上半年)

(一) 形势与背景

1. 1961 年 9 月,中共中央正式颁布了《教育部直属高等学校暂行工作条例(草案)》(简称《高校六十条》)。在该条例中明确指出,高等学校必须以教学为主,努力提高教学质量;在教学中,起主导作用的是教师;生产劳动、科学研究、社会活动的时间,应当安排得当,以利教学;正确执行党的知识分子政策,团结一切可以团结的知识分子,为社会主义高等学校服务;正确执行百花齐放、百家争鸣的方针,提高学术水平;实行党委领导下的以校长为首的校务委员会负责制,充分发挥校长、校务委员会和各级行政组织的作用;做好总务工作,保证教学与生活的物质条件;改进党的领导方法和领导作风,加强思想政治工作。

1962年1月11日至2月7日,中共中央召开扩大的工作会议(即“七千人大会”),初步总结了1958年以来的经验教训,纠正了一些错误,开展了批评与自我批评。3月举行全国科技工作会议(即“广州会议”),周恩来总理,陈毅、聂荣臻副总理出席会议并讲话。会议指出:我们历来把知识分子放在革命联盟内,放在人民队伍当中,放在劳动者之中;对知识分子必须采取团结、教育、改造的方针;知识分子是人民的劳动者,是为无产阶级服务的劳动者,应该取消资产阶级知识分子的帽子。

2. 为了贯彻执行《高校六十条》的规定,进一步稳定教学秩序,提高教学质量,1962年6月14日教育部发出《教育部关于直属高等工业学校本科(五年制)修订教学计划的规定(草案)》,要求各校必须抓紧修订各专业的教学计划,提出修订教学计划的八项原则,接着又要求对1954年制订的教学大纲进行一次全面修订。明确指出,为了发挥教师教学上的创造性和主动性,教学大纲为指导性的教学文件,并提出制订指导性大纲的六项原则:

(1) 既要吸收1952年教学改革以来行之有效的经验,又要着重总结和运用改革教学内容的好经验。

(2) 制订教学大纲必须以马克思列宁主义为指导思想,但是,必须处理得当,避免生搬硬套,牵强附会,乱贴政治标签的缺点。

(3) 应该首先明确本门课程在教学计划中的地位、作用,并注意与相关课程之间的联系配合,避免相互脱节和不必要的重复。

(4) 应当规定学生必须学到的理论知识与实际操作技能的范围和具体要求。分量必须适当,各部分内容所占比重要大体合理,防止片面求多、求新、求深的偏向。

(5) 必须贯彻理论联系实际的原则。基础课和基础技术课教学大纲应当保证科学系统性和基本内容的完整性,符合切实加强基础理论、基本知识和基本技能训练的要求,不要过分强调结合专业和勉强联系实际。

(6) 教学大纲必须以经过实践证明为正确的科学知识为主要依据。在修订教学大纲的工作方法上,是在统一原则的指导下,按课程的性质,分别由教育部和中央各业务部门负责组织和审批。

3. 1962年7月7日,教育部发出《关于正式成立高等工业学校基础课程和各类专业共同的基础技术课程教材编审委员会的通知》,此后,理工农医各科相继建立了各自的课程教材编审委员会。该委员会的任务是在中央各有关部委的领导下,拟订教材工作的长远规划及年度选编出版计划,研究提高现有教材的质量,选编审查新教材以及组织推动教材评介等。

4. 为了贯彻“八字方针”,教育部又采取了缩短战线、压缩规模、合理布局等一系列措施,稳步提高教育质量。例如,在1961年调整的基础上,进一步调整教育事业的规模和精减各级各类学校教职工人数,大幅度裁并高等学校。到1963年,高等学校由1960年的1289所调整裁并为407所,在校生人数由96万压缩为75万；1963年6月，决定对高等学校实行中央统一领导和中央与省、市、自治区两级管理的制度。各地区、各部门、各学校都要贯彻中央统一的方针政策，都要遵守中央统一规定的教学制度和其他重要的规章制度，都要按照全国统一的高等教育规划和计划办事。1964年1月25日至3月7日，在教育部召开的教育工作会议上，根据中央和刘少奇主席的指示精神，要求要加强政治思想工作，减轻学生负担，提高教育质量；进一步贯彻"两条腿走路"的方针，逐步实行两种教育制度，城市必须坚决贯彻执行普通教育与职业（技术）教育并举的方针；要整顿和加强教师队伍；拟订发展教育事业的长远规划。教材建设要贯彻"少而精"的原则。

5. 1964年2月13日（甲辰年春节），毛主席在人民大会堂召开教育工作会座谈会（后被称为"春节座谈会"），他在会上指出：教育的方针路线是正确的，但办法不对。学制、课程、教学方法、考试方法都要改。同年3月10日，毛主席在一封来信上指出：现在学校课程太多，对学生压力太大。讲授不甚得法。考试方法以学生为敌人，举行突然袭击。这三项都是不利于培养青年们在德、智、体诸方面生动活泼地主动得到发展的。

1965年7月3日，毛主席在给中共中央宣传部长陆定一的信中再次指出，学生负担太重，影响健康，学了也无用。建议从一切活动总量中砍掉三分之一（后称为"七三指示"）。

6. 在这个阶段，我国教育界第一次明确提出加强对学生能力培养这一重要问题。据有关专家回忆，当时有位教授以一支探险队到深山老林中探险，是授予他们"面包还是猎枪"为比喻，阐述培养学生能力的重要性，在广大干部和教师中引起强烈的反响和讨论。同时，还提出高等学校要培养像乒乓队的"种子选手"和能攀登上珠穆朗玛峰的"登山队员"那样的学术上的优秀拔尖人才。

7. 1964年一度兴起"毛主席语录进课堂"的热潮。尽管教育部在1962年颁布的制订教学大纲的六项原则中明确指出："制订教学大纲必须以马克思列宁主义为指导，但是，必须处理得当，避免生搬硬套，牵强附会，乱贴政治标签的缺点。"但在教材中生搬硬套毛主席语录的情况仍一度出现。经过教师和领导的认真讨论，这种情况在不长的时间内就得到了纠正。

8. 1966年5月7日，毛主席在看了人民解放军总后勤部的一份报告后写的一封信中提出，各行各业都要以本业为主，兼学政治、军事、文化，从事生产、批判资产阶级。"学生也是这样，以学为主，兼学别样，即不但学文，也要学工、学农、学军，也要批判资产阶级。学制要缩短，教育要革命，资产阶级统治我们学校的现象，再也不能继续下去了。"（后称为"五七指示"。）

9. 1966年5月16日，中共中央发出《通知》（即著名的《五一六通知》），提出"彻底批判学术界、教育界、新闻界、文艺界、出版界的资产阶级反动思想，夺取在这些领域中的领导权。”“同时批判混进党里、政府里、军队里和文化领域的各界里的资产阶级代表人物。”从此，一场史无前例的“文化大革命”在全国范围内席卷开来，使我国教育事业遭受到新中国成立以来最严重的挫折和损失。

（二） 重大建设与改革事件

1. 1962年，成立了第一届高等数学课程教材编审委员会（以下简称“编委会”），由西安交通大学副校长张鸿教授任主任委员，清华大学赵访熊教授为副主任委员等共十人组成（详见附录Ⅱ）。根据教育部的要求，编委会认真总结了1952年特别是1958年以来工科数学课程教学改革正、反两方面的经验，于1962年5月对1954年制订的高等数学课程教学大纲进行了全面的修订，作为适用于工科本科五年制各类专业适用的新大纲（详见附录Ⅲ）。为了发挥教师教学上的创造性和主动性，明确教学大纲为指导性的教学文件，同时编委会还组织编写并评选出一批新教材。

张鸿教授

在教学管理方面，恢复了大班教师负责制，组织集体备课，加强对新教师的培训以及新教师开课的试讲制等一系列行之有效的措施。

2. 1964年在广州召开了高等数学课程编委会扩大会议，会议根据1962年编委会修订的《高等数学（基础部分）教学大纲》组织修订、编写并评选出版了一批新教材。主要有：

（1）樊映川等编的《高等数学讲义》第二版，1964年7月由人民教育出版社出版。与第一版相比，该书在教学内容的深广度与章节的次序方面，力求基本符合新大纲，凡超出大纲要求的内容都用小字排印，例如，函数的一致连续性和级数的一致收敛性及其性质。对中值定理与导数的应用，线、面积分与微分方程做了较多的修改。

（2）清华大学数学教研组编《高等数学（基础部分）》（上、下册），1964 年 8 月由人民教育出版社出版。

（3）西安交通大学高等数学教研室编《高等数学》（上、下册），1964 年 8 月由高等教育出版社出版。

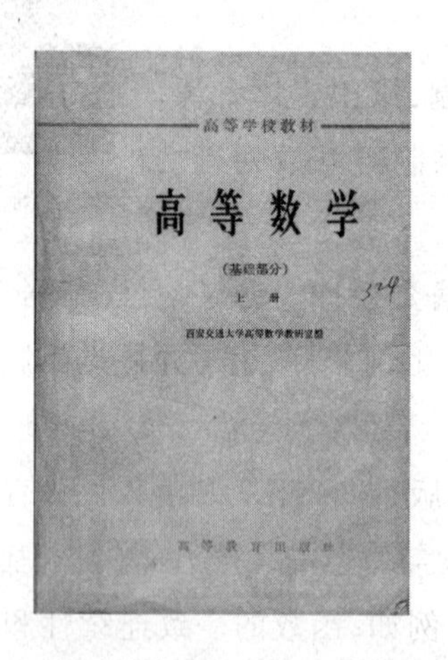

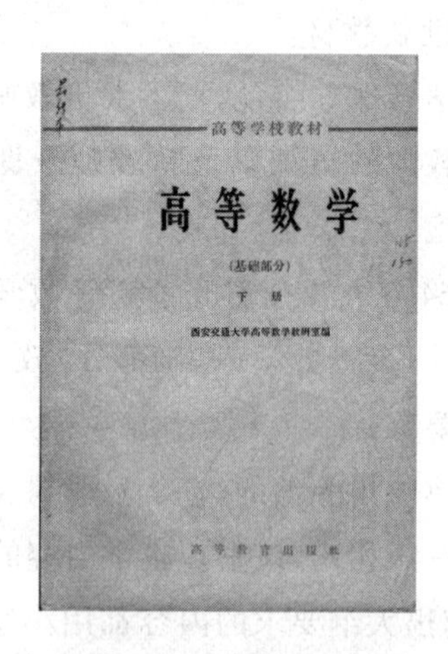

3. 关于供不同专业选用的工程数学教材，除前面提到的于 1960 年底至 1961 年初由 27 院校编写、人民教育出版社出版的三本（分别供无线电类、水土类、化工类专业选用）教材外，现在查到的只有 1966 年 1 月由西安交通大学高等数学教研室编写、高等教育出版社出版的《复变函数》，其余各校使用的同类教材都是由各校自己编印的讲义。

4. 值得指出的是，在中国科学院成立中国科技大学后，著名数学家华罗庚教授、关肇直教授、吴文俊教授亲自为学生上基础课，华罗庚与关肇直二位教授还分别编写出版了《高等数学引论》（1963 年 7 月，第一版，科学出版社）、《高等数学教程》（1959 年，第一版，高等教育出版社）。与其他教材不同，他们编写的教材不受统一教学大纲的限制，也没有传统意义下分析、代数与几何的严格分界线，在教学内容和体系上，突破了苏联教材和传统教材。

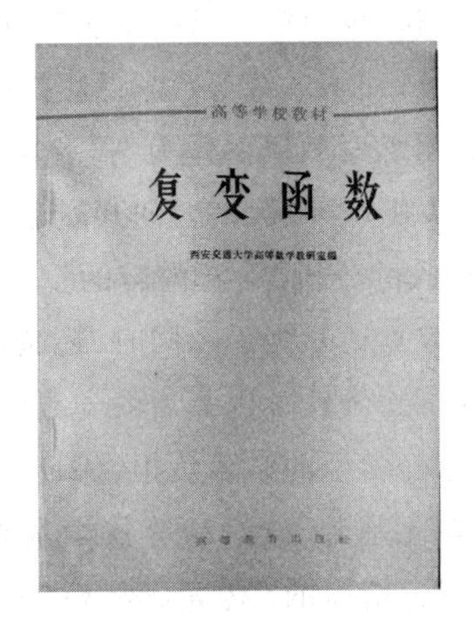

另外,清华大学赵访熊教授还编写了一本很有特色的《高等数学》,作为工科院校的教学参考书于 1965 年 6 月由人民教育出版社出版。

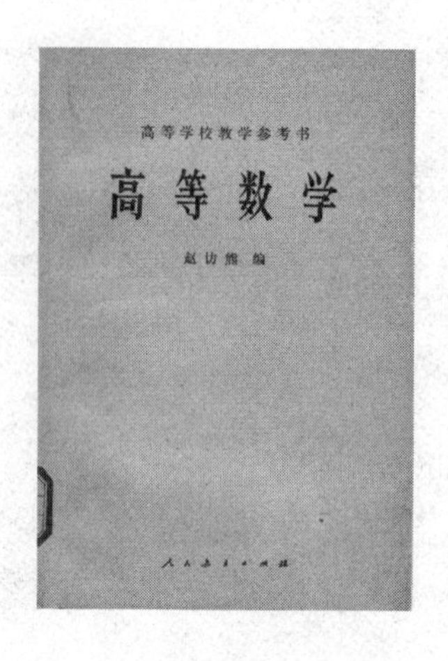

5. 为了贯彻“七三指示”和“少而精”原则，很多工科院校对“高等数学”课程的教学研究做了大量细致的工作。例如，高等数学课程教材编委会主任、西安交通大学副校长张鸿教授将该校高等数学教研室作为“试验田”，在他和编委会委员陆庆乐教授的带领下，几乎每周都用一个单元的时间开展课程教学研究工作，对高等数学的体系和具体内容进行深入的分析，确定内容的重点和难点，删去不少次要的内容，以保证学生把主要内容真正学到手。同时，还选派一批青年教师到学生中去，与学生一同吃饭、一同听课，统计学生每周的学习时间、作业时间和课外活动时间，听取他们的意见，以减轻学生的学习负担，保证他们有足够的睡眠时间、休息时间和体育锻炼时间。在此基础上，对高等数学基础部分的教学内容又作了一些精减。一些院校还赶写了精简的《高等数学》讲义，但为时不长便开始了十年动乱。

（三）简要评述

1. 纵观这一阶段工科数学的课程建设和教学改革，工作是比较细致扎实的，教学质量也是高的。在初步总结 1958 年以后正、反两方面经验教训的基础上，澄清了一些“左”的思想，纠正了一些错误的做法，进一步稳定了教学秩序；特别是首次肯定了工科数学课程应当包括高等数学（基础部分）和工程数学（结合专业部分）两部分内容，并编写了相应的教材，使学生数学知识面的扩充有了一次大的飞跃；提出了教学工作要贯彻“少而精”原则，要减轻学生的负担，让学生能够生动活泼地主动得到发展。这些思想和做法都是正确的，对提高人才培养的质量具有重要的意义。有人称这一阶段是我国高等教育（当然也是大学数学课程教学改革和建设）的“小黄金”时期。

2. 在编委会新修订的高等数学的教学大纲中，除基础部分外还增加了工程数学部分。基础部分保留了原大纲的框架和体系，对内容的深广度作了一些必要的精简。例如，删去了一致连续和一致收敛；要求讲清极限的 $\varepsilon-N$，$\varepsilon-\delta$ 定义，但不强调给出 ε 后求 N 或 δ；面积分的内容只要求定义、性质、计算法及应用，高斯公式与斯托克斯公式均未提及。该大纲的说明书中对本课程的基本要求、各章节内容的重点和深广度都作了详细的说明。强调切实加强基本概念、基本理论和基本运算的所谓数学课程的“三基”训练；规定总学时为290；强调习题课的重要性，规定290学时中110学时用于习题课，并对各章习题课的学时数和习题数量均作了明确的规定。新制订了工程数学部分的教学大纲，供不同专业选学，天津大学等27院校以及其他院校在1959年以后改革中提出的关于工程数学课程的教学内容大多被吸收到该大纲中，成为我国大学数学课程教学内容的重要组成部分，为改变我国工科院校数学课程的面貌、提高教学质量奠定了基础。

3. 在这一阶段中提出了大学数学课程建设和教学改革中的一些重大问题。例如，首次提出了教学中要重视培养学生能力和培养优秀拔尖人才这两个重大问题；组织著名数学家和教授为本科生上基础课，在教学内容和体系上，突破苏联教材和传统教材的束缚，编写高质量的数学教材的问题；深入而全面地总结1958年以来的经验教训，在教学内容、课程体系和教学方法上探讨并建立符合我国实际情况的人才培养模式等。由于这些问题还没有引起各级领导和广大教师的普遍重视，因而没能组织力量认真研究，进行改革探索和实践。“文化大革命”的到来，致使对它们的研究一直延续到十年动乱之后，甚至其中有不少问题至今仍未得到妥善解决。

4. 1966年的“五七指示”和《五一六通知》错误地估计了我国阶级斗争的形势，改变了教学改革的方向，引发了以后的十年动乱，使我国教育事业再次受到重大挫折和破坏，也使大学数学的课程建设与教学改革处于停滞甚至倒退状态。

第五阶段（1966年下半年—1976年）

（一）形势与背景

1. 1966年5月至1976年10月的“文化大革命”对我国政治、经济造成了严重的混乱、破坏和倒退，是大动乱的十年。这十年包括了第三和第四个五年国民经济建设计划时期。"三五"计划提出了"进一步开展阶级斗争、生产斗争、科学实验三大革命运动,积极备战……加快国防工业和大小三线建设"的方针,1970 年草拟的"四五"计划《纲要》也提出:"以阶级斗争为纲,狠抓备战,促进国民经济新飞跃。"1973 年修订的《纲要》还提出:"深入开展教育革命,大、中、小学都要贯彻执行《五七指示》,培养有社会主义觉悟的、有文化的劳动者。高等学校要建立教学、生产劳动和科学研究三结合的新体制,走上海机床厂从工人中培养技术人员的道路。"按照这些方针,我国的高等教育事业几乎处于完全瘫痪的状态。

从 1966 年到 1969 年高等学校停止招生 4 年,直到 1970 年才开始招收工农兵学员的试点,部分工农兵学员只有相当于初中甚至还不到初中的文化程度。学制缩短为 2~3 年,而且他们在校的主要任务是所谓的"上、管、改"(即上大学、管大学、用毛泽东思想改造大学),"开门办学",下乡下厂,上阶级斗争这门主课,斗"走资派",批"反动学术权威"。

2. 1968 年 7 月 22 日,《人民日报》刊登《文汇报》记者、新华社记者的调查报告《从上海机床厂看培养工程技术人员的道路》,并在编者按语中引述了毛主席加写的关于理工科大学要走上海机床厂从工人中培养技术人员的道路的指示(简称"七・二一指示")。同年 9 月,上海机床厂为贯彻毛主席的"七・二一指示",创办了七・二一工人大学。此后,各地相继仿办。

3. 1968 年 7 月 22 日,首都工农毛泽东思想宣传队进驻清华大学。至 8 月底,工宣队进驻了北京地区的全部大专学校。8 月 25 日,中共中央、国务院、中央军委、中央"文革"发出《关于派工人宣传队进驻学校的通知》,要求"各地应该仿照北京的办法,把大中城市的大、中、小学逐步管起来"。8 月 26 日,《人民日报》发表姚文元的文章《工人阶级必须领导一切》。文中引用毛泽东主席的指示:"工人宣传队要在学校中长期留下去,参加学校中全部斗、批、改任务,并且永远领导学校。在农村,则应由工人阶级的最可靠的同盟军——贫下中农管理学校。"在工宣队进驻高校后,错误地斗争、批判了大批干部和教师。校系两级成立革命领导小组或教育革命组,许多学校撤销了教研室(组)和基础部,把各门课程的教师及学生混合编成专业联队和教育革命小分队,大搞所谓教育革命,提出了形形色色的"教育革命的方案",进行名目繁多的改革,把新中国成立以来形成的高校的教学组织、领导体制、规章制度全盘否定,造成教学秩序的混乱,教学质量和学术水平的明显下降。

4. 1969 年 10 月,林彪发布所谓"第一个号令"后,一些高校被裁并,一批设在大中城市的高校被外迁,更多的高校则以办"五七"干校、试验农场、分校、进行教育革命实践等名义,在农村建立"战备疏散点",将大批师生员工和部分家属下放农村,造成校舍被占,仪器设备、图书资料遭到严重破坏和散失。

5. 1971 年 6 月,成立国务院科教组,在全国教育工作会议上,由于张春桥、迟群一伙控制了会议,全盘否定了新中国成立 17 年来的教育工作,在会议纪要中提出了所谓“两个估计”,即“文化大革命”前17年的教育战线毛主席的无产阶级的教育路线没有得到贯彻,资产阶级专了无产阶级的政;原有教师队伍大多数“世界观基本上是资产阶级的”,是资产阶级知识分子。纪要还把所谓的全民教育、天才教育、智育第一、洋奴哲学、知识私有、个人奋斗、读书做官、读书无用,作为“刘少奇修正主义路线”的“八大精神支柱”进行批判。会上还将全国417所高校调整、撤销合并为309所。

6. 1973年7月19日,《辽宁日报》以《一份发人深省的答卷》为题刊登张铁生的一封信。编者按说:张铁生“物理化学这门课的考试,似乎交了白卷,然而对整个大学招生的路线交了一份颇有见解、发人深省的答卷”。8月10日,《人民日报》转载,并再加按语说此信“确实发人深省”。

7. 在十年动乱时期,中央的很多领导同志对“文化大革命”的错误提出了批评。周恩来总理在1972年主持中央日常工作期间,针对“四人帮”的倒行逆施,提出批判极“左”思潮,落实党的干部政策、知识分子政策,提倡“为革命学业务、文化和技术”,加强基础理论的学习和研究等一系列正确的主张。邓小平副主席在1975年主持党中央工作期间,与“四人帮”进行了针锋相对的斗争,对教育工作做了一系列重要指示,如教育要整顿,大学不能只办“七二一”(大学)一种形式,要尊重教师的地位,学生要认真学习文化科学知识,等等。

(二) 重大建设与改革事件

1. 十年的大动乱,使我国高等教育事业,包括大学数学课程的教学改革与课程建设处于全面的停滞、破坏和倒退状态。特别是在1966—1969年这四年中,高等学校全面停课,停止招生,中央“文革”小组煽动广大师生“踢开党委闹革命”,冲出校门,进行所谓的“革命大串联”,到处“造反”,挑动派性和武斗,“打倒一切”,甚至搞打砸抢。在此期间,各级领导干部都被当做“走资派”进行长期的无情的斗争;把大多数从旧社会过来的老专家、教授当做“资产阶级反动学术权威”,“或一批二看,或一批二用,或一批二养”,遭到批判斗争,有的致死致残,有的被剥夺教学科研的权利,长期下放劳动;对新中国成立后培养起来的教师,大多也被视为资产阶级“臭老九”。广大教师由于被派下厂下乡,到“五七”干校参加劳动,接受“再教育”,长期脱离教学、科研实践,没有时间进行(也不敢进行)业务上的“再学习”,就是原来已经掌握的知识也荒疏了,更谈不上进行有实际价值的教学改革了!

2. 从1970年开始,部分高校开始招收工农兵学员的试点,学制为三年。由于这些学员基础知识和学习能力大都很差,学员间的差距也很大,为了适应这些学员的实际情况和教学需求,数学课程必须从初等数学讲起,这对很多教师来说是非常头痛的一件事。例如,有的学员很长时间都搞不懂为什么$\frac{1}{2}+\frac{1}{2}=1$,而不等于$\frac{2}{4}$?

当时,为了满足工农兵学员的实际需要,不少学校的教师都编写了《初等数学》教材。由于讲授初等数学至少要用一个学期的时间,所以在三年的学习期间用于讲高等数学的时间就非常有限了。"高等数学"课必须大力削减教学内容,降低对基本概念和理论的要求,只讲一些最基本的计算方法和简单的应用,结合专业的工程数学内容大都被砍去了。

3. 为了适应"大学"就是"大家都来学""大家都能学",不少学校都重新编写了《高等数学》或《微积分》的教材,其中于1971年4月由科学出版社出版的清华大学基础课《微积分》编写组编写的《微积分》是其中最为典型、影响最大的一本。据清华大学至今还健在的老教授回忆说,这本书是该校的几位教授在北京特种钢厂一边劳动一边为工人师傅讲授微积分的基础上编写而成的。为了让工人师傅能够听得懂,他们通过工人所熟悉的用大锉加工圆形工件的例子,用最通俗易懂的形象直观的语言讲解微积分中"以直代曲"的思想。正如编者在该书的"内容简介"中所说的那样,"本书力求从劳动人民的生产斗争和科学实验的实际经验出发,以分析微分、积分这对矛盾的发生、发展和转化为线索,阐述了微积分的基本分析方法,研究了微积分的计算和应用问题,初步打破了微积分教材的旧体系","一把大锉捅破了窗户纸","破除了微积分的神秘感"。由于该书篇幅很小(只有170页),内容非常简单,当时的售价仅为0.38元,所以事后被引为笑谈地称为"三毛八的微积分",广为流传,也为不少院校借鉴。

1973年上海人民出版社出版了由上海《高等数学》编写组编写的《高等数学(理科用)》(上、下册),1974年该出版社又出版了由上海市工科《高等数学》编写组编写的《高等数学(工科用)》(上、下册)。

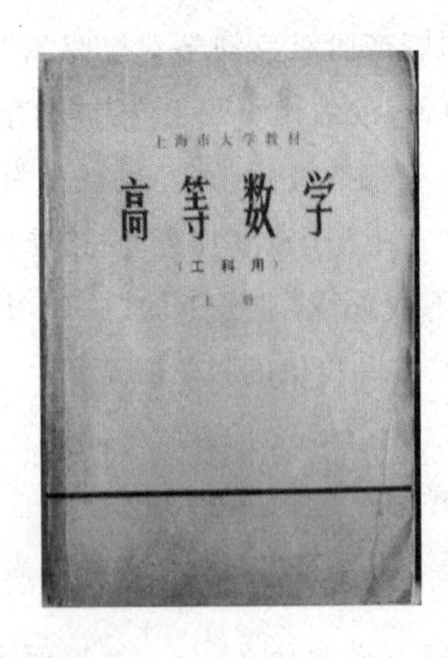

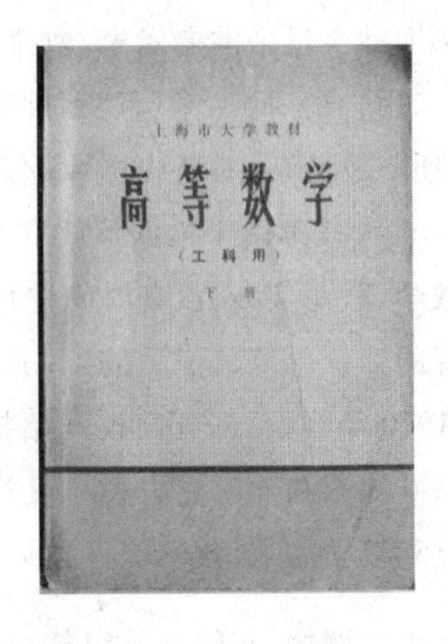

4. 在20世纪70年代初,有人翻译出了马克思的《数学手稿》,并在当时党中央

的机关刊物《红旗》上刊登。在该手稿中，马克思用唯物辩证法的思想解释牛顿和莱布尼茨在创立微积分初期所遇到的困难，把无穷小量说成“既是零，又不是零”，把导数说成“零比零”。学习与应用马克思的《数学手稿》和鲁滨逊的《非标准分析》中“$\frac{0}{0}$”的观点，并用以讲解微积分，将它贯穿到微积分教材中一度成为当时数学课程改革的时尚。例如，1975 年，人民教育出版社出版的由西安交通大学高等数学编写组编写的《高等数学》（上、下册）就是其中之一，该书还在每章后编写了一些综合实践题，供课外参考。

5. 为了贯彻数学理论与专业课和工程实际相结合的原则，收集与编写数学在各工程专业和工程技术中的应用实例，很多院校的数学教师所在的数学系（或基础部）和教研室（或组）被解散，他们大多被分配到其他专业或教研室中去，并组成各种教育革命小分队，到工厂中去，一边参加劳动，一边与专业教师相结合，收集、整理专业课中的数学应用实例，提炼工程实际中的数学问题，并将它们编入高等数学的教材中。例如，西安交通大学不少数学教师在先后到西安铁路信号厂、宝鸡秦川机床厂、岐山秦岭机床厂等单位的劳动中，发掘并整理出不少工程实际意义的例子，有些例子曾反复在教学或教材中被引用。

（三）简要评述

1. “文化大革命”的十年，是继 1958 年下半年至 1960 年教育革命挫折之后我国高等教育所经历的第二次大动荡、大挫折、大失败，也是中国历史上时间最长、破坏最严重、影响最深远的大动乱。它耽误了一代人的成长和培养，据估算，至少为国家少培养了 100 万名合格的大专毕业生和 200 万以上的中专毕业生，造成了相当长一段时间内各条战线上的人才奇缺，后继乏人，造成了教师断层，科技人才断层，干部断层，使我国高等教育、科学研究、国民经济在本来就已落后于发达国家的情况下，又落后了十年甚至更长的时期；造成了广大干部和知识分子严重的心灵创伤，使年轻一代和在校学生的思想道德水平急剧下降。这些"内伤"比严重的"外伤"影响更为长远，教训更为惨痛，值得后人永远记取！

2. "文革"期间不少教师在非常艰苦的条件下坚持用唯物辩证法去深入浅出地揭示数学概念的本质，挖掘数学理论和数学方法中的科学思维方法，这种做法是应当肯定的。前面提到的通过用锉刀锉出圆形工件，用长方体形的砖块砌出圆柱形的烟囱等非常通俗的例子来引进微积分的概念，阐述微积分中"以直代曲"的思想，也是很有启发性的，适于向工农大众普及。但作为大学数学教材，应上升到抽象的概念及理论，在认识上深化，而不是简单地停留于此，否则，实际上起了否定抽象与理论之作用。

3. 马克思《数学手稿》中的哲学思想对领会微积分中的基本概念和基本思想方法还是颇有启迪的，但是，马克思之《数学手稿》，本质上是柯西之前的微积分，用抽象的哲学概念来说数学，而没有在理论上严格化，并提升为现代的理论。在已有了柯西的理论之后，再大力提倡这一点，是一种倒退，其副作用不可低估。用哲学来贴标签，代替数学的严密论证同样危害不浅，至今在社会上仍有影响。

4. "文革"期间，不少数学教师在下专业、下厂劳动期间，发现和整理了一些具有工程背景的应用实例，努力探索解决数学理论与实际相结合，培养学生应用数学知识分析解决实际问题的能力的路子，这些做法也是值得充分肯定的。但是，做这件事并不一定需要撤散教研室，让数学教师按专业长期分散到工厂企业中去。这样做的结果是，由一批骨干教师组成的教学团队被解体，大学数学课程的课程建设与教学改革处于无人问津的状态。

5. "文革"期间，不少学校的课程教学采用"典型产品带动教学"的做法，采用这种做法的本意是为了激发学生的学习兴趣，培养学生解决实际问题的能力，是无可厚非的。然而，应当切实避免将一些重要的基本理论弄得支离破碎，忽视基础课理论系统化、严密化。在大学数学课程的教学中尤其要注意这个问题。

第六阶段(1977—1989年)

(一) 形势与背景

1. 1976年10月，在广大人民群众的支持下，党中央采取果断措施，一举结束了“文化大革命”这场灾难,从危难中挽救了党,挽救了革命和建设,使我国进入了新的历史发展时期。特别是 1978 年 12 月召开的十一届三中全会,是新中国成立以来党的历史上具有深远意义的伟大转折。从全会以后开始,全面认真地纠正“文革”中及其以前的“左”倾错误;提出了要解放思想、开动脑筋、实事求是、团结一致向前看;把工作重点转移到社会主义现代化建设上来,从而也使我国的高等教育又进入一个新的发展历史时期。

2. 1977 年 7 月,邓小平同志恢复中共中央副主席职务以后,亲自主管教育工作,召开了一系列教育工作会议,发表了一系列重要讲话。他明确指出,“文革”前 17 年的教育工作,“主导方面是红线”,要彻底批判和推倒“四人帮”搞的所谓“两个估计”;要恢复“文革”前实行的统一考试、德智体全面衡量、择优录取的从高中生中直接招收大学生的制度,并从 1977 年开始正式实行;要提高教育质量,提高科学文化的教学水平;教育要为四个现代化服务,必须同国民经济的发展和要求相适应;科学技术是第一生产力,知识分子是劳动人民的一部分;要尊重知识,尊重人才等。1978 年 4 月,在教育部召开的全国教育工作会议上研究了 1978—1985 年教育事业规划纲要(草案),会议指出:“从现在起到 1985 年是关键的 8 年,前 3 年着重整顿提高,为后 5 年加快发展打好基础。”1979 年 12 月,教育部开会研究贯彻党的十一届三中全会上提出的“调整、改革、整顿、提高”方针的具体措施,之后,我国的高等教育便进入调整科类结构、专业布局和专业内容阶段。例如,从 1982 年起,用 3~5 年时间对高校的文、理、工、农林、医药等各科类的本科专业目录进行了修订。

3. 1984 年 10 月 20 日举行的中共十二届三中全会总结了十一届三中全会以来城乡经济体制改革的经验,提出了进一步贯彻执行对内搞活经济、对外实行开放的方针。全会通过的《中共中央关于经济体制改革的决定》,突破了将计划经济同商品经济对立起来的传统观念。1985 年 5 月 19 日在全国教育工作会议上又制订了教育体制改革决定草案。会上,邓小平同志提出:“国力的强弱,经济发展后劲的大小越来越取决于劳动者的素质,取决于知识分子的数量和质量。”

4. “文革”以后,教育部开始高等院校的教学计划、教学大纲的修订工作,并组织力量编写出版新教材。

(1) 1978 年,教育部发出《关于高等学校理工科教学工作若干问题的意见》,规定:理工科类本科学制一般为 4 年;保持“以学为主,兼学别样”的原则,4 年中主学时间为 146 周,兼学及其他活动为 34 周;理论教学与实验至少应占主学时间的 80%;基础课教学时间必须保证占总学时的 70%~75%,课程要精简,内容要少而精,等等。

(2) 1980 年初,教育部委托部分直属高等工业学校拟定了《教育部关于直属高等工业学校修订本科教学计划的规定(草案)》,规定高等工业学校的培养目标为“德、智、体全面发展的高级工程技术人才”,在业务上“必须获得工程师的基本训练”。1980 、1981 两年,教育部印发了 12 种专业的教学计划作为教育部直属高等学校参考性教学计划,也供其他高等工业学校修订计划参考。在上述《规定》中提出了修订教学计划的六项原则:正确处理政治和业务的关系,正确贯彻理论与实际相结合的原则,切实贯彻“少而精”的原则,努力贯彻因材施教的原则,认真实行劳逸结合的原则,体现统一性与灵活性相结合的原则。

(3) 1980 年 4 月教育部发出《关于全国重点高等工业学校本科修订基础课和技术基础课课程教学大纲的几项原则(草案)》,明确教学大纲是教学的指导性文件,是教材选编工作的依据。修订教学大纲要认真总结我国高等工业学校 30 年来正、反两方面的经验,特别是 1962 年修订教学大纲的经验,汲取外国有益的东西,使大纲符合我国高等工业学校的实际,适应我国社会主义现代化建设的实际对培养人才的需要,并提出了修订工作的原则(略)。

(4) 1980 年 4 月 28 日,教育部又发出《关于编审高等学校理工科基础课和技术基础课教材的几项原则(试行草案)》,要求“有计划地进行教材建设工作,逐步为各门课程编写、出版各种具有不同风格和特色,反映国内外科学技术先进水平的教材,以利于不断地提高教学质量”。明确指出“教材既是教学经验的总结又是科学的著作”。在这个文件中分别提出了编审教材的基本要求、编审教学参考书的基本要求、编审实验教材的基本要求和编审习题集的基本要求。在《编审教材的基本要求》中详细地规定了编审原则(略)。

同日,教育部还印发了《高等学校理科教材和工科基础课程教材编审委员会暂行工作条例(试行草案)》,决定恢复有关各科的教材编审委员会,作为教育部在教材和教学工作方面一个经常性的业务指导机构。规定了在教育部领导下,编委会的五项工作:1) 组织草拟和审定各门课程的教学大纲(理科教材编委会还要制订有关专业的教学计划),并根据科学技术的发展和教学经验的积累,向教育部及时提出修改各种教学文件,促进教学更好地符合现代化要求的建议;2) 研究各科教材编审中的方针原则性问题及促进教材内容现代化的具体措施,制订教材建设的长远规划,报教育部审批;3) 组织评选各校新推荐出版的讲义,审查新教材和某些教学参考书的书稿;4) 组织编委会成员及其他教师对教材情况作比较系统的调查研究,撰写教材评介和教学经验介绍的文章,组织召开有关教材和教学经验的讨论会和交流会,评选优秀教材;5) 开展外国教材的研究与评介工作,组织交流外国教材的研究情况和成果,向教育部和有关出版社提出选购及翻译、影印外国教材的建议。

(二) 重大建设与改革事件

1. 1977 年,教育部(当时称为国家教育委员会)提出要首先解决教材的有无问题,当年 12 月在西安召开了高等工业学校数学与物理教材编写工作会议。草拟了高等数学(含工程数学)教材编写大纲。根据这个编写大纲,1978 年 3 月高等教育出版社出版了由同济大学数学教研室主编的《高等数学》(上、下册)第一版[①],后经多次修订(从第二版起修订工作由同济大学承担),至今已出第七版。该书是全国使用面最大、影响最大的一本教材,第三版于 1997 年获普通高校国家级教学成果一等奖,在我国大学数学课程教学中发挥了重要的历史作用。

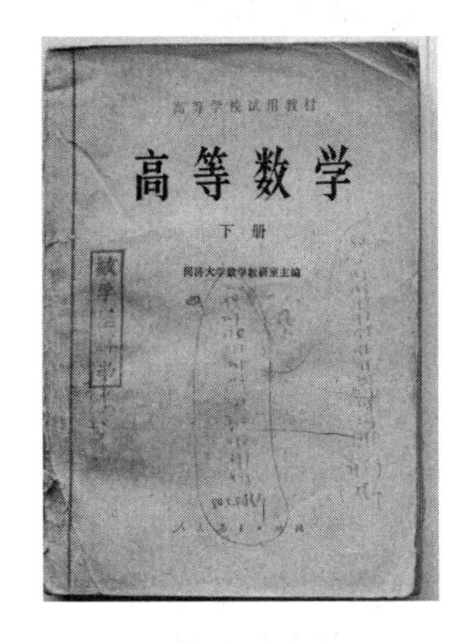

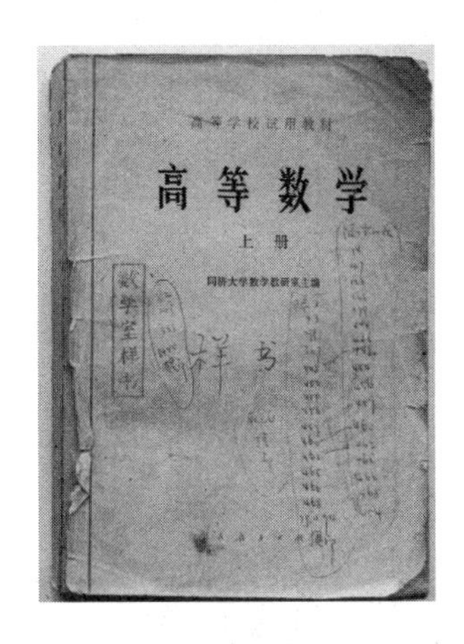

2. 根据 1977 年 12 月西安会议上通过的工程数学教材编写大纲,在 1978 年至 1979 年期间,由人民教育出版社相继出版了一批工程数学系列教材,它们是:浙江大学数学系高等数学教研组编写的《概率论与数理统计》、重庆大学谢树艺编写的《矢量分析和场论》、西安交通大学高等数学教研室编写的《复变函数》、南京工学院(现更名为东南大学)数学教研组编写的《积分变换》和《数学物理方程与特殊函数》。这几本教材后来又根据编委会(或教指委)修订的教学大纲(或教学基本要求)进行了多次修改,并改由高等教育出版社出版,成为全国高等工业学校使用面较广的几本工程数学教材。1982 年 3 月,高等教育出版社又出版了同济大学数学教研室根据该校数学教研室主编的《高等数学》(第一版)中的第 13 章修改而成的工程数学——《线性代数》。

① 参加该书编写的有同济大学王福楹、王福保、蔡森甫、邱伯驺,上海交通大学王嘉善,华东纺织工学院巫锡禾,上海科技大学蔡天亮,上海机械学院王敦珊、周继高,上海铁道学院李鸿祥等。

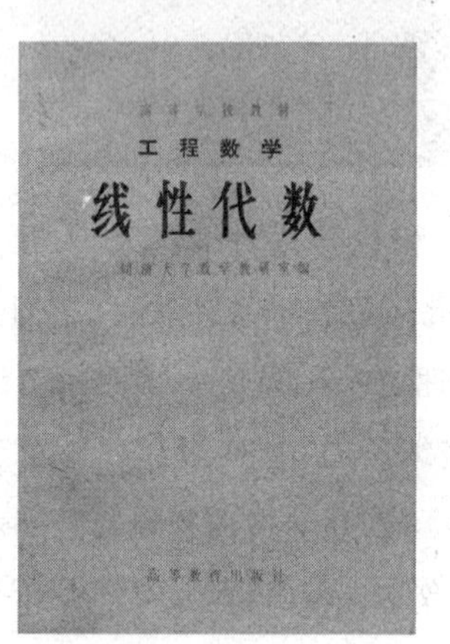

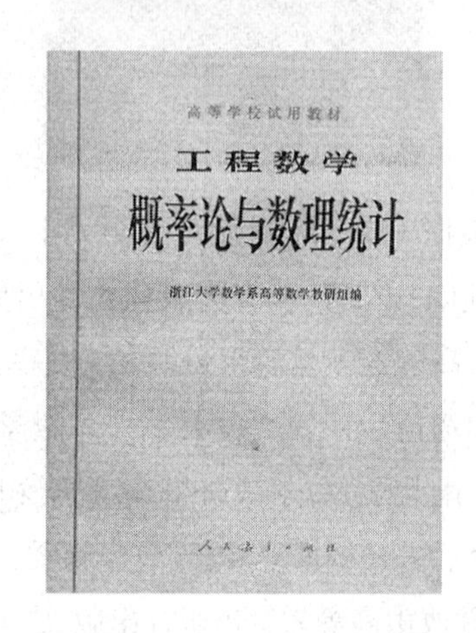

3. 1980年恢复了工科数学教材编委会(两年后更名为工科数学课程教学指导委员会,简称“教指委”),编委会主任为清华大学赵访熊教授,副主任为北京工业学院的孙树本教授及西安交通大学的陆庆乐教授,后来被称为第二届工科数学课程教学指导委员会。1985年成立的第三届工科数学课程教学指导委员会主任为陆庆乐教授,副主任为清华大学盛祥耀教授。从第三届开始,规定各大区设联络员负责教指委与各大区的联络、协调工作,组织各大区的研讨和交流,反映各大区的情况和要求。根据教育部规定的编委会(教指委)的工作任务,1980年编委会对

赵访熊教授

陆庆乐教授

1962年制订的高等数学教学大纲进行了修订。与1962年的大纲相比,新大纲在高等数学(基础部分)中删去了已移至中学的行列式与线性方程组以及平面解析几何的内容。在课程的目的与任务方面,将原大纲中“为学习后继课程和进一步扩大数学知识打好数学基础”提高到“为培养四个现代化需要的高级工程技术人才服务”,并且还提出“注意培养学生比较熟练的运算能力、抽象思维能力、逻辑推理能力、几何直观和空间想象能力”。在课程的基本要求方面,将原大纲中要求学生正确理解的基本概念由仅局限于一元函数微积分、微分方程和级数的收敛性增加到多元函数微积分中的偏导数、全微分、重积分和线面积分等;要求正确理解和应用的定理和公式增加了变上限求导定理和格林公式;要求熟练运用的法则和方法,去掉了洛必达法则,将积分法仅限定为换元法和分部积分法,增加了二重积分计算法。总学时由290减少为216~230,习题课减少至58学时,课内外学时比为1∶2。因此,虽然新大纲总学时、习题课学时减少了,但是教学基本要求却提高了。在高限学时230中还包含了原大纲中未作要求的高斯公式、斯托克斯公式,级数中的柯西收敛原理以及一致收敛和一致收敛级数的性质等。

第三届教学指导委员会合影

4. 为了有利于各校根据自身的情况制订教学计划和教学大纲,有利于搞好搞活教学,办出特色;有利于保证基础课课程的基本教学质量,便于进行教学质量的检查,1985年教育部决定不再组织制订本科基础课程的教学大纲,改为委托各课程教指委制订有关课程的教学基本要求。工科本科基础课程的教学基本要求是一个指导性的教学文件,它是作为工科本科学生学习有关课程必须达到的合格要求,各校可结合自己的实际情况,在此基础上作特殊要求。它是普通高校制订教学计划和教学大纲的依据,也是编写基本教材和进行课程教学质量评估的依据。根据上述精神,工科数学教指委于1985年启动、1987年完成高等数学课程和四门工程数学课程（线性代数、概率论与数理统计、复变函数和数学物理方程）的教学基本要求的制订工作，并经教育部高教司批准后于同年4月由高等教育出版社正式出版。在《高等数学课程教学基本要求》中，明确规定了课程的性质、地位和任务，第一次提出"在传授知识的同时，要通过各个教学环节逐步培养学生具有抽象概括问题的能力、逻辑推理能力、空间想象能力和自学能力，还要特别注意培养学生具有比较熟练的运算能力和综合运用所学的知识去分析问题和解决问题的能力"。基本要求将对学生掌握不同数学知识的高低程度划分为三个等级。例如，在多元微积分中，对重积分的概念、二重积分的计算法、两类线积分的概念和格林公式定为最高的一等要求；对三重积分与两类线积分的计算法定为二等要求；对两类面积分的概念、计算法、高斯公式与斯托克斯公式、平面线积分与路径无关条件的应用、散度、旋度、重积分与线面积分的应用定为三等要求。在教学内容方面，与1980年的教学大纲相比略有调整。例如，删去了级数中的柯西收敛定理、一致收敛，增加了梯度、散度和旋度等概念。高等数学的参考学时（含习题课）由1980年的216~230学时再次降低为190~210。线性代数学时为32~36，概率论与数理统计学时为44~52，复变函数学时为32~36，数学物理方程学时为30~32。

5. 工科数学教指委召开了两次全国高等学校工科数学课程教学经验交流会。第一次经验交流会于1982年在成都科技大学（现已合并到四川大学）召开。第二次经验交流会于1987年4月22日在安徽马鞍山华东冶金学院召开。参加会议的有来自全国近200所院校近300名代表。会议交流材料300多篇，内容涉及教书育人、贯彻教学基本要求、教学方法与教学内容改革等方面，对我国工科数学课程教学改革起到了积极的推动作用。

6. 在这个阶段，恢复与创办了两个大学数学教学研究与教学改革方面的刊物。

1980年陕西省数学会恢复了由原中国数学会西安分会在1954年创办的《数学学习》（创办一年后即停刊），将该杂志由原来面向中学数学教师改变为面向大学数学教学，1982年开始挂靠在西北工业大学。20世纪80年代中期，按国家出版总署的要求，又改为由西北工业大学和陕西省数学会共同主办。1998年经国家新闻出版总署批准更名为《高等数学研究》。"其宗旨主要是紧密配合大学的数学教育，研究高等数学的理论、方法和应用，指导和帮助大学生更好地理解和掌握大学数学的教学内容、方法和思想，提高大学生的数学素质，为从事大学数学教学一线的教师、数学工作者和优秀学生，提供一片从事数学教学研究、交流教学成果和学习高等数学体会的创作园地。"

另一个刊物是于 1984 年 9 月创刊的《工科数学》,该刊是经教育部批准、由全国高等工科学校数学教材编审委员会主办的,教材编委会主任、清华大学教授赵访熊任该刊编委会主任。1990 年后改为由全国高校工科数学课程教学指导委员会与合肥工业大学主办,编委会主任在这一阶段由各届教指委主任担任。其宗旨是:推动我国高等工科学校数学课程的改革,提高教学质量、培养学生能力、激发学生学习的兴趣,探索数学在工程技术中的应用,促进数学教学为国民经济服务,为工程技术服务。该刊还刊登为满足青年教师开展科研工作需要的专题讲座和专题研究等文章。经国家科学技术委员会、国家新闻出版总署批准,从 2003 年第一期开始,该刊更名为《大学数学》,由教育部主管,教育部数学与统计学教学指导委员会、高等教育出版社和合肥工业大学主办。《大学数学》办刊的宗旨为:报道全国高等学校教学和科研成果与进展,为广大高校的师生提供一个交流信息的园地,为提高高校数学教师业务水平服务,为提高广大高校学生的能力与素质服务,为促进我国数学教育事业服务。自 2006 年至今,该刊由西安交通大学徐宗本教授(2011 年当选为中国科学院院士)任编委会主任。

7. 1987 年开始，教育部开展了高等数学课程教学评估工作，制订了《高等数学课程评估方案和指标体系（讨论稿）》，并在陕西省进行首次评估试点工作，在各校自我评估的基础上，在全省进行统一的评估考试。这次评估，不但对陕西全省高校高等数学课程教学质量的提高具有很大的促进作用，而且为进一步开展全国的该课程评估工作积累了经验。此后，又于 1992 年在上海、1993 年在武汉分别进行了课程教学评估试点工作，并对评估方案和指标体系进行了修订，使之更加完善。

8. 1986 年启动《全国普通高等学校高等数学试题库》研制工作，组成由西安交通大学负责，华南理工大学、北京理工大学和上海工科数学协作组（上海海运学院、上海交通大学、同济大学、华东化工学院等）参加的研制组，至 1990 年完成一期工程。

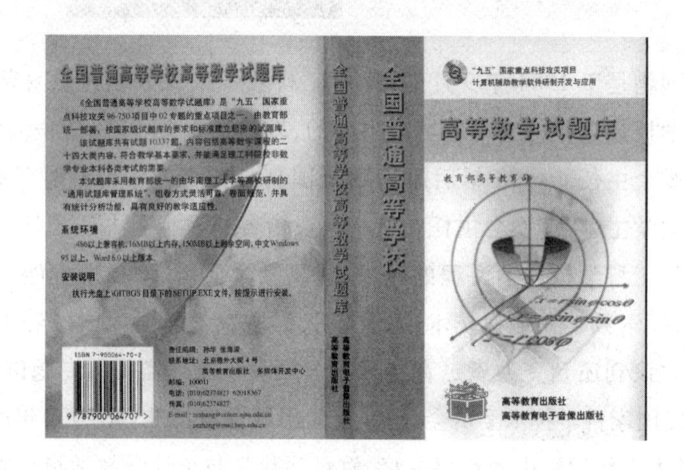

9.“文革”结束以后，为了解决教师业务荒疏和教师队伍的断层问题，教育部在国内一些著名高校（如北京大学、复旦大学等）中组织开办了各种形式的师资培训（如助教进修班、讨论班等），特别是基础课教师培训班，并请国外学者到中国讲学。很多学校派出青年教师参加这些培训班，提高他们的业务水平。同时，还派遣一些业务基础较好的教师到国外著名高校进修或做访问学者。另外，不少院校从 1977 年恢复高校招生制度后，在 1977—1979 年三年中以师资班的名义专门招收了一批学生，选择业务水平和教学水平较高的教师为他们上课，为后来解决教师队伍的青黄不接问题打下了良好的基础。

10. 从 1987 年开始，对工科与经济学类专业硕士研究生入学数学考试实行全国统一命题考试，由教育部考试中心组织。多年来，按照既有利于国家对高层次人才的选拔，又有利于高等学校数学课程教学质量提高的指导思想，硕士研究生入学考试在考试大纲、考试内容、考试要求及试卷结构方面都作了不少的改进。例如，2009 年以后，试卷卷种从四种（工科类分数学一和数学二两种，经济管理类分数学三和数学四两种）整合为三种（工科类两种未变，经济管理类合并为数学三一种），考试科目及各科目具体内容的要求也作了不少调整，考题已逐步向既考查考生的知识，又考查能力，注重数学的应用方面改进，对高校本科数学课程的课程建设和教学改革起到了积极的促进作用。

（三）简要评述

1. 由于采取了一些有力的措施(例如,恢复“文革”以前的招生制度,修订教学计划,修订或制订教学大纲,编写出版一批教材,积极开展师资培训工作等),不但迅速及时地解决了教材的有无问题、教师的短缺问题,而且使动乱了十年的教学秩序很快得到了恢复和稳定,使大学数学课程建设逐步进入了一条健康而持续发展的新阶段,迎来了我国大学数学课程教学改革的春天。

2. 由于恢复了“文革”以前的在教学组织和教学管理方面的一些行之有效的制度和办法(例如,恢复了教研室、集体备课、大班教师负责制、新教师开课试讲制等),召开各种形式的教学经验交流会(包括全国的、地区的、省市的等),开展课程教学的评估试点工作,恢复教师职称的评定工作和研究生教育制度等,从而调动了广大教师学生的积极性,使他们焕发出了积极向上和学习科学知识、追求真理的巨大热忱。因此,在这个阶段,教师的教学工作是非常认真的,学生的学习也是非常刻苦的。所有这些,使我国大学数学的教学工作重新迈向了正规的发展道路。

3. 在 1980 年由工科数学教材编委会修订的教学大纲和 1987 年由工科数学教指委制订的教学基本要求与 1962 年的教学大纲有了很大的不同:(1) 教学内容方面作了较大调整。删去了一些要求较高的内容和已移至中学的教学内容,增加了一些新的内容,将教学基本要求划分为三个不同等级(例如,对概念、理论从高到低用“理解”“了解”“知道”三级区分;对运算、方法从高到低用“熟练掌握”“掌握”“会”或“能”三级区分);(2) 高等数学的教学参考学时减少为 200 左右,四门工程数学教学时数已接近于现在的时数;(3) 明确了课程的性质、地位和任务,提出了在传授知识的同时,要注意培养学生能力(包括学生的自学能力和分析、解决问题的能力等)的重要问题,所有这些不但规范了当时的课程教学基本要求,对提高教学质量起到了积极的保证作用,而且也为进入 20 世纪 90 年代的大改革奠定了良好的基础。

4. 将课程的“教学大纲”改为“课程教学基本要求”,调动了各校根据本校具体情况进行课程建设的积极性,增加了课程体系和教学内容改革的灵活性,活跃了教坛,为 20 世纪 90 年代开展各具特色的教学改革铺设了道路。然而,我们对我国大学数学课程的体系和教学内容受到苏联哪些不利的影响还没有很好地进行总结;我们对当时国内外特别是美国等西方国家大学数学课程的改革和教材建设状况缺乏了解或者知之甚少;对我国大学数学教学中存在着哪些重要问题,如何进行教学内容和课程体系的改革还缺少认真系统的研究;对加强数学理论与实际的联系,培养学生的应用能力认识不足、缺少办法;对如何进行教学方法和教学手段的改革也缺少思路和方法。这些都是当时广大数学教师所面临的重要研究课题。

第七阶段(1990—2000年)

(一)形势与背景

1. 进入20世纪90年代,党中央明确宣告,今后党的基本路线是以经济建设为中心,坚持四项基本原则,坚持改革开放的“一个中心,两个基本点”的路线。据此,中央制订了关于国民经济和社会发展的十年规划和“八五”“九五”计划。1992年初,邓小平同志视察南方后发表了重要讲话,强调基本路线要管一百年,提出思想更解放一点,改革开放的胆子更大一点,建设的步子更快一点的要求。在教育方面,按照邓小平同志提出的“教育要面向现代化,面向世界,面向未来”的要求和一系列的指示,加快了教育事业的改革和发展。

党的十四大以后,我国高等教育进入了一个新的历史发展阶段。党中央和国务院决定实施“科教兴国”的战略,把“科教兴国”作为本届政府最重要的任务来抓,努力将我国从高等教育大国变成高等教育强国。1995年5月26日,江泽民同志指出:“科教兴国,是指全面落实科学技术是第一生产力的思想,坚持教育为本,把科技和教育摆在经济社会发展的重要位置,增强国家的科技实力及向现实生产力转化的能力,提高全民族的科技文化素质,把经济建设转到依靠科技进步和提高劳动者素质的轨道上来,加速实现国家繁荣强盛。”1998年11月底又指出:“要迎接科学技术突飞猛进和知识经济迅速兴起的挑战,最重要的是坚持创新。创新是一个民族进步的灵魂,是一个国家兴旺发达的不竭动力。创新的关键在于人才,人才的成长靠教育。”1998年5月4日,江泽民总书记在庆祝北大百年华诞时发表了重要讲话:“当今世界,科学技术突飞猛进,知识经济已见端倪,国力竞争日趋激烈。”并向教育界,向全国人民,向全世界宣布了富有远见、具有战略意义的重大决定:“为了实现现代化,我国要有若干所具有世界先进水平的一流大学。这样的大学,应该是培养和造就高素质的创造性人才的摇篮,应该是认识未知世界、探求客观真理、为人类解决面临的重大课题提供科学依据的前沿,应该是知识创新推动科学技术成果向现实生产力转化的重要力量,应该是民族优秀文化与世界先进文明成果交流借鉴的桥梁。”

2. 为了贯彻中央上述指示,教育部召开了一系列会议,采取了一系列有力措施。例如,在教育部的引导下,1995 年前后,关于转变教育思想和教育观点的大学习大讨论在全国范围内悄然兴起。在学习讨论中,提出了要加强素质教育,并且明确了素质教育的内涵,即思想道德素质、文化素质、业务素质和身体心理素质。思想道德素质是根本,文化素质是基础,并在高校中开展了文化素质教育的试点工作。由过去只讲传授知识,到传授知识、培养能力,再发展到传授知识、培养能力、提高素质是教育思想上的突破。知识、能力和素质三者是不可分裂的,要把三者贯穿到教育过程的始终。又如,1995 年,教育部提出了“把怎样一个高等教育带入 21 世纪”这一激励人心的挑战性问题。为了更好地推进高等教育的教学改革,教育部分别于同年的 3 月和 4 月在清华大学举行了两次报告会,邀请了卢嘉锡、姜伯驹等 13 位著名科学家、教授在会上就世界科学技术的发展,有关学科、专业的发展前沿和教学改革作了专题报告,并在此基础上,制订了“高等教育面向 21 世纪教学内容和课程体系改革计划”。计划要求出版 1 000 本面向 21 世纪课程教材,建立总数超过 200 个理、工、文、经济、文化素质等教学基地。

3. 1995 年 3 月,教育部又提出了《面向 21 世纪高等工程教育教学内容与课程体系改革计划》,1996 年 6 月批准了第一批共 41 个立项项目(含 236 个子项目),有 107 所院校和 2300 多名教师参加了项目的研究。与历次教学改革相比,这是一个有组织、立意新、起点高、较系统的改革计划。它涉及教育思想和教育观念,人才素质要求与培养模式、专业调整、课程结构、教学内容与课程体系、教学方法和手段、教学管理等许多方面的理论与实践问题。经过研究与实践,在改革思路与有关理论研讨、新课程体系构建、教学内容更新与重组、人才培养模式试点,教学管理与评价标准的改革、新教材编写设想与规划、实践教学的强化等诸多方面,都做了大量卓有成效的工作,不少项目取得了可喜的阶段性成果,为今后大范围提高高等工程教育教学水平和教育质量奠定了良好的基础。

4. 1998 年 3 月在武汉召开的第一次全国普通高等学校教学工作会议上,交流了面向 21 世纪改革计划的经验和成果,并系统提出了我国高等教育改革与发展的八条思路:坚持规模、结构、质量、效益协调发展的方针,坚持走内涵发展为主的道路;高等教育改革既要适应和促进社会的发展,又要遵循教育的自身规律;体制改革是关键,教学改革是核心,教育思想和教育观念的改革是先导;教育体制改革中管理体制的改革是重点和难点;教学改革中,教学内容和课程体系改革是重点和难点;教育思想的转变和教学观念的更新应贯穿于高等教育改革的始终;在高等学校中,培养人才是根本的任务,教学工作是主旋律,提高教育质量是永恒的主题,本科教学是基础;加强教育科学研究,促进教育决策科学化、民主化。

（二）重大建设与改革事件

1. 本阶段历经了第四、五两届全国高校工科数学课程教学指导委员会。两届工科数学课程教指委都由本科数学课程教学指导小组和研究生数学课程教学指导小组组成。其中第四届教指委由西安交通大学马知恩教授担任主任委员，清华大学萧树铁教授担任副主任委员。马知恩教授担任本科组组长，北京印刷学院盛祥耀教授担任副组长；萧树铁教授担任研究生组组长，哈尔滨工业大学刘家琦教授担任副组长。第五届教指委主任委员仍由马知恩教授担任主任委员，华南理工大学汪国强教授、上海交通大学向隆万教授、哈尔滨工业大学刘家琦教授担任副主任委员。马知恩兼任本科组组长，汪国强、向隆万兼任本科组副组长；刘家琦兼任研究生组组长，华南理工大学洪毅教授担任副组长。

马知恩教授

2. 在这个阶段中，由于从中央到各高校对教学改革的高度重视，两届教指委工作的认真与广大一线数学教师改革积极性的高涨，所以在大学数学系列课程的教学研究、课程建设与教学改革方面开展了大量的艰苦细致的具体工作。在教学研究与课程建设方面主要有：

（1）教指委规定每五年（每届教指委工作换届时间为五年）召开一次全国工科院校数学课程教学经验交流与研讨会。第三次交流会于 1992 年 8 月 27—31 日在成都召开，由西南交通大学承办。这次会议有来自 207 个单位的 270 余名代表参加。除大会报告外，代表们还就教学内容和体系、教学方法与教学手段现代化、教书育人和因材施教、课程建设与教学管理、计算机辅助教学等方面进行了分组交流与研讨。

（2）开展了一些具体的教学研究工作。例如，根据教指委的安排，1992 年开始，按地区分语种对国外同类教材进行了比较广泛而系统的分析研究和评介工作，并于 1994 年在黄山召开了（由合肥工业大学承办）“国内外工科数学教材研讨会”。会上，将我国教材与国外的同类教材进行了认真的比较，分析了当时我国教材存在的主要问题，指出了在教材的内容和体系方面我们应当向国外教材、特别是美欧教材学习和借鉴的地方。又如，华东地区的一些高校还承担了“现代工程技术人员应具有的素质与知识结构”课题的研究，通过研究，初步探索了我国工科数学内容改革和课程设置问题。

（3）开设数学建模课，组织数学建模竞赛。这项工作从 20 世纪末就已陆续展开，例如，1987 年高等教育出版社出版了清华大学姜启源著《数学模型》一书；1989 年 2 月，北京大学、清华大学和北京理工大学组织了四个队首次参加美国大学生数

工科数学国内外教材研讨暨《工科数学》杂志创刊十周年纪念会代表合影

学建模竞赛;1990 年 12 月,上海市举办了大学生(数学类)数学建模竞赛;1992 年 11 月,中国工业与应用数学学会组织了“全国大学生数学建模竞赛”。1994 年 10 月,根据高教司〔1994〕76 号文件,由教育部高教司与中国工业与应用数学学会组建的全国大学生数学建模竞赛第一届组委会组织了全国大学生数学建模竞赛,21 个省、市、自治区 196 所院校的 870 个队参加了竞赛。

(4) 开展师资培训工作,提高教师的教学水平。1991 年暑假,在西安交通大学举办了以普及现代数学为主要内容的讲习班。为了提高教师开设数学建模课的能力和水平,于 1992 年在上海举办了一期以“数学建模”为主要内容的讲习班;1994 年,清华大学举办了数学建模讲习班,来自全国的 160 余名教师参加了该讲习班。后来,在全国不少地区和高校陆续举办了很多有利于提高师资水平的有关数学建模的各种类型的讲习班、培训班或研讨会(例如,萧树铁教授在西安地区举办的数学建模师资培训班)。

(5) 根据教育部高教司“关于制订 1991—1995 年教材建设规划的几点意见”文件中提出的:“对质量较高、基础较好、使用面较广的教材,要进行锤炼”的精神,工科数学教指委在广泛调查研究、征求用户使用意见的基础上,决定对同济大学数学教研室主编的《高等数学》(上、下册,第三版)和西安交通大学高等数学教研室编的《复变函数》(第三版)等两套教材进行锤炼。这两套教材均根据课程的教学基本要求和各校使用的意见,进行了认真的修改,并于 1996 年出版第四版。

(6) 为了适应科学技术的飞速发展和社会主义市场经济体制建立的需要,按照教育部的要求,工科数学教指委从 1993 年开始,对 1987 年制订的工科数学课程的教学基本要求又作了一次修订。这次修订工作除对高等数学、线性代数、概率论与数理统计、复变函数、数学物理方程五门课程的教学基本要求进行修订外，还新制订了数值计算方法课程教学基本要求，并将概率论与数理统计的基本要求修改为两类：Ⅰ类为概率多、统计少；Ⅱ类为概率少、统计多，以备不同专业教学的选用。与1987年版的基本要求相比，修订后在知识方面的基本要求变化不大，但将对学生掌握知识的三个等级的要求改为两个等级，原因是三个等级之间的界限不很分明，教师在教学实践中难以把握。以多元函数的积分学为例，修订后，二、三重积分的概念、二重积分的计算法、两类线积分的概念和格林公式为一等要求，其余内容均为二等要求。修订后的基本要求还去掉了对教学时数的建议，以加大各校办学的自主性。但针对当时不少学校变相取消习题课的状况，再次强调了“习题课是完成高等数学教学基本要求的一个重要环节”，规定“习题课学时不应少于总学时的1/6，且以小班上课为宜”。还建议课内外学时比为1∶2。

第四届教指委第五次会议代表合影

(7) 1992年第四届工科数学教指委(本科组)编写出版了《高等数学释疑解难》(高等教育出版社出版)一书。该书是为了促进学生深入学习高等数学课程的一本学习指导书。它是由本科组委员所在的21所院校广大数学教师多年来在教学中发现的学生所提出的疑难问题和长期的教学经验提炼加工而成的。内容涉及对基本概念和基本理论的深入理解，解题思路的启发诱导，解题方法中常见错误的剖析以及某些重要概念和方法的小结等。它区别于题解和一般复习资料，从疑难问题出发，以问答形式编写了213个问题，各问题之间保持相对独立性，并力求贯彻启发式。除深入浅出地讲解内

高等数学释疑解难

容外，有的还结合所解答的问题对学生在思维方法和学习方法方面进行指导。该书出版后，深受广大数学教师和学生的好评。即使在今天，仍然不失为一本不可多得的学习指导书和教学参考书，对开展讨论式、研究式教学，提高教学质量具有重要的意义。

3. 1994 年，工科数学课程迈开了以"面向现代化，面向世界，面向未来"为指导思想的教学改革的步伐。在 20 世纪 90 年代开始的前几年中，由于在教学研究和课程建设方面开展了许多踏实而细致的工作，为工科数学的教学改革的启动奠定了良好的基础，这使 1994 年在黄山举办的"国内外工科数学教材研讨会"上，教指委能集中广大教师的智慧，提出了"关于工科数学系列课程教学改革的建议"初稿（以下简称"建议"）。这个"建议"分析了当时我国工科数学面临的形势，提出了存在的主要问题；提出了工科数学系列课程教学改革的 11 条基本思路；强调了在传授知识的同时，要加强能力和素质的培养；第一次提出了按层次分流培养的教学模式；将工科数学系列课程的知识划分为基本知识、选学知识和讲座三大部分，不但对每个部分建议给出了相应的内容，还对工科数学教学提出了能力和素质的要求。该"建议"（初稿）得到了原国家教育委员会高教司的充分肯定，并立即将它全文转发给全国各高校的领导同志，供他们在其他课程教学改革中参考。"建议"针对当时我国工科数学教学的状况，明确指出了教学中存在的一些具体问题，主要是：

（1）教学内容比较陈旧，存在经典较多、现代不足；连续较多、离散不足；分析推导较多，数值计算不足；运算技巧较多、数学思想不足等倾向。

（2）在课程体系上，工程数学各部分按学科（分支）独立设课，强调各自的系统性、完整性，缺乏应有的相互联系、相互渗透。

（3）在工科数学系列课程的总体设计中，对培养学生应用数学解决实际问题的意识、兴趣和能力注意不够。

（4）教学要求统一、缺少层次，教学模式单一、缺少多样性，不利于因材施教和优秀人才的成长。

（5）在教学思想上，往往偏重于知识的传授，在传授知识的过程中，存在着应付考试、过分追求运算技巧的训练，对学生数学素质和能力的培养注意不够。

（6）在教学方法上，课堂信息量少，讲得过细；灌输得多，引导学生自己钻研不够；教学方法单调，教学手段落后；考试方法和内容也不利于学生能力的培养。

4. 1995 年由原国家教育委员会制订的《高等教育面向 21 世纪教学内容和课程体系改革计划》中包括大学数学课程两个立项研究课题：一个是由西安交通大学主持（马知恩教授为负责人），由西安交通大学、大连理工大学、同济大学、电子科技大学、四川大学、吉林大学（原吉林工业大学）、大连海事大学、清华大学、上海交通大学、东南大学、西北工业大学、重庆大学和华南理工大学等 13 所院校参加的工科类"数学系列课程教学内容和课程体系改革的研究与实践"；另一个是由清华大学主持(萧树铁教授为负责人),由清华大学、北京大学、内蒙古大学、西安交通大学、复旦大学、湘潭大学、武汉大学、浙江大学、北京师范大学、中国科学技术大学、郑州大学、中山大学和南开大学等13所院校参加的"我国高校非数学类专业高等数学课程体系与教学内容改革",它们都是教育部"九五"重大研究课题。这两个课题组按照"教育思想与教育观念的改革是先导,教学内容和课程体系改革是重点和难点"的思想,历经五年的改革研究和实践,做了大量的具体工作。在全国范围内召开了一系列的教学改革"报告会""研讨会"和"研讨班",提出了教学改革的指导思想和改革方案,组织编写并出版了面向21世纪的改革教材,提出并开设了数学实验课,进行了教学方法与考试方法的改革试点,研制开发了一些多媒体教学课件和计算机辅助教学软件等,取得了一批重要的改革成果。最后两个课题组分别撰写并由高等教育出版社于2000年、2002年分别出版了两个课题研究报告,即《工科数学系列课程教学改革研究报告》和《高等数学改革研究报告(非数学类专业)》(详见附录Ⅳ)。其中,"数学系列课程教学内容和课程体系改革的研究与实践"项目获2001年国家级教学成果二等奖。

萧树铁教授

工科数学立项课题第二次会议代表合影

5. 1996年底开始,教育部在全国六个高校设立了国家工科数学基础课程教学基地。它们是:哈尔滨工业大学、清华大学、上海交通大学、西安交通大学、电子科技大学和华南理工大学。后来,同济大学也自筹经费建立了基地。由于这些院校都是工科数学课题组的主要成员，所以，经过七年多的建设，不但在各校工科数学课程建设、教学研究和教学改革方面做了大量的具体工作，取得了一系列的丰硕成果，而且在推广和实践课题组的改革成果、师资培训等方面在全国高校中发挥了重要的示范辐射作用。

6. 按照教育部对教学改革要进行分类指导的要求，1997 年 5 月 3 日—7 日，工科数学教指委在江西南昌召开了第五届教指委（扩大）工作会议（由南昌大学筹办）。在这次会议上，根据会前的抽样调查，教指委与一般院校的特邀代表一起分析了当时一般院校数学课程的教学状况，着重讨论了一般工科院校数学课程的建设与改革问题，起草了《关于一般院校工科数学课程建设与改革的几点意见（征求意见稿）》。在充分肯定成绩的基础上，对一般院校提出了以下几点意见：

1997 年第五届教指委扩大会议代表合影

（1）要确保课程教学质量的稳定和提高。为保证达到课程的教学基本要求，要保证必要的教学时数，提高课堂教学质量，尤其是要提高线性代数、概率论与数理统计等几门少学时课程的教学质量，防止在教学要求上互相攀比。

（2）对条件较好的一般院校可按"建议"中提出的要求进行改革试点。对多数一般院校应在教学质量稳定与提高的前提下，把改革的重点放在加强应用性和实践性上，创造条件，开出与本校具体情况相适应的数学实验课。

（3）要转变教学思想，更新教学观念，改变注入式、保姆式的教学方法，调动学生主动学习的积极性。

（4）要建设一支足够数量的素质较高的稳定的教师队伍。教师的严重缺编造成很多人长期超负荷运转，使他们既无精力研究课程建设和教学改革，也无时间进行科学研究、提高教学和业务水平。

（5）加大对工科数学课程的经费投入，改变课程建设和教学改革步履艰难的状况，改变数学教师收入低和晋升困难的状况。

7. 1997 年 5 月 8 日—12 日,工科数学教指委与工科数学课题组在江西景德镇陶瓷学院召开了“工科数学转变教学思想专题研讨会”,来自全国 51 所高等院校的 58 名代表(包括香港中文大学的岑嘉评教授)参加了会议。会议采用大会报告、分组讨论与大会即席发言等形式,就工科数学课程教学中转变教学思想、更新教学观念的必要性与重要性、传统教学思想的弊病;提高学生的素质、培养学生的创新精神和创新能力是转变教学思想和观念对工科数学教学改革的根本要求;改变以教师为中心的注入式、保姆式教学方法,把演绎法与归纳法结合起来;反对应试型教学,改革考试内容与方法,建立科学的人才评判标准;改革教学模式和管理方法,为优秀人才的脱颖而出创造良好的环境等问题展开了广泛而热烈的讨论,并形成了会议纪要。这次会议对当时全国工科数学课程的改革产生了重要的积极影响。

教指委召开的“工科数学转变教学思想专题研讨会”代表合影

8. 1997 年 10 月 7 日—12 日,在西安交通大学举办了“当代工程科学的进展与工科数学课程教学改革”的院士报告会。会议的中心议题是:(1) 当代工程科学的飞速发展要求工科大学生应具备怎样的数学知识、能力和素质?(2) 面向 21 世纪,工科数学课程应怎样进行教学改革?会议邀请了工作在工程科学研究与教学第一线的七位院士和三位博士生导师(他们分别来自力学、机械、工程热物理、材料、电力、信息、控制及海洋声学等工程科学领域)就会议的中心议题进行了为期三天半的大会报告会,来自 120 余所高校的 157 名教师(不含西安地区代表)参加了报告会,并分组进行了热烈的讨论。这是新中国成立以来首次邀请如此众多的国内一流工程科学专家与数学教师共同探讨工科数学的教学改革，对明确我国工科数学教学改革的方向和指导思想产生了重要的影响。会议的收获与启示主要有：

(1) 当代工程科学的飞速发展，对数学知识的需求越来越广、越来越深。当代工程科学对数学的要求不仅涉及一些传统数学分支，而且涉及20世纪发展起来的众多现代数学的概念、理论和方法；当代高技术的高精度、高速度、高自动、高安全、高效率等要求所研究问题的数学模型和方法已经由低维到高维、由自治到时变、由线性到非线性、由平稳到非平稳、由局部到整体、由正规到奇异、由稳定到分支、混沌。

(2) 数学科学在当代工程科学的发展中的重要性，数学教育在高等工程教育中的地位显著提高。

(3) 为适应当代工程科学发展所提出的要求，工科数学课程的教学改革应当：处理好数学的基础与拓宽的关系；教学模式要多样化，实行分层次分流培养；加强工科数学教学的工程背景，让学生知道怎样用数学；转变教学思想和教学观念，改革教学方法，引导学生自己主动学习。

教指委召开的“当代工程科学的进展与工科数学课程教学改革”报告会代表合影

9. 1996年8月2日—10日，高教司理科处在太原举办了“21世纪数学发展展望及教学改革高级研讨班”。研讨班聘请了丁石孙、徐利治、姜伯驹等12位专家(包括物理、计算机方面的专家)就数学和其他科学的历史和当前发展以及数学的教学改革问题作了精彩的报告。来自全国高校的四十多名数学系干部和骨干教师参加了研讨班，并对以下几个问题进行了研讨：

(1) 21世纪数学科学和数学教育的发展趋势。会议认为，大体上可以看出以下三方面的发展趋势：一是科学发展的统一性趋势，即数学内部各分支、数学与其他科学在更高层次的统一性是21世纪科学发展的趋势；二是教育发展的终身性趋势。大学教育将由原有的“职业性教育”(专业教育)转变为“终身教育”的重要的基础性教育阶段，专业教育必将逐步转向素质教育；三是数学发展的大众化趋势。随着科技的发展与计算机的普及，数学与人的各种实践活动更加贴近。人们认识到:数学不只是一种“工具”或“方法”,同时是一种思维模式,即“数学思维”;不仅是一门科学,还是一种文化,即“数学文化”;不仅是一些知识,还是人的一种素质,即“数学素质”。

(2) 大学数学教育应当实现一些观念转变:由局限于专业需要为主转变到注重素质教育;由以“教”为主转变为以“学”为重。专家们强调:“数学主要不是教会的,而是做会的。”“教”只是一种引导,而要“会”就必须去钻研,去“做”。同时要注重“示例”教学。

(3) 抓好数学基础课改革是关键。大家一致认为,在可以预见的时期内,无论什么专业,数学基础仍以分析、代数和几何为主。既要强调准确性、逻辑性和抽象性的训练,也要注意学生对数学活力的认识。还应尽快创造条件,开设一门新的基础课——“数学实验”。

10. 1998 年 10 月 23 日—26 日,高教司在北京香山举办了“数学教育在大学教育中的作用”研讨班,来自全国近百所高等院校从事理、工、财经、管理、农医和文科等非数学类专业数学教学的教师 160 余人参加了研讨班。在研讨班上,大家认为,正确全面地认识数学教育在大学教育中的地位和作用,对我国数学教学改革具有重要的指导意义。数学课程是培养和造就各类高层次专门人才的共同基础,对非数学类专业的学生,大学数学基础课的作用至少有以下三个方面:

(1) 它是学生掌握数学工具的主要课程。必须扭转对“工具性”理解过窄、甚至把数学基础课仅仅看成是为专业课服务的倾向,否则将导致学生基础薄弱、视野狭窄,后劲不足,创新乏力。

(2) 它是培养学生理性思维的重要载体。数学科学是运用逻辑、思辨和推演等理性思维方法研究各种抽象的“数”和“形”的模式结构的科学,这种思维是一种创造性思维,是其他学科无法替代的,对学生全面素质的提高、分析能力的加强及创新意识的启迪至关重要。

(3) 它是学生接受美感熏陶的一条途径。数学是美学四大中心建构(史诗、音乐、造型和数学)之一,数学努力的目标是将杂乱整理为有序,使经验升华为规律,寻求各种物质运动的简洁统一的数学表达等,这些都是数学美的体现,也是人类对美感的追求。它不但对一个人精神世界的陶冶起着潜移默化的作用,而且往往是一种创新的动力。

研讨班还就如何改革大学数学基础课的教学内容和课程体系、如何改革以应付各类考试为目的的“注入式”教学方法以及加强师资队伍建设,以体现大学数学教育作用等问题进行了广泛的讨论。

两个数学教学改革课题组代表在会上作了大会发言,并介绍了课题组取得的阶段性成果。

高教司举办的"数学教育在大学教育中的作用"研讨班代表合影

11. 1999年7月17日—20日,在西安交通大学举办了工科数学教学改革课题组与六个国家工科数学基础课程教学基地联席会议。会议的中心议题为:(1)研讨如何在工科数学教学中提高学生数学素养、培养学生创新能力;(2)交流汇总各子项目工作进展情况,讨论结题验收等事宜。会议起草的《深化工科数学教学改革,大力培养高素质创新型人才》总结报告在同年10月由工科数学教指委主办的第四次全国工科数学课程教学经验交流会上作了大会报告,并上报高教司。这个总结报告,以培养高素质创新人才为出发点和落脚点,深入讨论如何深化工科数学的教学改革问题。不但从知识经济时代的到来对我国提出的要求的角度论述了培养高素质创新人才的重要性、紧迫性以及数学在培养创新型人才中的作用,而且提出了如何加大教学内容和课程体系的改革步伐和改革力度,如何使教学方法、考试内容与考试方法的改革尽快取得突破,如何结合教学内容的讲解传授数学中蕴藏着的创新思维方法,如何实施按层次分流培养,为高素质人才的脱颖而出创造条件等方面的许多具体思路、方案和措施。

12. 为了尽快交流和推广改革经验和成果,工科数学教指委及时组织了多次经验交流会、培训班和研讨会。例如,1999年10月15日—18日在成都由西南交通大学承办了第四次全国工科数学课程教学经验交流会,与会代表来自全国128所高校共175人。会议的主题是交流和展示近年来全国工科数学课程教学改革的经验与成果,研讨如何在数学教学中培养学生的创新精神与创新能力,提高人才素质和教学质量的问题。2000年8月15日—22日,在西安交通大学举办了《工科数学分析基础》(西安交通大学编)与同济大学编写的《微积分》两本改革新教材研讨会。来自全国26所高校的42名骨干教师参加了研讨会。2001年1月,上海交通大学承办了数学实验师资培训班,旨在推广工科数学课题组中由上海交通大学负责的数学实验(Ⅰ)的研究成果,来自全国80多所高校的130余名教师参加了培训。

教指委召开的“第四次全国工科数学课程教学经验交流会”代表合影

13. 为了更加广泛深入地开展大学数学的课程建设和教学改革工作，两届工科数学教指委除每年至少召开两次工作会议外，第五届教指委还保持并强化了第四届教指委提出的设立各大区联络员的制度，将教指委委员分工，负责加强与全国各大区、各省（直辖市、自治区）内的高等院校的联系。早在20世纪70年代末，许多省（直辖市、自治区）就陆续分别成立了由各省（直辖市、自治区）高教局或数学会领导的工科数学协作组（或数学教学研究会，或工科数学教学委员会）。后来，工科数学教指委又将这些组织按地区联络起来，形成由八大区构成的网络，将教指委的工作计划与各地的实际情况有机结合起来，在教学研究与教学改革等方面做了许多具体细致的工作，有力地推动了全国工科数学的课程建设，促进了教学质量的提高。由于篇幅的限制，下面仅以上海和西南地区为例作一简要说明。

（1）上海市高校工科数学协作组早在1978年就得以恢复组建，是我国最早成立的工科数学协作组。在1978—1996年期间，本着“改革、交流、协作、提高”的宗旨，在“活跃学术思想、探索教学改革、交流教学经验、提高师资水平、帮助督学评议、提供社会服务”诸方面有计划地开展了一系列的活动，取得了显著的成绩。在该协作组下，又设立了秘书组、教改研讨实践组、教材与通报的研讨编写组、资料组、大专职大电大组。协作组除两年举办一次年会，每学期召开两次工科数学教学交流会，交流教学研究成果和教改经验外，还组织了跨校的“联合教改小组”，联合研制、开发和推广现代化教学手段，合作编写教材和教学辅导书，组织全市工科院校大学生高等数学竞赛与数学建模竞赛，开展师资培训。协作组还编辑出版了协作组简报。该协作组的工作不但在提高高校工科数学的教学水平、深化教学改革、促进教风和学风的建设中产生了很大影响，而且对工科数学教指委的工作也做出了重大贡献。例如，积极参与工科数学教学基本要求的修订、为我国编写有重大影响的教材、积极组织参与试题库的建设等,还为其他地区建立地区性协作组开展卓有成效的活动提供了宝贵的经验。

上海市高校工科数学协作组成员合影

(2) 工科数学西南地区协作组于 1987 年底成立,包括四川省(含重庆市)、贵州省和云南省。该协作组按照“上情下达、下情上传”的思路,积极配合、大力支持教指委的各项工作,几乎每年都召开一次年会,即“西南地区工科数学教学研讨会”,传达教指委会议的精神、教学改革的思路和措施,结合本地区情况,搭建促进和展示教学改革、课程建设的经验与成果的平台,有力地推动了该地区的教学改革。例如,在课程体系改革方面,将整个大学数学课程分成“基础数学”(包括高等数学、线性代数、复变函数)、“方程与控制”、“概率论与数理统计”和“数值分析”等四门必修课程和“数学建模”与“现代数学基础”两门选修课,进行了大胆的试点;积极进行开设“数学实验”和“数学建模”课的试点,组织本科生参加全国大学生数学建模竞赛、美国大学生数学建模竞赛,并取得优异成绩。在教学方法与教学手段方面,组织了成都市三校联合统考、教师挂牌上课、分层次教学、开设学生研讨课和小论文训练课、疑难分析专题讲座等改革试点,开发和研制了计算机辅助教学课件、多媒体高等数学教学演示系统与多媒体高等数学面授系统等。在教材建设方面,编写出版了工科数学系列改革教材。特别值得提出的是,该地区在大力支持工科数学教指委的工作方面做出了突出的贡献。例如,从 20 世纪 80 年代至今由教指委主办的六次全国性的工科数学课程教学经验交流会中有四次都是在成都召开的。它们是:1982 年第一次交流会是由成都科技大学(现已合并到四川大学)承办的,1992 年第三次交流会与 1999 年第四次交流会都是由西南交通大学承办的,2011 年第六次交流会是由电子科技大学承办的。

工科数学西南地区协作组成员合影

14. 在本阶段,大学数学课程教学改革取得了显著的成果,概括起来主要有:

(1) 明确了数学教育在大学教育中的作用:是学生掌握数学工具的主要课程,是培养学生理性思维的重要载体,是学生接受美感熏陶的一条途径。

(2) 提出了大学数学课程教学内容改革的一些重要思路:要适当拓宽和加强基础;要处理好经典内容和现代内容的关系,用现代数学思想、观点和方法统率传统的教学内容;要吐故纳新,削枝保干,精简次要内容,淡化运算技巧;要通过知识的传授培养学生的数学素养,使学生有更新数学知识的能力;要高瞻远瞩,注重长期效应。这些思路已贯穿到改革实践中,并取得了初步成效。

(3) 在课程设置安排上,要综合考虑,整体优化;加强分析、代数与几何之间的有机结合和相互渗透;注意数学各分支课程间的配合和整合;打破按数学学科设课的界限,逐步实行课程或内容的重组,构建了大学数学系列课程设置方案。其中工科数学由基础部分、选学部分和讲座三部分组成:

基础部分是各类专业的必修课,包括:

1) 以微积分、常微分方程为主体的连续量的基础;

2) 以线性代数(包括空间解析几何)为主体的离散量的基础;

3) 以概率论与数理统计为主体的随机量的基础;

4) 以数学实验和简单的数学建模为主体的数学应用基础。

选学部分是选修课,包括工程中常用的数学方法:

1) 数学物理方法(包括复变函数、数理方程、积分变换等);

2) 数值计算方法;

3) 最优化方法;

4) 应用统计方法;

5) 数学建模。

讲座。开设工程与科学技术中有用的数学新方法讲座。例如:分支、混沌、神经网络、小波分析等。

理科非数学类专业的数学课程分为三个平台：

第一平台：数学基础课。包括微积分[一元微积分（直观基础上的微积分）、极限论（理性基础上的微积分）、多元微积分（包括复变函数导数与积分）和微积分的主要应用（微分方程和微分几何）]、代数与几何（有条件的学校，可分为两门独立课程）、随机数学、数学实验（软件平台简介，数值方法简介，数值统计简介，优化算法简介）。

第二平台：限选数学课建议模块。例如，现代几何、随机过程、数学物理方法、数值分析、运筹学等。

第三平台：任选数学课。根据各校需求自行安排。

（4）提出了加强对学生应用数学知识解决问题的意识、兴趣和能力培养的新办法。不仅要拓宽数学应用实例的领域，增强应用实例的趣味性和综合性，而且要积极创造条件，逐步开设数学实验与数学建模课。许多高校的实践证明：开设数学实验与数学建模课，是长期以来希望解决而未能得到很好解决的加强数学课教学与实际的联系、培养学生应用能力的行之有效的重要途径，也是本阶段教学改革中的一个亮点。

（5）努力贯彻因材施教、实施按层次分流培养的模式，为各类优秀人才的成长创造条件，营造良好环境。要努力改变在计划经济体制下形成的按照一种要求、一种规格、一种模式进行培养的传统的人才培养模式，在数学课教学中根据学生的个性（包括基础、能力和志向）与专业大类，打破按行政体制统一编班的界限，重新组织不同要求的教学大班，开设不同层次不同要求的课程，采用不同形式的教学方法，是这个阶段教学改革中提出的另一个重要思想。很多院校的实践证明，这也是尊重个性、发挥特长、既有利于拔尖人才的脱颖而出，也有利于基础较差、能力较差学生的健康成长的。

（6）提高了对传统的灌输式、保姆式教学方法弊端的认识，对以教师为主导、学生为主体的启发式教学方法进行了探索和改革试点，提出了要让学生从知识的被动接受者转变为积极参与者和探索者；改变过去讲细、讲透的教学方法，为学生留出独立思考的时间和空间，积极探索讨论式、研究式等教学方法；教师在讲授知识的同时，切实加强对数学中基本概念、基本思想方法的讲解，教师应当利用自己在长期教学和科研中所积累的对数学思想方法中的体会去活跃、启迪学生的思维，激励他们的创新欲望，培养他们的创新能力。

（7）认识到考试方法是教学方法改革的一个重要制约因素，是教师的教与学生的学的一个指挥棒。改革考试方法就是要更好地利用这个指挥棒，把教与学引导到正确的方向上来。应当改变将一两次考试分数作为衡量学生实际掌握课程的水平和能力的主要标准，探索多种考评方式相结合、平时学习状况与考试成绩相结合的综合评价方法；应当改革考试内容，使它不仅能检测学生对基本知识的掌握情况,而且能检测学生通过知识的学习所获得的能力和素养的高低。不少院校进行了多种考试方法(如开卷与闭卷相结合,小开卷、开卷讨论式、改变闭卷考试试题的内容结构等)改革的试点。工科数学教指委还曾组织几个教学基地(同济大学、清华大学、上海交通大学与西安交通大学),合作编写旨在测试学生的数学素养与应用能力高低的《新编试题选编》,并刻成光盘供有关高校参考选用。

(8) 在教学手段改革方面,多数院校和教师认为,对以多媒体为代表的现代教育技术,应当积极扶持,大胆实践。由于数学课程具有抽象性和严密推理性的特点,它应当成为一种辅助性的教学手段。要通过实践探讨它在数学课教学的哪些方面能发挥传统的“粉笔加黑板”方式无法实现或很难实现的作用,取长补短,使它与传统教学手段相辅相成和有机结合,而不要简单地取代,也不能全盘否定。在这段时间内,不少院校和教师在教学中采用了多媒体手段,制作了一批多媒体教学课件,研制了一批计算机辅助教学系统(如电子科技大学研制的《多媒体高等数学教学面授系统》、华南理工大学研制的《高等数学测试与辅导系统》等)。鉴于制作这类教学课件和教学系统需要投入大量的人力、时间和经费,为了避免重复,提高质量,工科数学教指委提出设立全国性的多媒体课件和计算机教学软件制作中心,由该中心组织有关课程的教师和软件制作技术队伍,集中力量,统一研制。

(9) 开发研制了工科数学系列课程试题库。这项工作是由原高教司工科处直接领导的、由近百名教师参加、历经了十余年的时间完成的。其中高等数学试题库的研制工作始于 1986 年,经过 1986—1990 年的一期工程和 1991—1993 年的二期工程(获国家教学成果一等奖)。在此基础上,从 1995 年起又广泛征求用户的使用意见,对原题库系统内 6 800 多道题进行重新审定和筛选,将试题增加至 10 337 题。软件系统也使用新的通用软件平台,技术更先进,功能更强大,于 2000 年完成该试题库的第三期工程,并作为国家试题库。1995 年开始线性代数、复变函数和概率论与数理统计三个试题库的研制工作。其中,前两个试题库均由西安交通大学负责研制,《线性代数试题库》包含 2 120 道题,《复变函数试题库》包含 1 800 道题,《概率论与数理统计试题库》由华南理工大学负责研制,包含 2 000 道题。三个题库全部使用通用软件平台,于 2000 年完成后作为国家试题库。供工科院校使用的四个试题库均由高等教育出版社、高等教育电子音像出版社出版。它们的研制和使用,在我国工科数学课程的日常教学管理、教学质量的宏观控制和进行课程教学评估等方面发挥了重要的作用。

全国普通高等学校
高等数学、线性代数、复变函数
试题库(试用版)

用户手册

全国普通高等学校高等数学、线性代数、复变函数
试题库研制组

(版权所有 严禁复制)

高等教育出版社
高等教育电子音像出版社

高等数学、线性代数、复变函数试题库(试用版)

数学类教学软件与试题库培训班暨研讨会

(10) 从1993年开始,由工科数学课程教学指导委员会策划并组织本科组委员所在院校分工承担研制拍摄了高等数学(按章的阶段复习总结,每章2学时)和四门工程数学(按课程的复习总结,每门课2学时)计12部(24学时)的教学录像片,历时约四年。经过教指委多次审查修改后由高等教育出版社、高等教育电子音像出版社正式出版,公开发行。

15. 上述两个课题组编写出版了与改革方案相配套的系列教材。

工科数学系列教材(前十套均由高等教育出版社出版)有:

(1)《工科数学分析基础》(上、下册),西安交通大学马知恩、王绵森主编,1998年8月。该书获2002年全国普通高校优秀教材一等奖。

(2)《微积分》(上、下册),同济大学应用数学系编,1999年9月。该书获2002年全国普通高校优秀教材二等奖。

(3)《工科数学基础》(上、下册),吉林工业大学董加礼、大连理工大学孙丽华主编,2001年6月。

以上三套教材中,(1)改革力度较大、面向重点理工科院校对数学要求较高的非数学类专业学生。(2)面向一般理工科院校多数专业学生和重点院校中的部分专业学生,该书在保持同济大学主编的《高等数学》优点的基础上,努力贯彻改革的精神。(3)面向重点院校,兼顾一般院校,适用于按层次分流培养的需要。

(4)《代数与几何基础》,西北工业大学张肇炽主编,2001年6月。

(5)《线性代数与几何》,大连海事大学赵连昌、刘晓东编,2001年6月。

上面两套教材中,(4)面向重点院校对数学要求较高的专业学生,而(5)面向一般院校要求较低的专业学生。

(6)《数学实验》,上海交通大学乐经良编,1999年10月。

(7)《最优化方法》,大连理工大学施光燕、吉林工业大学董加礼编,1999年9月。

(8)《实用数值计算方法》,电子科技大学谢云荪、钟尔杰编,2000 年 12 月。

(9)《数学物理方法》,东南大学管平、计国君、黄骏编,2001 年 7 月。

(10)《概率论与数理统计》,四川大学王明慈、湖北汽车工业学院沈恒范主编,1999 年 6 月。

(11)《实用统计方法》,西安交通大学梅长林、周家良编,科学出版社。

理科非数学类专业用教材(前五套均由高等教育出版社出版)有:

(1)《大学数学》系列教材(共 5 本),清华大学萧树铁主编,包括:《大学数学——一元微积分》,《大学数学——多元微积分及其应用》,《大学数学——代数与几何》,《大学数学——随机数学》,《大学数学——数学实验》。

(2)《微积分简明教程》(上、下册),内蒙古大学曹之江等编。

(3)《高等数学》,复旦大学张荫南等编。

(4)《微积分》,浙江大学苏德矿等四人编。

(5)《数学实验》,中国科学技术大学李尚志编。

(6)《高等数学》(上、下册),郑州大学李梦如等编,郑州大学出版社。

(7)《高等数学教程》(共 4 册),湘潭大学向熙廷等编,湘潭大学出版社。

(8)《高等数学教程》(物理类专业用,上、下册),武汉大学宋开泰、黄象鼎主编,武汉大学出版社。

(9)《微积分学的公理基础》,内蒙古大学曹之江编,内蒙古大学出版社。

(三) 简要评述

1. 这十年大体上可分为两个小阶段:1990 年到 1994 年是第一阶段,1994 年到 2000 年是第二阶段。在第一个阶段中,大学数学课程在教学研究和课程建设方面所做的工作是具体、细致而扎实的。在本阶段“重大建设与改革事件”的第 2 条中所罗列的七项工作不但使数学课程教学质量得到了很大提高,而且为第二阶段开展面向 21 世纪的教学改革从思想上和组织上做好了准备,为大改革奠定了坚实的基础。

2. 从 1994 年工科数学教指委提出“关于工科数学系列课程教学改革的建议”开始的教学改革是我国大学数学教学改革历史上一次有领导、有计划、有组织的并取得重要成果的大改革。这次改革以工科数学系列课程和理科非数学类数学的两个立项课题为标志,以教学内容和课程体系改革为核心,坚持理论研究与改革实践紧密结合,工作深入全面,思路明确,是新中国成立后我国大学数学课程改革力度最大、成果最丰富的一次成功的改革。具体地讲,下面几点对当前和今后的改革都具有重要的意义。

(1) 从培养高素质创新型人才出发,分析了我国大学数学教学中存在的问题。

在本阶段“重大建设与改革事件”第3条中所列举的六个主要问题是符合我国实际情况的，也是非常中肯的。其中一些问题已经通过改革在不同程度上得到解决或改进。

（2）对教学内容和课程体系改革提出的一系列改革思路和构建的课程设置方案，得到各级领导和广大教师（包括专业课教师）的广泛认同，构建的课程设置方案已纳入了大多数院校的专业培养方案中，使我国大学数学课程建设迈上了一个新台阶。

（3）编写与改革方案相配套的系列改革新教材（包括面向21世纪课程教材）体现了改革的新思路，在一定程度上改变了我国传统教材中“千人一面”的状况，对建设符合中国实际、有中国特色的教材体系产生了重要作用。但由于对新教材宣传推广不够和诸多其他原因，致使新教材使用面较小，难以在教学实践中进一步提高质量，产生更大的效益。如何编写高质量的教材，仍然是数学课程教学改革最根本、最重要的任务之一。

（4）数学实验与数学建模课的开设，大学生数学建模竞赛的广泛开展，在很大程度上改变了过去数学课教学与实际应用相脱节的状况，提高了学生学数学、用数学的兴趣和能力，受到了干部、教师和学生的欢迎和高度评价。

（5）本阶段改革中提出了关于教学方法和考试方法改革的一些思路，也提出了一些改革的具体措施（包括讨论式与研究式的教学方法）。但由于这项改革难度大，涉及的问题多，短时间内也很难取得明显成效。虽然有少数学校进行了局部的改革试点，但没有取得突破性的成果。这是今后改革中需要解决的一个重大问题。

（6）在数学教学中，实施按层次分流培养也是本阶段改革中提出的一个重要思想，很多学校对这个改革思想是认同的，并且不少学校进行了一些改革试点。但由于实行这种教学模式涉及教学计划、教学管理甚至政工和后勤等各方面的配合，需要创造条件克服许多具体困难，需要各校有关部门的支持和协调。所以，还应当在今后的改革中作更深入的探索和实践。

（7）提出了大学数学教育应当是素质教育的一个重要部分，初步明确了数学素质的内涵。课程教学要通过知识的讲解传授数学中的一些重要科学思维方法，培养提高学生的能力和素质。但是，在大学数学课程中如何实现在传授知识的同时，揭示数学概念的本质，剖析数学理论和方法中所蕴含的思想方法，还需要在今后的改革实践中进行长期深入的探讨。

（8）在本阶段中，不少院校和教师研制开发并使用了一批大学数学课程多媒体教学资源，提出了教学手段现代化的问题。随着信息技术特别是互联网技术的迅猛发展和信息化时代的到来，对新时代青年的培养提出了哪些要求，数学教育如何适应这种要求，研制数字化课程和教材，开发网上教学资源，是亟待进行探索的问题。

3. 在这个阶段，工科数学教指委通过将教指委委员分工负责，将全国各省（直辖市、自治区）的协作组联络起来，形成了由全国八大地区构成的工作网络系统，使教指委工作会议的精神和部署能及时地传达给各高校的数学教师，广大数学教师在教学中遇到的问题和困难又能迅速地通过这个网络反映给教指委，做到上情下达，下情上传，对于调动全国广大工科数学教师的积极性，推动工科数学的课程建设与教学改革，具有重要的作用。这是教指委工作的一条好经验，值得继承下去，并不断完善，发扬光大。

4. 教学改革是各类高校广大数学教师的事，不仅要调动重点高校教师的改革积极性，而且更要调动一般院校教师的积极性。一般院校的广大数学教师在我国大学数学课程的教师总数中占绝大多数，他们是教学改革的生力军。一般院校数学课程教学质量的高低对我国大学数学课程教学质量的高低具有重大影响，一般院校数学课程的课程建设和教学改革的情况是衡量我国大学数学课程建设和教学改革水平高低的一个重要方面。此前，教指委把课程建设和教学改革工作主要放在重点院校，对一般院校关注得不够。因此，1997 年 5 月在南昌召开的工科数学教指委（扩大）工作会议上专门讨论一般工科院校数学课程的建设和改革问题，并起草了《一般院校工科数学课程建设与改革的几点意见（征求意见稿）》是非常必要的。但是，由于当时对一般院校的情况了解和分析得还不够深入，上述征求意见稿所提出的意见也不够全面和深刻，后来，又没有到更多的一般院校去听取意见，这是今后应当认真研究和改进的！

第八阶段（2001 年至现在）

（一）形势与背景

1. 自 2002 年 11 月党的十六大召开以来，党中央和胡锦涛总书记发表了一系列重要讲话，提出了“坚持以人为本，树立和落实全面、协调、可持续发展”的科学发展观和“必须坚持把发展作为党执政兴国的第一要务”，“要继续实施科教兴国战略，人才强国战略，努力建设创新型国家”等思想，为新阶段我国的高等教育（包括大学数学教育）的发展和改革指明了方向。

2. 我国高等教育经历了由“精英教育”进入“大众化教育”的大发展阶段。1999年高等学校开始扩招,2004年招生人数(包括本科、高职高专)由1998年的108万增加到420万,在校生人数(含网络教育、电大等)已超过2 000万,超过了美国,位居世界第一位。高等教育的毛入学率2004年已达到19%,2005年达到21%,到2011年,招生人数已达675万,毛入学率达到26.9%,这说明我国的高等教育已由“精英教育”阶段进入了“大众化教育”阶段。高等教育的大发展促进了全民素质的提升,同时也带来了大学生平均入学水平的下降和在基础、能力等方面差异增大所产生的两个大家普遍关心的问题:一是如何保证面上的基本教学质量,二是如何为优秀生的成长和发展营造良好的环境和条件。

3. 2005年以后,中央多次反复强调,要提高高等教育的质量,包括建设高水平的大学及世界一流大学,强调“质量是高等教育的生命线”,强调要实现我国科学技术的“跨越式”发展,建设创新型国家。2010年,中共中央、国务院颁布了《国家中长期教育改革和发展规划纲要(2010—2020年)》,在这个纲要中明确要求要“牢固树立人才培养在高校工作中的中心地位,着力培养信念执著,品德优秀,知识丰富,本领过硬的高素质专门人才和拔尖创新人才”。胡锦涛总书记在庆祝清华大学建校100周年大会上的讲话中强调指出,全面提高人才培养的质量是当前高等教育“最核心”“最紧迫”的任务。

4. 2012年3月16日根据教育部召开的全面提高高等教育质量工作会议的精神,制订发布了《教育部关于全面提高高等教育质量的若干意见》(教高〔2012〕4号),简称“高教三十条”,对如何提升人才培养水平、全面提高教育质量等问题,提出了三十条具体的意见和措施。再次强调,要巩固本科教学的基础地位,全面实施素质教育,创新人才培养模式,探索拔尖创新人才培养模式。

5. 进入21世纪后,计算技术和网络技术的迅速发展和广泛应用,标志着网络化时代的到来,它已经并将继续对社会生产和生活、对人才的培养产生巨大而深远的影响。2013年6月3日在清华大学召开的“大规模在线教育论坛”上,教育部领导同志尖锐地指出:要“从战略高度认识互联网催生的高等教育深刻变革”,“互联网时代对传统的教育思想、教育理念产生了巨大的冲击,在许多方面颠覆了传统的教育方式、教学方法。”教育部要求要大力开展精品视频公开课和精品资源共享课的建设,探索使用网络在线教育的教学方法与教学模式。

(二) 重大建设与改革事件

1. 2001年,教育部将原工科数学课程教学指导委员会和数学专业教学指导委员会合并为高等学校数学与统计学教学指导委员会,由复旦大学李大潜院士任主任委员,四川大学刘应明院士、北京大学文兰院士、清华大学冯克勤教授和复旦大学郑祖康教授任副主任委员。下设数学类专业、非数学类专业数学基础课程和统计学专业三个教学指导分委员会。其中,非数学类专业数学基础课分委员会由冯克勤任主任委员,西安交通大学王绵森教授、上海交通大学乐经良教授和中国科技大学李尚志教授任副主任委员。该分委员会的工作范围由原来的工科院校的数学基础课程扩大到理、工、经管、医、农、文科的数学课程。2006 年,教指委换届,数学与统计学教学指导委员会主任委员仍由李大潜院士担任,非数学类专业数学基础课程分委员会更名为数学基础课程教学指导分委员会,由西安交通大学徐宗本院士担任该分委员会主任委员,上海交通大学乐经良、北京航空航天大学李尚志、广州大学庾建设、同济大学黄自萍和四川大学马继刚教授担任副主任委员。

李大潜院士

冯克勤教授

徐宗本院士

数学与统计学教指委第一次工作会议代表合影

2. 为了巩固和深化 20 世纪 90 年代以来所取得的改革成果,应对我国高等教育由“精英教育”阶段进入“大众化教育”阶段出现的新情况和新问题,提高教育质量,教育部提出要建设一批精品课程。所谓精品课程,是指“具有特色和一流教学水平的示范型课程”,要“具有一流教师队伍、一流教学内容、一流教学方法、一流教材、一流教学管理”。2003 年教育部开始了精品课程的评选和建设工作,同济大学、西安交通大学和清华大学的“高等数学”都被评为首批建设的国家级精品课程。此后,每年都评选一次,到 2012 年,数学类已有 98 门课程被评为国家级建设的精品课程。此外,各省(直辖市、自治区)、各高校还开展了省(直辖市、自治区)

级和校级的精品课程的评选和建设。

2003 年，教育部又启动了设置和评选教学名师奖的工作。首届国家级教学名师奖获得者中的数学类教师有 11 人，他们是：北京大学的丘维声教授、内蒙古大学的曹之江教授、复旦大学陈纪修教授、郑州大学的李梦如教授、中国科技大学的李尚志教授、南开大学的顾沛教授、西安交通大学的马知恩教授、山东大学的刘建亚教授、浙江大学的林正炎教授、四川大学的曹广福教授、中山大学的邓东皋教授等。各省（直辖市、自治区）和高校也评选出了一批获得省（直辖市、自治区）和校级教学名师奖的教师。三年后，又有一批教师分别获得各级教学名师奖。此后，教学名师奖的评选活动每两年进行一次。至今，全国大学数学课程教师获国家级教学名师奖的已达 35 人（详见附录Ⅵ）。

3. 2003 年 5 月，全国高等学校教学研究中心、教育部高等学校非数学类专业数学基础课程教学指导分委员会（2001—2005 年）和高等教育出版社正式启动大学数学教学资源库建设项目。

大学数学教学资源库，内容覆盖普通高等教育非数学类专业数学基础课程的全部知识点，提供满足现代教育技术条件下教学需要的多种知识单元素材和媒体素材。建设阶段采取全国高等学校教学研究中心、教育部高等学校非数学类专业数学基础课程教学指导分委员会和高等教育出版社共同立项建设的方式，依靠教育部高等学校非数学类专业数学基础课程教学指导分委员会的专家队伍，选择有基础、有技术力量的学校作为主要参与单位，重点建设了高等数学、线性代数和概率统计三门基础课程的相关教学资源。专家组组长冯克勤，副组长有王绵森、李尚志、乐经良、徐刚、张泽，成员有马知恩、汪国强、韩云瑞、郭镜明、王勇、郝志峰、李安昌、黄廷祝。

大学数学教学资源库

大学数学教学资源库内容包括数学史和数学家小传库，高等数学动画库，高等数学、线性代数、概率统计三门课程的知识点讲解库（包括教学设计和电子教案）、典型例题库、释疑解难库、应用案例库，共 2 300 余个素材，文件总数 5 700 余个，总容量约 1.44 GB。

4. 2004 年，教育部开始了课程教学基地的验收评估工作，在七个工科数学基础课程教学基地中，有四个被评为优秀，它们是：西安交通大学、上海交通大学、清华大学、电子科技大学。这些基地在推动我国工科数学课程的建设和改革中都发挥了重要作用，它们的改革思路、改革经验和改革成果发挥了显著的示范辐射作用。例如，2002 年，西安交通大学工科数学教学基地自筹经费组织了一次“西部行”活动，在 20 余天内，派出四位干部和教师到甘肃、青海、宁夏和新疆 8 所兄弟院校进行交流，介绍西安交通大学和全国工科数学课程教学改革情况与经验，深入班级听课并进行教学点评，与各校干部和教师就教学工作中的重点和难点进行深入调查和研讨，受到有关高校领导和教师的好评。在这次活动结束之后，该基地还通过书面形式向教育部高等教育司汇报。当时提出的重要建议之一，就是要对西部高校的数学教师开展培训工作，提高他们的教学能力和教学水平。这项工作受到高教司领导的充分肯定，并在全国教学基地工作会议上作大会发言。2005 年，西安交通大学的改革项目《创建一流国家教学基地，全面推进工科数学教学改革》获国家级教学成果二等奖。

西安交通大学基地验收人员合影

进行课程建设和教学改革，提高教学质量，关键之一在于有一支优秀的教师队伍。2005 年开始，教育部开始每年一次评选优秀教学团队工作，至今，全国大学数学课程已评出国家级教学团队 29 个。各省（直辖市、自治区）和高校还分别评选出省级和校级的教学团队。

5. 为了适应“大众化教育”阶段出现的新情况，根据教育部的要求，2003—2005 年，高等学校非数学类专业数学基础课教学指导分委员会对 1995 年的工科类数学基础课的教学基本要求进行了修订，同时还分别制订了经济管理类和医科类本科数学基础课程教学基本要求。在广泛征求意见的基础上，上述三类课程的教学基本要求总结吸收了 20 世纪 90 年代以来我国大学数学教学改革的成果和经验，在教学基本要求中明确指出：“数学不仅是一种工具，而且是一种思维模式；不仅是一种知识，而且是一种素养；不仅是一种科学，而且是一种文化。能否运用数学观念定量思维是衡量民族科学文化素质的一个重要标志，数学教育在培养高素质科技人才中具有独特的、不可替代的重要作用。”并提出：“要不断更新教学内容，逐步实现教学内容的现代化；要加强不同数学分支间的相互渗透，进行课程和内容的重组；要突出数学思想方法的教学，加强数学应用能力的培养，淡化运算技巧的训练；要尊重个性，发挥特长，探索现阶段因材施教的新方法、新模式；要不断探索以学生为主体、有利于调动学生自主学习积极性的启发式、讨论式、研究式的教学方法；要积极采用现代教育技术手段，使传统教学手段与现代教学手段相结合，取长补短。”建议各校“努力创造条件，尽快开设与理论教学相配套的数学实验课”；“课内外学时比为 1∶2”；习题课“不应取消，习题课学时应不少于总学时的 1/6，以采用小班上课为宜”；“积极进行考试改革……逐步建立起科学的人才评判标准和教学质量评价体系”。

教育部非数学类专业数学基础课程教学指导分委员会会议代表合影

在工科类课程方面，本次的修订稿只包含微积分、线性代数与空间解析几何和概率论与数理统计等三门必修课程的基本要求。在微积分课程教学要求中加强了对某些内容所包含的重要科学思想方法的要求。例如，要求“了解微分概念中所包含的局部线性化的思想”，“了解泰勒定理以及用多项式逼近函数的思想”，“掌握科学技术问题中建立积分表达式的元素法（微元法）”等。对内容深广度做了适当的精简和调整。例如，明确指出“不要求学生做给出 ε 求 N 或 δ 的习题”，“不要求利用导数的定义研究抽象函数可导性的习题”，“不要求学生求 n 阶导数的一般表达式”，“对三个微分中值定理的分析证明不作要求，并且不要求学生掌握构造辅助函数证明相关问题的技巧”，“对泰勒定理的分析证明以及利用泰勒定理证明相关问题不作要求”，“对于利用定积分定义求定积分与求极限不作要求”，“对于求抽象复合函数的二阶偏导数只要求做简单的训练”，“求隐函数的二阶偏导数不作要求”，幂级数在收敛“区间端点的收敛性不作要求”，对“求幂级数的和函数只要求做简单的训练”等。

由于现代科学技术的发展对线性代数和概率统计的要求不断提高，在修订稿中，对这两门课的基本要求没有降低，对个别教学内容的要求还有所提高。建议广大教师在教学实践中认真研究这一问题，并提出改进意见。

2005 年 9 月，非数学类专业数学基础课分委员会在南京召开第五次全国大学数学课程建设与教学改革经验交流会，由东南大学承办。

第五次全国大学课程建设与教学改革经验交流会代表合影

6. 前面已经指出，数学建模、数学实验课的开设与数学建模竞赛的开展是自

20 世纪 90 年代开始的我国大学数学课程教学改革的一大亮点。1982 年，由朱尧辰、徐伟宣翻译出版了第一本数学建模教材——E.A.Bender 编写的《数学模型引论》，1987 年，高等教育出版社出版了由清华大学姜启源教授编写的《数学模型》教材。此后，数学建模与数学实验教材陆续出版，全国很多高校陆续开设了相应的课程。1988 年，通过北京理工大学叶其孝教授与美国大学生数学建模竞赛发起者与负责人 Fusaro 教授商讨，于 1989 年，北京大学、清华大学和北京理工大学组织了 4 个队首次参加美国大学生数学建模竞赛。1990 年成立的中国工业与应用数学学会设立了数学模型专业委员会。1993 年和 1994 年教育部高教司两次发文，确定由高教司和中国工业与应用数学学会主办中国大学生数学建模竞赛，并由中国工业与应用数学学会具体组织，组建了全国大学生数学建模竞赛组织委员会来进行具体操作，确定了“创新意识、团队精神、重在参与、公平竞争”的竞赛宗旨。从此，我国大学生数学建模竞赛活动按照教育部领导“扩大受益面，保证公正性，推动教育改革”的指示精神快速健康地开展起来。据统计，到 2010 年，全国共有除台湾外所有 33 省（自治区、直辖市，包括港澳）以及来自新加坡和澳大利亚共 1 196 所院校 17 317 队 5 万 1 千多人参赛。2008 年开始，又将竞赛分为本科组和专科组分别进行。

2001 年 7 月，第十届国际数学建模教学与应用会议（ICTMA 10）在北京召开，这是该系列会议第一次在亚洲举办。这次会议由中国工业与应用数学学会与清华大学联合承办，有近 40 位外国代表和 140 位国内代表参加了会议。我国大学生数学建模竞赛 10 年的竞赛题的英译本首次提供给与会者，充分显示了我国在数学建模教学与教学改革方面取得的成绩。

2002 年，全国大学生数学建模竞赛组委会向教育部提出了“将数学建模的思想和方法融入大学数学主干课程教学中的研究与试验”教改立项申请。2003 年分别就高等数学、线性代数和概率统计三门主干课中如何融入数学建模的思想和方法进行了研究，于 2005 年结题。同年 11 月，在首届“大学数学课程报告论坛”上李大潜院士作了“将数学建模思想融入数学类主干课程”大会报告。在这个报告中，他从对数学这门学科的看法和认识、我国过去数学教学暴露出的根本缺陷以及如何在数学课程的教学中充分体现数学建模的精神，使数学建模的成果得到巩固的角度，向广大数学教师建议开展将数学建模的思想融入数学类主干课程的改革研究。

7. 文科高等数学课和作为提高大学生文化素质的数学文化课的开设是 20 世纪末大学数学教学改革中提出的一项新举措。1994 年，北京大学张顺燕教授第一次为该校文、史、国际政治以及外语等专业组成的实验班开设了高等数学课，并编写了名为《数学的思想、方法与应用》教材，该书作为普通高等教育“九五”重点教材，于 1997 年由北京大学出版社出版。此后，很多院校也陆续为文科类专业的学生作为必修的通识课程开设高等数学课程,编写了不少文科用的高等数学教材。2002年,教指委曾组织过专门的研讨会,认为开设文科类数学课程是一个新生事物,还需要经过一段较长时间的探索和实践,对该课程的地位和作用、教学要求、教学内容以及教学方法等进行更加深入的研讨,以提高课程的教学质量。

2001年,南开大学顾沛教授在该校开设了作为文化素质教育类型的选修课"数学文化",该课于2007年被评为国家精品课程,并于2008年由高等教育出版社出版了顾沛教授编写的《数学文化》教材。与文科类专业的数学课教材不同,该书从数学问题、数学典故、数学观点三个角度展开,以较浅显的知识为载体讲授数学的思想、精神和方法,不但使学生初步了解数学与人类社会发展的关系,体会数学的科学价值、应用价值和人文价值,而且领会数学的理性精神,受到优秀文化的熏陶,提高自身的文化素养。2010年,顾沛教授又主持了"高等学校大学数学教学研究与发展中心"的立项课题《数学文化课程的建设与推广》的研究工作,遵循素质教育的理念,以文理交融为特色,将科学素质教育与人文素质教育相融合,进一步提高了该课的教学质量。在国内诸多高校很多教师的共同努力下,该课程得到了很大的推广,全国有300余所高校开设这类课程,受到了各级领导的高度重视和肯定,也受到学生的广泛欢迎和好评。

2008年7月,由南开大学、高等教育出版社、全国理科高等数学研究会主办,在郑州召开了首届全国高校数学文化课程建设研讨会暨第11次全国理科高等数学研究会年会,会议围绕数学文化课建设、数学文化融入大学数学教学及数学建模思想融入大学数学教学问题进行交流和研讨,有220余名代表参加了会议。

8. 为了深入贯彻落实2004年底召开的教育部第二次全国普通高等学校本科教学工作会议和教高〔2005〕1号文件精神,由高等教育出版社发起,全国高等学校教学研究中心、全国高等学校教学研究会、教育部高等学校数学与统计学教学指导委员会、中国数学会、中国工业与应用数学学会、高等教育出版社及有关高校于2005年共同设立了"大学数学课程报告论坛"。该论坛面向全国高校广大教师,了解数学教师从事课程教学改革、提高课程教学质量的实际需求,为他们打造一个长期、稳定的教学研讨和交流平台,围绕课程建设和改革的热点问题或核心问题开展广泛交流和深入研讨。

论坛每年举行一届,从2005年在同济大学举办第一届开始,至今已举办了九届。每届均围绕一个主题,邀请中国科学院院士和高校的著名教授、专家围绕论坛主题作一小时的大会报告,就我国大学数学课程改革的方向和存在的问题进行了广泛的成果交流和经验探讨。此外,论坛还组织了30分钟和15分钟的分组报告以及书面交流,一些来自教学第一线的教师在他们的报告和论文中展示了自己观点、体会和成果,并在交流和研讨中得到碰撞、深化和提高,有效地促进了大学数学课程的建设。每届论坛均由来自全国高校500~800名专家和教师参加了会议,论

首届大学数学课程报告论坛代表合影

坛的举行受到了全国高校广大数学教师的欢迎和好评。

现将各届论坛举办的时间、地点及主题列表如下：

届次	时间	地点	主题
第一届	2005 年 11 月 5—7 日	上海 同济大学	现代数学发展与大学数学教学改革
第二届	2006 年 10 月 28—29 日	武汉 武汉大学	大学数学教学内容的改革与实践
第三届	2007 年 11 月 3—4 日	成都 电子科技大学	中、美、俄大学数学课程教学内容与教学方法的交流与比较
第四届	2008 年 11 月 8—9 日	西安 西安交通大学	大学数学课程教学方法的改革与创新
第五届	2009 年 11 月 7—8 日	杭州 浙江理工大学	信息化进程中的大学数学课程教学改革与建设
第六届	2010 年 11 月 6—7 日	福州 福州大学	创新人才培养与数学课程教学改革的探索与实践
第七届	2011 年 11 月 12—13 日	长沙 国防科学技术大学	人才培养模式改革创新中的数学课程建设与改革

续表

届次	时间	地点	主题
第八届	2012 年 11 月 10—11 日	南京 东南大学	国家精品课程转型升级的认识与实践
第九届①	2013 年 11 月 16—17 日	合肥 合肥工业大学	精品开放课程建设与共享

9. 教育部数学与统计学教学指导委员会数学基础课程教学指导分委员会为了推动大学数学教学改革，提高人才培养质量，于 2007 年提出了 31 项教学改革项目，并由分委员会负责筹集经费，资助项目的研究。经教育部高教司研究，同意将这些项目纳入教育部高等理工教育教学改革与实践课题，并由该分委员会负责项目的申报、评审、指导、检查与验收。高教司还希望承担研究项目的高校高度重视，给予 1∶1 的经费支持。经过两年的研究，这批项目取得了很好的研究成果。

第七届教指委工作会议代表合影

10. 2009 年 6 月 5 日，“高等学校大学数学教学研究与发展中心”（以下简称“中心”）在西安交通大学正式揭牌成立。该中心是由西安交通大学与高等教育出版社共同发起和资助创建的一个面向全国、开放式的教学研究机构，由教育部数学与统计学教学指导委员会、全国高等学校教学研究中心、高等教育出版社、西安交通大学四家共建。“中心”办公地点设在西安交通大学，挂靠在全国高等学校教学研究中心之下。“中心”设立由我国大学数学教育界知名专家组成的学术委员会，负责统筹规划、把握研究方向、确定主要研究课题并监督实施。中国科学院院士、教育部数学与统计学教学指导委员会主任李大潜教授担任“中心”学术委员会主任，教育部数学基础课程教学指导分委员会主任、西安交通大学副校长徐宗本教授，高等教育出版社刘志鹏社长，全国高等学校教学研究中心常务副主任杨祥担任“中心”学术委员会副主任，西安交通大学首届国家教学名师奖获得者马知恩教授

① 自本届论坛起，“大学数学课程报告论坛”更名为“高校数学课程教学系列报告会”。

担任“中心”主任，高等教育出版社高等理工事业部副主任李艳馥、西安交通大学数学与统计学院副院长李继成担任“中心”副主任。“中心”聘请国内长期从事大学数学教学研究和改革的资深教授为研究员，从我国当前大学数学课程的教学现状和今后的发展趋势出发，以科学发展观为指导，借鉴国内外先进的教学理念和成功的经验，与时俱进地对教学改革中的一些重大问题，特别是热点和难点问题，进行深入的教学研究和改革实践，总结推广所取得的经验和成果，培训师资，参与课程的教学评估，大力推动我国大学数学课程的建设和改革，提高人才培养质量。

高等学校大学数学教学研究与发展中心成立大会代表合影

“中心”自成立五年以来，共设立教学研究项目24项，其中包括135个子项目。每年所设立的项目采用在网上公布，自愿申报，由“中心”审批的办法面向全国高校招标，对批准的立项课题给予适当的经费资助。每个立项课题两年完成，“中心”在两年内对项目进行中期检查和结题验收。

近五年来，共有约97所高校约350名数学教师参与了“中心”立项课题的研究工作。在24个立项课题中，已完成16项，并取得了很多重要的研究成果。例如，《大学数学》杂志曾为“中心”的研究论文出版了一期专辑，发表论文40篇，正式出版了教材和教学参考书11套，编辑了教学研究专辑3本。除学术委员会每年一次的例会外，还与数学基础课程教学指导分委员会联合举办了全国性教学研讨会三次，包括2011年在成都由电子科技大学筹办的“中心”与教指委联合主办的全国第六次大学数学教学经验交流会，2010年5月29—31日在西安交通大学召开的“全国大学数学教学交流研讨会”，2012年5月27—28日在西安交通大学召开的“深化大学数学课程教学改革，适应创新型人才需要”的研讨会。另外，“中心”还与西安交通大学联合举办了面向全国大学数学课程的师资培训班四期，每期三周，参加培训的教师共约510余名。

五年来，“中心”立项的主要研究课题有：

2009年的立项课题：

（1）我国大学数学教学改革的理念、思路和建议。

（2）以培养高素质创新型人才为目标，大学数学课程教学方法与考试方法的改革探索与实践。

（3）数学建模与数学实验课程的改革和创新。

（4）国外高等数学教学内容精粹集锦。

（5）大学数学课程教学评估指标体系研究。

2010 年的立项课题：

（1）大学数学（高等数学、线性代数、概率统计）讨论性、研究性、综合性、实用性问题选编。

（2）大学数学课程在知识、素养、能力等方面的具体要求以及在教材、教学过程和考核中的统筹设计与实践。

（3）国内高等数学教材及有关杂志上相关文章的研究与精粹集锦。

（4）数学文化课程的建设与推广。

2011 年的立项课题：

（1）在大学数学课程（高等数学、线性代数与解析几何、概率论与数理统计）中，传授数学思想、培养数学能力的范例汇集。

（2）数学建模思想和方法融入大学数学主干课程的范例汇集。

（3）面对信息化时代的特点和创新型人才培养的要求，大学数学课程教学改革的探索与实践。

（4）针对大学数学教师的师资培训资料编写。

（5）我国大学数学课程建设与教学改革 60 年。

2012 年的立项课题：

（1）“高等数学”数字化课程建设思路、方案的研究与制作（重点课题）。

（2）应用型本科院校大学数学课程的教学内容改革和创新能力培养。

（3）大学数学课程考核内容、方法的改革研究与实践。

2013 年的立项课题：

（1）高等数学数字化课程的研究与实践。

（2）线性代数与解析几何数字化课程建设的探索与实践。

（3）概率论与数理统计数字化课程建设的探索与实践。

（4）基于大学数学精品资源共享课的教学模式和教学方法的探索与实践。

（5）一般院校大学数学课程教学现状的调查研究与提高教学质量的建议。

（6）教学案例征集（中心案例类征集项目）。

2013 年 9 月，在南京由东南大学承办了“中心”的换届会议，在此次会议上调整了学术委员会的主任和委员人选，由徐宗本院士任学术委员会主任，杨祥、马知恩任副主任委员，李继成担任“中心”主任，李艳馥任副主任。

11. 为了提高大学数学教师的教学能力、教学水平和课程教学质量，从2004年开始，国家自然科学基金委员会天元基金领导小组委托并资助西安交通大学数学与统计学院举办“西部与周边地区高等学校非数学类数学教师培训班”。该培训班在2004—2006年与2010—2013年(2010—2013年改为由“中心”和西安交通大学联合举办)每年暑假期间举办，每年一期，每期历时三周，从2012年开始改为面向全国高校。每期参加培训的教师均在100人以上，至今已有来自全国27省、市、自治区114所高校的900余名大学数学教师参加了培训。

首届“西部与周边地区非数学类数学教师培训班”代表合影

培训内容包括以下四个部分：

(1) 大学数学课程(高等数学、线性代数、概率统计)疑难问题选讲，着重揭示课程教学中的重要概念的本质和理论中所蕴含的科学思想方法。

(2) 从大学数学走向现代数学选讲，包括：从代数运算到代数结构，从有限维空间到无限维空间，从牛顿-莱布尼茨公式到微分流形上的斯托克斯公式，从微分方程到微分动力系统，从泰勒公式到学习理论，从随机变量到随机过程等分析、代数、几何、随机数学领域中的12个专题，供学员选学。

(3) 数学实验与数学建模。

(4) 关于大学数学教学改革与教学方法的专题报告。

从2012年开始，还增加了专家与参加培训教师面对面的教学帮评活动，即由参加培训班的学员自愿报名选择内容进行课堂讲授(不超过半小时)，培训班组织水平较高、经验丰富的教授组成专家组听课并进行20分钟点评，对学员的讲课坦诚地提出意见，鼓励他们发扬优点，改进不足。

由于培训班经历的培训时间长，培训内容丰富，组织了包括院士、国家级教学名师奖获得者、国内相关领域的知名专家、资深教授在内的高水平培训队伍，培训理念先进，因此，几年来不但使受培训教师清楚地了解了所从事的大学数学的教学内容与相关现代数学分支的联系，能从更高的观点和更宽广的视角理解所教内容和相关的科学思维方法，提高了教学水平，而且从培训班上授课的老专家、老教授身上学到热爱教学、无私奉献的高度敬业精神，为我国高等院校（特别是一般院校）培训了一批业务干部和教师。他们回去以后，很多人成为教学与教改的骨干，并为所在学校新开设了数学实验和数学建模新课程，有的教师确定了科研方向，开展了科研工作，因此，培训班的工作受到广大数学教师和院校领导的热烈欢迎和高度赞扬，也受到了天元基金领导小组的充分肯定。

几年来，培训班建立了一个高水平的、结构合理的、稳定的师资队伍，编写和出版了一批适用于师资培训的教材和培训资料，创新了一种科学的培训模式，积累了比较丰富的培训经验，该成果于 2012 年获陕西省教学成果特等奖，于 2014 年获国家级教学成果二等奖。

12. 2007 年 6 月，经教育部批准，全国高等学校教师网络培训中心正式成立，该中心是高等学校教师培训机构，由高等教育司、教师工作司直接领导，中心设在高等教育出版社，全国设有 55 个省级分中心和城市分中心。该中心利用数字化和网络技术等信息化手段通过上述分中心开展教师培训工作，先后承担教育部“精品课程师资培训项目”和教育部、财政部“高等学校教师网络培训系统项目”建设任务，推出课堂交互式集中培训、自主性在线培训和院校学习中心三种方式供教师选择参训。希望通过培训项目的实施，促进优秀教学成果的应用和分享，提高教师特别是中青年教师的业务水平和教学能力。

网络培训中心一直将大学数学教师的培训工作作为重点，自 2007 年 11 月开始，共开展了 18 次大学数学系列课程的培训，涉及高等数学、线性代数、概率统计、数理方程、复变函数、数学实验与数学建模等课程。2012 年 7—8 月，该中心还对由西安交通大学举办的“全国高等学校非数学专业大学数学课程教师暑期研修班”进行了现场录像，整理成 7 门课程和 2 个课题，供教师培训学习。截至 2014 年 5 月 13 日，共计约 7 614 人次报名参与网络培训中心的培训工作，在高校数学师资培训中产生了重要示范作用，广受青年教师的欢迎和好评。

13. 近十多年来，在大学数学课程的教学中，对如何适应信息化时代的特点和需求，如何利用现代教育技术手段和网络技术，进行了更广泛更深入的讨论。在已举办的“大学数学课程报告论坛”中有两届（第五届和第八届）的主题都是关于这方面的问题，在“高等学校大学数学教学研究与发展中心”已立项的研究课题中也有两个关于这方面的课题。在 2009 年举办的第五届“大学数学课程报告论坛”上，西安交通大学副校长、教育部数学基础课程教学分委员会主任徐宗本教授以“信息化背景下的大学数学教育”为题作了大会特邀报告。该报告从分析信息化社会的特征入手，阐述了信息化背景下对人才培养的新要求，剖析了当前大学数学教育存在的问题，并提出了若干对策与建议。这是一个需要较长时间大力进行研究和实践的大课题。

下面两个问题是近几年来很多数学教师非常关心的。

一个是关于在大学数学教学中如何恰当、有效地使用多媒体教学手段的问题。这些年来，在大学数学的课堂教学中广泛地采用了 PPT，暴露出不少缺点和问题，因而引起了一些争论。有的高校干部和教师一概反对在数学课的教学中使用 PPT。他们认为，将数学内容简单地用 PPT 屏幕显示出来作为课堂教学的主要手段，违反了数学科学的本质特点和学习数学的目的、要求。多数教师认为，多媒体是一种先进的教学手段，即使对推理性较强的数学课教学也是一种很好的辅助手段，我们应当因势利导，提高教师制作 PPT 的能力、水平和质量，将多媒体手段与传统的教学手段恰当地结合起来，取长补短，相辅相成。对那些直观性较强的图形，宜于动态描述的现象，大段符号、公式等叙述性内容以及归纳总结等，适当地采用 PPT 既可节省时间也可增强效果；而对定理的证明和推导演算过程，传统的板书更有利于引导学生的思维，吸引学生的注意力。一方面，那些认为不用多媒体就不先进，采用行政命令的方法，把是否应用多媒体技术作为教学评估指标体系中的硬性规定是一种瞎指挥，是应当坚决反对的。另一方面，那种把教材、讲稿搬上屏幕照本宣科的做法也应当杜绝！

另一个非常重要的问题是利用现代信息手段和网络技术建设数字化课程，实现优质资源共享。教育部在 2012 年颁布的“高教三十条”中提出要“建设优质教育资源共享体系”，要“加强信息化资源共享平台建设，实施国家精品开放课程项目，建设一批精品视频公开课程和精品资源共享课程，向高校和社会开放”。根据该文件的精神，2012 年教育部全面启动了精品课程的转型升级工作，第一批已获教育部批准的大学数学资源共享课于 2013 年发布，视频公开课于 2011 年上线。从 2010 年开始，“全国高等学校教学研究中心”组织高等教育出版社数学分社、西安交通大学与郑州大学对高等数学数字化教材开展了一年多的研制工作。2012 年，“高等学校大学数学教学研究与发展中心”又将大学数学数字化课程的建设思路、方案的研究与制作作为该“中心”的重点立项课题，并于年底召开了第一次工作会议。到 2013 年 8 月，该课题组共召开了五次工作会议，确定了课题的任务、定位、研制思路，组成以西安交通大学马知恩教授为负责人的研制队伍，并已开始了研制工作。

14. 在本阶段，特别是在 2005 年之后，关于在大学数学教学中，如何适应时代的要求培养高素质创新型人才，进行了更加深入的多方面的研究。在多次的“大学数学课程报告论坛”上，在“高等学校大学数学教学研究与发展中心”设立的多个立项课题中，都曾把这个论题作为讨论的中心，作为大学数学教学改革的主攻方向之一。

（1）这几年来，更多的教师在教改中加深了对这个问题的认识，逐步体会到数学教学的根本目标不仅仅是向学生传授一些数学知识，讲解一大堆数学概念、数学定理和公式，而且应当通过知识的传授，揭示数学概念的本质和蕴含在数学理论中的重要的科学思维方法和数学思想,激发学生的创新意识和创新精神,培养学生的创新能力,使学生在潜移默化中积淀一些优良的素质,提高自己的数学素养。不少教师已开始在教学实践中进一步探讨如何通过知识的传授来揭示数学思想,培养学生的创新意识、创新精神和创新能力。因此,"高等学校大学数学教学研究与发展中心"在2011年的立项课题中设立了一个项目来专门研究这个问题,为广大数学教师提供一些方法和一些典型范例。

(2) 以培养高素质创新型人才为目标,加大教学方法和考核方法的改革力度,培养学生的主动学习精神,提高学生的自主学习能力,是20世纪90年代就开始探索的一个课题。这几年来,"论坛"和"中心"又再次提出了这个研究课题,希望在大学数学教学改革中长期以来教师所关心的这个大难题能尽快有所突破。近几年来,有的学校(例如西安交通大学、电子科技大学、上海交通大学、天津科技大学等)在启发式、探究式、讨论式、互动式的教学方法方面进行了进一步探索和试点,提出了一些具体做法,有些学校还为开展讨论式、研究式、参与式教学方法整理和编写出了讨论性、研究性、综合性、实用性问题的参考资料。虽然,改革的试点只在小范围内进行,然而,传统的灌输式、保姆式和应试型的教学方法占据着大学数学的讲坛的状况正在受到挑战,出现了一些可喜的变化。在改革实践中,许多数学教师清醒地看到,从中学到大学是青年成长的一个"转型期"。在这个"转型期"内,要使学生充分认识通过知识的学习培养科学思维方法、提高能力和素质的重要性;充分认识改变学习方法、培养主动学习精神、提高自主学习能力的重要性。作为进入大学后首先碰到的重要基础课的大学数学,对于促使他们向正确方向转变担负着不可推卸也不可替代的责任。我们应当认真研究长期以来教学方法改革未能取得重大进展的根本原因,针对那些影响和阻碍方法改革的原因,少说空话,多做实事,一个一个地加以解决。

与教学方法改革密切相关的是考核方法的改革。这些年来,不少院校(例如,华中科技大学等)在考试内容和考核方式方面作了更细致的改革试点。有的在试题中,减少计算题,增加概念题、应用题和综合题;有的采用开卷或半开卷的方式让学生做一些能考查能力的开放性试题;有的注意到了对学习过程的考核,将学生完成作业的情况、习题课和讨论课中的表现纳入考核范围;有的还根据完成大作业、小论文或读书报告的情况来评价学生研究解决问题的能力。大学数学课程的考核采用传统的主要依据期中和期末一两次考试卷面的成绩来评定学生学习成绩的状况也正在改变。

15. 我国高等教育进入大众化教育阶段以后,如何提高应用型本科院校大学数学课程的教学质量成为关注的重点之一。近几年来,教学指导委员会、高等教育出版社与"中心"鼓励和支持这些院校的数学教师参与中心的立项课题研究,2012年专门为这些院校设立了"应用型本科院校大学数学课程的教学内容改革和创新能力培养”课题。除有来自全国的12所应用型本科院校的数学教师获准参加了该项目的研究外,高等教育出版社数学分社还专项资助了安徽、江苏、辽宁和湖北的12所应用型本科院校参与该项目的研究。2013年高等教育出版社又设立专项资助课题“开放课程背景下的大学数学教学改革的研究与实践”,河北、安徽、广东、北京和山东等省市17所院校参加了该项目的研究。此外,这些院校担任大学数学基础课程的教指委委员的人数越来越多,参加“中心”和西安交通大学联合举办的暑期数学师资培训的教师也主要来自这些院校。2013年暑假,该培训班直接搬到贵阳市,由贵州大学承办,其目的是使更多的边远地区的一般院校受益。今后,在大学数学课程的建设和改革中,应当更多地听取他们的意见,应当更加重视这类高校的参与,应当而且可以专门投入一定数量的经费,设立部分课题,由这类院校的教师进行研究。

全国高校非数学类专业大学数学基础课教师研修班代表合影

16. 2013年7月,教指委换届会议在深圳大学召开。“高等学校数学基础课程教学指导分委员会”从原数学与统计学教指委中重新分离出来,单独成立委员会,并更名为“高等学校大学数学课程教学指导委员会”,由西安交通大学徐宗本院士任主任委员,清华大学白峰杉、北京化工大学姜广峰、北京信息科技大学许晓革、同济大学边保军、东南大学郑家茂、广东工业大学郝志峰、电子科技大学黄廷祝、空军工程大学冯有前等8位教授任副主任委员,西安交通大学李继成教授任秘书长。会议讨论并通过了新一届教指委的组织和制度建设,按专业大类划分成4个研究小组,明确了本届教指委的工作重点以及2013年的工作计划。

新一届教指委今后五年的工作重点是:(1)按专业大类修订大学数学课程基本要求;(2)把开展“大学数学(高等数学、线性代数、概率统计、数学实验与数学建模)国家精品资源共享课”的建设工作为今后工作的重中之重;(3)研究提高普通高校大学数学课程教学质量的措施；(4)开展以培养创新人才为目标的教学方法改革；(5)进一步加强大学数学课程师资培训工作。

第八届教指委第一次工作会议代表合影

（三）简要评述

1. 在教育部有关文件的指导下，从2003年开始，陆续开展了申报和评选大学数学精品课程、教学名师奖和教学团队等工作。这些工作的开展对激发和调动广大教师从事课程建设和教学改革的积极性，稳定和提高教学质量是非常有益的。今后，应当改变重申报、轻建设的现象，真正发挥精品课程、教学名师奖获得者和教学团队的作用。20世纪教育部在全国建立了许多教学基地(包括工科数学基础课程教学基地)，它们在课程建设和教学改革中曾经做了大量的具体而扎实的工作，发挥了“试验田”的作用。我们认为，优秀教学团队不但应当具有教学基地的功能，而且应当组织和带领一批教师加强课程管理和建设工作。就大学数学而言，近几年来许多学校已将高等数学(或工科数学)教研室(或组)这种基层教学行政组织的建制撤销，大学数学课程的任课教师被分散在不同的专业教研室，对于如何上好这类课程，既缺少领导的有力支持和指导，也缺少有经验教师的帮助，更难以形成合力积极开展教学改革与课程建设工作。特别是像大学数学这样的大面积公共基础课，一支有一定数量、相对稳定的骨干教师和课程负责人组成的教学团队持之以恒地进行改革研究与实践，并且代代相传，对于保证改革思路和优良传统的连贯性，以及与时俱进地深化、发展、发扬光大改革和建设成果是非常必要的。

2. 根据教育部的要求，2002年开始，非数学类专业数学基础课教学指导分委员会花了近三年的时间修订和新制订了工科类、经管类和医科类本科数学基础课程的教学基本要求，这些基本要求总结并吸收了我国20世纪90年代以来教改的成果和经验，同时又针对进入大众化教育阶段后出现的新情况，对教学内容的深广度作了较大的调整。新的基本要求与1995年修订的精英教育阶段的基本要求相比有许多新的变化,更加适应当前我国大学数学课程的教学需要。教指委曾将新教学基本要求上报教育部高等教育司,直到2009年又根据教育部高等教育司的要求经过再次修改并上报。

2013年底,新一届大学数学课程教指委,按照工科、财经工管、农林医及文科等四个专业大类对大学数学课程教学基本要求又进行了修订和增订。

3. 近十余年来,“数学建模”与“数学实验”课的开设以及数学建模竞赛活动的广泛开展,已显现出生机勃勃、方兴未艾的局面,不仅改变了长期以来我国数学教学严重脱离实际的状况,而且为培养学生发现和提出问题、分析与解决问题的能力,培养学生的团队精神和创新能力,找到了一条行之有效的途径,在推动教学内容、课程体系和教学方法的改革,提高教学质量方面越来越显示出重要作用。今后应当持之以恒,不断提高。近年来又提出如何将数学建模的思想融入数学的主干课程的问题,是一个值得深入研究和大力实践的重要课题,它将使我们对数学课程教学改革的认识更加深入、更加科学,也更加符合教学实际。

4. 设立“大学数学课程报告论坛”,建立“高等学校大学数学教学研究与发展中心”是本阶段深化大学数学课程的教学改革、提高大学数学的教学质量所采取的两个重要举措。实践证明,“论坛”为广大数学教师打造了一个稳定的课程建设和教学改革的研究与交流的平台,在提升广大教师的教学理念,引领教学改革方向,动员教师参与教学改革,宣传和交流课程建设、改革成果与经验等方面已经发挥了重要作用。而“中心”则是一个从事课程建设和教学改革的研究性机构。近几年来,“中心”以先进的教学理念和科学发展观为指导,从我国大学数学课程的教学现状和发展趋势出发,围绕课程建设和改革中的热点和难点问题,提出并资助了一批研究课题,在总结推广所取得的成果和经验,开展师资培训等方面做了大量细致而深入的工作,为推动大学数学课程的建设和改革,提高教学质量做出了重要的贡献。“论坛”和“中心”的工作是相辅相成、互为补充的。鉴于这两方面的发起和组织机构基本上是一致的,今后应当加强领导,协调一致,把工作做得更加扎实,成效更为显著。我们也希望教育部像20世纪90年代那样,设立国家级的教学改革研究课题,引导、支持和组织广大教师申报研究,这样做,更有利于激励教师从事教学改革的积极性。

5. 在本阶段,举办大学数学教师培训(包括教育部全国高校教师网络培训中心开展的师资培训)是一项具有前瞻性的重要工作。建设一支高水平的师资队伍既是我国高等教育进入大众化阶段提高教学质量的实际需要,也是培养具有创新能力的高素质人才的时代要求。进入21世纪以后,一些在面向21世纪教学内容和课程体系改革中的骨干教师逐步退出教学第一线,新补充了一大批青年教师。这些青年教师,特别是西部和边远地区高校的大学数学教师,学历层次较低,教学任务繁重,教学水平和教学能力很不平衡。近年来,虽然新补充的教师学历层次已有较大提高,但因没有受过严格的教学训练,科研和职称晋升压力很大,在教学上投入不足,因此,进行教学培训,举办不同层次、不同目的和要求的师资培训班仍是今后一项不可或缺的重要工作。凡有能力的学校,省(市、自治区),特别是教育部高等教育司,都应当大力举办,加大培训力度,提高培训质量和效果。

6. 信息化时代的到来,正在影响和改变着人类社会的各个方面,也改变着知识的内涵和人们获取知识的方法和手段。大规模的网络在线教育正在使大学功能的实现方式发生深刻的变化,对传统的教育理念产生巨大的冲击。近两年来所提出的建设优质教学资源共享体系,研制大学数学数字化课程是一项很有意义的重要工作。但是,在建设精品视频公开课、精品资源共享课(包括精品课程的转型升级)工作刚刚开始就遇到了不少问题。很多教师认为,对于这项工作,不应当盲目地追求数量,要求在很短的时间内研制出上千门的精品视频公开课和精品资源共享课,显然超过了实际可能,必然造成良莠不齐的状况。而应当集中有限的人力和资金,着力提高质量,打造品牌,真正做出精品。同时,还应将研制和使用结合起来,组织力量,研究如何改革教学模式和方法,激励和引导教师与学生有效使用已有网上资源,进行试点,取得经验。

二、六十年的建设与改革成果、经验教训和对今后工作的建议

（一）六十年来所取得的建设与改革成果和经验教训

六十多年来，经过几代人的艰苦努力，我国大学数学的课程建设和教学改革，取得了世人瞩目的丰硕成果和宝贵经验，面貌发生了根本的变化，教学质量有了显著的提高。现将其中最主要的成果概括如下。

1. 提高了对数学在大学教育中的重要地位及作用的认识

数学是表述和刻画客观世界的科学语言，是认识和改造客观世界的有力工具，是学习和掌握其他科学的重要基础，是研究现实世界中数量关系和空间形式的一门科学。数学既是一种知识，也是一种思维模式，数学的思想和方法与计算技术的结合已成为推动生产力发展的数学技术，数学还是推动人类文明的一种先进文化。数学教育是一种素质教育，在培养高素质创新型人才中具有其独特的、不可替代的重要作用。

2. 大学数学的教学内容大幅度增加和更新，讲授效率大幅度提高

大学数学的教学内容由 20 世纪 50 年代只讲授以微积分、解析几何和简单微分方程为主体的高等数学基础部分，到现在除高等数学基础内容外，还增加了线性代数、概率论与数理统计，很多专业还要学习复变函数与积分变换、数学物理方程，甚至数学实验（或数学建模），但学时却由 360 减少到 240～330。除理工类专业要开设大学数学课程外，经管类专业、农林医类专业甚至很多文科专业也都开设了相应的大学数学课程。

3. 提出了系统的改革思路，初步构建了具有中国特色的课程设置方案和体系

经过 20 世纪 90 年代的大改革，在大学数学系列课程的教学内容和课程体系方面提出了比较科学的、系统的改革思路，构建了课程设置新方案。这些改革思路和课程设置方案已为我国大学数学界广大教师和相关的专业教师所认同，至今仍在指导着大学数学课程的课程建设和教学改革。近十多年来，在先进教学理念的指导下，又在改革的指导思想方面进行了补充、修改和完善，更加强调通过知识的传授揭示数学概念的本质，传授数学思想和科学思维方法，培养能力，提高素质，使数学教育在培养创新人才中发挥了更大的作用。一个符合我国国情的具有中国特

色的大学数学课程教学体系已初步形成。

4. 数学应用能力的培养得到了明显的加强

数学课程中的应用实例已由几何、物理、力学等领域扩大到经济、管理、生命科学、社会科学乃至日常生活等诸多方面,数学实验和数学建模课的广泛开设,不但激发了学生学习数学的兴趣,初步改变了多年来数学教学中理论脱离实际的状况,而且为培养学生应用数学的能力开辟了一条有效的途径。越来越多的院校通过积极组织学生参与各类数学建模竞赛活动,不但提高了学生的数学应用能力、创新精神和能力,培养了团队精神,而且进一步推动了课程的教学改革。正在探索的如何将数学建模的思想和方法融入主干课程的改革研究必将使这项改革取得更大的成效。

5. 编写出版了一批质量较高的大学数学教材

新中国成立初期,我国大学中使用的数学教材都是外国原版教材或翻译的教材,20 世纪 60 年代初,我国自己编写的教材仍然屈指可数。现在大学数学的教材或教学参考书的数量可能已超过了美国和俄罗斯。在这些教材中,不乏有一些不同风格和特色的、质量较高的精品教材,初步扭转了"千人一面"的状况,形成多层次、立体化的局面,能较好地满足我国大学数学教学的需求。我们高兴地看到,近两年来,精品课程的转型升级和数字化课程的开发与研制工作已逐步展开,正在推动我国数学教材的信息化建设,满足包括在校生在内的广大社会青年和在职人员对学习和提高数学知识和素养的需要。

6. 教学方法改革进行了一些积极的探索和试点,积累了一些有益的经验

虽然在历次教学改革中所大力倡导的教学方法(含考核内容和方法)改革还没有取得突破性的进展,然而,近年来广大数学教师越来越认识到教学方法对提高教学质量和高素质创新型人才培养的至关重要性,越来越多的教师体会到教学方法的改革是教学改革的一个重要方面,提出了不少改革措施,进行了一些改革实践,积累了可贵的资料和经验。例如,如何开展互动式教学,如何开展讨论式、研究式教学,如何将开展按层次分流培养的教学模式与教学方法的改革相结合等。所有这些都为今后一段时间内把教学方法改革作为一项重大攻关任务打下了很好的基础。

7. 教学改革要尊重教育的规律,采取既积极大胆又慎重稳妥的态度

教育是一个百年树人的长期见效的事业,改革的成败与得失需要经过长期的检验。因此,教学改革既要把握时代的脉搏,与我国的建设和发展的需要相适应,与科学技术的发展相协调,又要重视和遵循教育的规律;要认真总结吸取 1958 年"教育革命"和"文化大革命"十年以来的经验和教训,教学改革决不能搞急功近利,不能搞运动,不能没有根据地追求数量、乱提指标,也不能因少数领导人的更替,随意变换改革思路、方案和措施;要坚持积极大胆、慎重稳妥的态度,坚持重大

改革要先行试点,坚持既要善于从成功中发现问题和不足,又要从不完善甚至失败中发掘正确的思想,注意扶植和培育先进的“幼苗”;要大力宣传和积极推广改革的先进经验和成果,促使其在教学实践中得到继承、深化和发展;要相互交流,相互学习,不要故步自封,各自为政,各校为政,避免重复劳动和“瞎折腾”。

8. 学习国外的先进经验必须密切结合我国的实际

在进行改革的时候,学习国际上的先进教育理念和教学思想,认真检讨我们与先进国家的差距,借鉴先进国家的经验,是非常必要的。但是,这种学习和借鉴必须立足于我国的国情,密切结合我国的实际。新中国成立初期直到 20 世纪 60 年代,由于受到各种客观条件和国际政治形势的限制,我们曾大力提倡向苏联学习,这是很有必要的,而且从中学到了许多好的思想和经验,但是,采取从教育体制到教学大纲和教材几乎全盘照搬的办法却是不科学的。现在的形势与当时已大不相同,我们既可以向俄罗斯学习,也可以向美、英、德、法等国学习。在学习的时候,要采取科学的态度,不应从一个极端走向另一个极端,别国可行的办法是否适用于我国,也要认真加以鉴别,应通过实践来检验。要认真总结我国新中国成立以后六十多年所积累的大学数学教学改革丰富的历史经验和教训,从我国大学数学的教学实际出发,不要忘记我们是生活在中国这块热土上,是为振兴和发展中国的大学数学教育事业进行研究和改革的。因此,不能盲目地引进各种各样的流派和思想,不能人云亦云,亦步亦趋,更不能让各种各样新名词和新概念充斥市场,使人眼花缭乱,手足无措,不得要领。

(二) 对今后工作的几点建议

1. 把提高大学数学课程的教学质量与培养高素质创新型人才作为改革的根本目标和主攻方向

六十多年来,虽然我国大学数学课程教学的面貌发生了巨大的变化,在改革和建设中取得了显著成果,然而,我国大学数学的教学质量,特别是在培养大批高素质创新人才方面,与建设创新型国家战略构想的需要相比,与欧美发达国家相比还有很大的差距。我们应当根据《国家中长期教育改革和发展规划纲要(2010—2020年)》和《教育部关于全面提高高等教育质量的若干意见》的精神,认真研究我国大学数学教学中存在的问题,坚持把提高教学质量与培养大批创新型人才作为今后一段时期大学数学教学改革的根本目标和主攻方向。

应当强调指出的是,作为重要基础课的大学数学,在提高教学质量、培养高素质创新型人才中,肩负着特别重要的使命。我们必须清醒地看到,我国大学数学课程,从教学内容、教学方法到考核内容与方法都还存在着许多不能适应培养高素质创新型人才需要的问题。不少教师与学生仍然只重视数学知识的教与学,不重视也不善于通过数学知识的讲解与学习，传授与领会蕴藏在知识背后的数学思想和数学精神。传统的灌输式、保姆式和应试型的教学方法占据大学数学讲台的局面还没有得到根本的改变，教学方法与考核方法的改革在培养学生主动学习精神与自主学习能力方面还没有取得突破，教学质量下滑的局面还没有得到根本的扼制。

2. 把教学方法（含考核内容与方法）改革作为教学改革的一个切入点和突破口

在长期的教学改革中，广大数学教师深切地体会到，教学方法的改革既重要又困难，对于学生从中学进入大学后首先遇到的重要基础课大学数学来说，尤其如此。方法的改革之所以困难，在于它不仅仅是一个简单的教学方法问题，而是涉及教学思想的更新、教学内容改革的深化、教师队伍的建设、教学模式甚至教学组织和教学管理等诸多方面的一项综合性改革工作。时至今日，如果传统的灌输式、保姆式、应试型教学方法占据着大学数学讲坛的状况仍然得不到改变，那么，它必将继续成为制约大学数学教学改革、提高教学质量、培养创新人才的瓶颈。应当把这项工作作为大学数学课程教学改革的一个切入点和突破口，组织优势力量，建立改革特区，加大改革力度，协同攻关！在改革试点中，要有领导的参与和协调，要有政策引导，要有一支高水平的愿意并善于攻坚克难的教师队伍。要以先进的理念为指导，将教学方法的改革与深化教学内容改革结合起来，将教学方法改革与教学手段、教学模式的改革结合起来，将教师讲授与学生自主学习和课堂讨论结合起来。在教学方法改革中，应深入探讨如何以传授知识为载体，揭示数学的思想方法，培养和提高学生的素质；深入探讨如何以学生为主体，开展互动式、讨论式、研究式教学，调动学生的主动性、积极性，培养和提高学生的自主学习能力，培养和提高学生的发现和研究问题的能力以及创新精神和能力；深入探讨如何改进考核内容与考核方式，总结出能检测学生水平和能力的行之有效的公平、科学而且便于操作的教学质量评价体系和方案；深入探讨如何将教学方法的改革与按层次分流培养结合起来，建立和推行多元化和分层次的教学模式。

3. 进一步加强数学应用能力的培养

我们高兴地看到，近十多年来，我们已经找到了激发学生学习数学的积极性、培养学生数学应用能力和创新精神与能力的一条重要途径，这就是开设数学实验与数学建模课程，开展数学建模竞赛活动。今后，应当在已取得的成果和经验的基础上，推广经验，扩大成果，找出存在的问题和不足。当前，虽然这项工作已引起了普遍重视，但各校之间发展还很不平衡。应当改变某些将数学实验降格为数学软件的学习和使用或初级算法的课程，将数学建模课变为简单的知识传授，将以获奖的多少和名次作为参加建模竞赛的主要目标的状况；应当坚决改变在这类课程的教学中满堂灌的教学方法，积极探讨开展师生互动、课堂讨论和课外进行小课题研究的方法;应当改变教材内容陈旧、教学内容随意性较大、缺乏特色的状况,对教学内容和要求进行梳理,逐步实现课程教学的规范化;应当深入研究如何逐步实现把数学建模的思想和方法融入大学数学的主干课程。

4. 大力提高教材质量,在编写出版适应多元化教学需要的多层次、多品种的教材的同时,努力打造精品,使更多的优秀教材成为传世之作

近十多年来,中央、地方和各高校出版社出版了一大批大学数学教材和教学参考资料,数量之多令人眼花缭乱、目不暇接。在这些教材和参考读物中,也有不少优秀的和比较优秀的,然而,教学内容和要求雷同的较多,不同品种、不同风格和适用于不同层次教学要求的较少;用于理、工、经管类的较多,适用于其他专业大类的较少;用于提高学生解题能力和技巧的较多,用于培养学生的数学思想和应用能力、提高学生素质的较少。因此,今后应当组织优势力量,在深入进行教学研究和教学改革实践的基础上,编写出版一些具有引领性的高质量教材和填补空缺的教材。例如,编写更适用于一般院校使用的高质量教材,编写将数学建模的思想和方法、将现代计算技术融入大学数学课程的教材,编写有利于培养学生的数学思想、应用能力以及创新思维和能力的教材,编写有利于开展互动式教学、提高学生自主学习能力的教材,研制数字化教学资源以及有利于培养拔尖学生阅读的教学参考资料等。在教材建设工作中,应当坚决杜绝为了局部的和小团体的利益、用不负责任东拼西凑而成的自编教材去抵制优秀教材的现象,加大对已出版的优秀教材的宣传、推广和锤炼的力度,使我国的大学数学课程教材建设不但在数量上,而且在质量上,位居世界的前列。

大家知道,教材不仅是相应课程的剧本,而且是课程的灵魂和载体,教材建设是课程建设的核心,一本优秀教材能影响几代人的成长,在人才培养中起着重要的作用。在我国大学数学课程建设和教学改革已进行了半个多世纪后的今天,应当把大学数学课程教材建设提高到一个应有的地位,采取相应的措施,制订相应的政策,鼓励和支持优秀教材的编写,并从已有的优秀教材中遴选出精品,组织力量进行修改和完善,力求精益求精,成为精品中的精品,甚至成为传世之作。

5. 建设高水平高素质的大学数学教师队伍

教师队伍的建设是提高教学质量、培养一大批具有创新精神与创新能力的高素质优秀人才的关键,对于作为重要基础课的大学数学课程来说尤其如此。近几年来,在大学数学的教学改革中,反复提出了要通过知识的讲解,揭示数学概念和理论的本质,培养学生的科学思想方法;要改进和创新教学方法,培养学生的自主学习能力,发现问题、提出问题、分析与解决问题的能力。为什么进展不大、效果不显著呢? 根本的原因在于教师的业务水平还不够高,教学能力还不够强,没有建成一支致力于教学改革并且胜任培养学生创新能力要求的高素质师资队伍。当前,很多大学数学教师面临着科学研究和职称晋升的压力,也面临着市场经济条件下

社会上各种经济和物质的诱惑与考验,致使他们在教学上投入不足、敬业精神不够强、对教学内容与教学方法钻研不够、教学水平和能力提高缓慢,课程建设和教学改革的骨干教师严重缺乏,不能适应课程建设和改革的需要。特别是在我国中西部和边远地区,在一般的地方院校中,上述情况更为严重,不少教师的水平和能力与提高教学质量、培养创新型人才的需要存在较大的差距。不改变这种状况,上面所谈到的关于大学数学课程建设和教学改革的一些设想和建议,必将沦为空谈。近年来,由教育部批准建立的高校教师网络培训中心举办的师资培训班以及由国家基金委天元基金资助开办的西部及其周边地区(现已扩大到全国)的大学数学课程师资培训班,收到了良好的效果。为此,我们建议:

(1) 教育部、地方教育管理部门和高等学校,应当进一步把师资队伍建设作为一件大事来抓,加大投入力度,统筹规划,有计划地开办一些各种类型的师资培训班,大力提高现有教师、特别是中青年教师的教学水平和能力,增强他们的敬业精神。

(2) 采取有力措施,使高教三十条中关于“完善教师分类管理”条款中对基础课教师提出的重点考核要求得到落实,努力提高教师、特别是基础课教师的待遇,提高他们的荣誉感和责任感,使他们感到有奔头、有盼头,使教师真正成为有吸引力的、令人羡慕的职业。

(3) 应当尽快补充一批水平高、能力强的大学数学课程教师,健全科学合理的教师流动机制,加强大学数学课程的优秀团队建设,使他们能将课程建设和改革的重任真正担当起来。

6. 充分利用信息化手段和网络化技术,大力研制大学数学数字化课程,尽快实现大学数学系列课程的网络在线教学

实现大学数学课程的网络在线教学是信息化时代的要求,是知识传授模式、学生学习方式和教学形式的一次重大变革,是对传统教育思想和教育理念的巨大冲击,必将引发教育理念的全面更新。然而,当前广大教师对这个问题的了解还不够,体会还不深,存在着各种各样的疑虑和问题。即使是已经批准网上公布的大学数学资源共享课,质量也有待提高。因此,有关部门和领导应在广大教师中进一步开展对这个问题的学习和研讨,提高对这项重大改革的意义和必要性的认识,并在此基础上,根据我国的实际情况,提出实现我国大学数学课程网络在线教学的指导思想,制订科学的研制计划、步骤和方案,在开发、研制网络在线课程教学资源的同时,组织部分院校,开展利用现有网上的教学资源进行教学实践的试点,探索网络在线条件下的教学模式和教学方法,探索网络在线教学与传统课堂教学的关系,探索在网络在线教学基础上如何开展讨论式、研究式教学,进行“翻转式”教学的试点,为今后全面开展在线教学积累经验,做好准备。要避免反复,少走弯路,防止出现“左”的或“右”的错误,防止片面性,保护广大教

师的积极性。

7. 研究大学数学课程教学与中学基础数学课程教学和全国硕士研究生入学统一数学考试的衔接配合问题

这是多年来希望解决但未很好解决的两个具体问题。

(1) 本世纪以来,我国中学基础数学课程也进行了力度较大的改革。例如,在教学内容方面,不少省、直辖市、自治区的高中数学教材中删去了传统教材中诸如三角函数、复数、极坐标、行列式等知识,增加了原属于大学数学课程中的诸如函数的性态、极值与最值、极限与导数初步、古典概率与统计初步等内容,而且由于文科和理科学生不同,各省、各类中学也不尽相同,导致了大学数学与中学数学教学的部分脱节或重复。建议高教司和基础教育司召开大学与中学教师座谈会,充分听取双方的意见,尽快进行协调和沟通,妥善解决这个问题。另外,希望在改革教学方法和培养学生的自主学习能力上也能够进行配合。

(2) 前面已经讲过,全国硕士研究生入学统一数学考试由考试中心命题,在考试内容和要求方面,在试卷的结构方面都作了不少改进,对本科生的数学课程建设起了积极的促进作用。另一方面,由于研究生入学数学考试的内容与要求在一定程度上对大学数学课程的教学内容与要求也起着指挥棒和“紧箍咒”的作用,常常会束缚大学数学课程的教学改革,因此,我们建议有关教育管理部门,组织考试中心的领导和命题专家,与大学数学课程教指委进行沟通,认真研究如何衔接配合,使研究生的全国统一入学考试对大学数学课程的改革不仅不是束缚,而且能进一步起到更好的促进作用。

8. 建立大学数学教学研究的常设机构,加大教学研究的投入力度,提升教学研究的地位

教学改革与教学研究是一项理论性和实践性很强的工作,也是一项长期的事业。从我国六十多年来的课程建设与改革的情况来看,大学数学的教学研究与改革还有很多问题需要与时俱进地深入开展。因此,建立一个具有一定权威的大学数学教学研究常设机构是很有必要的。2009 年起设立的“高等学校大学数学教学研究与发展中心”,五年多来做了很多有益的工作,对推动我国大学数学的教学研究和改革、提高课程的教学质量做出了重要贡献。我们认为,今后应当认真总结,理顺管理体制和领导关系,逐步完善和扩大它的职能。例如,除了配合教指委提出立项研究课题、组织研究队伍外,还可以将规划和组织师资培训、研究制订与修改课程教学基本要求、总结和宣传推广教改成果(这也是一项非常重要的工作,目前,尚未明确由哪个组织机构来承担)、制订课程教学质量评价体系等工作纳入其工作范围。这样做,可以统一领导和协调大学数学教学研究的各项工作,使教学研究和改革具有连续性和继承性,既不中断也不重复。

与科研项目相比,与发达国家相比,目前我国的教学研究项目的投入力度小、

地位低,研究机构和研究期刊少,使我国在教学理论方面的研究成果不多。建议教育部高教司设法多方筹集资金,或者与国家基金委联合或者在国家基金委下或者单独设立教学研究基金,适当加大投入的力度,给教学研究以应有的地位,以便激励和组织一些高水平的教师投入教学研究与教学改革中去,使重要教改项目的研究能早出成果,出高水平的成果。

三、附录

附录 I 大学数学课程建设和教学改革大事记(1954—2013 年)

1954 年 5 月　高等教育出版社出版菲赫金哥尔茨著《微积分学教程》,分三卷。第一卷由叶彦谦等译,第二卷由北京大学高等数学教研室译,第三卷由路见可等译。1954 年至 1956 年间陆续出版。

1954 年 7 月　高等教育出版社出版鲁金著,谭家岱、张理京译《微分学》和《积分学》(该书曾由大连工学院翻译出版)。

1954 年 8 月　教育部在大连召开了有 500 多名教师参加的高等工业学校基础课程教学大纲审订会议。受教育部委托,由交通大学朱公谨教授主持制订的我国高等工业学校《高等数学教学大纲》在会上审订通过,它是新中国第一个高等数学课程的教学大纲。

1954 年 10 月　高等教育出版社出版辛钦著,北京大学数学力学系数学分析与函数论教研室译《数学分析简明教程》。

1955 年 3 月　高等教育出版社出版别尔曼著,张理京译《数学解析教程》(该书 1953 年曾由重工业出版社出版)。

1956 年 4 月　高等教育出版社出版斯米尔诺夫著,孙念增译《高等数学教程》第一、二卷(该书曾先由商务印书馆出版)。

1956 年　高等教育出版社出版罗德著,常彦、邓立生、秦裕瑗译《高等数学》(1—3 卷)。

1956 年 7 月　在大连海运学院召开全国高等数学教学经验交流会。

1956 年 8 月　高等教育出版社出版朱公谨编《高等数学(初稿)》上、下册,这是新中国自编出版的第一套高等数学教材。

1958 年 3 月　人民教育出版社出版樊映川等编《高等数学讲义》(上、下册)。

1958 年　国防工业出版社出版陈荩民编《高等数学教程》。

1958 年 6 月　高等教育出版社出版吉米多维奇著,李荣涑译《数学分析习题集》(该书曾于 1953 年 8 月由商务印书馆初版)。

1958 年 9 月　人民教育出版社出版王椝芳等编《高等数学(卷一)》(干部班适用)。

1959 年 11 月　高等教育出版社出版关肇直编著《高等数学教程》。

1960 年 4 月　受教育部委托,由河北省教育厅组织天津大学等 27 所工业学校制订了高等工业学校高等数学教学大纲第一部分(基础部分)和第二部分(包括无线电类专业、水土类专业和化工类专业三种类型结合专业部分)。

1960 年 6 月　人民教育出版社出版梁昆淼编《数学物理方法》。

1960 年 7 月　人民教育出版社出版天津大学等 27 所工业学校集体编写的《高等数学》(基础部分)及教材使用说明书。

1960 年 10 月　人民教育出版社出版天津大学等 27 所工业学校集体编写的《高等数学》(无线电等类型专业部分)及教材使用说明书。

1960 年 11 月　人民教育出版社出版天津大学等 27 所工业学校集体编写的《高等数学》(化工等类型专业部分)和《高等数学》(水土等类型专业部分)两本教材与它们的使用说明书。

1962 年 5 月　在北京召开我国首届高等工业学校高等数学课程教材编审委员会成立大会。

1962 年 5 月　经高等工业学校高等数学课程教材编审委员会审订,高等工业学校教学工作会议复审定稿的工科本科(五年制)高等数学(基础部分)教学大纲及其说明书正式颁布。

1963 年 7 月　科学出版社出版华罗庚著《高等数学引论》。

1964 年 4 月　在广州召开高等工业学校高等数学课程教材编审委员会扩大会议,组织修订、编写并评选出一批新教材。

1964 年 7 月　人民教育出版社出版樊映川等编《高等数学讲义》(第二版)。

1964 年 8 月　人民教育出版社出版清华大学数学教研组编《高等数学(基础部分)》(上、下册)。

1964 年 8 月　高等教育出版社出版西安交通大学高等数学教研室编《高等数学(基础部分)》(上、下册)。

1965 年 6 月　高等教育出版社出版赵访熊编《高等数学》。

1965 年 6 月　人民教育出版社出版路可见、熊全淹编《高等数学》,供综合大学化学专业使用。

1966 年 5 月　在成都召开高等工业学校高等数学课程教材编审委员会,因“文化大革命”开始,会议提前结束。

1971 年 4 月　科学出版社出版清华大学基础课《微积分》编写组编《微积分》。

1973 年　上海人民出版社出版上海高等数学编写组编写的《高等数学(理科用)》(上、下册)。

1974 年 1 月　上海人民出版社出版上海市工科高等数学编写组编《高等数学(工科用)》(上、下册)。

1975 年 7 月　人民教育出版社出版西安交通大学《高等数学》编写组编《高等数学》(上、下册)。

1977 年 12 月　在西安召开高等工业学校数学与物理教材编写工作会议,草拟了《高等数学》(含工程数学)教材编写大纲。

1978 年 3 月　高等教育出版社出版同济大学数学教研室主编《高等数学》(上、下册)。

1978 年 11 月　人民教育出版社出版南京工学院数学教研组编《工程数学——数学物理方程与特殊函数》。

1978 年 12 月　高等数学出版社出版西安交通大学高等数学教研室编《工程数学——复变函数》,南京工学院数学教研组编《工程数学——积分变换》。

1978 年 12 月　人民教育出版社出版重庆大学谢树艺编《工程数学——矢量分析与场论》。

1979 年 3 月　人民教育出版社出版浙江大学数学系高等数学教研组编《工程数学——概率论与数理统计》。

1980 年 4 月　恢复高等学校工科高等数学教材编审委员会,后更名为工科数学课程教学指导委员会。

1980 年 6 月　在北京召开高等学校工科高等数学教材编审委员会扩大会议,审订通过修订的高等数学教学大纲及其说明书。

1980 年　陕西省数学会恢复了 1954 年由中国数学会西安分会创办的《数学学习》期刊,后改为省数学会与西北工业大学合办,1998 年更名为《高等数学研究》。

1982 年 3 月　高等教育出版社出版同济大学数学教研室编《工程数学——线性代数》,它是根据同济大学数学教研室主编《高等数学》(第一版)中的第十三章改编而成的。

1982 年 7 月　工科数学课程教学指导委员会在成都科技大学召开第一次工科数学教学经验交流会。

1982 年　科学普及出版社出版由 E.A.Bender 著,朱尧辰、徐伟宣译《数学模型引论》。

1984 年 9 月　由高等学校工科数学教材编审委员会主办的《工科数学》创刊,1990 年改为由工科数学课程教指委与合肥工业大学主办,2003 年更名为《大学数学》,由数学与统计学教学指导委员会、高等教育出版社、合肥工业大学主办。

1985 年 5 月　成立第三届工科数学课程教学指导委员会,此后,1962 年、1980 年成立的高等数学教材编审委员会分别改称为第一届、第二届工科数学课程教学指导委员会。

1985 年　教育部决定不再组织制订本科基础课程教学大纲,改为由教育部委托各课程教学指导委员会制订有关课程教学基本要求。

1986 年 7 月　由西安交通大学负责,华南理工大学、北京理工大学、上海工科数学协作组参加的《全国普通高等学校高等数学试题库》研制工作组成立,并开始研制试题库的一期工程(1986—1990 年)。经过二期和三期工程,到 2000 年全部完成,并作为国家试题库。1995 年开始,又组织线性代数(西安交通大学负责),复变函数(西安交通大学负责)和概率论与数理统计(华南理工大学负责)三个试题库的研制工作,于 2000 年全部完成,作为国家试题库。

1987 年 4 月　由工科数学课程教学指导委员会制订的高等数学、线性代数、概率论与数理统计、复变函数与数学物理方程五门课程的教学基本要求经高教司批准后由高等教育出版社正式出版。

1987 年 4 月　工科数学课程教学指导委员会在安徽马鞍山华东冶金学院召开第二次工科数学教学经验交流会。

1987 年 4 月　高等教育出版社出版清华大学姜启源著《数学模型》。

1987 年 5 月　教育部开始组织课程教学评估工作。工科数学课程教学指导委员会制订了《高等数学课程教学评估方案和指标体系(讨论稿)》,并在陕西省进行首次评估试点工作,此后,1992 年和 1993 年又在上海和武汉分别进行评估工作。

1987 年　工学与经济学各类专业硕士研究生入学数学考试实行全国统一命题考试,由教育部考试中心组织。工学类试卷分为三个卷种:数学一、数学二和数学三,经济学类试卷分为两个卷种:数学四、数学五。1999 年开始,管理学各专业研究生入学考试也统考数学。工学类改为数学一与数学二两个卷种,经济管理类分为数学三与数学四两个卷种。2009年以后，又将经济管理类数学三与数学四整合为数学三，工学类仍分为数学一和数学二两种。三类试卷中包含的各科数学内容与所占百分比如下：

数学一：高等数学，56%；线性代数，22%；概率统计，22%。

数学二：高等数学，78%；线性代数，22%。

数学三：高等数学，56%；线性代数，22%；概率统计，22%。

1989年2月　北京大学，清华大学，北京理工大学组织四个队首次参加美国大学生数学建模竞赛。

1990年12月　上海市举办大学生（数学类）数学模型竞赛。

1990年　成立第四届（1990—1994年）工科数学课程教学指导委员会，由本科和研究生两个课程教学指导小组组成。

1991年　工科数学教学指导委员会根据教育部高教司“关于制订1991—1995年教材建设规划的几点意见”的精神，在广泛调研的基础上，决定对同济大学主编的《高等数学》（第三版）和西安交通大学编的《复变函数》（第三版）进行锤炼，于1996年由高教社出版第四版。

1992年8月　高等教育出版社出版由高等学校工科数学课程教学指导委员会本科组编《高等数学释疑解难》。

1992年8月　工科数学教学指导委员会本科组在西南交通大学（成都）召开第三次工科数学教学经验交流会。

1992年11月　中国工业与应用数学学会数学模型专业委员会组织“全国大学生数学模型联赛”。

1993年4月　工科数学教指委本科组开始对1987年制订的工科数学五门课程教学基本要求进行修订，并且新制订数值计算方法课程教学基本要求，将原概率论与数理统计的基本要求改为“概率多，统计少”与“概率少，统计多”两种要求供选用。经高教司审批，于1995年9月由高等教育出版社出版。

1994年5月　工科数学教指委（本科组）在黄山（由合肥工业大学承办）“国内外工科数学教材研讨会”。在这次研讨会上教指委起草了“关于工科数学系列课程教学改革的建议”初稿，得到教育部高教司的充分肯定，并全文转发给全国各高校领导。

1994年8月　受高教司委托，在清华大学举办数学建模讲习班，来自全国百余所院校的约160名教师参加了讲习班。

1994年10月　根据国家高教司〔1994〕76号文件,由中国工业与应用数学学会组建的全国大学生数学建模竞赛第一届组委会组织了全国大学生数学建模竞赛,21个省、市、自治区196所院校的870个队参加。

1995年3月　成立第五届(1995—2000)工科数学课程教学指导委员会,由本科和研究生两个课程教学指导小组组成。

1995年3月　应国家教委邀请,姜伯驹院士在清华大学作题为"大学生的数学修养和数学教学改革问题"的报告,就当代数学科学的发展、数学在当代科学与现代教育中的作用以及数学教学改革问题作了广泛而深刻的阐述。

1995年10月　经国家教委批准,《高等教育面向21世纪教学内容与课程体系改革计划》中立项项目"我国高校非数学类专业高等数学课程体系与教学内容改革"在清华大学召开项目负责人第一次会议,研讨课题组织形式,明确研究目标,安排研究计划。该项目由清华大学主持(萧树铁教授为负责人),由13所院校组成项目研究组。

1995年12月　经国家教委批准,《高等教育面向21世纪教学内容与课程体系改革计划》中立项项目"数学系列课程教学内容与课程体系改革的研究与实践"在西安交通大学召开课题的预备会议,制订了项目研究的指导思想和总体框架。该项目由西安交通大学主持(马知恩教授为负责人),由13所院校组成项目研究组。

注:上述两个课题组历经了五年的改革研究与实践,在总结我国高校数学课程教学改革的经验教训的基础上,提出了改革指导思想和方案,编写出版了面向21世纪的配套系列教材,开设了数学实验课,进行了教学方法与考试方法的改革研究与实践,研制了多媒体教学课件和计算机辅助教学软件,撰写并出版了课题研究报告。

1996年8月　高教司理科处在山西大学举办"21世纪数学发展展望及教学改革高级研讨班",邀请丁石孙等12位专家作大会报告。

1996年11月　教育部在全国六所高校中设立了国家工科数学基础课程教学基地:哈尔滨工业大学、清华大学、上海交通大学、西安交通大学、电子科技大学、华南理工大学。经过七年多的建设,基地为工科数学课程建设和改革做了许多具体工作,取得了丰硕成果。2004年对教学基地进行验收评估工作。后来经教育部同意同济大学自筹经费，也设立了工科数学课程基地。

1997年3月　由工科数学课程教学指导委员会策划并组织研制拍摄的高等数学和四门工程数学（线性代数、概率统计、复变函数、数理方程）共12部（24学时）教学录像片历时约四年由高等教育出版社、高等教育电子音像出版社正式出版。

1997年5月　第五届工科数学课程教学指导委员会在南昌召开教指委会（扩大）工作会议（由南昌大学筹办），根据教育部对教学改革要进行分类指导的要求，讨论并起草了《关于一般院校工科数学课程建设与改革的几点意见（征求意见稿）》。

1997年5月　工科数学课程教指委与工科数学课题组（“数学系列课程教学内容与课程体系改革的研究与实践”课题组简称，下同）在江西景德镇陶瓷学院联合召开“工科数学转变教学思想专题研讨会”，就教学改革中转变教学思想，更新教学观念的重要性以及如何改变传统教学方法和模式，培养学生的创新精神和创新能力进行了热烈而生动活泼的讨论，并形成了会议纪要。

1997年8月　高等教育出版社出版李心灿主编的《高等数学应用205例》。

1997年10月　工科数学课程教指委与工科数学课题组在西安交通大学联合举办了“当代工程科学的进展与工科数学教学改革”的院士报告会，会议邀请了来自工程科学科研与教学第一线的7位院士和3位著名专家作大会报告，对我国工科数学课程改革的指导思想和改革方向产生了重要影响，会议撰写了总结报告。

1997年11月　北京大学出版社出版张顺燕编著的《数学的思想、方法和应用》。1994年张顺燕教授为北京大学文科实验班开设高等数学课，并编写了教材。本书就是在该教材的基础上加工改编而成的。

1997年　复旦大学出版社出版谭永基、俞文鮆编写的《数学模型》。

1998年10月　高教司在北京香山举办了“数学教育在大学教育中的作用研讨班”，来自全国近百所高校从事非数学类专业数学教学的160余名教师就数学教育在大学教育中的地位和作用，如何改革大学数学基础课的内容、体系和教学方法等问题进行了广泛的讨论。

1999 年 7 月　在西安交通大学举办了工科数学课题组与 6 个工科数学课程教学基地负责人联席会议，研究了如何在工科数学教学中提高学生数学素养、培养学生创新能力的问题，交流汇总了各子项目工作进展情况，讨论了结题验收事宜。会议起草了《深化工科数学教学改革，大力培养高素质创新型人才》的总结报告。

1999 年 7 月　工科数学教指委组织同济大学、清华大学、上海交通大学与西安交通大学根据由教指委委员所在院校所提供的资料进行修改、加工，编写了旨在测试学生的数学素养和应用能力高低的《新编试题选编》，并制成了光盘。

1999 年 10 月　工科数学教指委与工科数学课题组在成都（由西南交通大学承办）召开了第四次工科数学课程教学经验交流会。

2000 年 8 月　高等教育出版社出版李文林的《数学史教程》，2002 年 8 月，该书出第二版，改名为《数学史概论》。

2000 年 8 月　工科数学课题组在西安交通大学召开全国工科数学改革教材专题研讨会，对由西安交通大学编写的《工科数学分析基础》和同济大学编写的《微积分》两本改革新教材进行了研讨。

2000 年 8 月　高等教育出版社出版面向 21 世纪教学内容和课程体系改革计划系列报告《高等数学改革研究报告》（非数学类专业）。

2000 年　教育部副部长吕福源在一次会议（教指委换届会议）上指示，教材是一个很关键的问题，必须大量地、不断地引进国外原版教材。通过引进国外优秀教材，就有可能在一些新兴学科，特别是在信息科学、生命科学等学科中提倡双语教学。

2001 年 1 月　工科数学课题组在上海交通大学举办了数学实验师资培训班，介绍并推广了由上海交通大学编写的《数学实验》教材与相关的成果，来自 80 多所高校的 130 名教师参加了培训。

2001 年 1 月　由工科数学课程教学指导委员会、华南理工大学、西安交通大学联合主办，香港理工大学承办的“国际工科数学教学与应用研讨会”在香港召开，国内外代表 70 多人参加了会议。

2001 年 5 月　教育部将原高等学校工科数学课程教学指导委员会和数学专业教学指导委员会合并成立高等学校数学与统计学教学指导

委员会，下设数学类专业、非数学类专业数学基础课程和统计学专业三个教学指导分委员会。非数学类专业基础课分委员会的工作范围扩大到理、工、经管、医、农、文等非数学类专业的数学基础课。

2001 年 7 月　由中国工业与应用数学学会和清华大学联合承办的第十届国际数学建模教学与应用会议（ICTMA 10）在北京西郊宾馆举行，这是该系列会议第一次在亚洲举行。

2002 年 4 月　全国大学生数学建模竞赛委员会向教育部高教司申报的新世纪高等教育教学改革工程本科教育教学改革立项项目“将数学建模思想和方法融入大学数学主干课程教学中的研究与试验”得到批准，组委会先后设立了 22 个子项目供全国数学建模教师研究，于 2005 年结题。

2002 年 5 月　根据教育部的要求，高等学校非数学类专业数学基础课教学分委员会修订 1995 年的工科数学基础课程教学的基本要求，同时分别制订经济管理类和医科类本科数学教学基本要求。本次修订和新制订的三个专业大类基础课教学基本要求中，仅包括微积分、线性代数与空间解析几何、概率论与数理统计三门必修课。2005 年将修订稿报送高教司。2009 年，新一届教指委又对该修订稿再次进行了审定，并报送高教司。

2002 年 5 月　非数学类专业数学基础课教指委在长春吉林大学召开文科和医科数学课程教学研讨会，首次讨论文科和医科类专业数学课程的地位、作用、教学内容和教学基本要求问题。

2002 年 7 月　在贵阳由贵州大学承办了世界银行贷款数学类教改工作研讨会。

2002 年 7 月　全国大学生数学建模竞赛组委会与高等教育出版社签订协议并获得赞助，将 2002 年的竞赛命名为“高教社杯全国大学生数学建模竞赛”。此后，通过续签协议并获赞助，此项赛事均以高教社杯命名。

2002 年 8 月　在北京召开的世界数学家大会上，萧树铁教授作了题为“Reforms of university mathematics education for non-mathematics specialties”的 45 分钟报告。

2002 年 12 月　高等教育出版社出版面向 21 世纪教学内容和课程体系改革计划系列报告《工科数学系列课程教学改革研究报告》。

2003 年 4 月　教育部开始评选并建设一批国家级精品课程，同济大学、西安交通大学和清华大学的“高等数学”课程均被评为首批建设的国家级精品课程。此后,每年评选一次,到2012年,数学类已有98门被评为国家级精品课程。2012年,教育部开展精品课程转型升级工作,现已有59门课正式上线。

2003年5月　教育部启动教学名师奖评选工作,首届国家级教学名师奖获得者中包括11位数学教师,三年后又评选一次。此后,每两年进行一次评选。

2003年5月　全国高等学校教学研究中心、教育部高等学校非数学类专业数学基础课程教学指导分委员会(2001—2005)和高等教育出版社正式启动大学数学教学资源库建设项目。大学数学教学资源库包括高等数学子库(DVD)、线性代数子库(CD-ROM)和概率论与数理统计子库(CD-ROM)三部分。

2003年8月　在吉林大学召开全国高等学校教学研究会数学学科委员会成立大会。

2004年5月　中国高等教育学会教育数学专业委员会成立大会在广州召开。专业委员会理事长由张景中院士担任,徐利治和张奠宙教授为顾问,教育数学是介于教育学与数学之间以教学为主体的新兴交叉学科。

2004年8月　国家自然科学基金委员会天元基金领导小组委托并赞助西安交通大学数学系(现改为数学与统计学院)举办首期“西部与周边地区高等学校非数学类数学教师培训班”,为期三周,约100余名教师参加了培训班。2005年8月和2006年8月又连续举办了两期。

2005年3月　教育部启动建设优秀教学团队工作,非数学类专业数学基础课中有29个被评选为首批国家级优秀教学团队,此后,评选工作每年进行一次。

2005年4月　高等学校非数学类专业数学基础课教指委在南京(由东南大学承办)召开第五次全国工科数学课程教学经验交流会。

2005年5月　首届全国数学学科院系主任联席会议在广西大学召开,总结和交流数学学科课程建设和教学改革的经验与成果,征求对学科专业规范和基础课教学基本要求的意见。

2005年11月　全国高等学校教学研究中心、教育部高等学校数学与统计学教学指导委员会、中国数学会教育工作委员会、全国高等学校教学研究会、高等教育出版社联合筹办由同济大学承办首届“大学数学课程报告论坛”。这次论坛的主题是“现代数学发展与大学数学教学改革”，邀请了教育部领导、中国科学院院士及著名教授和专家作1小时大会报告，并设置了30分钟、15分钟两种分组报告，约500余名专家和一线教师参加了会议。

2006年6月　高等学校数学与统计学教学指导委员会换届工作会议在南京召开，该委员会仍包括数学专业、统计学和非数学类专业数学基础课程三个教学指导分委员会，但“非数学类专业数学基础课程教学指导分委员会”更名为“数学基础课程教学指导分委员会”。

2006年10月　在武汉由武汉大学承办第二届“大学数学课程报告论坛”，主题是“大学数学课程教学内容的改革与实践”，有400所高校的600余位代表与会。

2007年6月　经教育部批准，全国高校教师网络培训中心正式成立。该中心是高等院校教师培训机构，由高等教育司和教师工作司直接领导，中心设在高等教育出版社，全国设有55个省级分中心和城市分中心。该中心自成立以来，利用数字化和网络技术，共开展了18次大学数学方面的师资培训，并于2013年7—8月对西安交通大学举办的“全国高等学校非数学类专业大学数学教师暑期研修班”进行现场录像，整理成7门课程和2个专题，供教师培训学习。至2014年5月13日，共约7 614人次报名参加培训，对提高中青年教师的业务水平和教学能力发挥了重要作用，受到广大教师的欢迎和好评。

2007年8月　由教育部数学与统计学教学指导委员会数学基础课教学指导分委员会筹款资助的31项教学改革项目经高教司批准，纳入教育部高等理工教育教学改革与实践项目，并由该分委员会负责项目的指导、检查与验收。

2007年11月　在成都由电子科技大学承办第三届“大学数学课程报告论坛”，主题是“中、美、俄大学数学课程教学内容与教学方法的交流与比较”，来自300多所高校500余名一线教师参加了这次论坛。

2008年6月　高等教育出版社出版南开大学顾沛编的《数学文化》，这是一本文化素质教育类型的选修课“数学文化”的教材。

2008年7月　全国高校数学文化课程建设研讨会暨第11次理科高等数学研究会年会在郑州召开，来自110所高校和单位的220多名代表参加了会议。

2008 年 11 月　在西安由西安交通大学承办第四届“大学数学课程报告论坛”，主题是“大学数学课程教学方法的改革与创新”，来自近 300 所高校的 500 余名专家、学者和教师参加了论坛。

2009 年 6 月　教育部数学与统计学教学指导委员会年度工作会议暨第二届全国数学学科院系主任联席会议在浙江万里学院举行。会议交流了课程和教学改革经验，宣讲了专业规范和基础课教学基本要求。

2009 年 6 月　由西安交通大学与高等教育出版社共同发起和资助，由教育部数学与统计学教学指导委员会、全国高等学校教学研究中心、高等教育出版社、西安交通大学四家共建的“高等学校大学数学教学研究与发展中心”（简称“中心”）在西安交通大学正式揭牌成立。同日召开中心学术委员会第一次会议。会上研究了中心的宗旨、任务和工作方式，并提出第一批资助的教学研究项目（5 项）。此后，每年召开一次中心学术委员会会议，提出每年资助项目，并对前一年立项项目进行中期检查，对前两年立项项目进行结题验收。2010—2013 年资助项目数分别为 4 项、5 项、3 项和 6 项。

2009 年 11 月　在杭州由浙江理工大学承办第五届“大学数学课程报告论坛”，主题是“信息化进程中的大学数学课程教学改革与建设”。来自 300 多所高校的 600 余位专家和教师参加了论坛。

2009 年 11 月　由全国高等学校教学研究中心（简称“教研中心”）组织的“科学思维、科学方法在高校数学课程教学创新中的应用与实践”项目在杭州举行开题会议，来自 60 多所院校的 80 余位代表参加了本次会议。该项目负责人、教研中心常务副主任杨祥出席了会议并作重要讲话。

2009 年 12 月　第一届全国大学生数学竞赛由中国数学会主办，国防科学技术大学承办，此后每年举行一次。

2010 年 5 月　由数学基础课程教学指导分委员会与“中心”联合在西安交通大学举办了全国大学数学教学交流研讨会，围绕当前大学数学教学中存在的问题与对策进行了广泛的交流与研讨，来自全国 100 余所高校的 150 余名大学数学教师参加了大会。

2010 年 5 月　高等学校教学研究中心组织高等教育出版社数学分社、西安交通大学及郑州大学开展高等数学数字化教材的研制工作，历时一年多。

2010 年 8 月　受天元基金领导小组委托并资助的“西部和周边地区非数学类数学教师培训班”继续在西安交通大学举办。此后,该培训班改由“大学数学教学研究与发展中心”和西安交通大学联合举办,每年举办一次,并更名为“高等学校大学数学课程教师暑期研修班”。

2010 年 11 月　在福州由福州大学承办第六届“大学数学课程报告论坛”,主题是“创新人才培养与数学课程教学改革的探索与实践”。

2011 年 8 月　大学数学教学研究与发展中心与基础课程教学指导分委员会联合筹办全国第六次大学数学教学经验交流会在(成都)电子科技大学召开,“中心”第一批资助项目所取得的研究成果都作了大会发言。

2011 年 11 月　在长沙由国防科技大学承办第七届“大学数学课程报告论坛”,主题是“人才培养模式改革创新中的数学课程建设与改革”。

2012 年 5 月　大学数学教学研究与发展中心与数学基础课教学指导分委员会在西安交通大学联合召开“深化大学数学课程教学改革,适应培养创新型人才的需要”教学研讨会。来自全国 40 余所院校 70 余名代表参加了会议。

2012 年 8 月　在大学数学教学研究与发展中心于厦门大学召开的学术委员会第四次会议上,高等教育出版社数学分社另设专款资助安徽、江苏、辽宁和湖北四省的 12 所应用型本科院校,参加“中心”第四批资助项目“应用型本科院校大学数学课程的教学内容改革与创新能力培养”的研究。

2012 年 11 月　在南京由东南大学承办第八届“大学数学课程报告论坛”,主题是“国家精品课程转型升级的认识与实践”。

2012 年 11 月　由大学数学教学研究与发展中心 2012 年设立的重点研究项目“高等数学数字化课程建设思路方案的研究与制作”启动,并在第八届大学数学课程报告论坛期间召开了第一次工作会议,讨论了课题的任务、研究思路。

2013 年 7 月　教育部高等学校大学数学课程教学指导委员会(原称高等学校数学基础课教学指导分委员会)第一次工作会议在深圳(由深圳大学承办)召开。会议讨论并明确了新一届教指委的组织和制度建设工作、工作重点和 2013 年工作计划。

2013 年 8 月　受天元基金领导小组的委托和资助，2013 年“高等学校大学数学课程教师暑期研修班”在贵阳由贵州大学承办。

2013 年 9 月　“大学数学教学研究与发展中心”在南京(由东南大学承办)召开换届会议，并组成新一届中心学术委员会和中心的领导机构。高等教育出版社数学分社专项资助河北、安徽、广东、北京和山东五省的课题研究。

2013 年 11 月　在合肥由合肥工业大学承办“高校数学课程教学系列报告会(2013)”(原称“大学数学课程报告论坛”)，主题是“精品开放课程建设与共享”。来自全国近 700 位专家与一线教师参加了会议。

附录Ⅱ　各届教学指导委员会(或教材编审委员会)成员名单

1. 高等数学课程教材编审委员会①(1962—1966 年)

主任委员：张鸿(西安交通大学)

副主任委员：赵访熊(清华大学)

委员：陆庆乐(西安交通大学)

陈荩民(北京工业学院)

栾汝书(清华大学)

韩清波(天津大学)

王元吉(重庆大学)

王焕初(西北工业大学)

卢文(华南工学院)

樊映川(同济大学)

秘书：马知恩(西安交通大学)

① 1962 年成立第一届高等数学课程教材编审委员会，1980 年恢复高等数学课程教材编审委员会，其间更名为第二届工科数学课程教学指导委员会，2000 年以后又先后改称为非数学类专业数学基础课程教学指导分委员会、数学基础课程教学指导分委员会和大学数学课程教学指导委员会。

联络员:张理京(高等教育出版社)

2. 高等数学课程教材编审委员会(1980—1984 年),后被改称为工科数学课程教学指导委员会

主任委员:赵访熊(清华大学)

副主任委员:孙树本(北京工业学院)

陆庆乐(西安交通大学)

委员:马知恩(西安交通大学)

王光兆(北京经济学院)

王进儒(华南工学院)

王焕初(西北工业大学)

王福楹(同济大学)

王嘉善(上海交通大学)

冯朝清(成都电讯工程学院)

刘颖(北京工业学院)

孙本旺(长沙国防科技大学)

孙家永(西北工业大学)

肖义珣(大连工学院)

周茂清(浙江大学)

林少宫(华中工学院)

祝肇栋(天津大学)

郭可詹(西南交通大学)

侯振挺(长沙铁道学院)

栾汝书(清华大学)

陶永德(南京工学院)

黄士壁(东北工学院)

韩清波(天津大学)

谢树艺(重庆大学)

富景隆(哈尔滨工业大学)

秘书:盛祥耀(清华大学)

联络员:丁鹤龄(高等教育出版社)

3. 工科数学课程教学指导委员会(1985—1990 年)

主任委员:陆庆乐(西安交通大学)

副主任委员:孙树本(北京工业学院)

盛祥耀(清华大学)

顾问:赵访熊(清华大学)

委员:栾汝书(清华大学)

谢树艺(重庆大学)

林少宫(华中工学院)

王进儒(华南工学院)

陶永德(南京工学院)

王福楹(同济大学)

黄士壁(东北工学院)

富景隆(哈尔滨工业大学)

周茂清(浙江大学)

刘颖(北京工业学院)

王嘉善(上海交通大学)

马知恩(西安交通大学)

孙家永(西北工业大学)

祝肇栋(天津大学)

肖义珣(大连工学院)

冯朝清(成都电讯工程学院)

沈恒范(湖北汽车工业学院)

秘书:葛仁杰(西安交通大学)

联络员:丁鹤龄(高等教育出版社)

4. 工科数学课程教学指导委员会(1990—1994 年)

主任委员:马知恩(西安交通大学)

副主任委员:萧树铁(清华大学)

盛祥耀(清华大学)

本科数学课程教学指导小组

组长:马知恩(西安交通大学)(兼)

副组长:盛祥耀(清华大学)(兼)

委员:富景隆(哈尔滨工业大学)

王嘉善(上海交通大学)

孙家永(西北工业大学)

沈恒范(湖北汽车工业学院)

王明慈(成都科技大学)

林化夷(华中理工大学)

卢树铭(合肥工业大学)

谭泽光(清华大学)

齐植兰(天津大学)

施光燕(大连理工大学)
王文蔚(南京工学院)
骆承钦(同济大学)
梁文海(浙江大学)
汪国强(华南理工大学)
赵中时(重庆大学)
葛仁杰(西安交通大学)
史荣昌(北京理工大学)
董加礼(吉林工业大学)
赵连昌(大连海事学院)
赵善中(电子科技大学)
秘书:王绵森(西安交通大学)
联络员:文小西(高等教育出版社)
5. 工科数学课程教学指导委员会(1995—2000 年)
主持学校:西安交通大学
主任委员:马知恩(西安交通大学)
副主任委员:汪国强(华南理工大学)
向隆万(上海交通大学)
刘家琦(哈尔滨工业大学)
秘书:徐文雄(西安交通大学)
联络员:文小西(高等教育出版社)
本科数学课程教学指导小组
主持学校:西安交通大学
组长:马知恩(西安交通大学)(兼)
副组长:汪国强(华南理工大学)(兼)
向隆万(上海交通大学)(兼)
委员:赵善中(电子科技大学)
骆承钦(同济大学)
赵中时(重庆大学)
管平(东南大学)
史荣昌(北京理工大学)
王国瑾(浙江大学)
熊洪允(天津大学)
白峰杉(清华大学)
孙丽华(大连理工大学)

甘筱青(江西大学)
戴天时(吉林工业大学)
田铮(西北工业大学)
林益(华中科技大学)
王绵森(西安交通大学)
马继钢(四川大学)
苏化明(合肥工业大学)
徐扬(西南交通大学)
秘书:徐文雄(西安交通大学)(兼)
联络员:文小西(高等教育出版社)(兼)
6. 教育部高等学校数学与统计学教学指导委员会(2001—2005年)
主任委员:李大潜(复旦大学)
副主任委员:刘应明(四川大学)
文兰(北京大学)
冯克勤(清华大学)
郑祖康(复旦大学)
委员:何书元(北京大学)
史宁中(东北师范大学)
乐经良(上海交通大学)
王建磐(华东师范大学)
李尚志(中国科技大学)
王绵森(西安交通大学)
徐宗本(西安交通大学)
非数学类专业数学基础课程教学指导分委员会
主任委员:冯克勤(清华大学)
副主任委员:王绵森(西安交通大学)
乐经良(上海交通大学)
李尚志(中国科技大学)
委员:白峰杉(清华大学)
赵达夫(北方交通大学)
李津(北京航空航天大学)
欧智明(北京邮电大学)
孙炯(内蒙古大学)
张庆灵(东北大学)
李辉来(吉林大学)

魏俊杰(东北师范大学)
游宏(哈尔滨工业大学)
黄自萍(同济大学)
杨孝平(南京理工大学)
管平(东南大学)
金蒙伟(浙江大学)
顾荣宝(安徽大学)
苏化明(合肥工业大学)
甘筱青(南昌大学)
李梦如(郑州大学)
王维克(武汉大学)
庾建设(湖南大学)
吴翊(国防科技大学)
徐远通(中山大学)
郝志峰(华南理工大学)
马继刚(四川大学)
李永昆(云南大学)
田铮(西北工业大学)

秘书:白峰杉(清华大学)(兼)

联络员:徐刚(高等教育出版社)

7. 教育部高等学校数学与统计学教学指导委员会(2006—2010 年)

主任委员:李大潜(复旦大学)

副主任委员:刘应明(四川大学)
文兰(北京大学)
徐宗本(西安交通大学)
顾沛(南开大学)
何书元(北京大学)

秘书长:雍炯敏(复旦大学)

委员:马继刚(四川大学)
邱东(中央财经大学)
王建磐(华东师范大学)
郑志明(北京航空航天大学)
乐经良(上海交通大学)
金勇进(中国人民大学)
史宁中(东北师范大学)

庾建设(广州大学)

宋永忠(南京师范大学)

黄自萍(同济大学)

张润楚(南开大学)

曾五一(厦门大学)

李尚志(北京航空航天大学)

数学基础课程教学指导分委员会

主任委员:徐宗本(西安交通大学)

副主任委员:乐经良(上海交通大学)

李尚志(北京航空航天大学)

庾建设(广州大学)

黄自萍(同济大学)

马继刚(四川大学)

秘书长:彭济根(西安交通大学)

委员:丁南庆(南京大学)

苏化明(合肥工业大学)

马柏林(湖南大学)

邹庭荣(华中农业大学)

王长平(北京大学)

陆全(西北工业大学)

王勇(哈尔滨工业大学)

陈建龙(东南大学)

冯有前(空军工程大学)

周泽华(天津大学)

卢玉峰(大连理工大学)

金蒙伟(浙江大学)

白峰杉(清华大学)

侯吉成(烟台大学)

龙永红(中国人民大学)

姚正安(中山大学)

刘三阳(西安电子科技大学)

姜广峰(北京化工大学)

刘艳秋(沈阳工业大学)

赵新泉(中南财经政法大学)

刘斌(华中科技大学)

郝志峰(华南理工大学)
孙炯(内蒙古大学)
徐文雄(西安交通大学)
异旭明(武汉大学)
徐荣聪(福州大学)
朱传喜(南昌大学)
梁治安(上海财经大学)
吴传生(武汉理工大学)
黄廷祝(电子科技大学)
张庆灵(东北大学)
焦宝聪(首都师范大学)
李辉来(吉林大学)
董新汉(湖南师范大学)
杨宁(西南交通大学)
慕小武(郑州大学)
杨孝平(南京理工大学)
陈一宏(北京理工大学)

8. 大学数学课程教学指导委员会(2013—2017年)

主任委员:徐宗本(西安交通大学)

副主任委员:白峰杉(清华大学)
姜广峰(北京化工大学)
许晓革(北京信息科技大学)
边保军(同济大学)
郑家茂(东南大学)
郝志峰(广东工业大学)
黄廷祝(电子科技大学)
冯有前(空军工程大学)

秘书长:李继成(西安交通大学)

委员:冯荣权(北京大学)
李翠萍(北京航空航天大学)
李林(首都医科大学)
杨洁(北京中医药大学)
张余辉(北京师范大学)
周泽华(天津大学)
罗蕴玲(天津商业大学)

潘晋孝(中北大学)
杨联贵(内蒙古大学)
卢玉峰(大连理工大学)
李辉来(吉林大学)
李延忠(长春理工大学)
王勇(哈尔滨工业大学)
李霞(哈尔滨医科大学)
梁治安(上海财经大学)
朱林生(常熟理工学院)
金蒙伟(浙江大学)
陈光亭(杭州电子科技大学)
吕丹(温州医学院)
朱士信(合肥工业大学)
秦侠(安徽医科大学)
谭绍滨(厦门大学)
朱传喜(南昌大学)
冯滨鲁(潍坊学院)
慕小武(郑州大学)
刘斌(华中科技大学)
邹庭荣(华中农业大学)
姚正安(中山大学)
徐晨(深圳大学)
龚劬(重庆大学)
陈滋利(西南交通大学)
聂玉峰(西北工业大学)
刘三阳(西安电子科技大学)
蔺小林(陕西科技大学)
滕志东(新疆大学)
朱健民(国防科学技术大学)
李应岐(第二炮兵工程大学)
杨万利(装甲兵工程学院)
时宝(海军航空工程学院)

附录Ⅲ　历次大学数学课程教学大纲或教学基本要求

中华人民共和国高等教育部批准
高等数学教学大纲*(1954年)
高等工业学校用
(320~340学时)

绪　　论

数学是以现实世界的空间形式以及数量关系为对象的科学。数学的发生是由于人类实践的需要。数学概念是由现实世界的事物及规律抽象而来。数学的抽象性及其具体应用的普遍性。实践是科学真实性的准绳。

初等数学与高等数学,它们的基本区别:初等数学研究的对象是常量;高等数学研究的对象是变量。高等数学对于自然科学的价值。

我国数学发展的简单介绍。

高等数学教学大纲原文首页

第一部分　解析几何

1. 平面上的直角坐标

平面上的笛卡儿直角坐标。坐标变换。两点间的距离,线段的定比分点,三角形的面积。平面上曲线方程的概念,圆的方程。

2. 直线

过定点有定斜率的直线方程,直线作为线性函数的图形。直线的一般方程,截距式方程,法线式方程,参数方程。点到直线的距离,二直线的夹角,二直线平行及垂直的条件。[直线束。]

3. 二次曲线

椭圆、双曲线及抛物线作为动点的轨迹,它们的标准方程及图形的研究。双曲线的渐近线。椭圆的参数方程。抛物线作为二次三项式的图形。等边双曲线作为

---

* 本大纲为1954年的教学大纲,故有些名词术语和数学家译名与现在通用的不同。但为保持大纲的原貌,编辑未作修改。后同。

反比关系的图形。[二次曲线的一般方程,利用坐标变换将二次曲线的一般方程化为标准形方法。]

4. 极坐标

极坐标。极坐标与直角坐标的互相变换公式。曲线的极坐标方程的概念。阿基米德螺线及对数螺线。

5. 行列式及线性方程组

二阶与三阶行列式。[高阶行列式概念。]行列式的性质。线性方程组的解法。齐次线性方程组有非零解的条件。

6. 矢量代数初步及空间直角坐标

物理学中有方向的量。由抽象而产生的矢量概念。矢量的加法,矢量与数量的乘法,这些运算是现实世界的规律抽象而来。矢量在轴上的投影。投影定理。

空间点的笛卡儿直角坐标。基本单位矢量组。矢量依照基本单位矢量组的分解。矢量的坐标。利用矢量坐标做矢量加法及矢量与数量的乘法。矢量的模与方向余弦。两点间的距离。

两矢量的数量积[与矢量积],其物理意义、性质及坐标表示法。二矢量的夹角,二矢量平行与垂直条件。[二矢量的混合积。]

矢量代数对于力学、物理及技术科学的价值。

7. 曲面及空间曲线的方程

曲面方程的概念。球面方程。垂直于坐标面的柱面方程。曲线作为二曲面的交线。[空间曲线的参数方程(从力学观点的解释,作质点沿着曲线的运动方程),螺线。]

8. 空间的平面及直线

平面的法线矢量。过一点及已知法线矢量的平面方程。平面的一般方程,截距式方程,法线式方程。点到平面的距离,两平面的夹角,两平面平行与垂直的条件,直线作为两平面的交线。

矢量式及坐标式的直线方程。参数式的直线方程(从力学观点的解释:点的等速直线运动的方程)。两直线的夹角,两直线平行及垂直的条件。

直线与平面的交点,直线与平面的夹角,直线与平面平行及垂直的条件。

9. 二次曲面

二次曲面的坐标方程,利用平行截面研究它们的形状。二次柱面及锥面、旋转面。

第二部分　数学分析

1. 函数及其图形

实数及其在数轴上的表示法。变量及函数的关系作为现实世界中依从关系的反映。尼·依·罗巴切夫斯基的函数定义。函数的定义域。函数的图形。函数的表示法。反函数及其图形。基本初等函数的图形。

2. 数列的极限及函数的极限

数列及其极限,函数的极限。我国古代哲学家在极限方面的思想。无穷小及无穷大。无穷小的定理。极限的定理。当自变量趋向无穷大时函数的极限。函数图形的水平渐近线。当自变量趋向无穷大时分式有理函数的极限。不等式的取极限。当 $x\to 0$ 时,$\frac{\sin x}{x}$的极限。

单调有界数列的极限(不证)。数 e,指数函数 e^x,自然对数。双曲线函数及其图形。

无穷小的比较,相当无穷小,利用它们计算极限。

3. 函数的连续性

函数在一点及区间上的连续性。两个函数的和、积及商的连续性。反函数连续性的定理(不证)。复合函数及其连续性。间断点。函数图形的铅直渐近线。

初等函数的连续性。

闭区间上连续函数的最大及最小值的存在(不证)。闭区间上连续函数的介值定理(不证)。

4. 导数及微分

引出导数概念的问题(运动的瞬时速度,有质量的直线在一点的密度等)。导数概念的产生。微分学对于自然技术科学的价值。

函数的导数,它的几何意义。函数的图形的切线及法线方程。反函数的导数。初等函数的导数。

函数的微分,它的定义及计算法。微分的几何解释。二函数的和、积、商的导数及微分。复合函数的导数及微分。微分形式的不变性。

高阶导数。一些初等函数的 n 阶导数。

[高阶微分的概念。]导数的微分记法。由参数方程 $x=f(t)$,$y=\Phi(t)$ 求$\frac{\mathrm{d}y}{\mathrm{d}x}$及$\frac{\mathrm{d}^2y}{\mathrm{d}x^2}$。微分在近似计算上的应用。

5. 函数的研究及函数图形的作法

罗尔定理。有限增量的公式(拉格朗日定理)。勾犀[①]定理。罗彼塔[②]法则及其应用$\left(\frac{\infty}{\infty}\right.$型未定式的极限求法,不证$\left.\right)$。多项式的泰勒公式。带有拉格朗日型余项的泰勒公式。泰勒公式在近似计算上的应用(带误差的估计)。

函数增减性的判定法。驻点。函数的极值及其求法。闭区间上函数的最大及

① 勾犀,现译为柯西。

② 罗彼塔,现译为洛必达。

最小值的求法。函数图形的凸凹向的判定法,拐点。

函数图形的渐近线。

函数的讨论及作图的一般步骤。

力学、物理学及其他自然科学中利用微分学解决问题举例。

用参数方程表示的平面曲线的切线方程。平面曲线弧的平均曲率,平面曲线在点的曲率,曲率半径,曲率中心及曲率圆。[平面曲线的渐屈线,渐伸线。]摆线及其性质。[用参数方程表示的空间曲线的切线方程,螺线的性质。]

6. 方程的近似解

方程近似解的弦位法与切线法。我国数学家对于方程近似解的贡献。

7. 不定积分

原函数及不定积分。引出计算原函数的力学、物理问题(已知运动的速度求路程,已知密度求质量等)。基本积分表。函数和的积分及函数与常数乘积的积分。不定积分的换元法与分部积分法。

部分分式:有理函数的积分。三角函数的有理式的积分。最简单代数无理式的积分。

8. 定积分

引起积分和并计算其极限的几何与物理的问题(曲边梯形的面积,变力所做的功等)定积分的产生。

定积分存在定理的叙述。定积分的性质,中值定理。定积分对上限的导数。牛顿-莱布尼兹公式。定积分的换元法及分部积分法。

近似积分公式:矩形公式,梯形公式及辛普生公式。

[图形积分法,积分仪及测面器的运用原理。]

9. 定积分的应用

平面图形的面积(直角坐标及极坐标)。已知平行截面面积求体积,旋转体的体积。弧长。

力学及物理学上的应用举例。

积分学在自然科学及技术科学上的价值。

10. 常数项级数及旁义积分①

无穷级数,它的收敛性。级数收敛的必要条件,它的不充分性,调和级数。收敛级数的加法,收敛级数与常数的乘法。正项级数部分和有界时的收敛性。正项级数的比较原理。正项级数收敛性的达朗贝尔[及勾犀]判定法。交错级数收敛性的莱布尼兹定理。[根据达朗贝尔及勾犀判定法与几何级数比较来估计正项收敛级数的余和。]级数的绝对收敛性及非绝对收敛性。[绝对收敛级数的性质。]

① 旁义积分,现多用广义积分,或反常积分。

旁义积分:无穷区间上的旁义积分及无界型间断函数的旁义积分,它们收敛的定义。[旁义积分的比较原理。正项级数收敛性的勾犀积分判定法。]

11. 幂级数

函数项级数及其收敛域。

幂级数。[阿贝尔定理。]幂级数的收敛区间与收敛半径,收敛半径的求法。幂级数的性质与运算(和的连续性,逐项微分与逐项积分)。加法,乘法(均不证)。函数的幂级数展开式的唯一性。

函数的幂级数展开式:ln(1+x),arctan x。

泰勒级数。函数展开成泰勒级数的充分条件。下列函数的幂级数展开式 e^x,cos x,sin hx,二项式级数。

幂级数在近似计算上的应用(包括定积分的计算)。

用幂级数来定义复变指数函数及三角函数,欧勒公式。

12. [富氏级数][1]

三角级数。三角函数组的正交性。利用三角级数的和来确定它的系数(假定逐项积分合理)。计算富氏系数的欧勒[2]-富里哀[3]公式。周期函数的富氏级数。函数展开为富氏级数的充分条件的叙述。

偶函数与奇函数的富氏级数。函数在给定区间上展开为正弦或余弦的富氏级数。

13. 多元函数

多元函数的连续性。偏导数。二元函数的几何表示法。偏导数的几何意义。函数的全增量及全微分。全导数。[方向导数。]复合函数的微分法。曲面 $z=f(x,y)$ 的切面及法线方程。二元函数全微分的几何意义。高阶偏导数,它们不依赖于求导数的次序(不证)。

[二元函数的泰勒公式。]

隐函数。[隐函数的存在定理(不证)。]隐函数的微分法。曲面 $E(x,y,z)=0$ 的切面及法线方程。

多元函数的极值,极值的必要条件。[二元函数极值的充分条件(不证)。条件极值,拉格朗日乘子法概念。]

14. 微分方程

常微分方程,方程的阶。方程的解:积分。积分曲线。勾犀初值条件。方程 $y'=f(x,y)$ 解的存在定理的叙述。一般解及特殊解。

一阶微分方程的方向场。欧勒折线近似积分法。一阶微分方程的积分法:可分离变量方程,全微分方程,齐次方程及线性方程。

---

① 富氏级数,即为傅里叶级数。

② 欧勒,现译为欧拉。

③ 富里哀,现译为傅里叶。

单参数平面曲线族及其微分方程的求法。

高阶微分方程,可降阶的情形。

二阶线性微分方程的一般定理。线性无关解,解的基础组,齐次及非齐次线性微分方程一般解的结构。

常系数齐次线性微分方程的积分法。常系数齐次线性微分方程解的基础组。特征方程有单根或重根时解的基础组及特征方程有共轭复根时基础组的实函数形式。用未定系数法求常系数非齐次线性微分方程的特殊解。[求特殊解的变动任意常数法。]

微分方程在物理及力学中应用举例。

[微分方程级数解法的概念。]

15. 二重及三重积分

引起二重、三重积分和并计算其极限的几何与力学问题。二重积分及其存在定理的叙述。二重积分的基本性质。应用两次积分计算矩形区域及任意区域上的二重积分。利用极坐标计算二重积分。

三重积分及其基本性质。应用三次积分计算三重积分。柱面[及球面]坐标。利用柱面[及球面]坐标计算三重积分法。

二重积分及三重积分在几何与物理中应用举例。

16. 曲线积分[曲面积分]

引起曲线积分概念的力学问题。曲线积分的基本性质及计算法。

平面上的格林-奥斯特洛格拉茨基公式。平面上曲线积分与路线无关的条件。

[引起曲面积分的问题。曲面积分化为二重积分。空间奥斯特洛格拉茨基-高斯公式的概念。]

附注:

本大纲预计用320~340小时,建议约以四分之一的时数用于解析几何,其余用于数学分析。

大纲中有方括号的各节由教研组按照时数及专业需要决定取舍,必要时可以变更大纲中各章节的讲授次序。

教学参考书

[1] И.И.Привалов 著.苏步青译.解析几何学.商务印书馆出版.

[2] Н.В.Ефимов 著.胥长辰译.解析几何简明教程.商务印书馆出版.

[3] Н.Н.Лузин 著.谭家岱,张理京译.微分学,积分学.大连工学院出版.

[4] В.И.Смирнов 著.孙念增译.高等数学教程.第一、二卷.商务印书馆出版.

[5] А.Ф.Бермант 著.张理京译.数学解析教程.重工业出版社出版.

[6] Н.М.Гынтер 及 Р.О.КузБмин 著.北京大学数学系翻译小组译.高等数学习题集一,二部.商务印书馆出版.

[7] Г.Н.Берман 著.景毅译.数学解析习题汇编.商务印书馆出版.

高等工业学校用教学大纲

编号:(工)数学 2

出版日期:1954 年 10 月

高等工业学校高等数学教学大纲(1960 年)

第 一 部 分

说 明

这个教学大纲是经教育部委托,于今年 4 月下旬由河北省教育厅组织力量在天津大学主持的高等工业学校高等数学、普通化学座谈会上制订的,它在一定程度上总结了教育革命以来的经验,比过去各校该科的教学大纲都前进了一步。但高等工业学校教学改革正在深入发展,这个教学大纲必然随着教学改革的深入而不断革新与提高。因此,各校采用这个教学大纲时要结合着教学改革提出的问题,不断充实内容,进行修正。请不要当成框框,束缚教学改革的发展。

编辑部

1960 年 7 月

序 言

一、坚决在数学教学领域内插上毛泽东思想的红旗

随着教育革命的深入,无产阶级思想与资产阶级思想的斗争已由政治思想领域深入到学术思想领域的内部,要求在数学教学领域内坚决插上毛泽东思想的红旗,肃清形而上学唯心主义的影响,把辩证唯物主义的阵地扩大到整个自然科学领域中去,这是当前教育事业的重要方向。

当前数学教学的重要矛盾是少慢差费现象与总路线的多快好省的精神之间的矛盾。这是数学教学脱离社会主义建设实际的重要表现。

20 世纪 60 年代的生产力的发展决定了现代化的科学技术的水平。但高等数学基本上停留在十七八世纪的水平,依然保留着资产阶级所建立的数学体系,远远不能符合我国社会主义建设的要求。

为了彻底改变这种状况,必须建立新的数学体系,使数学理论密切结合社会建设的实际。严格地批判数学特殊论,改变数学脱离生产的状况,把数学教学与生产实践紧密结合起来。

二、本教学大纲所遵循的主要原则

(1) 以马克思列宁主义、毛泽东思想为指导思想。

(2) 加强理论,联系实际,结合专业,反映现代科学成就,建立新系统。

三、坚决贯彻教学、生产劳动、科学研究三结合的方针

三结合是解决理论联系实际的好办法,因而在整个大纲中都力求贯彻三结合的方针。将数学教学与生产实际紧密联系起来,可以起以下几点作用:

(1) 通过生产、科研可以认识数学理论来自实践的过程,同时也学会了用数学理论解决实际问题的方法,反过来实践也检验了数学理论,这就能使数学更符合实践论的精神。

(2) 通过三结合可以培养和提高师生解决生产实际问题的能力,巩固所学到的数学知识。

(3) 因为生产是不断向前发展,数学紧密联系生产实际,就会不断地得到发展与提高,进行不断的革命。

(4) 三结合可以更好地发挥师生的积极性、创造性,并作为在教学中开展群众运动所应环绕的中心。

可以肯定:数学教学与生产劳动、科研相结合,也必将导致教学环节、教学方法等整个教学活动的改革,从而大大提高教学质量。

四、几点说明

(1) 教育革命正在深入开展,并且建立新系统是一项刚刚开始的新工作,今后必将创造出日益丰富的经验,目前还不可能提出比较成熟的改革方案,本大纲只是一种参考性的草案。它的重要作用是提出建立高等数学新的体系的一些精神和原则。座谈会认为这些精神和原则是正确的,它的各部分具体内容可能有许多不够妥当的地方,希望各校研究修正。

(2) 大跃进以来,工人、农民及科学研究工作者创造了很多数学方法和计算工具,这是我国数学的宝贵财富,由于资料不全,本大纲没有包括这部分内容,各校在教学实践中应注意吸取这方面的最新成就。

(3) 关于第一部分教学大纲时数分配初步意见(供参考):

章数	内容	讲课时数	习题课时数	数学实习时数	大型作业时数
	绪论	2	2		
1	矢量代数	7	2		
2	函数与图形	8	2		4
3	极限	6	2		
4	导数与微分	15	6		
5	不定积分与微分方程初步	10	2		6
6	导数应用	6			4
7	积分及其应用	18	2		8
8	级数	12		6	
9	线性微分方程及微分方程组	14	4	6	

续表

章数	内容	讲课时数	习题课时数	数学实习时数	大型作业时数
10	数值计算			16	
11	场论	13~18	2	4	
总计		111~116	24	32	22

(凡大纲内容有 * 号者可根据专业需要讲授。)

大纲本文及说明

绪 论

数学的发生发展决定于人类生产实践的需要。

数学是以现实世界的空间形式和数量关系为研究对象的科学。数学概念是由现实世界的具体事物抽象出来的,数学定理是客观规律的反映。

数学的抽象性及其应用的普遍性。实践是科学真理的准绳。对数学中唯心主义的批判。

高等数学主要研究的对象是变量。高等数学在方法上的唯物辩证的特点。对数学中形而上学观点的批判。高等数学对自然科学的价值及在教育计划中的地位与任务。

以苏联为首的社会主义阵营在数学上的光辉成就。

我国数学的发展。我国持续大跃进的新形势对数学发展的影响。在党的领导下我国数学发展的新方向。

第一章 矢 量 代 数

一、说明

矢量代数是学习物理、力学以及数学本身的一个重要工具,要从具体问题引出矢量概念及其运算法则。矢量问题是通过数量运算来解决的,这说明矢量与数量的矛盾统一性。

二、内容

Ⅰ. 从实际问题引入矢量及其加减法,数量与矢量的乘积。

Ⅱ. 空间的直角坐标,两点距离公式,中点公式。矢量的坐标表示式,矢量的模,矢量的方向余弦。

Ⅲ. 从实际问题引入两个矢量的数量积,矢量积。数量积与矢量积的运算法则及计算公式。三个向量的乘积:

$$(\boldsymbol{a}\times\boldsymbol{b})\cdot\boldsymbol{c},\quad (\boldsymbol{a}\times\boldsymbol{b})\times\boldsymbol{c}。$$

第二章 函数与图形

一、说明

1. 本章将解析几何与函数概念结合起来,以消除过去函数与图形的人为割裂。

2. 以辩证唯物论的观点阐述客观世界的变量间的依从关系,要求结合专业建立函数关系以巩固概念。坐标法的建立说明了数与形的辩证统一关系,加深对恩格斯数学定义的理解。

3. 中学已学过一、二次方程及其图形,故将简单的函数及其图形(如直线、平面方程 $z=c$ 等)作为例题及习题给出,以免与中学教材重复。

二、内容

Ⅰ. 函数概念

函数是现实世界中变量间依从关系的反映。生产实际与自然现象中函数的例子。函数的定义(一元与多元),点函数概念。函数的定义域,区间,区域。由几何、物理或其他实际问题建立函数。复合函数概念,隐函数与显函数,初等函数与非初等函数。

Ⅱ. 函数与图形

一元函数的图形。例:$x=a$,$y=b$,$Ax+By+C=0$。圆、椭圆、双曲线、抛物线的方程及图形。其他常用函数的图形。

二元函数的图形。例:$z=c$,$Ax+By+Cz+D=0$。直线的标准式方程,球面,柱面,椭球,单叶双曲面及椭圆抛物面。

Ⅲ. 参数方程与极坐标

由抛射体运动导出抛物线的参数方程,空间直线,圆及椭圆的参数方程,摆线及空间螺线的参数方程。

极坐标,极坐标下的图形与方程 $\rho=a$,$\varphi=\varphi_0$ 的图形,圆锥曲线的极坐标方程。直角坐标与极坐标的关系。其他常用曲线。

*Ⅳ. 结合专业需要或生产,科研需要介绍图算法。

第三章 极 限

一、说明

1. 同学在中学对数列极限已有初步认识,应在这个基础上结合实际例子引申极限概念的实质,不强调极限的抽象定义的推敲。

2. 要以辩证的观点正确讲述出极限概念是反映着变量由量变到质变的飞跃过程,连续概念是客观世界连续变化的量在数学中的反映。

3. 使同学注意在讨论函数的极限时应以已知自变量的无限变化为前提。

二、内容

Ⅰ. 极限

现实世界中存在着有限过程和无限过程。用速度、面积及其他实例引出极限概念。极限定义,记号。极限概念是反映变量由量变到质变的过程。

用实例说明现实世界中存在着无穷小量及无穷大量。无穷小量与无穷大量间的关系。

$\lim\limits_{x\to 0}\frac{\sin x}{x}=1,\lim\limits_{x\to\infty}\left(1+\frac{1}{x}\right)^{x}=\mathrm{e}$（只证 x 为自然数的情形）。

无穷小的阶,等价无穷小。

Ⅱ. 连续

在现实世界中的连续与不连续的现象。函数连续性与不连续性。复合函数的连续性的叙述。从物理、几何例子举出两类间断点。

第四章　导数与微分

一、说明

1. 由于导数(偏导数)与微分(全微分)关系非常密切,导数与偏导数,微分与全微分也是本质相同的,所以本章将一元与多元的导数与微分合并处理,这样可以避免不必要的重复,同时还可以加深对概念的理解,也有利于熟练运算的技巧。

2. 重点突出变化率,使同学对于变化率的有关问题能利用导数的方法加以解决。

3. 用均匀变化的函数增量估计非均匀变化的函数增量的实例引出微分概念。

二、内容

Ⅰ. 由速度、曲线的切线实际问题引出函数变化率的概念。导数和偏导数的定义及其几何意义。平面曲线的切线方程。

Ⅱ. 导数的计算:和、差、积、商的导数公式,基本初等函数的导数公式。复合函数的导数,参数式函数的导数。

Ⅲ. 中值定理,广义中值定理。多元函数的复合函数的偏导数公式。隐函数的导数。

Ⅳ. 高阶导数与高阶偏导数。

Ⅴ. 双曲函数及其导数。

Ⅵ. 图像求导法。

Ⅶ. 微分的定义及其几何意义,微分的性质,多元函数全微分的概念。用微分及全微分作近似计算。

Ⅷ. 矢量函数的导数。弧的微分。空间曲线的切线及其法平面,曲面的切平面及其法线。

第五章　不定积分与微分方程初步

一、说明

1. 将不定积分作为微分方程的特例。使引入不定积分的目的性明确。

2. 要求通过大型作业结合专业联系实际建立微分方程,以培养同学解决实际问题的能力(重点在建立微分方程)。

二、内容

Ⅰ. 从实际问题引入最简单的微分方程。

Ⅱ. 不定积分概念。不定积分法:分部积分法、变量置换法、积分表的使用。

Ⅲ. 可分离变量的一阶微分方程,一阶齐次方程,一阶线性方程,可降阶的二阶方程。

第六章 导数的应用

一、说明

1. 导数应用不仅是一个变化率的问题。为了在第四章突出变化率并使不定积分与微分方程及时得到统一,故将导数应用单列一章。

2. 对最大值、最小值、条件极值及曲率等问题,要求通过大型作业联系生产实际,结合专业,培养同学解决实际问题的能力。

二、内容

Ⅰ. 函数的增减性,极值,凸凹性,拐点。

Ⅱ. 函数最大值、最小值的求法及其应用。

Ⅲ. 二元函数的极值,条件极值及其应用。最小二乘法。

Ⅳ. 曲率,曲率圆,曲率半径,曲率中心,渐屈线,渐伸线。

Ⅴ. 罗彼塔法则$\left(只证\dfrac{0}{0}型\right)$,$\lim\limits_{x\to 0}x^{n}\mathrm{e}^{-\lambda x}=0(\lambda>0)$。

第七章 积分及其应用

一、说明

1. 通过分析实际问题给出积分概念,并使导数与积分两个矛盾的概念得到统一。

2. 将一元与多元的积分合并,使同学尽快地掌握积分学,以满足实际需要。

3. 要求通过大型作业,深入了解概念并熟练掌握运算技巧,解决结合专业及生产实际的问题。

二、内容

Ⅰ. 从实际问题引出和式的极限——积分概念。积分定义(定积分及重积分)。

Ⅱ. 积分的基本性质,积分中值公式,函数的平均值。

Ⅲ. 由质点直线运动的速度与路程间的关系用模拟方法得出牛顿-莱布尼兹公式。积分概念与导数概念的矛盾统一。

Ⅳ. 积分计算:直角坐标,极坐标,柱坐标,球坐标。

Ⅴ. 积分应用:曲线的弧长,转动惯量,流体压力等物理应用。

Ⅵ. 近似积分法:抛物线近似积分法、图解积分法。

Ⅶ. 从实际问题引入一元函数广义积分概念,广义积分的应用。Γ 函数,B 函数。

第八章 级 数

一、说明

1. 级数为数学分析中的重要运算工具。本章主要介绍幂级数及富氏级数[①]。

2. 要求了解将函数展成幂级数及富氏级数的意义,并指出其优缺点和运用范围。

---

① 富氏级数,即傅里叶级数。

二、内容

Ⅰ. 台劳[1]公式。台劳级数,一些初等函数的台劳级数。

Ⅱ. 幂级数。幂级数的收敛区间,收敛半径。绝对收敛与条件收敛。交错级数。

Ⅲ. 幂级数的应用。欧拉公式。

Ⅳ. 富氏级数。周期现象和周期函数。由简谐量的叠加公式引出富氏级数。系数公式。在任意区间上将函数展成富氏级数。富氏级数的复数形式。谐量分析。

第九章 线性微分方程及微分方程组

一、说明

1. 微分方程是专业学习及科研中的重要数学工具,故加强了这一部分。

2. 在线性微分方程解法中应用拉普拉斯变换的方法。这里只要求能解常系数线性方程。

3. 本章的教学要与科研密切结合进行,这样一方面可以提高教学质量,同时也解决了科研中所提出的有关问题。

二、内容

Ⅰ. 由振动现象引入二阶线性微分方程。二阶线性常系数齐次微分方程的解法。拉普拉斯变换与拉普拉斯反变换的意义。导数的拉普拉斯变换式,推移定理,变换式的导数,拉普拉斯变换公式表。二阶线性常系数非齐次微分方程的解法。二阶线性常系数微分方程的应用。

Ⅱ. 欧拉方程。

Ⅲ. 微分方程的级数解法(贝塞尔方程)。

Ⅳ. 常微分方程组。

一般概念。化方程组为一个高阶方程的解法。二阶线性常系数微分方程组的解法。对称型微分方程组的解法。化高阶方程成一阶方程组的方法。

第十章 数值计算

一、说明

本章不用系统的固定的上课形式,而是在生产及科研过程中以三结合的形式进行教学。这一部分的教法要有灵活性。

二、内容

Ⅰ. 近似计算的一般知识。

Ⅱ. 计算尺的原理及使用。

Ⅲ. 计算机的使用及原理介绍。

Ⅳ. 方程的近似解法:综合法、迭代法。线性代数方程组的数值解法:高斯法、迭代法,松弛法。

---

① 台劳,现译为泰勒。

Ⅴ. 差分和差商,拉格朗日插值公式,牛顿插值公式。

Ⅵ. 由插值多项式所确定的数值微分公式。

Ⅶ. 由插值多项式所确定的数值积分公式。

Ⅷ. 微分方程的数值解法:欧拉折线法,龙格-库塔法及阿当姆方法。

第十一章　场　　论

一、说明

1. 要从电场、流速场及温度场的物理概念抽象出它们的共性,得出场论的概念。指出在力学、电学及其他专业课中的广泛应用。在教学中应充分阐述概念的具体意义。

2. 要求与其他有关教研组密切结合通过实验课解决专业及科研问题。

二、内容

Ⅰ. 场的概念,数量场与矢量场。由实际问题引出数量场的梯度。方向导数与梯度的关系。

Ⅱ. 由实际问题引入曲线积分及曲面积分概念。曲线积分及曲面积分的计算。

Ⅲ. 由实际问题引入矢量场的散度与旋度。散度与旋度的计算公式。

Ⅳ. 曲线积分、曲面积分与重积分间的关系。通过散度与旋度的具体物理意义得到奥斯特洛格拉德斯基公式及司托克斯公式。

Ⅴ. 热传导方程及连续性方程。

Ⅵ. “倒三角”符号 ∇。梯度、散度、旋度在柱坐标、球坐标中的表达式。

高等工业学校高等数学教学大纲(1960 年)

第二部分

(无线电专业类型适用)

说　　明

这个教学大纲是经教育部委托,于今年 4 月下旬由河北省教育厅组织力量在天津大学主持的高等工业学校高等数学、普通化学座谈会上制订的,它在一定程度上总结了教育革命以来的经验,比过去各校该科的教学大纲都前进了一步。但高等工业学校教学改革正在深入发展,这个教学大纲必然随着教学改革的深入而不断革新与提高。因此,各校采用这个教学大纲时要结合着教学改革提出的问题,不断充实内容,进行修正。请不要当成框框,束缚教学改革的发展。

编辑部
1960 年 7 月

一、前言

Ⅰ. 这部分应紧密结合专业,联系实际进行教学。在大纲中所安排的实习课可按实际情况,进行现场教学或结合专业解决实际问题。如有需要和可能,实习的内容和次数可酌量增加。

Ⅱ. 由于各校无线电专业的类型不尽相同,使用这部分大纲时,可根据实际需要,适当增减大纲中所安排的内容或调整章节次序。

Ⅲ. 大纲中所规定的大型作业应结合专业的科学研究进行。

Ⅳ. 大纲中章节前标有“ * ”号的内容,四年制可以不讲。

二、大纲

第一章　线性代数

(一) 说明

1. 从实际问题(如网络理论)引出矩阵的概念,把矩阵的产生与实际问题结合起来(可从网络问题的现场教学开始)。

2. 本章的主要目的是为微分方程、微分方程稳定性理论作准备。

3. 在计算线性方程和特征值时,可结合专业、科研或生产问题进行大型作业,利用以上理论解决实际问题。

(二) 内容

1. 高阶行列式。

2. 矩阵,矩阵的运算。

3. 线性变换与矩阵。

4. 矩阵的秩。

5. 正交变换。

6. 相似变换。

7. 矩阵的特征值,特征值的近似计算。

8. 法式,正定二次型的概念。

9. 线性方程组。

10. 张量概念。

第二章　复变函数

(一) 说明

1. 本章所讲的复变函数内容主要是为了学习电工学和有关无线电专业课程作准备,同时也为以后学习其他数学课(如运算微积等)提供必要的理论基础。

2. 讲授时应尽量结合专业,例如指出复数用在电工学上的符号法则和解析函数在平面电场上的应用等。在全章自始至终应体现理论联系实际的精神。

(二) 内容

1. 复数概念,复数的几何表示,复数在电学上的应用举例。

2. 复变函数,复变函数的导数,达朗倍尔-欧拉条件,解析函数和调和函数,解析函数在平面电场上的应用。

3. 导数的模与辐角的几何意义,保角变换概念,一些初等函数;线性函数,分式线性函数,$w=z^2$,$w=e^z$,$w=\frac{1}{2}\left(z+\frac{1}{z}\right)$,保角变换的应用*。

4. 复变函数的积分,柯西积分定理,柯西积分公式,高阶导数(只推证一阶的)。

5. 幂级数,台劳级数,罗朗级数,孤立奇点,留数的一般理论,留数的应用。

第三章 稳定性理论

(一)说明

1. 这一部分内容是为自动调整作一些基本的数学准备而确定的,可根据专业的需要酌量取舍。

2. 在讲授时最好结合调整课程进行。

3. 教学过程中应尽量考虑三结合原则,创造经验。

(二)内容

1. 稳定性概念:稳定性的现实意义,稳定和渐近稳定的定义与二者的区别,一般问题化为平衡点的研究。

2. 稳定性的一次近似解法:以简单方程组为代表,进行奇点的分类,在奇点附近积分曲线分布情况的介绍,稳定性与特征根分布的关系,一般常系数线性齐次方程组的稳定性与特征根分布的关系(不证),关于一次近似的两个基本定理(不证)。

3. 李雅普诺夫第二方法:李雅普诺夫函数,关于稳定的李雅普诺夫定理,关于渐近稳定的李雅普诺夫定理。

第四章 特殊函数

(一)说明

1. 本章所讲的几个特殊函数是在物理、工程问题时产生的,是解决工程技术问题的工具,是无线电专业者必备的知识。

2. 本章目的在于使学生掌握特殊函数的表达式和它们所具有的性质,在讲课中必须贯彻实践—理论—实践的原则。

(二)内容

1. 贝塞尔函数:(1) 贝塞尔方程(2) 第二类贝塞尔函数(3) 递推公式(4) 第三类贝塞尔函数(5) 渐近公式(6) 半奇阶贝塞尔函数(7) 第一类贝塞尔函数的母函数(8) 方程 $J_0(x)=0$ 与 $J_1(x)=0$ 的零点(9) 函数展成贝塞尔函数项级数(10) 修正贝塞尔函数。

2. 勒让德函数:(1) 勒让德方程(2) 勒让德多项式(3) 勒让德多项式的母函数(4) 勒让德多项式的递推公式(5) 勒让德多项式的正交性(6) 函数展成勒让德多项式级数(7) 勒让德连带多项式。

*3. 契比雪夫多项式:(1) 契比雪夫多项式的定义及其基本性质(2) 契比雪夫多项式的零点与极值点(3) 契比雪夫多项式的正交性(4) 契比雪夫多项式两种极值的性质(5) 第二类契比雪夫多项式(6) 应用。

---

* 多角形的变换。

第五章 数学物理方程

（一）说明

1. 数理方程是研究现代科学技术的重要工具，本章的内容是结合无线电专业的需要安排的。在教学过程中应阐明有关问题的物理意义，例如在求解圆膜振动问题时，可指出电磁波沿波导传播问题和指出格林函数在电学中的意义等。

2. 本章结合波导及其他电学问题安排一到两次大型作业。

（二）内容

1. 从实际问题导出波动方程，边值与始值条件，定解问题的提法。

波动方程的达朗倍尔解，分离变量解法，强迫振动问题及其解法，圆膜振动，* 球面波，* 柱面波，平面波。

2. 拉普拉斯方程与卜瓦松①方程，定解问题的提法，格林公式，调和函数的性质，格林函数，静电源象法，球的格林函数，* 半空间的格林函数，圆的格林函数，用分离变量法解圆与球的狄利克雷问题。

3. 热传导方程的引出，* 由马克斯威方程引出 $\nabla^2 \boldsymbol{J} = k\dfrac{\partial \boldsymbol{J}}{\partial t}$（$\boldsymbol{J}$ 为电流密度矢量），热传导方程的富氏解法。

4. 数理方程的差分法举例。

第六章 变分法与积分方程

（一）说明

变分法和积分方程是许多院校无线电专业以往没有讲过的，但是它在尖端科学技术（例如在自动控制理论，火箭与人造地球卫星飞行轨道最佳方案选择）等方面运用较广，对无线电专业的学生来说，为了进一步学习专业和开展科学研究，掌握这两个内容的一些基本知识显得极其重要。

本章内容由于专业性质和时间的关系不可能面面俱到。只选择一些基本和主要的内容进行讲授，在执行大纲过程中应尽量使这些内容紧密联系专业目前的和发展的实际。

（二）内容

1. 从实际例子引出变分问题。

2. 一次变分与欧拉方程。

3. 含多个未知函数的变分问题。

4. 条件极值的变分问题。

5. 变分学中的直接方法。

6. 从实际问题引出积分方程的概念和分类。

---

① 卜瓦松，现译为泊松。

7. 伏尔特拉方程的逐次逼近法。

8. 弗雷德荷姆第二种方程的逐次逼近法。

9. 退化方程。

10. 利用积分近似式求积分方程的近似解。

11. 应用问题举例。

第七章　运算微积

（一）说明

1. 本章内容包括富氏[①]变换与拉氏变换,它们对解微分方程都是非常有用的方法,是无线电专业所必不可少的知识。

2. 讲授时可结合专业进行,例如富氏变换和频谱概念相结合,拉普拉斯变换和线性电路的过渡过程问题相结合。

3. 结合专业作一次大型作业。

（二）内容

1. 富氏变换及其简单应用:富氏积分公式,富氏变换,频谱概念,单位函数与单位脉冲函数,富氏变换的性质,富氏变换的应用。

2. 拉氏变换的基本概念:从富氏变换到拉氏变换,拉氏变换的存在问题,反拉氏变换,复反演积分的级数公式,赫维赛德展开式。

3. 拉氏变换的性质及其应用:微分性质,积分性质相似性与移位性质,乘法与迭积,周期函数的象函数,拉氏变换的应用。

第八章　概　率　论

（一）说明

1. 概率论是现代科学和工程技术中应用较广的一个数学分支,在无线电专业以及科学研究生产实践中将遇到许多有关随机过程的问题,所以这一部分应以随机过程为重点,并要求通过学习,培养学生应用概率论方法,直接解决有关专业的实际问题。

2. 这部分教学应密切结合专业实际进行。

（二）内容

1. 概率的概念:随机事件,概率的定义。

2. 复杂事件的概率:加法定理,条件概率,乘法定理,全概率公式,贝叶斯公式。

3. 离散随机变数及分布律。

4. 两个重要分布律:二项式分布,泊松分布。

5. 连续随机变数与分布函数:分布函数的性质,正态分布。

6. 随机变数的表征值之一:数学期望。

7. 随机变数的表征值之二:方差。概率积分。

---

① 富氏,即指傅里叶。

8. 大数定律。

9. 随机过程与马尔柯夫过程。

10. 平稳随机过程,各态历经定理。

11. 相关函数,频谱密度。

12. 随机过程的线性变换。

第九章 信息论的介绍

（一）说明

通过信息论的学习,希望达到:明了信息论所研究的问题,它的基本概念。特别注意了解提高通信系统的两个指标之间的矛盾等。

（二）内容

1. 通信系统,计数制度,消息编码。

2. 信息量,熵的概念及其性质。

3. 信号的概率特性。

4. 信号的物理特性和通路。

5. 通信系统的传输速度。

6. 最优编码问题。

7. 干扰,噪音。

8. 修正编码。

各章时间分配表

章	内容	讲课时数	习题课	大型作业	实习课
一	线性代数	14	3	4	
二	复变函数	18	6	4	
三	稳定性理论	10	2	2	
四	特殊函数	12			
五	数学物理方程	19	6		3
六	变分法与积分方程	12	4		
七	运算微积	12	3	3~4	
八	概率论	20	4	4	3
九	信息论介绍	8			1
合计		125	28	40	7
总计		200			

参 考 书 目

1. 普里瓦洛夫:复变函数引论。

2. 拉甫伦捷夫,沙巴特:复变函数论方法。

3. 福克斯,沙巴特:复变函数及其应用。

4. 索洛多夫尼柯夫主编:自动调整原理,第一、三两册,电力工业出版社出版。

5. 伏龙诺夫:自动调整理论基础。

6. 艾利斯哥尔兹:微分方程。

7. 马尔金:运动稳定性理论。

8. 列别捷夫:特殊函数及其应用。

9. 托尔斯托夫:福里哀[①]级数。

10. 冈治洛夫:函数插补与逼近理论。

11. 斯米尔诺夫:高等数学教程,第二卷第三分册。

12. 吉洪诺夫,萨马尔斯基:数学物理方程。

13. 艾利斯哥尔兹:变分法。

14. 米哈林:积分方程及其应用。

15. 哈尔凯维奇:频谱与分析。

16. 高诺罗夫斯基:无线电信号及电路中的瞬变现象。

17. 聂图什尔,波利瓦诺夫:电工基础。

18. 龙西斯基:概率论及数理统计学要义。

19. 褚一飞:机率论与数理统计学初步。

20. 格涅坚科:概率论教程。

高等工业学校高等数学教学大纲(1960年)

(第二部分)

(水、土专业类型适用)

说　明

这个教学大纲是经教育部委托,于今年4月下旬由河北省教育厅组织力量在天津大学主持的高等工业学校高等数学、普通化学座谈会上制订的,它在一定程度上总结了教育革命以来的经验,比过去各校该科的教学大纲都前进了一步。但高等工业学校教学改革正在深入发展,这个教学大纲必然随着教学改革的深入而不断革新与提高。因此,各校采用这个教学大纲时要结合着教学改革提出的问题,不断充实内容,进行修正。请不要当成框框,束缚教学改革的发展。

编辑部

1960年7月

一、前言

1. 高等数学第二部分是第一部分的继续,其目的是为了更好地结合专业,适应

① 福里哀,现译为傅里叶。

各专业的不同需要。

2. 本大纲是结合工业与民用建筑专业的需要拟定的。内容包括微分几何、复变函数、常微分方程补充、变分法、数理方程、概率论、数理统计,(规划问题)等七章,其中以数理方程一章为重点。

3. 这一部分的内容可以分阶段进行教学,以便更好地与专业课或其他课程配合。

4. 凡有(*)记号的各章节,四年制工民建专业可以不讲。

二、大纲

第一章 微分几何

(一) 说明

1. 本章简单介绍微分几何的一些基础知识,目的是为了弹性力学与薄壳理论上的应用,要求联系力学中实际问题来讲授。

2. 关于空间曲线的切线及法平面,曲面的切平面与法线等在基础部分已经讲过,此处从略。

(二) 内容

1. 空间曲线的曲率与挠率。

2. 富利耐公式。

3. 曲面的参数方程,曲线坐标。

4. 曲面的切平面及法线。

5. 高斯第一基本式。

6. 高斯第二基本式。

7. 曲面上曲线的曲率,梅尼定理。

8. 主方向与主曲率,欧拉公式。

9. 曲面的全曲率与平均曲率。

参考书

1. B.И.斯米尔诺夫:高等数学教程(第二卷第二分册第五章)。

2. 吴大任:微分几何讲义。

第二章 复变函数

(一) 说明

1. 本章简单介绍复变函数的基本内容,它是初等微积分学的发展,其目的是为了流体力学、弹性力学与电工学上的应用。

2. 讲授复变函数的一些概念时可与初等微积分中相应的概念对照来讲,指出它们异同之处。

(二) 内容

1. 复数,复变函数,函数的极限及连续。

2. 复变函数的导数,达朗倍尔-欧拉条件。

3. 解析函数与调和函数,解析函数在流体力学中的应用。

4. 初等函数:指数函数,三角函数,对数函数及幂函数。

5. 复变函数的积分,柯西定理,柯西积分公式。

6. 幂级数,解析函数的幂级数展开。

7. 孤立奇点与留数的概念,极点的留数计算。

8. 留数定理,留数定理在流体力学与实定积分计算中的应用。

9. 保角变换的基本概念,保角变换在实际中的应用。

10. 分式线性变换,正整幂函数与指数函数的变换。

*11. 什瓦尔茨-克瑞斯多弗变换及其应用。

参　考　书

1. B.A.福克斯等:复变函数及其应用。

2. R.V.丘吉尔:复变数导论及其应用。

3. H.E.柯钦等:理论流体力学(一卷一分册)。

4. И.И.阿格罗斯金等:水力学(第十三章)。

*第三章　常微分方程补充

(一) 说明

1. 本章介绍求非线性微分方程周期解的方法,这种方程在振动(或电学中的振荡)问题中出现较多。因此,在讲授过程中应结合振动中实际问题比较适宜。

2. 求周期解的方法中主要介绍小参数法,其中克勒洛夫-博哥留波夫的方法可根据专业具体情况决定讲授。

(二) 内容

1. 引出带有微小非线性项微分方程的问题。

2. 微分方程 $\ddot{x}+a^2x=f(t)$ 的周期解(以上 1 小时)。

3. 小参数法及其在拟线性振动中的应用(2 小时)i)无共振,ii)共振,iii)第几类共振,iv)自沼。

4. 克勒洛夫-博哥留波夫方法。

第四章　变　分　法

(一) 说明

1. 本章简单介绍了泛函极值的概念以及解决这问题的途径。

2. 本章内容中包括应用哈米顿原理建立偏微分方程举例,变分问题的直接解法,这不单能用以联系实际解决问题,也是为下一章数理方程作准备。

(二) 内容

1. 由具体问题引入变分问题概念。

2. 欧拉方程。

3. 哈米顿原理应用。

4. 变分问题的直接解法,里兹法和迦辽金法。

参 考 书

1. Л.Э.艾利斯哥尔兹:变分法。

2. В.И.斯米尔诺夫:高数数学教程,第四卷第一分册。

3. 阎喜杰:近似微积分学。

第五章 数 理 方 程

(一) 说明

1. 本章所介绍的如分离变量法、里兹法和迦辽金法在研究固有值上的应用、差分法等,在工程技术上有广泛的应用。必须作为本章重点,讲深讲透。

2. 本章增加了固有值,固有函数一节,目的是对分离变量法的理论基础作一综合提高。

3. 本章增加了 δ-函数与影响函数一节。可以用来解决集中力的概念。同时也为进行科研做些准备。

4. 由于本章内容在工程技术中有广泛的应用,为了牢固地掌握理论,联系实际,应结合实际问题进行一至两次大型作业(科学研究)。

(二) 内容

1. 引言

2. 波动方程与拉普拉斯方程的推导。定解条件与定解问题的提法。

3. 波动方程。分离变量法。

*4. δ-函数与影响函数。

*5. 固有值,固有函数。

6. 拉普拉斯方程的差分解法,*振动方程 $\nabla^2 V+\lambda V=0$。

7. 拉普拉斯方程与重调和方程的差分解法。迭代法与张弛法。

参 考 书

1. А.Н.吉洪诺夫,А.А.萨马尔斯基:数学物理方程。上、下册。

2. В.И.斯米尔诺夫:高等数学教程,第二卷第三分册。

3. Н.Н.列别捷夫:特殊函数及其应用。

第六章 概 率 论

(一) 说明

概率论为研究随机性现象的数学模型。随着生产及技术科学的发展,它在各方面的应用日益广泛。但我们主要是作为统计的准备知识而写的,因此对内容做了大量精简。重点为概率的统计定义,正态分布及均值、方差等。

(二) 内容

1. 概率论是具统计恒性的现象的数学模型。

2. 数学概率及其基本计算法则。

3. 古典定义。

4. 统计定义。

5. 基本计算法则。

6. 随机变量与分布函数的基本知识。

7. 随机变量及分布函数的定义。

8. 随机变量的两个主要类型。

9. 随机变量的特征值。

10. 二项分布及中心极限定理。

11. 正态分布。

12. χ^2 分布。

13. t 分布。

14. 二维连续分布和回归线。

参 考 书

1. 格涅坚柯:概率论教程。

2. 哈雷德·克拉美:统计学数学方法(H. Cramer: Mathematical Methods of Statistics)。

第七章 数理统计

(一) 说明

随着生产的现代化,统计的应用日益广泛。在此我们只介绍四个主题,即估计问题,假设的鉴定问题,回归问题和质量控制问题。

(二) 内容

1. 基本概念。

2. 抽样分布及其特征值。

3. 抽样分布的渐近性质。

4. 精确抽样分布。

5. 最大似然估计原理。

6. 几个最大似然估计量。

7. 置信区间的意义。

8. 正态分布的参数的置信区间。

9. 假设的鉴定。

10. 似然比鉴定。

11. χ^2 鉴定。

12. 回归问题。

13. 质量控制图。

14. 验收检查。

参 考 书

1. Н. В. Смирнов 等: Теория вероятностей И Математическая статистика в технике。

2. A.M.Mood: Introduction to the Theory of Statistics。

3. H.Cramer: Mathematical Methods of Statistics。

各章时间分配表

内容	五年制			四年制		
	讲课	习题课	大型作业	讲课	习题课	大型作业
微分几何	9	0	0	0	0	0
复变函数	16	4	4①	16	4	4①
常微分方程补充	4	0	0	0	0	0
变分法	6	2	0	6	2	0
数理方程	26	6	8	16	6	8
概率论	12	2	0	12	2	0
数理统计	13	0	4	13	0	0
线性规划②	0	0	4③	0	0	4③
共计	116			89		

注:① 土建类可以不做复变函数的大型作业。

② 线性规划没有安排讲课时间,它的基本内容可在大型作业前作简单介绍。

③ 水工类可以不做线性规划的大型作业。

高等工业学校高等数学教学大纲(1960 年)

(第 二 部 分)

(化工专业类型适用)

说 明

这个教学大纲是经教育部委托,于今年 4 月下旬由河北省教育厅组织力量在天津大学主持的高等工业学校高等数学、普通化学座谈会上制订的,它在一定程度上总结了教育革命以来的经验,比过去各校该科的教学大纲都进了一步。但高等工业学校教学改革正在深入发展,这个教学大纲必然随着教学改革的深入而不断革新与提高。因此,各校采用这个教学大纲时要结合着教学改革提出的问题,不断充实内容,进行修正。请不要当成框框,束缚教学改革的发展。

编辑部

1960 年 7 月

一、前言

Ⅰ. 化工专业类型数学部分,包括数理方程、概率与数理统计初步、经验公式、算图、复变函数。其中,数理方程、概率与数理统计初步是化工技术基础课(如化工原理,物理化学,热工学等)所必需的;经验公式、算图是处理实验、生产、科研中的实验数据所必需的。此外,考虑到化工的发展必然走向电气化、自动化及电化学的需要,又增添了复变函数。

在社会主义的生产建设中,在科学研究中,由于近代科学的高速度发展,一定会出现许多新的数学问题,这些问题不能用上面五门数学知识解决(如晶体化学要用到群论等),对于这些特殊的需要,可以开设临时的专题讲座。

专业数学各部分的内容,应以紧密结合专业、联系实际、贯彻三结合的精神进行教学。大纲中所安排的大型作业应从生产及科研中取材,用真实数据与实际问题,培养同学的综合解决实际问题的能力。

由于各校化工专业的类型不尽相同,故使用这部分大纲时,可根据专业实际的需要,适当增减大纲中所安排的内容或调整章节次序。

专业数学建议应与有关专业技术基础课同时进行讲授或在其前讲授。冠有 * 号的内容,四年制化工专业可不讲,其学时数用( )区别。

Ⅱ. 关于结合化工专业部分教学大纲时数分配意见:

章数	内容	讲授时数	习题课时数	实验课时数	大型作业时数	小计
1	数理方程	18(9)	4(2)		4(4)	26(15)
2	概率与数理统计初步	18(18)	6(6)		5(5)	29(29)
3	经验公式	4(4)			6(6)	10(10)
4	算图	6(6)		2(2)	6(6)	14(14)
5	复变函数	12	6			18
总计		58(37)	16(8)	2(2)	21(21)	97(68)

二、大纲

第一章　数理方程

(一) 说明

1. 数理方程是研究现代科学技术的重要工具。本章内容是结合化工类型各专业的需要安排的。数理方程的重点应当是热传导方程的建立及福里哀解法,在教学过程中应明确有关问题的物理意义。

2. 热传导方程的福里哀解法,可用一种边值条件(如恒温情形)为例,说明求解步骤,其余留作习题。

3. 拉普拉斯方程的边值问题中只解决第一边值问题。矩形波上拉普拉斯方程的边值问题的解留作习题。

4. 本章应结合化工方面的实际问题(如两种气体的相互扩散或有关质量的传递问题)或科研问题安排两次大型作业:

(1) 建立偏微分方程,找出边值条件和初始条件,应用福里哀方法求出相应的特解。

(2) 从实际问题中已得的方程,应用数值解法或图解法求解。

(二) 内容

Ⅰ. * 波动方程

一维波动方程的建立,初始条件及边值条件。偏微分方程的一般概念,二阶线性偏微分方程,偏微分方程的解,以简单例子说明偏微分方程的一般解中含有任意函数。一维波动方程的福里哀解法。强迫振动。

Ⅱ. 热传导方程

一维热传导及三维热传导方程的建立。一维热传导方程的初始条件及三类边值条件,两端保持恒温,有热交换及绝热情形。一维热传导方程的福里哀解法。

* 贝塞尔函数,贝塞尔函数的正交性及它的零点,函数展成贝塞尔函数项级数。* 无限长圆柱体内热传导方程的解法。

Ⅲ. 拉普拉斯方程

由稳定的传热问题引入拉普拉斯方程。连续性方程的建立,拉普拉斯方程的边值问题。圆域上拉普提斯方程边值问题的福里哀解法。

Ⅳ. 数理方程的差分方法

举例说明不稳定扩散及热传导问题的数值解法及图解法,拉普拉斯方程的差分方法,解线性代数方程组的迭代法。

参　考　书

洪吉诺夫等:数学物理方程。

斯米尔诺夫:高等数学教程　第二卷第三分册。

巴士涅尔,波津:化工数学。

第二章　概率与数理统计初步

(一) 说明

1. 本章讲授以数理统计为重点,尤以分布与误差理论为主。

2. 在讲授过程中必须贯彻辩证唯物主义思想。在讲授概率概念时,必须突出对唯心主义观点的批判;在讲授线性相关时,要使同学从表面上似乎无关的一些事物在它们发展过程中仍然存在着关系的事实中,进一步认识一切事物是相互联系的辩证唯物论基本原理。

3. 在讲授概念、命题、定理时,须从实际问题引入,贯彻实践—理论—实践的认识论原则。

4. 这部分教学的举例应结合化工专业的各种类型。习题课(概率论的基本概念,度量问题的误差理论各一次),大型作业(随机变量的分布特征值,相关各一次),现场教学(随机变量及其分布一次)的内容与化学实验、科研及生产密切配合。

5. 大纲中没有包括的,而在科研中遇到的有关概率与数理统计的知识,可采用专题讲座进行补课。

(二) 内容

Ⅰ. 引言

概述本章的主要内容。从化工专业的实例来说明学习本章的目的性。

Ⅱ. 概率论的基本概念

由实际问题引入随机事件的概念。古典概率的定义。概率的统计定义。对唯心主义观点的批判。概率的基本性质及运算法则(加法法则、条件概率、乘法法则、全概率公式)。重复事件的概率。应用举例。

Ⅲ. 随机变量及其分布

从实际问题引入随机变量的概念。离散型随机变量,连续型随机变量。统计量、分布律、分布函数及其性质。

Ⅳ. 随机变量的分布特征值

算术平均值及其性质。数学期望。中数、众数。均方差及其性质。大数定律。对数平均值。

Ⅴ. 常见的几种分布律

由实际问题引入正态分布、二项分布、卜瓦松分布。最或然频数。

Ⅵ. 度量问题的误差理论

随机误差的公布,概率积分 $\Phi(a)$,随机误差的各种估计法。应用举例。

Ⅶ. 相关

相关关系的概念。相关系数。相关图。线性相关。相关方程。

参 考 书

主要的

巴土涅尔,波津:化工数学。

格涅金柯,辛钦:概率论初阶。

次要的

德麟:工业技术数理统计学。

龙西斯诺:概率论及数理统计要义。

张启人:测定值计算基础。

格涅坚柯:概率论教程。

艾思奇:辩证唯物主义纲要。

第三章 经验公式

(一) 说明

1. 本章由实例引出经验公式,密切结合化工生产,贯彻实践论的精神。

2. 本章的重点是经验方程的类型及其常数的确定法,以及曲线的直线化。

3. 结合曲线直线化,讲解对数坐标系与半对数坐标系。

(二) 内容

Ⅰ. 引言。

Ⅱ. $y=ax+b$ 型的经验公式:选点法、平均值法、最小二乘法。

Ⅲ. 化工上常用的两种经验公式:$y=a\,x^3$型与 $y=\alpha e^{\beta x}$型的经验公式。

Ⅳ. 建立经验公式的一般方法。

参考书

张启人:测定值计算基础(第八章)。

巴土涅尔,波津:化工数学(第十四章)。

Scarborough(陈荩民等译):数值分析(第十六章)。

松井元太郎:工业化学数值计算概要(第八章)。

第四章 算图

(一) 说明

加强从具体问题的算式绘制共线图与共点图。要求通过大型作业联系实际,以培养同学解决实际问题的能力。

(二) 内容

Ⅰ. 引言。

Ⅱ. 算图的分类。

Ⅲ. 标线、邻接图及其绘制法。

Ⅳ. 共线图及其绘制法。

1. 化工上常用的共线图(指$f_1(u)g_1(w)+f_2(v)+g_2(w)=0$ 型的共线图)及其绘制法。

2. 例。

3. 川字图。

4. N 字图。

5. 共线图的分类。

参考书

列特涅夫:使用计算仪器与计算工具的教学实习(第八章)。

魏德孚:实用化工图算法。

罗河:图算原理。

别斯科夫:化工计算(上册附录)。

第五章 复变函数

（一）说明

这部分专为化工工艺类型各专业用，以往各专业未曾用到复变函数，但鉴于在双革运动之后，化工工艺多趋于管道化和自动化，根据了解各工艺专业对于流体力学、电学等必相应加强理论部分，对于自动调节等课虽不要求能够设计，但亦应讲授一些基础知识，为此本大纲增设了复变函数的一些基本知识：复数、复变函数、解析函数和共形映照。至于柯西积分因暂时尚不需要，所以没有列入。本章不设大型作业。

（二）内容

Ⅰ. 复数

由平面矢量引入复数概念。用矢量说明复数运算意义。平面矢量与复数在电流电路计算中的应用。

Ⅱ. 复变函数

复变函数的定义。复变函数与平面矢量场。复变函数的极限与连续性。

Ⅲ. 解析函数

导数概念。解析函数。解析函数与调和函数。几个初等函数的解析性。

Ⅳ. 共形映照

解析函数的应用。复变函数的几何表示法。共形映照。解析函数在平面矢量场上的应用——平面流场的复势，静电场的复势。共形映照在解热传导方程上的应用举例。

参考书

拉甫伦捷夫，沙巴特：复变函数论方法。

福克斯，沙巴特：复变函数及其应用。

邱吉尔：复变函数导论及其应用。

王子春：电工基础。

高等工业学校高等数学（基础部分）教学大纲（1962年）

绪论

数学研究的对象及其特点。

数学与生产实践的关系及其对自然科学、工程技术的作用。

高等数学与初等数学的区别（介绍高等数学的学习方法）。

行列式与线性方程组

二元线性方程组与二阶行列式。三元线性方程组与三阶行列式。三阶行列式的主要性质。四阶行列式。二元及三元齐次线性方程组及其有非零解的充分与必要条件。

平面解析几何学

坐标法、曲线与方程：

有向线段。实数与数轴。平面直角坐标系。两点间的距离。定比分点。曲线的方程。方程的图形。两曲线的交点。

直线与二元一次方程：

直线的方程（点斜式、斜截式、两点式、截距式、一般式）。两直线的交角。两直线平行与垂直的条件。点到直线的距离。

圆锥曲线与二元二次方程：

圆的一般方程。椭圆、双曲线、抛物线及其标准方程。坐标轴的平移与旋转。一般二元二次方程的简化举例。判别式的叙述。

极坐标：

极坐标系。极坐标与直角坐标的关系。曲线（圆、圆锥曲线、心形线、螺线等）的极坐标方程及其图形。

参数方程：

参数方程的概念。曲线（直线、椭圆、摆线、圆的渐伸线等）的参数方程。

空间解析几何与矢量代数

空间直角坐标：

投影定理。空间直角坐标系。两点间的距离。定比分点。

矢量代数：

矢量概念。矢径。方向余弦与方向数。矢量的加减法。矢量与数量的乘法。矢量的分解与矢量坐标。矢量的数量积。矢量的矢量积。两矢量的夹角。两矢量平行与垂直的条件。矢量的混合积。

曲面与空间曲线：

曲面方程的概念。球面方程。母线垂直于坐标面的柱面方程。空间曲线作为两曲面的交线。空间曲线的参数方程（螺旋线）。空间曲线在坐标面上的投影。

平面：

平面的方程（点法式、一般式、截距式）。两平面的交角。两平面平行与垂直的条件。点到面的距离。

空间直线：

空间直线的方程（参数式、对称式、一般式）。两直线的交角。两直线平行与垂直的条件。直线与平面的交角与交点。

几种主要曲面：

二次曲面（椭球面、双曲面、抛物面）。锥面。旋转面。

一元函数的微分学

函数:

常量与变量。区间、邻域。绝对值。函数的定义。函数的表示法。显函数与隐函数。函数的有界性、单调性、奇偶性与周期性。复合函数。反函数及其图形。基本初等函数与初等函数(包括双曲函数)。

极限:

数列极限的 $\varepsilon-N$ 定义。收敛数列的有界性。数列发散的情况(无界与振动)。单调数列审敛准则的叙述。函数极限的 $\varepsilon-N$ 定义。函数极限的 $\varepsilon-\delta$ 定义。函数的左、右极限及其与函数极限的关系。不等式取极限。无穷小与无穷大的定义。无穷小与函数极限的关系。关于无穷小的定理。极限的四则运算。无穷小的比较和阶数。等价无穷小。

函数的连续性:

连续性的定义。间断点。连续函数的和、差、积、商。连续函数的反函数。连续函数的复合函数。初等函数的连续性的叙述。在闭区间上连续函数的最大值与最小值定理及介值定理的叙述。

导数与微分:

导数的定义。导数作为变化率的概念。导数的几何与物理意义。平面曲线的切线与法线。两曲线的交角。可导与连续的关系。函数的和、差、积、商、复合函数以及反函数等的导数公式。$\lim\limits_{x\to0}\dfrac{\sin x}{x}$。$\lim\limits_{x\to\infty}\left(1+\dfrac{1}{x}\right)^{x}$。基本初等函数的导数公式。初等函数的求导问题。隐函数的求导法。对数求导法。微分的定义及其几何意义。微分的运算法。微分形式不变性。微分在近似计算及误差上的应用。高阶导数和一些初等函数的 n 阶导数。由参数方程$\begin{cases}x=\varphi(t),\\y=\psi(t),\end{cases}$求$\dfrac{\mathrm{d}y}{\mathrm{d}x}$及$\dfrac{\mathrm{d}^2y}{\mathrm{d}x^2}$。

微分学的基本定理:

罗尔(Rolle)定理。拉格朗日(Lagrange)定理。柯西(Cauchy)定理。罗必塔(L' Hospital)法则。带有拉格朗日余项的泰勒(Taylor)定理及其在近似计算中的应用。

微分学的应用:

函数增减性的判定法。函数的驻点。函数的极值及其求法。最大值与最小值的求法及其应用。函数图形凹向的判定法。拐点及其求法。水平与垂直渐近线。函数的作图。弧长的微分。曲率的定义及其计算公式。曲率圆。曲率半径与曲率中心的公式。方程的近似解法(弦位法、切线法)。

一元函数的积分学

不定积分:

原函数与不定积分的定义。不定积分的性质。基本积分公式。换元积分法。

分部积分法。有理函数的积分。三角函数的有理式的积分。简单无理函数的积分。积分表的用法。

定积分及其应用：

定积分的定义。定积分存在定理的叙述。定积分的性质。定积分的中值定理。定积分作为变上限的函数及其求导定理。牛顿(Newton)-莱布尼兹(Leibniz)公式。定积分的换元法与分部积分法。定积分的近似积分法(矩形法、梯形法、抛物线法)。两种广义积分的定义。两种广义积分的审敛法。Γ函数及其递推公式。定积分在几何学中的应用(面积、弧长、已知平行截面面积求体积等)。定积分在物理学中的应用(平均值、压力、功等)。

多元函数的微分学

多元函数：

多元函数的定义。点函数的概念。二元函数的几何表示法。二元函数的极限与连续性。在闭域上连续函数的性质的叙述。

偏导数与全微分：

偏导数的定义。二元函数偏导数的几何意义。高阶偏导数。高阶偏导数与求导次序无关的条件的叙述。全增量与全微分的定义。全微分的几何意义。全微分在近似计算及误差上的应用。全微分形式不变性。多元复合函数及其求导法。全导数。隐函数的求导公式。

偏导数的应用：

多元函数的极值及其有极值的必要条件。最大值与最小值的求法及其应用。条件极值。拉格朗日乘数法。曲面的切平面与法线。空间曲线的切线与法平面。

多元函数的积分学

二重积分：

二重积分的定义。二重积分存在定理的叙述。二重积分的性质。二重积分的计算法(包括极坐标)。二重积分的应用(平面面积、立体体积、曲面面积、重心、转运惯量等)。

三重积分：

三重积分的定义及其性质。三重积分的计算法(包括柱面坐标、球面坐标)。三重积分的应用。

线积分：

线积分的定义。线积分的性质及其计算法。格林(Green)公式。平面线积分与路径无关的条件。全微分求积。线积分的应用。

面积分：

面积分的定义。面积分的性质及其计算法。面积分的应用。

常微分方程

微分方程的一般概念：

微分方程的定义。解。通解。初值条件。特解。

一阶常微分方程：

变量可分离的方程。齐次方程。线性方程。全微分方程。

三种特殊类型的高阶微分方程：

$$y^{(n)}=f(x),\quad y''=f(x,y'),\quad y''=f(y,y')。$$

线性微分方程：

齐次线性微分方程的解的结构。非齐次线性微分方程的解的结构。二阶常系数齐次线性微分方程。二阶常系数非齐次线性微分方程。欧拉方程。

常微分方程的幂级数解法举例。

微分方程的应用。

无 穷 级 数

常数项级数：

无穷级数及其收敛与发散的定义。收敛的必要条件。几何级数。调和级数与 p 级数。收敛级数的主要性质。正项级数的比较准则。正项级数的比值审敛法。交错级数。莱布尼兹定理。绝对收敛与条件收敛。

幂级数：

函数项级数及其收敛域。幂级数概念。阿贝尔(Abel)定理。幂级数的收敛区间与收敛半径。幂级数的四则运算、和的连续性、逐项积分法与逐项微分法。泰勒级数。函数展开为幂级数的唯一性。函数(e^x、$\sin x$、$\cos x$、$\ln(1+x)$、$(1+x)^m$ 等)的幂级数展开式。欧拉公式。幂级数在近似计算中的应用。

富里哀(Fourier)级数：

三角函数系及其正交性。富里哀系数公式。函数的富里哀级数。函数展开为富里哀级数的充分条件的叙述。偶函数与奇函数的富里哀级数。函数的富里哀正弦级数与富里哀余弦级数。

高等数学(基础部分)教学大纲说明书

一、高等数学(基础部分)的目的与任务

高等数学(基础部分)的目的与任务是：使学生获得解析几何、微积分和常微分方程的最基本的知识，必要的基础理论和比较熟练的运算技能，并受到数学分析方法和运用这些方法解决几何、力学和物理等实际问题的初步训练，为学习后继课程和进一步扩大数学知识打好数学基础。

二、高等数学(基础部分)的基本要求

1. 正确理解下列基本概念和它们之间的内在联系：

形数关系，函数，极限，无穷小，连续，导数，微分，不定积分，定积分，微分方程，级数的收敛性。

2. 正确理解下列基本定理和公式的形成和它们的用法：

极限的主要定理，拉格朗日定理，泰勒定理和泰勒级数，牛顿-莱布尼兹公式。

3. 通过不断练习牢固记住下列公式和方程：

直线的各种方程，圆锥曲线的标准方程，基本微分公式，基本积分公式，e^x、$\sin x$、$\cos x$ 和$\dfrac{1}{1-x}$的幂级数展开式。

4. 熟练运用下列法则：

微分法则，积分法则，洛必达法则，一阶常微分方程的分离变量解法，一阶线性微分方程和二阶常系数线性微分方程的解法。

5. 会运用微积分和常微分方程的方法解决一些简单的几何、力学和物理的问题。

三、课程内容的重点、深度和广度

行列式与线性方程组

本单元的重点是：三元线性方程组与三阶行列式；二元与三元齐次线性方程及其有非零解的充分与必要条件。

在讲四阶行列式时，要指出行列式的对角线展开法不适用于四阶以上的行列式，但是四阶行列式的展开法适用于任何阶的行列式。

在本课程中，初次遇到充分与必要条件这个术语时，必须把它讲清讲透，最好举个例子加以说明。

平面解析几何

本单元的重点是：曲线的方程；方程的图形，直线的方程；圆的一般方程；椭圆、双曲线、抛物线及其标准方程；极坐标与直角坐标的关系；参数方程的概念。

要求学生在见到直线的方程，圆的方程和二次曲线的标准方程时，能够画出它的图形。在建立曲线的方程时教师应注意培养学生根据已知条件选择合适的坐标的能力。在讲授实数与数轴时，可以只指出实数与数轴上点的一一对应关系而不必作更进一步的解释。在讲授直角坐标时，要指出有次序的数偶与坐标面上点的一一对应关系。在讲极坐标时，要指出有次序的数偶与极坐标面上的点不存在一一对应关系。在讲授一般二元二次方程的简化举例一节时，应该说明移轴和转轴对于简化二元二次方程所能起的作用。可以用反比关系的图形和二次三项式的图形为例，最好再举一个既须转轴又须移轴才能简化的二元二次方程的例子。在讲直线的方程时，应该指出坐标轴的方程，平行于坐标轴的直线方程和通过原点的直线方程的特点。在讲授曲线的极坐标方程时，应该指出通过极点的直线方程和圆心在极点的圆的方程的特点。在建立曲线的极坐标方程时，应该注意培养学生学会从曲线的已知直角坐标方程变换成它的极坐标方程的能力。在建立曲线的参数方程时，应该注意培养学会从曲线的已知直角坐标方程变换成参数方程。

在本大纲中没有列入直线的法线式方程。因此，在求点到直线的距离时，最好不引用直线的法线式方程。例如，可以先求出已知点在已知直线上的正投影，然后再应用两点间的距离公式来求所求的距离公式。

空间解析几何与矢量的代数

本单元的重点是：矢量代数；空间直线的方程；平面的方程；球面的方程；母线平行于坐标面的柱面方程；二次曲面；锥面；旋转面。

要求学生在见到空间直线的方程、平面的方程、球面的方程和二次曲面的标准方程时，能够说出它的图形的名称，还要教会学生使用平行截面法以讨论曲面，并且能够作一些极简单的平面和曲面在第一卦限中的草图。在讲空间直线和平面的方程时，应该指出通过坐标轴的平面方程，垂直于坐标轴的平面方程，通过原点的平面方程；坐标面的方程和坐标轴的方程的特点。关于锥面，可以只讲顶点在原点的二次锥面；关于旋转面，可以只讲以横轴为旋转轴的旋转面。

在本大纲中没有列入平面的法线式方程。因此，在求点到平面的距离时，最好不引用平面的法线式方程，例如，可以先以已知平面上的一个任意点为始点，以已知点为终点作一矢量，然后求此矢量在已知平面的法线上的投影的绝对值，即得到所求的距离公式。

函数，极限及连续性

本单元的重点是：函数的定义；函数的表示法；数列极限的 $\varepsilon-N$ 定义；函数极限的 $\varepsilon-\delta$ 定义；无穷小；无穷小的比较；连续性的定义。

函数符号 $f(x)$ 是一个新的符号，对它的用法应有足够的说明并布置足够的习题。要求学生记住基本初等函数的图形，并且教会学生从两个函数的图形画出它们的和或差的图形，一些简单的复合函数的图形。

为了正确地理解极限概念，任意近及充分近的思想是不可缺少的，因此教师必须讲清楚函数极限（包括数列极限）的正确定义（$\varepsilon-\delta$ 或 $\varepsilon-N$ 定义）并说明其必要性。不要强调给定 ε 后求 N 或 δ，更不要求求出最小的 N 或最大的 δ。

关于间断性，只要求举例说明左、右极限等于常数或无穷大的两种间断点。对于连续函数在闭区间上的性质，只要求几何说明。

导数与微分

本单元的重点是：导数的定义；导数作为变化率的概念；导数的几何与物理意义；初等函数的求导问题；微分的定义。

要求学生通过不断练习而牢固地记住函数的和、差、积、商、复合函数以及一二十个基本初等函数的导数公式，特别是复合函数的导数公式。并且要求学生在做题时能够选用最简便的计算方法。$\lim\limits_{x\to\infty}\left(1+\dfrac{1}{x}\right)^{x}$，只要证 x 为正整数的情况。

微分学的基本定理

本单元的重点是：拉格朗日定理及泰勒定理。

对于罗必塔法则只证$\frac{0}{0}$型。要求用罗必塔法则求出 $\lim\limits_{x\to+\infty} x^n e^{-\lambda x}=0$，其中 $\lambda>0, n>0$。

微分学的应用

本单元的重点是函数图形的研究（函数的增减性，函数的极值，函数图形的凹向，拐点）。

多元函数的微分学

本单元的重点是：多元函数的定义；偏导数的定义；全增量与全微分的定义；多元函数复合函数及其求导法。

不定积分

本单元的重点是原函数与不定积分的定义；基本积分公式；不定积分的性质；换元积分法；分部积分法。

要求学生通过练习而牢固记住一二十个基本的积分公式，并且要求学生学会计算必须经过两次变形才化成基本积分公式的积分。在讲有理函数的积分时，对于化有理真分式为部分分式的问题，可以只提出结论而不加证明，但须通过例题把算法讲透彻。简单无理函数的积分，可只讲

$$\int R(x,\sqrt[n]{ax+b})\,dx \quad 与 \quad \int R(x,\sqrt{ax^2+bx+c})\,dx$$

两种，对后者是否讲尤拉①代换，可灵活掌握。在讲了有理函数的积分、三角函数有理式的积分、无理函数 $R(x,\sqrt[n]{ax+b})$ 与 $R(x,\sqrt{ax^2+bx+c})$ 的积分后，最好指出：它们的积分都是初等函数。积分的递推公式是常常有用的，可以选一个简单的递推公式，安插在恰当的处所，作为例题讲，要使学生领会到“递推”过程的精神，以利于他们使用积分表中其他的递推公式。积分表的用法，要在学生做题已有一定的经验之后再讲，还要注意布置一些经过变形才能在积分表中查出公式的习题。积分表用法的教学时间，可以后延，可以在习题课中教学生查表。

定积分

本单元的重点是：定积分的定义；牛顿-莱布尼兹公式。

要求学生学会正确使用定积分的换元积分法。关于几何与物理的应用题，不要讲得过多，最好参考大纲列举的项目，把几个问题讲透，还要让学生在理解了例题的基础上，独立地解几个没有讲过的应用题。弧长的问题，要讲平面曲线与空间曲线两种。

二重积分

本单元的重点是二重积分的计算法（包括极坐标）。

---

① 尤拉，现译为欧拉。

化二重积分为累次积分的算法，它的难点在于定限，直角坐标与极坐标都如此，要注意把定限问题讲透。在讲了应用题后，要让学生独立地解几个没有讲过的应用题。直角坐标系与极坐标系的二重积分的变换公式，可利用图形建立起来，不作分析证明。

三重积分

本单元的重点是三重积分的计算法（包括柱面坐标、球面坐标）。

这部分的深广度可参考上文对二重积分的那些建议。

线积分

本单元的重点是线积分的计算法。

线积分要讲平面曲线与空间曲线两种。应用题，因限于学生的知识范围，可供选择的不多，重要的是使学生正确理解线积分的概念，让学生见到一个或两个应用题就可以了。

面积分

本单元的重点是面积分的计算法。

面积分可只讲积分域为 $z=f(x,y)$ 的简单情况。要注意讲清楚面积元素的法线方向，但曲面的单侧与双侧问题可以不提。关于应用题的选择，可参考上文对线积分的建议。

常微分方程

本单元的重点是：微分方程的解、通解、初始条件、特解；变量可分离的微分方程；一阶线性微分方程；二阶常系数齐次线性微分方程，二阶常系数非齐次线性微分方程。

在讲非齐次线性微分方程解的结构时，要讲明当自由项为两个函数相加时的特解等于自由项为每个函数时的特解的和。

在讲二阶常系数非齐次线性微分方程的特解的求法时，可以用待定系数法或D运算子法。

这里只要求学生掌握自由项为指数函数、正弦函数、余弦函数以及它们的乘积时的特解的求法。

在讲微分方程的幂级数解法时，可举一阶方程或勒让特方程为例。

常数项级数与幂级数

本单元的重点是：无穷级数的收敛与发散；绝对收敛；正项级数的比值审敛法；幂级数的收敛区间与收敛半径；泰勒级数；函数的幂级数展开式。

对于幂级数的四则运算、和的连续性、逐项积分法与逐项微分法均不证。

富里哀级数

本单元的重点是：函数的富里哀级数；函数的富里哀正弦级数与富里哀余弦级数。

四、关于习题

习题包括:理论题,运算题,应用题,数值计算题和综合题。

各类型的习题在习题总数中所占的比例大致如下:

理论题 5%,运算题 70%,应用题 20%,数值计算题 3%,综合题 2%。

各单元的习题数量,大约按下表分配:

单元名称	习题数量
行列式与线性方程组	20~25
平面解析几何学	120~140
空间解析几何学与矢量代数	100~110
函数、极限、连续	80~85
导数与微分	160~200
微分学的基本定理,微分学的应用	60~80
不定积分	100~120
定积分及其应用	60~70
多元函数的微分学	80~90
二重积分	30~40
三重积分	15~20
线积分	20~25
面积分	15~20
常微分方程	80~100
常数项级数与幂级数	50~60
富里哀级数	10~15
共计	1000~1200

为了贯彻因材施教的原则,对于少数成绩优异的学生,教师可以参考教学计划所规定的培养目标的要求,适当地布置一些综合性习题和较难的应用题,或者指定一些参考书,指导他们习作和阅读。教师一方面要尊重学生个人的兴趣,同时也要教导学生防止学习偏废、钻牛角尖,以及好高骛远等偏向。

五、学时分配的建议

课程内容	教学环节		
	讲课	习题课	小计
绪论	1~2	0	1~2
行列式与线性方程组	5	2	7

续表

课程内容	教学环节		
	讲课	习题课	小计
平面解析几何学	16	10	26
空间解析几何学与矢量代数	16	8	24
函数、极限、连续	16~18	6	22~24
导数与微分	16	12~14	28~30
微分学的基本定理,微分学的应用	14~16	10	24~26
不定积分	10	10	20
定积分及其应用	13	10	23
多元函数微分学	14	8	22
二重积分	8	6	14
三重积分	3	2	5
线积分	5	2	7
面积分	3	2	5
常微分方程	17~18	13	30~31
常数项级数与幂级数	12~13	4~5	16~18
富里哀级数	4	2	6
共计	173~180	107~110	280~290

注(1) 本大纲适用于高等工业学校本科五年制的各类专业,教学时数为290学时,其中讲课180学时,习题课110学时,课外学习时间435学时。为了适应少数专业的特殊情况,划出下列共约40学时的教学内容以供灵活使用:

三重积分,线积分,面积分,富里哀级数。

二元及三元齐次线性方程组及其有非零解的充分必要条件,矢量的矢量积,矢量的混合积,简单无理函数的积分,两种广义积分的审敛法,Γ函数及其递推公式,全微分的几何意义,全微分形式不变性,隐函数求导公式,条件极值,拉格朗日乘数法,空间曲线的切线与法平面,全微分方程,尤拉方程,p级数,阿贝尔定理。

这些专业在拟订教学计划时,经过一定的审批手续,可以把上列内容的一部分或全部项目舍去,换为其他的数学内容,或者把学时移作别用。但讲课与习题课的时数仍应接近于3与2之比。

注(2) 学时分配的建议表中,有几个单元的讲课或习题课的时数,估计了一、二学时的幅度。教师在拟订教学日历时,如果遇到放假而又不能补课的情况,可以在此幅度内调剂安排,如果这些幅度还不够调剂之用,可以在注(1)所划出的那些项目中考虑删减。

六、推荐教材

1. 樊映川等编:高等数学讲义(上、下册),人民教育出版社。

2. 重庆大学数学教研组编：高等数学（上、下册），人民教育出版社。

3. R.罗德著，常彦等译：高等数学（第一卷，第二卷），人民教育出版社。

4. H.H.鲁金著，张理京、谭家岱译：微分学、积分学，人民教育出版社。

5. 其他。

高等学校工科高等数学教学大纲（1980年）

函数、极限、连续

函数：函数的定义。显函数与隐函数。函数的有界性、单调性、奇偶性与周期性。反函数及其图形。基本初等函数。复合函数。初等函数。* 双曲函数与反双曲函数。

极限：数列极限的 $\varepsilon-N$ 定义。数列收敛的条件（必要条件——有界性；充分条件——单调有界（叙述）；* 充要条件——柯西（Cauchy）审敛原理（叙述））。函数极限的 $\varepsilon-X$ 定义。函数极限的 $\varepsilon-\delta$ 定义。函数的左右极限。不等式取极限。无穷小与无穷大的定义。无穷小与函数极限的关系。极限的四则运算。两个重要极限：$\lim\limits_{x\to0}\dfrac{\sin x}{x}=1$，$\lim\limits_{x\to\infty}\left(1+\dfrac{1}{x}\right)^{x}=\mathrm{e}$。无穷小的比较。等价无穷小。

函数的连续性：函数连续的定义。间断点。连续函数的和、差、积、商的连续性。连续函数的反函数的连续性（不证）。连续函数的复合函数的连续性（不证）。基本初等函数和初等函数的连续性。闭区间上连续函数的最大值、最小值定理及介值定理等的叙述。

一元函数的微分学

导数与微分：导数的定义。导数的几何意义。平面曲线的切线与法线。函数的可导性与连续性之间的关系。函数的和、差、积、商的导数。复合函数的导数。反函数的导数。基本初等函数的导数公式。初等函数的求导问题。高阶导数。隐函数的导数。对数求导法。由参数方程所给定的函数的导数。微分的定义。微分的几何意义。微分的运算法则。微分形式的不变性。微分在近似计算及误差估计中的应用。** 极坐标下曲线的切线与切点跟极点的连线的夹角。

中值定理与导数的应用：罗尔（Rolle）定理。拉格朗日（Lagrange）定理。柯西定理。罗必达（L' Hospital）法则。带有拉格朗日余项的泰勒（Taylor）公式。函数增减性的判定法。函数的极值及其求法。最大值、最小值问题。函数图形的凹向及其判定法。拐点及其求法。水平与垂直渐近线。函数图形的描绘举例。弧微分。曲率的定义及其计算公式。曲率圆与曲率半径、曲率中心。** 曲率中心的计算公式。** 渐伸线与渐屈线。用牛顿切线法求方程的近似解。

一元函数的积分学

不定积分：原函数与不定积分的定义。不定积分的性质。基本积分公式。换元积分法。分部积分法。有理函数、三角函数的有理式及简单的无理函数的积分举例。积分表的用法。

定积分及其应用:定积分的定义。定积分存在定理的叙述。定积分的性质。定积分的中值定理。定积分作为变上限的函数及其求导定理。牛顿(Newton)-莱布尼兹(Leibniz)公式。定积分的换元法与分部积分法。定积分的近似积分法(矩形法、梯形法、抛物线法)。两种广义积分的定义。* 两种广义积分的审敛法,* * Γ函数及其递推公式。定积分在几何学中的应用(面积、弧长、已知平行截面面积求体积等)。定积分在物理学中的应用举例。

向量代数与空间解析几何

向量代数:向量概念。向量的加减法。向量与数量的乘法。投影定理。空间直角坐标系。向量的分解与向量的坐标。向量的模。单位向量。方向余弦与方向数。向径。两点间的距离。向量的数量积。两向量的夹角。两向量平行与垂直的条件。* 混合积。

平面与直线:平面的方程(点法式、一般式、截距式)。直线的方程(参数式、对称式、一般式)。夹角(平面与平面、平面与直线、直线与直线)。平行与垂直的条件(平面与平面、平面与直线、直线与直线)。

曲面与空间曲线:曲面方程的概念。球面方程。旋转曲面(包括圆锥面)。母线平行于坐标轴的柱面方程。空间曲线作为两曲面的交线。空间曲线的参数方程。螺旋线。空间曲线在坐标面上的投影。

二次曲面:椭球面、抛物面、双曲面。

多元函数的微分学

多元函数:多元函数的定义。点函数的概念。区域。二元函数的几何表示。二元函数的极限与连续性。有界闭域上连续函数性质的叙述。

偏导数与全微分:偏导数的定义。二元函数偏导数的几何意义。高阶偏导数。混合偏导数可以交换求导次序的条件(叙述)。全微分的定义。全微分存在的充分条件。二元函数泰勒公式的叙述。* 全微分在近似计算中的应用。多元复合函数的求导法则。全导数。隐函数的求导公式。方向导数。* * 梯度。

偏导数的应用:空间曲线的切线与法平面。曲面的切平面与法线。多元函数的极值及其求法。最大值、最小值问题。条件极值。拉格朗日乘数法。

多元函数的积分学

二重积分:二重积分的定义。二重积分存在定理的叙述。二重积分的性质。二重积分的计算法(包括极坐标)。二重积分在几何学中的应用(立体体积、曲面面积)。二重积分在物理学中的应用举例。

三重积分:三重积分的定义及其性质。三重积分的计算法(直角坐标、柱面坐标、球面坐标)。三重积分的应用举例。

曲线积分:曲线积分(对弧长及对坐标)的定义。曲线积分的性质。曲线积分的计算法。曲线积分的应用举例。

曲面积分:曲面积分(对面积及对坐标)的定义。曲面积分的性质。曲面积分的计算法。曲面积分的应用举例。

各类积分的联系:平面曲线积分与二重积分的联系——格林(Green)公式。* 曲面积分与三重积分的联系——高斯(Gauss)公式。* 空间曲线积分与曲面积分的联系——斯托克斯(Stokes)公式(不证)。平面曲线积分与路径无关的条件。二元函数的全微分求积。** 散度。** 旋度。

无 穷 级 数

常数项级数:无穷级数及其收敛与发散的定义。无穷级数的基本性质。级数收敛的必要条件。* 柯西审敛原理。几何级数。调和级数。p 级数。正项级数的比较审敛法和比值审敛法。交错级数。莱布尼兹定理。绝对收敛和条件收敛。

幂级数:幂级数概念。阿贝尔(Abel)定理。幂级数的收敛半径与收敛区间。幂级数的四则运算、和的连续性、逐项积分与逐项微分。泰勒级数。函数展开为幂级数的唯一性。函数(e^x、$\sin x$、$\cos x$、$\ln(1+x)$、$(1+x)^m$ 等)的幂级数展开式。幂级数在近似计算中的应用举例。欧拉(Euler)公式。

* 函数项级数:函数项级数的一般概念。一致收敛及一致收敛级数的基本性质。

傅立叶①(Fourier)级数:三角级数概念。三角函数系及其正交性。函数的傅立叶系数。函数的傅立叶级数。函数展开为傅立叶级数的充分条件(叙述)。奇函数和偶函数的傅立叶级数。函数展开为正弦级数或余弦级数。任意区间上的傅立叶级数。

常微分方程

微分方程的一般概念:微分方程的定义。阶。解。通解。初值条件。特解。

一阶微分方程:变量可分离的方程。线性方程。用变量置换法解一阶方程举例。全微分方程。

可降阶的高阶微分方程:$y^{(n)}=f(x)$。$y''=f(x,y')$。$y''=f(y,y')$。

线性微分方程:线性微分方程的解的结构。二阶常系数齐次线性微分方程。二阶常系数非齐次线性微分方程。** 欧拉方程。* 常系数线性微分方程组解法举例。

附:高等数学教学大纲说明书

一、课程的作用和任务

高等数学在高等工科院校的教学计划中是一门重要的基础理论课,为培养适

① 傅立叶,现译为傅里叶。

应四个现代化需要的高级工程技术人才服务,通过这门课程的学习,要使学生系统地获得微积分(包括向量代数与空间解析几何)与常微分方程的基本知识,必要的基础理论和常用的运算方法,并注意培养学生比较熟练的运算能力、抽象思维能力、逻辑推理能力、几何直观和空间想象能力,从而使学生受到数学分析方法和运用这些方法解决几何、力学和物理等实际问题的初步训练,为学习后继课程和进一步扩大数学知识奠定必要的数学基础。

二、课程的基本要求

1. 正确理解下列基本概念和它们之间存在的内在联系:

函数,极限,无穷小,连续,导数,微分,不定积分,定积分,偏导数,全微分,重积分,曲线积分,曲面积分,级数的敛散性,微分方程。

2. 正确理解下列基本定理和公式并能正确应用:

极限的主要定理,拉格朗日定理,泰勒定理,定积分作为变上限的函数及其求导定理,牛顿-莱布尼兹公式,格林公式。

3. 牢固掌握下列公式:

基本初等函数的导数公式,基本积分公式,函数$\frac{1}{1-x}$、e^x、$\sin x$和$\cos x$的幂级数展开式。

4. 熟练运用下列法则和方法:

函数的和、差、积、商的求导法则与复合函数的求导法则,换元积分法和分部积分法,二重积分的计算法,变量可分离的一阶微分方程的解法,一阶线性微分方程和二阶常系数线性微分方程的解法。

5. 会运用微积分和常微分方程的方法解决一些简单的几何、力学和物理的问题。

三、课程内容的重点、深度和广度

函数、极限、连续

重点:函数的概念。极限的概念。无穷小。极限的四则运算。函数的连续性。

对于中学学过的有关函数内容,只需加以复习提高,不必再作详细讲解。但对函数符号$f(x)$的意义和用法,应有足够的说明和训练。还应适当介绍分段函数,举例说明建立函数式的方法。

关于极限的定义也容许不用“$\varepsilon-N$”、“$\varepsilon-\delta$”语言来描述。不定式求极限的训练主要放在罗必塔法则中进行,这里不宜做过多过难的练习,对于$\lim\limits_{x\to\infty}\left(1+\frac{1}{x}\right)^x=e$只需证明$x$为正整数的情况。基本初等函数的连续可以不全证。振荡间断点可以不讲。对于连续函数在闭区间上的性质,只要求几何说明。

导数与微分

重点:导数的概念。导数的几何意义。初等函数导数的求法。微分的概念。

正确理解导数作为变化率的概念,微分是函数增量的线性主部的概念,以及函数局部线性化的思想。熟练掌握初等函数的求导法,明确初等函数的导数仍是初等函数这一事实。

中值定理和导数的应用

重点:拉格朗日定理、泰勒公式。罗必塔法则。函数增减性的判定法。函数的极值及其求法。最大值、最小值问题。

三个中值定理采用分析证明或几何说明可以灵活掌握。极值点的判定限于用一阶导数与二阶导数。

对于罗必塔法则,可只证 $x\to a$ 时的$\dfrac{0}{0}$型。

不定积分

重点:原函数与不定积分的概念。不定积分的性质。基本积分公式。换元积分法。分部积分法。

在讲有理函数的积分时,对于化有理真分式为部分分式的问题,可以只提出结论而不加证明,但须通过例题把方法讲清楚,在适当的地方介绍一下递推公式。

定积分及其应用

重点:定积分的概念。定积分的中值定理。定积分作为变上限的函数及其求导定理。牛顿-莱布尼兹公式。

要求学生学会正确使用定积分的换元积分法。

在定积分的应用中,应把重点放在培养学生运用微元分析法建立积分表达式的能力上,定积分在物理学中应用的具体例子可根据需要选择。

向量代数与空间解析几何

重点:向量概念。向量的坐标。向量的数量积。向量的向量积。平面的点法式方程。直线的对称性方程。曲面方程的概念。空间曲线的参数方程。

空间解析几何应以向量为主要工具,注意培养学生对向量的运用和空间图形的想象能力。

要求熟悉标准二次曲面的方程与图形、标准二次曲面以及它们所围的简单立体。关于圆锥面,可以只讲顶点在原点且以坐标轴为轴的圆锥面。关于旋转曲面可以只讲以坐标轴为旋转轴的旋转曲面。

多元函数的微分学

重点:多元函数的概念。偏导数与全微分概念。多元复合函数的求导法则。多元函数极值存在的充分条件(叙而不证)。

由方程组确定的隐函数的求导公式可以不讲。

重积分

重点:二重积分概念。二重积分计算法。三重积分的计算法。

二重积分化为累次积分的公式,以及二重积分的变量从直角坐标变换为极坐标的变换公式,都只作几何说明,不作分析证明。三重积分与此类同。重积分的应用着重于运用微元分析法,具体例子可以根据需要选择。

曲线积分与曲面积分

重点:曲线积分的概念及其计算法。格林公式。曲线积分与路径无关的条件。曲面积分的概念及其计算法。

曲线积分要讲平面曲线与空间曲线两种情况,但以平面曲线为主。

梯度、散度、旋度可供不单独学场论的专业选用。

无穷级数

重点:无穷级数收敛和发散的概念。正项级数的比值审敛法。级数的绝对收敛和收敛的关系。幂级数的收敛半径与收敛区间。泰勒级数。函数的幂级数展开式。函数的傅里叶级数。函数展开为正弦级数或余弦级数。

绝对收敛和条件收敛包括它们的概念,级数的绝对收敛与收敛的关系,绝对收敛级数的性质可灵活掌握。

函数幂级数的四则运算、和的连续性、逐项微分与逐项积分均不证。

常微分方程

重点:微分方程的概念。解。通解。特解。变量可分离的微分方程。一阶线性微分方程。二阶线性常系数微分方程。

变量置换法解一阶方程,可用齐次方程和贝努利方程为例,着重说明通过变量置换求解方程的思想。

线性微分方程的解的结构包括齐次与非齐次两种情况,对于非齐次方程要讲明自由项为两项之和时,其特解等于自由项为各项时的特解之和。

关于二阶常系数非齐次线性方程,包括自由项为多项式、指数函数、正弦函数、余弦函数以及它们的和与乘积几种。

微分方程的应用,可穿插在有关内容中讲。

四、学时分配的建议

课程内容	教学环节		
	讲课	习题课	小计
函数、极限、连续	17~19	6	23~25
导数与微分	16~17	8	24~25
中值定理与导数的应用	14	4	18

续表

课程内容	教学环节		
	讲课	习题课	小计
不定积分	10	6	16
定积分及其应用	14~16	4	18~20
向量代数与空间解析几何	16	6	22
多元函数的微分学	16~17	4	20~21
重积分	10	4	14
曲线积分与曲面积分	11~13	4	15~17
常数项级数、幂级数、函数项级数	14~18	6	20~24
傅里叶级数	6	0	6
常微分方程	14~16	6	20~22
共计	158~172	58	216~230

本大纲适用于高等工业学校本科四年制的各类专业，教学时数为216~230，课内外学时比例为1∶2。大纲中有*号的内容已计入高限学时，可灵活选用。带有**的内容未计学时，供某些有特殊需要的专业选用。为适应少数的特殊情况，下列内容可供选择：三重积分、曲线积分、曲面积分、傅里叶级数。

高等工业学校
高等数学课程教学基本要求（1987年）
（参考学时范围：190~210学时）

高等数学课程是高等工业学校各专业学生一门必修的重要的基础理论课，它是为培养我国社会主义现代化建设所需要的高质量专门人才服务的。

通过本课程的学习，要使学生获得：

1. 函数、极限、连续；
2. 一元函数微积分学；
3. 向量代数和空间解析几何；
4. 多元函数微积分学；
5. 无穷级数（包括傅里叶级数）；
6. 常微分方程

等方面的基本概念，基本理论和基本运算技能，为学习后继课程和进一步获得数学知识奠定必要的数学基础。

在传授知识的同时,要通过各个教学环节逐步培养学生具有抽象概括问题的能力、逻辑推理能力、空间想象能力和自学能力,还要特别注意培养学生具有比较熟练的运算能力和综合运用所学知识去分析问题和解决问题的能力。

一、函数、极限、连续

1. 理解[①]函数的概念。

2. 了解函数的单调性、周期性和奇偶性。

3. 了解反函数和复合函数的概念。

4. 熟悉基本初等函数的性质及其图形。

5. 能列出简单实际问题中的函数关系。

6. 了解极限的 ε-N、ε-δ 定义(对于给出 ε 求 N 或 δ 不作过高要求),并能在学习过程中逐步加深对极限思想的理解。

7. 掌握极限四则运算法则。

8. 了解两个极限存在准则(夹逼准则和单调有界准则)。会用两个重要极限求极限。

9. 了解无穷小、无穷大的概念。掌握无穷小的比较。

10. 理解函数在一点连续的概念,会判断间断点的类型。

11. 了解初等函数的连续性。知道在闭区间上连续函数的性质(介值定理和最大值最小值定理)。

二、一元函数微分学

1. 理解导数和微分的概念。了解导数的几何意义及函数的可导性与连续性之间的关系。能用导数描述一些物理量。

2. 熟悉导数和微分的运算法则(包括微分形式不变性)和导数的基本公式。了解高阶导数概念。能熟练地求初等函数的一阶,二阶导数。

3. 掌握隐函数和参数式所确定的函数的一阶、二阶导数的求法。

4. 理解罗尔(Rolle)定理和拉格朗日(Lagrange)定理。了解柯西(Cauchy)定理和泰勒(Taylor)定理。会应用拉格朗日定理。

5. 理解函数的极值概念。掌握求函数的极值,判断函数的增减性与函数图形的凹性,求函数图形的拐点等方法。能描绘函数的图形(包括水平和铅直渐近线)。会解较简单的最大值和最小值的应用问题。

6. 掌握罗必塔(L' Hospital)法则。

7. 知道曲率和曲率半径的概念,并会计算曲率和曲率半径。

8. 知道求方程近似解的二分法和切线法。

---

① 基本要求的高低用不同的词汇加以区分,对概念,理论从高到低用“理解”“了解”“知道”三级区分,对运算、方法从高到低用“熟练掌握”“掌握”“会”或“能”三级区分,“熟悉”一词相当于“理解”并“熟练掌握”。

三、一元函数积分学

1. 理解不定积分和定积分的概念及性质。

2. 熟悉不定积分的基本公式。熟练掌握不定积分、定积分的换元法和分部积分法。掌握较简单的有理函数的积分。

3. 理解变上限的定积分作为其上限的函数及其求导定理。熟悉牛顿(Newton)-莱布尼兹(Leibniz)公式。

4. 了解广义积分的概念。

5. 知道定积分的近似计算法(梯形法和抛物线法)。

6. 熟练掌握用定积分来表达一些几何量与物理量(如面积、体积、弧长和功等)的方法。

四、向量代数与空间解析几何

1. 理解向量的概念。

2. 掌握向量的运算(线性运算、点乘法,叉乘法)。掌握两个向量夹角的求法与垂直、平行的条件。

3. 熟悉单位向量、方向余弦及向量的坐标表达式。熟练掌握用坐标表达式进行向量运算。

4. 熟悉平面的方程和直线的方程及其求法。

5. 理解曲面方程的概念。掌握常用二次曲面的方程及其图形。掌握以坐标轴为旋转轴的旋转曲面及母线平行于坐标轴的柱面方程。

6. 知道空间曲线的参数方程和一般方程。

五、多元函数微分学

1. 理解多元函数的概念。

2. 知道二元函数的极限、连续性等概念,以及有界闭域上连续函数的性质。

3. 理解偏导数、全微分等概念。了解全微分存在的必要条件和充分条件。

4. 了解方向导数与梯度的概念,并掌握它们的计算方法。

5. 熟练掌握复合函数的求导法。会求二阶偏导数。

6. 会求隐函数(包括由方程组确定的隐函数)的偏导数。

7. 了解曲线的切线与法平面及曲面的切平面与法线,并掌握它们的方程的求法。

8. 理解多元函数极值的概念,会求函数的极值。了解条件极值的概念,会用拉格朗日乘数法求条件极值。会求解一些较简单的最大值和最小值的应用问题。

六、多元函数积分学

1. 理解二重积分、三重积分的概念,知道重积分的性质。

2. 熟练掌握二重积分的计算方法(直角坐标、极坐标)。掌握三重积分的计算方法(直角坐标、柱坐标、球坐标)。

3. 理解两类曲线积分的概念。知道两类曲线积分的性质。

4. 掌握两类曲线积分的计算方法。

5. 熟悉格林(Green)公式,会运用平面曲线积分与路径无关的条件。

6. 知道两类曲面积分的概念及高斯(Gauss)公式、斯托克斯(Stokes)公式,并会计算两类曲面积分。

7. 知道散度、旋度的概念。

8. 能用重积分、曲线积分及曲面积分来表达一些几何量与物理量(如体积、质量、重心等)。

七、无穷级数

1. 理解无穷级数收敛、发散以及和的概念。了解无穷级数收敛的必要条件。知道无穷级数的基本性质。

2. 熟悉几何级数和 p 级数的收敛性。

3. 掌握正项级数的比较审敛法。熟练掌握正项级数的比值审敛法。

4. 掌握交错级数的莱布尼兹定理,并能估计交错级数的截断误差。

5. 了解无穷级数绝对收敛与条件收敛的概念,以及绝对收敛与收敛的关系。

6. 知道函数项级数的收敛域及和函数的概念。

7. 熟练掌握较简单幂级数的收敛域的求法(可不考虑端点的收敛性)。

8. 知道幂级数在其收敛区间内的一些基本性质。

9. 知道函数展开为泰勒级数的充要条件。

10. 掌握 e^x、$\sin x$、$\cos x$、$\ln(1+x)$ 和 $(1+x)^\mu$ 的麦克劳林(Maclaurin)展开式,并能利用这些展开式将一些简单的函数展成幂级数。

11. 会用幂级数进行一些近似计算。

12. 知道函数展开为傅里叶(Fourier)级数的充分条件,并能将定义在 $[-\pi,\pi]$ 和 $[-l,l]$ 上的函数展开为傅里叶级数。能将定义在 $[0,l]$ 上的函数展开为正弦或余弦级数。

八、常微分方程

1. 了解微分方程、解、通解、初始条件和特解等概念。

2. 会识别下列几种一阶微分方程:变量可分离的方程,齐次方程、一阶线性方程、伯努利(Bernoulli)方程和全微分方程。

3. 熟练掌握变量可分离的方程及一阶线性方程的解法。

4. 会解齐次方程和伯努利方程,从中领会用变量代换求解方程的思想。

5. 会解较简单的全微分方程。

6. 知道下列几种特殊的高阶方程

$$y^{(n)}=f(x),\quad y''=f(x,y')\quad 和\quad y''=f(y,y')$$

的降阶法。

7. 了解二阶线性微分方程解的结构。

8. 熟练掌握二阶常系数齐次线性微分方程的解法,并知道高阶常系数齐次线性微分方程的解法。

9. 掌握自由项为多项式、指数函数、正弦函数、余弦函数以及它们的和与乘积的二阶常系数非齐次线性微分方程的解法。

10. 知道微分方程的幂级数解法。

11. 会用微分方程解一些简单的几何和物理问题。

高等工业学校
线性代数课程教学基本要求
(参考学时范围:32~36学时)

线性代数课程在高等工业学校的教学计划中是一门基础理论课。由于线性问题广泛存在于技术科学的各个领域,某些非线性问题在一定条件下可以转化为线性问题,尤其是在计算机日益普及的今天,解大型线性方程组、求矩阵的特征值与特征向量等已经成为工程技术人员经常遇到的课题,因此本课程所介绍的方法广泛地应用于各个学科,这就要求学生必须具备有关本课程的基本理论知识,并熟练地掌握它的方法。

线性代数是以讨论有限维空间线性理论为主的课程,具有较强的抽象性与逻辑性。通过本课程的学习,使学生获得应用科学中常用的矩阵方法、线性方程组、二次型等理论及其有关基本知识,并具有熟练的矩阵运算能力和用矩阵方法解决一些实际问题的能力,从而为学习后继课程及进一步扩大数学知识面奠定必要的数学基础。

一、行列式

1. 知道[①] n 阶行列式的定义。

2. 了解行列式的性质。掌握行列式的计算。

二、矩阵

1. 理解矩阵的概念。知道单位阵、对角阵、对称阵等性质。

2. 熟练掌握矩阵的线性运算、乘法运算、转置及其运算规律。

3. 理解逆矩阵的概念及其存在的充要条件。掌握矩阵求逆的方法。

4. 掌握矩阵的初等变换。

5. 理解矩阵的秩的概念,并会求矩阵的秩。知道满秩矩阵的性质。

6. 掌握分块矩阵的运算。

三、向量

1. 理解 n 维向量的概念。

---

① 基本要求的高低用不同的词汇加以区分,对概念,理论从高到低用“理解”“了解”“知道”三级区分,对运算、方法从高到低用“熟练掌握”“掌握”“会”或“能”三级区分,“熟悉”一词相当于“理解”并“熟练掌握”。

2. 理解向量组线性相关、线性无关的定义,并了解有关的重要结论。

3. 理解向量组的最大无关组与向量组的秩的概念。

4. 知道 n 维向量空间及子空间、基底、维数、坐标等概念。

四、线性方程组

1. 掌握克莱姆(Cramer)法则。

2. 理解齐次线性方程组有非零解的充要条件及非齐次线性方程组有解的充要条件。

3. 理解线性方程组的基础解系、通解等概念及解的结构。

4. 熟练掌握用行初等变换求线性方程组通解的方法。

五、矩阵的特征值与特征向量

1. 理解矩阵的特征值与特征向量的概念并掌握其求法。

2. 了解相似矩阵的概念及性质。了解矩阵对角化的充要条件。会求实对称矩阵的相似对角形矩阵。

3. 掌握线性无关的向量组正交规范化的方法。

4. 了解正交变换与正交矩阵的概念及性质。

六、二次型

1. 了解二次型及其矩阵表示。

2. 会用正交变换法化二次型为标准形。

3. 知道惯性定律、二次型的秩、二次型的正定性及其判别法。

高等工业学校

概率论与数理统计课程教学基本要求

(参考学时范围:44~52 学时)

概率论与数理统计是研究随机现象客观规律性的数学学科,在高等工业学校教学计划中是一门基础理论课。通过本课程的学习,使学生掌握概率论与数理统计的基本概念,了解它的基本理论和方法,从而使学生初步掌握处理随机现象的基本思想和方法,培养学生运用概率统计方法分析和解决实际问题的能力。

一、随机事件与概率

1. 理解[①]随机事件和样本空间的概念。熟练掌握事件之间的关系与基本运算。

2. 理解事件频率的概念。了解随机现象的统计规律性。

3. 理解古典概率的定义。了解几何概率的定义和概率的统计定义。知道概率的公理化定义。

---

① 基本要求的高低用不同的词汇加以区分。对概念、理论从高到低用“理解”“了解”“知道”三级区分,对运算、方法从高到低用“熟练掌握”“掌握”“会”或“能”三级区分。“熟悉”一词相当于“理解”并“熟练掌握”。

4. 掌握概率的基本性质(特别是加法定理)。会应用这些性质进行概率计算。

5. 理解条件概率的概念。掌握乘法定理、全概率公式和贝叶斯(Bayes)公式,并会应用这些公式进行概率计算。

6. 理解事件独立性的概念。会应用事件的独立性进行概率计算。

7. 了解伯努里(Bernoulli)概型的概念。掌握伯努里概型和二项概率的计算。

二、随机变量及其分布

1. 了解随机变量的概念。掌握离散型随机变量和连续型随机变量的描述方法。理解概率函数(分布列)与概率密度的概念和性质。

2. 理解分布函数的概念和性质。

3. 会利用概率分布计算有关事件的概率。

4. 熟练掌握二项分布、泊松(Poisson)分布、均匀分布、指数分布和正态分布。

5. 会求简单的随机变量函数的概率分布。

三、多维随机变量及其分布

1. 了解多维随机变量的概念。了解二维随机变量的联合分布函数、联合概率密度、联合概率函数(分布列)的概念和性质,并会计算有关事件的概率。

2. 掌握二维随机变量的边缘分布与联合分布的关系。

3. 理解随机变量独立性的概念,并会应用随机变量的独立性进行概率计算。

4. 会求两个独立随机变量的和的分布。

四、随机变量的数字特征

1. 理解数学期望、方差的概念,并掌握它们的性质与计算。会计算随机变量函数的数学期望。

2. 熟记二项分布、泊松分布、均匀分布,指数分布和正态分布的数学期望与方差。

3. 了解相关系数的概念,并掌握它的性质与计算。

五、大数定律和中心极限定理

1. 了解切比雪夫(Чебышев)不等式、切比雪夫定理和伯努里定理。

2. 知道独立同分布的中心极限定理和德莫佛(De Moivre)-拉普拉斯(Laplace)定理。

六、数理统计的基本概念

1. 理解总体、个体、样本和统计量的概念。掌握直方图的作法、样本平均值和样本方差的计算。

2. 了解χ^2分布、t分布、F分布的定义,并会查表计算。

3. 了解正态总体的某些常用统计量的分布。

七、参数估计

1. 理解点估计的概念。了解矩估计法(一阶、二阶)与极大似然估计法。了解估计量的评选标准(无偏性、有效性、一致性)。

2. 理解区间估计的概念。会求正态总体的均值与方差的置信区间。

八、假设检验

1. 理解假设检验的基本思想，掌握假设检验的基本步骤，知道假设检验可能产生的两类错误。

2. 掌握单个和两个正态总体的均值与方差的假设检验。

3. 掌握关于总体分布假设的χ^2检验法。

说　明

根据专业的需要，可以只讲概率论，其参考学时范围为32~36。

高等工业学校

复变函数课程教学基本要求

（参考学时范围：32~36学时）

复变函数是高等工业学校有关专业的一门基础课，通过本课程的学习，使学生初步掌握复变函数的基本理论和方法，为学习有关后继课程和进一步扩大数学知识面奠定必要的数学基础。

一、复数与复变函数

1. 熟练掌握[①]复数的各种表示方法及其运算。

2. 了解区域的概念。

3. 理解复变函数的概念。

4. 知道复变函数的极限和连续的概念。

二、解析函数

1. 理解复变函数的导数及复变函数解析的概念。

2. 熟悉复变函数解析的充要条件。

3. 了解调和函数与解析函数的关系。掌握从解析函数的实(虚)部求其虚(实)部的方法。

4. 了解指数函数、三角函数、对数函数及幂函数的定义及它们的主要性质(包括在单值域中的解析性)。

三、积分

1. 理解复变函数积分的定义，了解其性质，会求复变函数的积分。

2. 理解柯西(Cauchy)积分定理，掌握柯西积分公式和高阶导数公式。知道解析函数无限次可导的性质。

四、级数

1. 理解复数项级数收敛、发散及绝对收敛等概念。

---

① 基本要求的高低用不同的词汇加以区分。对概念、理论从高到低用“理解”“了解”“知道”三级区分，对运算、方法从高到低用“熟练掌握”“掌握”“会”或“能”三级区分。“熟悉”一词相当于“理解”并“熟练掌握”。

2. 了解幂级数收敛圆的概念。掌握简单的幂级数收敛半径的求法。知道幂级数在收敛圆内一些基本性质。

3. 了解泰勒(Taylor)定理。

4. 掌握 e^z、$\sin z$、$\ln(1+z)$、$(1+z)^\mu$ 的麦克劳林(Maclaurin)展开式,并能利用它们将一些简单的解析函数展开为幂级数。

5. 了解罗朗(Laurent)定理及孤立奇点的分类(不包括无穷远点)。

6. 掌握将简单的函数在其孤立奇点附近展开为罗朗级数的间接方法。

五、留数

1. 理解留数的概念。掌握极点处留数的求法。

2. 理解留数定理。

3. 掌握用留数求围道积分的方法。会用留数求一些实积分。

六、保角映射

1. 了解导数的几何意义及保角映射的概念。

2. 知道 $w=z^\alpha$(α 为正有理数)和 $w=e^z$ 的映射性质。

3. 掌握线性映射的性质和分式线性映射的保圆性及保对称性。

4. 会求一些简单区域(例如平面、半平面、角形域、圆、带形域等)之间的保角映射。

高等工业学校
数学物理方程课程教学基本要求
(参考学时范围:30~32 学时)

数学物理方程是高等工业学校有关专业的一门基础课,通过本课程的学习,要使学生掌握三个典型方程定解问题的常用解法,了解贝塞尔(Bessel)函数及勒让德(Legendre)多项式的概念,简单性质以及它们在解数学物理方程中的作用,为学习有关后继课程和进一步扩大数学知识面奠定必要的数学基础。

一、基本概念

1. 知道[①]三个典型方程:弦振动方程、热传导方程和拉普拉斯(Laplace)方程的推导过程。

2. 知道三种定解问题(初值问题、边值问题和混合问题)的提法。

3. 了解偏微分方程的一些基本概念(解、阶、维数、线性与非线性、齐次与非齐次)以及齐次线性方程解的叠加原理。

二、达朗贝尔(d'Alembert)法(行波法)

1. 掌握无界弦自由振动问题的达朗贝尔解法。

---

① 基本要求的高低用不同的词汇加以区分,对概念、理论从高到低用“理解”“了解”“知道”三级区分,对运算、方法从高到低用“熟练掌握”“掌握”“会”或“能”三级区分,“熟悉”一词相当于“理解”并“熟练掌握”。

2. 知道达朗贝尔解的物理意义(对特征线、影响区域、决定区域、依赖区间等概念不作要求)。

三、分离变量法(驻波法)

1. 熟练掌握有界弦自由振动问题和有限长杆上热传导问题的分离变量解法。

2. 掌握圆域内拉普拉斯方程的狄里赫莱①(Dirichlet)问题的分离变量解法。

3. 会用固有函数法解非齐次方程定解问题。

4. 会用辅助函数和叠加原理处理非齐次边界条件。

四、贝塞尔函数与勒让德多项式

1. 了解贝塞尔方程的幂级数解法以及整数阶贝塞尔函数的一些性质(递推公式、零点、正交性、傅里叶(Fourier)-贝塞尔展开式)。

2. 会利用贝塞尔函数解有关的定解问题。

3. 知道勒让德方程的求解方法以及勒让德多项式的一些性质(递推公式、正交性、傅里叶-勒让德展开式)。

高等数学课程教学基本要求(1995年)

高等数学课程是高等学校工科本科各专业学生的一门必修的重要基础理论课,它是为培养我国社会主义现代化建设所需要的高质量专门人才服务的。

通过本课程的学习,要使学生获得:

1. 一元函数微积分学

2. 向量代数和空间解析几何

3. 多元函数微积分学

4. 无穷级数(包括傅里叶级数)

5. 常微分方程

等方面的基本概念、基本理论和基本运算技能,为学习后继课程和进一步获得数学知识奠定必要的数学基础。

在传授知识的同时,要通过各个教学环节逐步培养学生具有抽象思维能力、逻辑推理能力、空间想象能力和自学能力,还要特别注意培养学生具有比较熟练的运算能力和综合运用所学知识去分析问题和解决问题的能力。

本门课程的内容按教学要求的不同,分为两个层次。文中用黑体字排印的属较高要求,必须使学生深入理解,牢固掌握,熟练应用。其中,概念、理论用"理解"一词表述,方法、运算用"掌握"一词表述。非黑体字排印的,也是必不可少的,只是在教学要求上低于前者。其中,概念理论用"了解"一词表述,方法、运算用"会"或"了解"表述。

① 狄里赫莱,现译为狄利克雷。

一、函数、极限、连续

1. **理解函数的概念。**

2. 了解函数奇偶性、单调性、周期性和有界性。

3. **理解复合函数的概念，了解反函数的概念。**

4. **掌握基本初等函数的性质及其图形。**

5. 会建立简单实际问题中的函数关系式。

6. **理解极限的概念**(对极限的 ε-N、ε-δ 定义可在学习过程中逐步加深理解，对于给出 ε 求 N 或 δ 不作过高要求。)

7. **掌握极限四则运算法则。**

8. 了解两个极限存在准则(夹逼准则和单调有界准则)，会用两个重要极限求极限。

9. 了解无穷小、无穷大，以及无穷小的阶的概念。会用等价无穷小求极限。

10. **理解函数在一点连续的概念。**

11. 了解间断点的概念，并会判别间断点的类型。

12. 了解初等函数的连续性和闭区间上连续函数的性质(介值定理和最大、最小值定理)。

二、一元函数微分学

1. **理解导数和微分的概念，理解导数的几何意义及函数的可导性与连续性之间的关系。**

2. 会用导数描述一些物理量。

3. **掌握导数的四则运算法则和复合函数的求导法，掌握基本初等函数、双曲函数的导数公式。**了解微分的四则运算法则和一阶微分形式不变性。

4. 了解高阶导数的概念。

5. **掌握初等函数一阶、二阶导数的求法。**

6. 会求隐函数和参数式所确定的函数的一阶、二阶导数。会求反函数的导数。

7. **理解罗尔(Rolle)定理和拉格朗日(Lagrange)定理。**

8. 了解柯西(Cauchy)定理和泰勒(Taylor)定理。

9. **理解函数的极值概念，掌握用导数判断函数的单调性和求极值的方法。**

10. 会用导数判断函数图形的凹凸性，会求拐点，会描绘函数的图形(包括水平和铅直渐近线)。会求解较简单的最大值和最小值的应用问题。

11. 会用洛必达(L'Hospital)法则求不定式的极限。

12. 了解曲率和曲率半径的概念并会计算曲率和曲率半径。

13. 了解求方程近似解的二分法和切线法。

三、一元函数积分学

1. **理解不定积分和定积分的概念及性质。**

2. 掌握不定积分的基本公式,不定积分、定积分的换元法与分部积分法。

3. 会求简单的有理函数的积分。

4. 理解变上限的积分作为其上限的函数及其求导定理,掌握牛顿(Newton)-莱布尼兹(Leibniz)公式。

5. 了解广义积分的概念。

6. 了解定积分的近似计算法(梯形法和抛物线法)。

7. 掌握用定积分表达一些几何量与物理量(如面积、体积、弧长、功、引力等)的方法。

四、向量代数与空间解析几何

1. 理解空间直角坐标系,理解向量的概念及其表示。

2. 掌握向量的运算(线性运算、点乘法、叉乘法),了解两个向量垂直、平行的条件。

3. 掌握单位向量、方向余弦、向量的坐标表达式以及用坐标表达式进行向量运算的方法。

4. 掌握平面的方程和直线的方程及其求法,会利用平面、直线的相互关系解决有关问题。

5. 理解曲面方程的概念,了解常用二次曲面的方程及其图形,了解以坐标轴为旋转轴的旋转曲面及母线平行于坐标轴的柱面方程。

6. 了解空间曲线的参数方程和一般方程。

7. 了解曲面的交线在坐标平面上的投影。

五、多元函数微分学

1. 理解多元函数的概念。

2. 了解二元函数的极限与连续性的概念,以及有界闭域上连续函数的性质。

3. 理解偏导数和全微分的概念,了解全微分存在的必要条件和充分条件。

4. 了解方向导数与梯度的概念及其计算方法。

5. 掌握复合函数一阶偏导数的求法,会求复合函数的二阶偏导数。

6. 会求隐函数(包括由两个方程组成的方程组确定的隐函数)的偏导数。

7. 了解曲线的切线和法平面及曲面的切平面与法线,并会求出它们的方程。

8. 理解多元函数极值和条件极值的概念,会求二元函数的极值。了解求条件极值的拉格朗日乘数法,会求解一些较简单的最大值和最小值的应用问题。

六、多元函数积分学

1. 理解二重积分、三重积分的概念,了解重积分的性质。

2. 掌握二重积分的计算方法(直角坐标、极坐标),了解三重积分的计算方法(直角坐标、柱面坐标、球面坐标)。

3. 理解两类曲线积分的概念,了解两类曲线积分的性质及两类曲线积分的关系。

4. 会计算两类曲线积分。

5. **掌握格林(Green)公式**,会使用平面曲线积分与路径无关的条件。

6. 了解两类曲面积分的概念及高斯(Gauss)公式、斯托克斯(Stokes)公式并会计算两类曲面积分。

7. 了解散度、旋度的概念及其计算方法。

8. 会用重积分、曲线积分及曲面积分求一些几何量与物理量(如体积、曲面面积、弧长、质量、重心、转动惯量、引力、功等)。

七、无穷级数

1. **理解无穷级数收敛、发散以及和的概念**,了解无穷级数基本性质及收敛的必要条件。

2. **掌握几何级数和 p-级数的收敛性**。

3. 了解正项级数的比较审敛法,**掌握正项级数的比值审敛法**。

4. 了解交错级数的莱布尼兹定理,会估计交错级数的截断误差。

5. 了解无穷级数绝对收敛与条件收敛的概念以及绝对收敛与收敛的关系。

6. 了解函数项级数的收敛域及和函数的概念。

7. **掌握比较简单的幂级数收敛区间的求法**(区间端点的收敛性可不作要求)。

8. 了解幂级数在其收敛区间内的一些基本性质。

9. 了解函数展开为泰勒级数的充分必要条件。

10. 会利用 e^x, $\sin x$, $\cos x$, $\ln(1+x)$ 和 $(1+x)^{\mu}$ 的马克劳林(Maclaurin)展开式将一些简单的函数间接展开成幂级数。

11. 了解幂级数在近似计算上的简单应用。

12. 了解函数展开为傅里叶(Fourier)级数的狄利克雷(Dirichlet)条件,会将定义在 $(-\pi,\pi)$ 和 $(-l,l)$ 上的函数展开为傅里叶级数,并会将定义在 $(0,l)$ 上的函数展开为正弦或余弦级数。

八、常微分方程

1. 了解微分方程、解、通解、初始条件和特解等概念。

2. **掌握变量可分离的方程及一阶线性方程的解法**。

3. 会解齐次方程和伯努利(Bernoulli)方程,并从中领会用变量代换求解方程的思想,会解全微分方程。

4. 会用降阶法解下列方程:$y^{(n)}=f(x)$, $y''=f(x,y')$ 和 $y''=f(y,y')$。

5. **理解二阶线性微分方程解的结构**。

6. **掌握二阶常系数齐次线性微分方程的解法**,并了解高阶常系数齐次线性微分方程的解法。

7. 会求自由项形如 $P_n(x)e^{\alpha x}$、$e^{\alpha x}(A\cos\beta x+B\sin\beta x)$ 的二阶常系数非齐次线性微分方程的特解。

8. 会用微分方程解一些简单的几何和物理问题。

说　明

课内外学时比为1∶2。习题课是完成高等数学教学基本要求的一个重要的教学环节,习题课学时不应少于总学时的1/6,且以小班上课为宜。

线性代数课程教学基本要求

线性代数是讨论代数学中线性关系经典理论的课程,它具有较强的抽象性与逻辑性,是高等学校工科本科各专业的一门重要的基础理论课。由于线性问题广泛存在于科学技术的各个领域,而某些非线性问题在一定条件下,可以转化为线性问题,因此本课程所介绍的方法广泛地应用于各个学科。尤其在计算机日益普及的今天,该课程的地位与作用更显得重要。通过教学,使学生掌握该课程的基本理论与方法,培养解决实际问题的能力,并为学习相关课程及进一步扩大数学知识面奠定必要的数学基础。

本课程的内容按教学要求的不同,分两个层次。文中用黑体字排印的属较高要求,必须使学生深入理解,牢固掌握,熟练应用。其中,概念理论用“理解”一词表述,方法、运算用“掌握”一词表述。非黑体字排印的,也是教学中必不可少的,只是在要求上低于前者。其中,概念、理论用“了解”一词表述,方法、运算用“会”或“了解”表述。

一、行列式

1. 了解行列式的定义和性质。

2. **掌握二、三阶行列式的计算法。**

3. 会计算简单的 n 阶行列式。

二、矩阵

1. **理解矩阵概念。**

2. **了解单位矩阵,对角矩阵,对称矩阵及其性质。**

3. **掌握矩阵的线性运算、乘法、转置及其运算规律。**

4. **理解逆矩阵的概念。**

5. **掌握逆矩阵存在的条件与矩阵求逆的方法。**

6. **掌握矩阵的初等变换。**

7. **理解矩阵秩的概念并掌握其求法。**

8. 了解满秩矩阵定义及其性质。

9. 了解分块矩阵及其运算。

三、向量

1. **理解 n 维向量的概念。**

2. **理解向量组线性相关、线性无关的定义。**

3. 了解有关向量组线性相关、线性无关的重要结论。

4. 了解向量组的最大无关组与向量组的秩的概念。

5. 了解 n 维向量空间、子空间、基底、维数、坐标等概念。

四、线性方程组

1. **掌握克莱姆(Cramer)法则**。

2. **理解齐次线性方程组有非零解的充要条件及非齐次线性方程组有解的充要条件**。

3. **理解齐次线性方程组的基础解系及通解等概念**。

4. **理解非齐次线性方程组的解的结构及通解等概念**。

5. **掌握用行初等变换求线性方程组通解的方法**。

五、矩阵的特征值与特征向量

1. **理解矩阵的特征值与特征向量的概念**,会求矩阵的特征值与特征向量。

2. 了解相似矩阵的概念、性质及矩阵对角化的充要条件,会求实对称矩阵的相似对角形矩阵。

3. 了解把线性无关的向量组正交规范化的施密特(Schmidt)方法。

4. 了解正交矩阵概念及性质。

六、二次型

1. **掌握二次型及其矩阵表示**,了解二次型的秩的概念。

2. 会用正交变换法化二次型为标准形。

3. 了解二次型的正定性及其判别法。

概率论与数理统计课程教学基本要求

概率论与数理统计是研究随机现象客观规律性的数学学科,是高等学校工科本科各专业的一门重要的基础理论课。通过本课程的教学,应使学生掌握概率论与数理统计的基本概念,了解它的基本理论和方法,从而使学生初步掌握处理随机现象的基本思想和方法,培养学生运用概率统计方法分析和解决实际问题的能力。

本课程的内容按教学要求的不同,分为两个层次,文中用黑体字排印的属较高要求,必须使学生深入理解,牢固掌握,熟练应用。其中,概念、理论用“理解”一词表述,方法、运算用“掌握”一词表述。非黑体字排印的,也是教学中必不可少的,只是在要求上低于前者。其中,概念、理论用“了解”一词表述,方法、运算用“会”或“了解”表述。

本课程按不同专业的要求分成两种类型的基本要求,Ⅰ类是概率要求较多,统计要求较少;Ⅱ类是概率要求较少,统计要求较多。

Ⅰ类(概率多,统计少)基本要求

一、随机事件与概率

1. **理解随机事件的概念**,了解样本空间的概念,**掌握事件之间的关系与运算**。

2. **理解事件频率的概念**,了解概率的统计定义。

3. **理解概率的古典定义**,会计算简单的古典概率。

4. 了解概率的公理化定义。

5. **掌握概率的基本性质及概率加法定理**。

6. **理解条件概率的概念,掌握概率的乘法定理**,了解全概率公式和贝叶斯(Bayes)公式。

7. **理解事件的独立性概念,掌握伯努利(Bernoulli)概型和二项概率的计算方法**。

二、随机变量及其分布

1. **理解随机变量的概念、离散型随机变量及概率函数(分布列)的概念和性质、连续型随机变量及概率密度的概念和性质**。

2. **理解分布函数的概念和性质**,会利用概率分布计算有关事件的概率。

3. **掌握二项分布、泊松(Poisson)分布、正态分布**,了解均匀分布与指数分布。

4. 会求简单随机变量函数的概率分布。

三、多维随机变量及其分布

1. 了解多维随机变量的概念,了解二维随机变量的联合分布函数、联合概率函数、联合概率密度的概念和性质,并会计算有关事件的概率。

2. 了解二维随机变量的边缘分布及条件分布。

3. 了解随机变量的独立性概念。

4. 会求两个独立随机变量的函数(和,最大值,最小值)的分布。

四、随机变量的数字特征

1. **理解数学期望与方差的概念,掌握它们的性质与计算**。

2. 会计算随机变量函数的数学期望。

3. **掌握二项分布、泊松分布、正态分布的数学期望与方差**。了解均匀分布、指数分布的数学期望与方差。

4. 了解矩、相关系数的概念及其性质与计算。

五、大数定律和中心极限定理

1. 了解切比雪夫(HeбыШeв)不等式、切比雪夫定理和伯努利定理。

2. 了解独立同分布的中心极限定理和棣莫弗(De Moiver)-拉普拉斯(Laplace)定理。

六、数理统计的基本概念

1. **理解总体、个体、样本和统计量的概念**。

2. 了解直方图的作法。

3. **掌握样本均值、样本方差的计算**。

4. 了解χ^2分布、t分布、F分布的定义,并会查表计算。

5. 了解正态总体的某些常用统计量的分布。

七、参数估计

1. **理解点估计的概念**,了解矩估计法(一阶、二阶)与极大似然估计法。

2. 了解估计量的评选标准(无偏性、有效性、一致性)。

3. **理解区间估计的概念**,会求单个正态总体的均值与方差的置信区间,会求两个正态总体的均值差与方差比的置信区间。

八、假设检验

1. **理解假设检验的基本思想,掌握假设检验的基本步骤**,了解假设检验可能产生的两类错误。

2. 了解单个和两个正态总体的均值与方差的假设检验。

3. 了解总体分布假设的χ^2检验法。

说明:根据专业的需要,可以只讲概率论。

Ⅱ类(概率少,统计多)基本要求

一、随机事件与概率

1. **理解随机事件的概念,掌握事件之间的关系与运算**。

2. **理解事件频率的概念**,了解概率的统计定义。

3. **理解概率的古典定义**,会计算简单的古典概率。

4. 了解概率的基本性质及概率加法定理。

5. 了解条件概率的概念、概率的乘法定理。

6. **理解事件的独立性概念,掌握伯努利概型和二项概率的计算**。

二、随机变量及其分布

1. 了解随机变量的概念、离散型随机变量及概率函数(分布列)的概念和性质、连续型随机变量及概率密度的概念和性质。

2. 了解分布函数的概念和性质,会利用概率分布计算有关事件的概率。

3. **掌握二项分布、泊松分布**,正态分布,了解均匀分布与指数分布。

4. 会求简单随机变量函数的概率分布。

三、多维随机变量及其分布

1. 了解多维随机变量的概念,了解二维随机变量的联合分布函数、联合概率函数、联合概率密度的概念和性质。

2. 了解二维随机变量的边缘分布。

3. 了解随机变量的独立性。

4. 会求两个独立随机变量和的分布。

四、随机变量的数字特征

1. **理解数学期望与方差的概念、掌握它们的性质与计算**。

2. 了解二项分布、泊松分布、正态分布、均匀分布、指数分布的数学期望与方差。

3. 了解矩、相关系数的概念及其性质与计算。

五、大数定律和中心极限定理

1. 了解切比雪夫不等式,切比雪夫定理和伯努利定理。

2. 了解独立同分布的中心极限定理和棣莫弗-拉普拉斯定理。

六、数理统计的基本概念

1. 理解总体、个体、样本和统计量的概念。

2. 了解直方图的作法。

3. 掌握样本均值、样本方差的计算。

4. 了解χ^2分布、t分布,F分布的定义,并会查表计算。

5. 了解正态总体的某些常用统计量的分布。

七、参数估计

1. 理解点估计的概念,掌握矩估计法(一阶、二阶)。了解极大似然估计法。

2. 了解估计量的评选标准(无偏性、有效性、一致性)。

3. 理解区间估计的概念,会求单个正态总体的均值与方差的置信区间,会求两个正态总体的均值差与方差比的置信区间。

八、假设检验

1. 理解假设检验的基本思想,掌握假设检验的基本步骤,了解假设检验可能产生的两类错误。

2. 了解单个和两个正态总体的均值与方差的假设检验。

3. 了解总体分布假设的χ^2检验法。

九、方差分析

1. 了解单因素试验的方差分析。

2. 了解双因素无重复试验的方差分析及双因素等重复试验的方差分析。

十、回归分析

1. 理解回归分析的基本概念,掌握一元线性回归方程。

2. 掌握线性相关显著性的检验法。

3. 会利用线性回归方程进行预测。

4. 了解一些可线性化的非线性回归问题及简单的多元线性回归。①

复变函数课程教学基本要求

复变函数是高等学校工科本科有关专业的一门基础理论课,通过本课程的学

---

① 如果在数值计算方法课程中学过,此处不要再讲简单的多元线性回归。

习，使学生初步掌握复变函数的基本理论和方法，为学习有关后继课程和进一步扩大数学知识面奠定必要的数学基础。

本课程的内容按教学要求的不同，分为两个层次。文中用黑体字排印的，属较高要求，必须使学生深入理解，牢固掌握，熟练应用，其中，概念、理论用“理解”一词表述，方法、运算用“掌握”一词表述。非黑体字排印的，也是教学中必不可少的，只是在要求上低于前者。其中，概念、理论用“了解”一词表述，方法、运算用“会”或“了解”表述。

一、复数与复变函数

1. **掌握复数的各种表示方法及其运算**。

2. 了解区域的概念。

3. 了解复球面与无穷远点。

4. **理解复变函数概念**。

5. 了解复变函数的极限和连续的概念。

二、解析函数

1. **理解复变函数的导数及复变函数解析的概念**。

2. **掌握复变函数解析的充要条件**。

3. 了解调和函数与解析函数的关系，会从解析函数的实（虚）部求其虚（实）部。

4. 了解指数函数、三角函数、双曲函数、对数函数及幂函数的定义及它们的主要性质（包括在单值域中的解析性）。

三、复变函数的积分

1. 了解复变函数积分的定义及性质，会求复变函数的积分。

2. **理解柯西积分定理，掌握柯西积分公式**。

3. **掌握解析函数的高阶导数公式**。了解解析函数无限次可导的性质。

四、级数

1. **理解复数项级数收敛、发散及绝对收敛等概念**。

2. 了解幂级数收敛的概念，会求幂级数的收敛半径，了解幂级数在收敛圆内的一些基本性质。

3. **理解泰勒定理**。

4. 了解 $e^z, \sin z, \cos z, \ln(1+z), (1+z)^\mu$ 的马克劳林展开式，并会利用它们将一些简单的解析函数展开为幂级数。

5. **理解洛朗（Laurent）定理及孤立奇点的分类**（不包括无穷远点）。

6. 会用间接方法将简单的函数在其孤立奇点附近展开为洛朗级数。

五、留数

1. **理解留数概念，掌握极点处留数的求法**（不包括无穷远点）。

2. **掌握留数定理**。

3. **掌握用留数求围道积分的方法**。会用留数求一些实积分。

六、共形映射

1. **理解解析函数导数的几何意义及共形映射的概念**。

2. **掌握线性映射的性质和分式线性映射的保圆性及保对称性**。

3. 了解函数 $w=z^{\alpha}$(α 为正有理数)和 $w=e^{z}$ 有关映射的性质。

4. 会求一些简单区域(例如平面、半平面、角形域、圆、带形域等)之间的共形映射。

数学物理方程课程教学基本要求

数学物理方程是高等学校工科本科有关专业的一门基础课,通过本课程的学习,要使学生掌握三个典型方程定解问题的解法,了解贝塞尔函数及勒让德多项式的简单性质以及它们在解数学物理方程中的作用,为学习有关后继课程和进一步扩大数学知识面奠定必要的数学基础。

本课程的内容按教学要求的不同,分为两个层次。文中按黑体字排印的,属较高要求,必须使学生深入理解,牢固掌握,熟练应用。其中,概念、理论用"理解"一词表述,方法、运算用"掌握"一词表述。非黑体字排印的,也是教学中必不可少的,只是在要求上低于前者。其中,概念、理论用"了解"一词表述,方法、运算用"会"或"了解"表述。

一、基本概念

1. 了解三个典型方程(弦振动方程、热传导方程和拉普拉斯方程)的建立。

2. 了解定解条件的物理意义及三种定解问题(初值问题、边值问题和混合问题)的提法。

3. 了解偏微分方程的一些基本概念(解、阶、维数、线性与非线性、齐次与非齐次)。**理解线性问题的叠加定理**。

二、达朗贝尔法(行波法)

1. **掌握无界弦自由振动问题的达朗贝尔(d'Alembert)解法**。

2. 了解达朗贝尔解的物理意义(对特征线、影响区域、依赖区域等概念不作要求)。

三、分离变量法(驻波法)

1. **掌握有界弦自由振动问题和有限长杆上热传导问题的分离变量解法**。

2. **掌握圆域内拉普拉斯方程的狄利克雷问题的分离变量解法**。

3. 会用固有函数法解非齐次方程的定解问题。

4. 会用辅助函数和叠加原理处理非齐次边值问题。

四、贝塞尔函数与勒让德多项式

1. 了解贝塞尔(Bessel)方程的幂级数解法及整数阶贝塞尔函数的一些性质

(递推公式、零点、正交性)。了解傅里叶-贝塞尔展开式。

2. 会用贝塞尔函数解有关的定解问题。

3. 了解勒让德(Legendre)方程的幂级数解法及勒让德多项式的一些性质(递推公式、正交性)。了解傅里叶-勒让德展开式。

数值计算方法课程教学基本要求

数值计算方法是一门应用性很强的基础课。在学习高等数学、线性代数和算法语言的基础上,通过本课程的学习(包括上机实习),使学生掌握常用的基本数值计算方法,正确理解有关的基本概念和理论,培养应用计算机进行科学与工程计算的能力,并为进一步学习打下良好的基础。

本门课程的内容按教学要求的不同,分为两个层次。文中用黑体字排印的,属较高要求,必须使学生深入理解、牢固掌握、熟练应用。其中,概念理论用“理解”一词表述,方法、运算用“掌握”一词表述。非黑体字排印的,也是教学中必不可少的,只是在要求上低于前者。其中,概念、理论用“了解”一词表述,方法、运算用“会”或“了解”表述。

一、误差

1. 了解绝对误差,相对误差,有效数字的概念。

2. 了解截断误差,舍入误差及其对数值计算的影响。

二、方程求根

1. 会用二分法。

2. **理解迭代的基本思想及收敛性**。了解收敛的阶的概念。

3. **掌握牛顿(Newton)法**。会用割线法。

三、线性代数方程组的解法

1. **掌握高斯(Gauss)消去法及选列主元的技术**。

2. 会用三角分解法与追赶法。

3. 了解向量常用的三种范数及有关矩阵范数。了解方程组的状态与条件数。

4. **掌握雅可比(Jacobi)迭代法,高斯-赛德尔(Gauss-Seidel)迭代法**。了解它们的收敛条件。

5. 会用超松弛法,了解其收敛条件。

四、插值与拟合

1. **理解插值概念**,了解插值多项式的存在性、唯一性。

2. **掌握拉格朗日(Lagrange)插值法及余项公式**。

3. 了解差分、差商的概念及基本性质。了解牛顿插值法。

4. 会用分段插值与三次样条插值法。

5. **理解曲线拟合的概念**。会用最小二乘法作曲线拟合。[①]

五、数值微积分

1. 了解数值微分公式的导出方法及常用的数值微分公式。

2. **掌握导出数值积分公式的基本方法**。了解代数精度的概念。

3. **掌握复化梯形公式、复化辛浦生(Simpson)公式**。

4. 会用龙贝格(Romberg)积分法。

六、常微分方程初值问题数值解法

1. **掌握欧拉(Euler)法及其改进方法**。

2. 会用四阶龙格—库塔(Runge-Kutta)法。

3. 了解局部截断误差、稳定性、收敛性的含义。

七、上机实习

要求学生对每次作业写出实习报告。内容为(用框图或简练语言)描述算法步骤,说明变量或数组含义,写出源程序,记录并分析计算结果。

附录Ⅳ 重要教学文件或资料

我国高等数学课程四十年的演变[*]

东南大学 高金衡

今年是新中国成立四十周年,高校的数学改革正在深入。回顾一下工科院校高等数学课程四十年间所经历的道路,对于教学改革的深入发展,可能有一定的意义。本文打算围绕四十年来高等数学的课程设置,教学内容及教材使用等方面谈一些个人的经历与看法。算是一篇回忆录吧。

应该说明的是,这个题目较大,本文不能全面论述。其次,由于资料不全以及个人水平所限,虽力求反映历史真实,但不尽满意。如能做到基本反映历史情况就不错了。

按照历史顺序,分以下六个阶段来谈:

① 1949—1952;② 1952—1958;③ 1958—1961;④ 1961—1966;⑤ 1966—1976;

---

① 如果在概率论与数理统计课程中学过,此处不要再讲最小二乘法。

* 本文系华东六省高等数学教研会推荐文章。

⑥ 1976—迄今。

四十年中一共制订过全国通用大纲四个，基本要求一个。

（一）第一阶段（1949—1952）

在这三年时间内，教学上基本维持新中国成立前的做法，没有统一的教学大纲。使用教材大都仍用欧美教材。新中国成立前是什么情况呢？简单说一下。

新中国成立前，工科院系大多数与文理等系合校。学制一般四年。当时工科学生在一年级必修微积分，二上必修微分方程。前者不及格者不能读后者。还有一些数学方面的选修课，如实用分析，最小二乘法等。工科学生也可以选修数学系读的课，如三高，复变函数，微分几何等。但当时选的人很少，没有时间。

那时微积分与微分方程等课程由于没有统一教学大纲，不同学校不同教师所开的课其内容深广度可以有很大差别。但当时使用的教材大多为 Granville、Smith、Longley 的三氏微积分，也有用 Fine 或 Osgood 的书。当时学生中参考 Courant 的微积分也不少。微分方程用 Piago 或 Murry 的书。周学时微积分为 4，微分方程为 3，每次上课 50 分钟。没有习题课，没有固定的答疑时间。

三氏微积分理论浅，注意直观与几何说明，例如极限，只出了 ε，简单说明一下，N 与 δ 都未出来，重视方法与应用。

那时，大学里也有“高等数学”课，其要求比微积分低，都是为了农林医生物等系开出。新中国成立后，学习苏联，才把微积分与方程合并统称“高等数学”。

新中国成立以后，开始解析几何仍在中学里教，1954 年开始放到大学里教，现在又放到中学里教。

这里简单地说明一下当时中学数学课程情况。当时解析几何都在高中教，大都使用 Smith，Gale 的二氏（或三氏）解析几何，不少中学用英文版的书。最近看到数学大师陈省身在谈到他本人科学生涯（见《数学译林》1982 年 · 2 期）时说：“我 1911 在中国浙江嘉兴出生，我中学时的课本是当时最流行的 Hall 及 Knigh 的大代数，Wentworth 的几何学与 Smith 的三角学等，全是英文版，训练严格的。我做了书中大量习题……”全文没有提到他大学用的教材名称，可见他对自己的中学基础印象是很深的。陈省身 15 岁进入南开大学，19 岁到清华大学当助教，第二年考取清华大学研究生，导师是孙光远，23 岁时取得硕士学位，接着又到德国汉堡大学，不到两年就拿下博士学位，这年他不过 25 岁，是位难得的天才。从这里也可以看出中学的基础对一个人的成长何等重要。

（二）第二阶段（1952—1958）

1952 年院系调整，成立南京工学院，教学上全面学习苏联。开始时高等数学课程的教学大纲、教学环节、教学内容以及教材教法等完全照搬当时苏联的，百分之百照搬照用。

例如当时机械制造专业所用的高等教学大纲，就是根据苏联工学院的教学大纲制订,从体系到内容都与苏联的一样。不过当时苏联高校为五年制,我们为四年制。所以大纲比苏联的略有精简。这份大纲占用学时为352。大纲中还规定教学环节为讲课、习题课、答疑、课外作业等,并规定讲课为主。习题课为实践性的教学环节,答疑成为制度。还规定大班讲课,小班上习题课。讲课、习题课、自学的时间比规定为1∶1∶1.25。大纲推荐的教材就是贝尔曼著的《数学解析教程》。这本书在苏联1950年出版,国内最早使用这本书的可能是大连工学院。1951年该校即开始组织翻译该书,1953年正式出版。中译本共971页(习题在外)。全书注意贯彻辩证唯物主义观点,强调数学的来源与发展都离不开实践。用研究的对象是常量或变量来划分初等数学与高等数学的界限。理论要求比三氏微积分高得多,十分注意极限理论,强调近似计算方法,强调应用。

开始学习苏联的教学模式,很不习惯。既有教学大纲,又要安排进度制订教学日历,各系各大班的教学都要齐步前进。以前一次课50分钟,现在一次课100分钟,上了讲课还要分小班上习题课,还要答疑,还要集体备课,互相听课等都不习惯。当时强调学习苏联,不久也就逐渐适应了。

贝尔曼一书有许多优点,前面已讲过。但使用下来,也逐渐发现有些问题,例如全书内容太多、太全、太详细。当时周学时要排到8或10,加上我们教学也不甚得法,引起学生普遍负担过重。又如全书没有习题,教学两方面都不方便。再就是这书头太大,绪论函数和极限,就要安排32节讲课。微分概念要到第九周才出来。积分差不到要到后半学期甚至学期末才能出来。学生一上来就让 $\varepsilon-\delta$ 搞得头昏脑涨,与物理课程配合也出了问题。

1954年又在大连重新制订新的教学大纲。四年制,共分三种类型:350~380学时,320~340学时,280~300学时,这时正式把解析几何列入大纲、微积分部分与第一个大纲类似,只是对内容做些精简。但教材仍用贝尔曼,解析几何则用自编讲义与清华讲义。

这时期同济大学樊映川等以贝尔曼为基础,依据1954年大纲写出适用于320~380学时的高等数学讲义,先是内部讲义,到1958年正式出版。内容比贝尔曼少,文字也比较简练,所以各校纷纷采用。这时期内工程数学尚未列入大纲。但不少学校已自编一些讲义。南工有关老师也编写过这种讲义,内容大致有傅里叶积分、特殊函数、复变函数、拉普拉斯变换、向量分析、数理方程等。

在这个时期,英美教材已经少见。但苏联教材很快多起来,大批中译本也纷纷出版,例如:斯米尔诺夫《高等数学教程》,辛钦《数学分析简明教程》,菲赫金哥尔茨《微积分学教程》,那汤松《实变函数论》等都在1953—1954年出了中译本。对于当时了解苏联,学习苏联推动当时的教学改革,起了很重要作用。

我所看到的这三份大纲〔注〕,对讲习比例,未做统一规定。和一些老同志回忆,1954 年讲习比例为 1:1,到了 1955 年或 1956 年,习题课学时在南工有所减少,有的系 5:3,有的系 4:2,高等数学课一般仍排三个学期,有的两学期。

从 1955 年起,南工改为五年制,这也是学习苏联的办法。

(三)第三阶段(1958—1961)

这一时期大力贯彻党的教育方针。教育战线强调政治挂帅,群众路线,理论联系实际,多快好省。这一时期已不受苏联模式的限制,不受 1954 年大纲的限制。由于大炼钢铁大跃进,教学秩序受到一定影响,但未大面积停课。

应多突出讲一下这个时期的教材建设问题。当时提倡编写能体现为社会主义建设服务,反映当代科学水平理论联系实际的新教材。提倡编教材要走群众路线,有学生参加。如复旦大学数学系在不到一年的时间内编写并出版了数学专业的基础教材十二种,计算数学专业的基础教材四种,全由上海科技出版社出版,可谓两届教材编写工作上的大跃进。南工也编写了一套高等数学教材以及部分工程数学教材,前后共用过两届。当时高等数学教材适当降低理论上某些严密性的要求,加强实践与应用环节。

1959 年在天津召开高等数学教材大纲座谈会。会上组织 27 所工科院校集体编出高等数学四本书,即基础部分、无线电类型专业部分、土木类型专业部分、化工类专业部分,并附有四种相应的教材使用说明书,由人民教育出版社出版,全国发行。我也参加了编写工作。这在当时工科院校中是一件大事。这套书有以下一些特点:①注意贯彻辩证唯物主义观点。②注意理论联系实际,许多章后面都附有大型作业(见使用说明书)以培养学生分析问题解决问题的能力。培养学生综合运用所学知识动手处理问题的能力。③注意事物本质,不追求数学上的严密性。例如,极限部分只出 ε,不出 N 与 δ。④精简了内容,减少学时,但主要内容都在。贝尔曼书 971 页(不带习题),樊映川一书第一版有 735 页,第二版仍有 650 页(不带习题)。27 校的基础部分只有 520 页(带习题),大为精简。

另三本结合专业教材实践性很强,很注意结合专业联系实际。也注意保持一定的理论水平,可惜这套书只用了一两届就停止了。现在再回头看看这套书尽管有这样那样的问题,但有些地方,如思想性、简明性与实践性等还是值得注意的。

(四)第四阶段(1961—1966)

这个阶段,提出八字方针。1952 年上半年召开工科院校教育工作会议。会上发现当时很多高校学生普遍存在三个问题:①三基未到手;②负担过重,劳逸结合不好;③因材施教,培养国家队选手注意不够。并认为学生负担过重是多年没有解决的老问题,因而会上提出"少而精,学到手,因材施教"的教学原则,并指明只有

注:1954 年这三种大纲,在东南大学始终没有找着,还是河海大学裘纲芗同志找出寄给我,才看到。在此向他表示深切谢意。

真正贯彻了“少而精”原则，才有可能使学生将三基学到手，才有可能使学生劳逸结合，才有可能因材施教。多少年来，“少而精”一直是教学的基本原则之一。

1962年又抓教材建设，成立了工科高等数学教材编审委员会。同年教育部又公布了五年制高等数学与工程数学的教学大纲。前者是四十年中第三个大纲，不分类型，统一为290学时。后者则是第一个大纲。这次高等数学大纲内容与前面两个大纲基本相似，某些内容有所精简。如极限理论，第一个大纲为28学时（讲课）这次减为16学时，但有解析几何，所以讲课学时前者为176，后者为180。就机械制造类型来讲，这三个大纲的总学时依次为352、330、290，主要减少了习题课时间。第一个大纲讲习比例为1∶1，这一次大纲改为18∶11，但允许有灵活性。南工多数系用2∶1。

正因为这个大纲与前面两个大纲相似，所以从1962年秋季开学，一般工科院校又都恢复使用樊映川教材。各校自编教材与27校教材一下子又都退出历史舞台，南工教材也一样。这几年又陆续出版了其他一些教材，如清华大学与西安交通大学都有高等数学教材出版。赵访熊的《高等数学》也于1965年出版，但使用方面都远不如樊映川书的宽。为什么？后面还要谈到这个问题。

后几年，又提倡两论进课堂，南工在实践的基础上也编了这方面的新教材，除高等数学外，还编有特殊函数，积分变换与数理方程等。1966年春在成都会议上审查通过交出版社出版，后因“文革”开始，作罢。

这几年高等数学在南工一般仍排三个学期，连工程数学要排四个学期，如1964年秋季，机械制造专业三个学期排成7、5、4（周学时），发配电专业排成7、4、4、4（含工程数学）。

（五）第五个阶段（1966—1976）

这是“文革”的十年，高等教育大倒退。前五年停止招生，后五年招收几届工农兵学员。数学课程要从代数、几何、三角补起。这是历史上一个特殊时期。这十年教育的一些情况，这里不打算议论了。

（六）（1976年至今）

1977年高校恢复高考招生制度。南工又改为四年制，1977年11月在西安会议上提出了“高等数学内容深广度建议”。1980年又制订四年制高等数学与工程数学大纲。前者是四十年间第四个大纲，后者为第二个大纲。从这一年开始，解析几何又放到中学里教。这第四个大纲，高等数学总学时为216~230。比1962年大纲少了60学时，主要是减少习题课和下放解析几何课程得来的。从讲课时数来看，尽管有四年制与五年制的不同，尽管有的有解析几何，有的没有，四个大纲都差不多，依次为175、165、186、172学时，但理论水平是有所提高的。例如1980年大纲比1962年大纲增加了一些内容，如柯西审敛原理、函数项级数的一致收敛性。二元函数的泰勒公式等。1987年国家教委将制订教学大纲权下放，发了一个“基本要求”。南工根据这个基本要求提出了自己的高等数学教学大纲，总学时压缩到192，讲课学时减为144，而内容又略有增加。这样，高等数学可以在两个学期之内结束，周学时排6，两学期一样。

如果从总体内容看，这几个大纲都基本相仿，后来的大纲、理论深度有所加强。所以从1977年起，工科院校又广泛地使用樊映川编教材。到目前为止，又出了不少高等数学教材，如南工编的高等数学两卷本。使用面都不如樊映川书的广，这当然不是偶然的，首先是1952年开始，使用别尔曼教材一段时间之后，大家都觉得需要有一本内容水平相当，但比较简明合用的本国教材。樊映川书乃应运而生，填补了这一空白。在樊映川书出版前后，原上海交通大学朱公谨教授编的《高等数学》一书也正式出版。该书有许多优点，但由于该书所用体系非别尔曼体系，所以使用面远不如樊映川书的宽，后来有的教师都不知道有朱公谨的书了。其次，樊映川书本身有其优点，例如在科学性、系统性、理论联系实际，贯彻少而精方面都有一定的水平，加上多年以来，许多老师也习惯使用本书。所以即使经过大跃进、“文革”两个非常时期的冲击，不久又都恢复使用。这也说明基础课内容有一定的稳定性吧？有没有问题呢？人们时常在思考这一问题。

首先，几十年间国内通用一本教材，这种几十年教材一本制在国外是罕见的。当然这几年情况正在改变中。其次，别尔曼一书的一些弊端，在樊映川书也一直延续下来。例如头部过大，前面已经讲过这个问题。再说单元微分学、单元积分学都采用单循环制，就是说从定义到方法应用都是一气呵成。不像国外一些教材按函数类别，由简单到复杂分两个循环来讲，或者微分积分穿插起来讲。这样便于学习，便于微分积分尽早出台。（27校一书及1959年南工自编讲义对此有所考虑）由于头部过大及微分、积分单循环，使得不少系的物理课不得不延迟一学期开出。这在国外也不多见。头部过大与单循环在四个大纲中，在南工新大纲与南工高等数学教材中都基本存在。

樊映川书与贝尔曼书一样，书中没有习题，另出习题集，给教学两方面都带来不便。习题集与教材的配合往往不紧密。南工的高等数学已克服了这一毛病，教材中配有习题。

这里我想着重谈一下极限的$\varepsilon-\delta$讲法问题。几十年来，$\varepsilon-\delta$讲法似乎已定型，而且都在一开始就讲。连函数概念一起要花16~19学时讲课，南工新大纲安排了14学时，是否所有工科学生都要掌握$\varepsilon-\delta$？是否在一开始就要掌握它？多年来教员们辛辛苦苦，同学们也辛辛苦苦，效果到底怎么样？我觉得不太理想。

这里请允许我讲一段故事。

当代著名数学家与数学教育家P.Halms是美国Indiana大学知名教授，他著的《有限维向量空间》《朴素集合论》《测度论》等书早已脍炙人口，尤其是《测度论》一书,在20世纪50年代就译成中文在国内流行。他还是Springer-Verlag出版社出版的一套著名的研究生教材(GTM)的主编,这套书到1986年已出版到第106种。他十五岁进了Indiana大学。他曾回忆说:“我记得微积分对我来说不很轻松,我学微积分是套框框,当时极限是怎么一回事我简直不懂……但是我擅长机械求微分,求积分,不知怎么搞的,我兴趣高起来了……”他用三年时间读完大学,又读研究生。一年级时,他听复变函数课,他自己说到这时候仍然并没有真正知道 ε 是什么。他接着回忆说:“后来有一天下午发生了一件事情。我记得我站在数学楼213房间里黑板前,跟Ambrose谈着什么,突然我懂得 ε 了,我明白什么是极限了。人们一个劲地灌进我脑子里那些材料一下子全都清楚了。那天我抱着Granville、Smith及Longley的微积分课本坐了一下午。以前没有任何意义的东西全都明明白白了。那天下午我就成了数学家了。”(见《数学译林》1984年·3期P256—266)

过去几十年,我在南工一直主张教 ε-δ。当然有时也感到困惑,花那么大力气灌给学生,他们不少人总是似懂非懂,值不值得?需不需要?看了Halms这一段自白,深感应该提出这个问题了。假如把函数极限部分的讲课从16小时压缩到6小时(如27校教材那样),再把微分、积分都拆成两个循环或穿插进行,这样学生既容易接受,与物理课的配合问题也就解决了。岂非一举两得?极限理论可以在后面适当地方补一点给需要的系用,完全可以。其实,不必说27校教材和南工1959年自编讲义都在这方面有所作为,就是这几年在兄弟院如北京工业学院和南工有的老师也这样做了。几十年来的教材一本制与教学上某些讲法的一贯制,是到了需要认真考虑,认真改变的时候了。

在贯彻少而精原则方面,四十年来做了不少工作。例如就机械类型的大纲来看,总学时已经历325→330→290→230学时的变化过程,到南工1988年大纲又进一步压缩到192学时,有的学校,如西安交通大学,西北工业大学有人试验在230学时的基础上,在保证大纲内容的前提下,将学时进一步压缩20%,达到184学时,据说效果不错。我觉得目前的184~192学时较为合适,可以稳定一段时间再说。问题是要精选内容,教材要注意更新,注意现代化。

(七)有关教材问题的一些看法

前面已经谈到教材问题,这里再谈两个问题。其一是教材使用的多层次问题,其二是教材内容的更新与现代化问题。

首先,一个工科大学的高等数学教材不应只限于一种。目前我校除使用自编的教材之外,还编有数学分析讲义供工科提高班用。(成人教育,另有自编的高等数学教材、应用数学系还另编有数学分析讲义。)我没有看过后者。但从大纲看,是不是理论化,数学专业化倾向太重了一些?不妨与美国麻省理工学院(MIT)对比一下。前几年他那里的微积分一共使用三种不同的教材。第一种是Thomas著的教材。供数学系一般专业与工科通用,这本书浅显易懂,例题与习题很多。图形精美,应用很广。该校一年级学生有 60% 使用这本教材。第二种是 Greenspan 及 Benng 的书。为应用数学专业及工科通用,很注意实用能力的培养,特别强调计算方法,对当代工程中常用的差分、插值、迭代、摄动、算子等方法都有例子加以论述。第三种是 Apostol 的书,这是数学系提高班用的书。理论至深,证明严密,运用集合论,讲法现代化但篇幅很大,1969 年第二版共有 1300 页,全校仅有 3% 学生用这本书。此外还开设微分方程与高等微积分课,供所有理工科学生选读。另有教材,这些教材都有相当水平并有作者本身的教学经验,风格不同,各有侧重,深受学生们欢迎。

就我校情况讲,现有教材可以保留,继续使用,但缺少像 MIT 的 Thomas 的教材,应当考虑编一本浅显易懂,方法多,例题习题多,应用面广,注意计算方法的教材,供工科大面积使用。再把有关理论部分与工程数学的某些内容编一本应用高等微积分为工科学生选读。同时就可以把物理课提前开出。

下面再谈一下对高等数学教材内容的更新与现代化问题。

作为一门基础课,高等数学内容无疑是相对稳定的。但科学在迅猛发展,计算机已深入许多领域,高等数学内容的适当更新与现代化已是大势所趋,势在必行。更新什么? 怎样现代化? 这是需要一个仔细研究和讨论的大问题。下面仅仅提供一点意见以供参考而已,其实也无多少新意。

① 应让集合论的概念语言与记号进入高等数学。例如将函数看成映射等,使讲法比较现代化。例如前述的 Apostol 的微积分以及 Grossmau 的微积分(天津科技,1988 年出中译本)都是这样做了。南工编的教材也这样做了,当然还是很初步的。

② 应该让矢性函数进入高等数学,借助矢性函数可改变多元函数的许多讲法。使得一些抽象结果或公式更具有几何物理背景,这在国外近来不少出版的书也都是这样做的。

③ 加强数值方法,介绍一点误差理论。要使学生养成用计算器进行计算的习惯,强调连续性数学离散化的重要性。

④ 让代数进入高等数学似乎也是大势所趋,如 Apostal 的书就有两章线性代数。Thomas 的书,1972 年出第四版时也加进线性代数与微分方程数值解。西德在五六十年代的两年制大纲中就包括了一个学期的线性代数与微分方程数值解。南工的教材在这方面也走了一小步。例如引进映射、算子等概念。函数就是一种映射,把函数 f 与函数值 $f(x)$ 区别开来。用 f^{1} 表示 f 的反函数,用 $f\cdot g$ 记 f 与 g 的复合,就可得出具有代数形式的关系式:

$$f\cdot g\neq g\cdot f,\quad f\cdot f^{-1}=f^{-1}\cdot f=1$$

对于微分算子 D 与积分算子 I 也有类似的等式(见一版上册 P200,二版上册

P275)。清华大学赵访熊教授前几年有一次曾经谈到这个问题。他举离散傅里叶变换为例说明高等数学现代化问题是从连续变为离散,从无穷变为有穷,从分析变为代数的问题。他的看法是有道理的。

⑤ 应用方面的例子与习题的接触面要更宽一些更新一些。例如在传统的几何、电学、力学方面例子之外,要引进经济、社会、现代医学、生物学、地震学等方面的材料,以提高兴趣,扩大视野。

最后再提一点意见,就是高等数学也要努力直接使用外文版教材。一个重点大学,如果学生从一年级到四年级每学期都能一两门课程直接使用外文版教材,所产生的好处是无须多说的。有的学校早几年已在这方面前进了,听说有的后来又遇到困难,不知何故。

写此文时,由于过去资料不全或情况不明,因此曾找了不少同志交谈并一起回忆。例如曾找过马遵廷、刘鉴明、陶永德、周荣富、王元明、王文蔚、孙家采、张元林、罗庆来等同志,得到了不少有关的资料与情况,谨此致谢。

现在我们的国家,改革在深入,社会在前进。相信高等数学课程的教学改革一定会在原有的基础上,不断深入、不断前进。

大学生数学修养和数学教育改革

姜伯驹

这是教委领导给我出的一个题目——探讨大学生的数学修养和数学教育改革的问题,所以在两个礼拜以前,我就像个小学生做作业那样写了个发言提纲。我觉得这个问题是一个世界性的问题,因为这半个世纪以来,数学的发展和数学应用的规模都有了根本性的变化,但是比较起来我们国家确实有特殊的原因。我们国家现在正向社会主义市场经济转轨,我们的教育体系就像数学课程体系一样是来源于20世纪50年代,来源于当时苏联的高度计划经济状况下出现的体系,虽然后来经过改革,有所改进,但是从根本上来说还是远远不能满足、不能适应现代发展的需要,所以改革任务是艰巨的,而且也很紧迫。下面就在这里说几点我个人的看法。

姜伯驹院士

首先,我想说的就是数学的发展和数学的作用在第二次世界大战以来的这半个世纪的变化。数学在这半个世纪里出现了空前的繁荣,各个分支都有很多重大的突破。你只需要看看《数学评论》这本杂志(国际上数学界一本权威的文献评述杂志)就知道了,成果之多,现在该杂志每个月一期比20世纪50年代初期一年的还要厚得多,这个膨胀是非常明显的。尤其是在数学中各个学科之间、数学和其他科学之间出现了很多新的联系，交织成很大一个面，整个被统称为数学科学。这是一个很大的变化，打个比方说，20世纪50年代的北京与现代北京城的面貌都已经完全不一样了，数学科学的面貌的改变就像这种情况。但是我觉得意义更加重大、影响更加深远的，还不是新的数学学科和数学理论的发展，而是数学在我们整个社会生活中的作用发生了根本的变化。不妨简单地从技术、科学和社会三个方面来说一下。

最显著的变化是在技术领域。随着计算机的发展，现代数学渗入了社会的各行各业，而且数学已经物化到各种先进仪器设备里面去了。从卫星到核电站，从天气预报到家用电器，什么东西都讲求高精度、高速度、高效率、高自动、高安全、高质量，而只有通过数学模型来设计，用数学方法借助计算机的计算、控制才能实现这些高性能。在计算机行业里，软件的比重早就已经超过了硬件，在其他行业的高技术里，软技术部分也占了很大的比重，而软技术说到底是数学的技术。举几个最近报纸上的例子——比如高清晰度电视的研制，日本从20世纪60年代就起步了，投入了很多的资金，他们采取以硬件开发为主的模拟式系统。但现在不得不退出竞争了，让位给美国从1991年起才提出的数字式系统，那是以数据压缩的数学方法为核心的。再比如说像新型民航飞机波音777的开发，有人说这是一个“百分之百的数字化开发过程”，它真是一气呵成的。通常开发一个新的机型，需要花上十年的时间，需要投入几十亿元的资金，现在用数字化过程，从确定计划到试飞样机出厂只用了三年半的时间，连空气动力性能和结构性能都是在计算机上来做的。通过数学模型用计算机来做不但争取了时间，还节省了资金，在整个竞争中就取得了主动的地位。又比如说在战争上，《解放军报》近来有几篇文章总结海湾战争，都强调“未来的战场是数字化的战场”。总之，在世界范围来讲，数学已经显示出它的第一生产力的本性了。如果说在过去，数学只是一个支撑别的科学的幕后英雄，那么现在它已经直接活跃在技术革命的第一线，成为屡建奇功的方面军。

数学对于当代科学是至关重要的。因为各种科学是越来越定量化，越来越需要用数学来表达它的定量和定性的规律。数学有时被称为“整理宇宙秩序”的一门科学。计算机从它的产生到它的发展进步都强烈地依赖于数学科学的发展。而且你可以发现一种现象，在几乎所有重要的学科名称前面，如果加上“数学”或“计算”两个字，就可以找到以此为名的一种甚至好几种国际学术杂志。涌现出大量的交叉领域，正在充分利用数学的方法和成就来加速本学科的发展。举个我熟悉的例子，我自己是研究拓扑学的，这一向被认为是很基础的理论，只在数学内部有用。今年我收到一封邀请信，去参加六月在法国举行的一个关于“DNA和拓扑学”内容的会议。这样的一个会议本身，就表明了数学在当代科学中的作用确实是发生了很大的变化。今天，从科学方法论的高度来讲，“计算”已经与“实验”“理论”并列在一起，称得上是人类认识世界的基本手段。

数学正在深入社会生活的各个方面。现在我们常常谈论信息社会，那么信息从什么地方来？靠的是统计。但是我现在说的不是通常意义下填写报表的统计，不是社会上那些为各种目的服务的靠不住的统计数据，而说的是真正科学的统计。统计方法的设计，数据的分析，靠的就是数学方法。在经济方面，1994 年诺贝尔经济学奖就授予了美国科学家 John Nash 和另外两位经济学家，为什么要授予他们？是为了表扬他们发展的"对策论"（也有人翻译成"博弈论"），而且可以通过"对策论"来推进对经济竞争的研究，主要研究竞争现象。在金融方面，我听说华尔街雇了二百多位数学博士在那里研究证券市场。在我们国家也是这样，我们的数学家对国际期货市场的研究，在去年及时地向国家领导提出了报告，从而使我们国家避免了重大的经济损失。另外，在管理决策方面，更加丰富的信息，更多地采用定量的方法，使得管理技术、决策技术都发生了影响深远的变化。现在看来，数学科学可以说是一门关键性的、普遍适用的、能增强我们能力的一种技术。

为什么数学科学能有如此广泛的影响？应该是由它的本性来决定的。这可以从马列主义经典著作中的经典定义"数学是研究现实世界的数量关系和空间形式"看出来——数学所研究的问题，原始的素材可以从不同的地方、不同的领域……几乎是任何的领域里面取出来；数学研究的着眼点不像物理、化学、经济等，不是素材的内容，而是它的数量和形式的各种表现形式。看起来不相干的事物，在它的数量关系的侧面、在它的形式的侧面，可以呈现出类似的模式。比如说，代数的演算，它描述的可以是逻辑的推理，也可以是计算机的运算；又比如说，流体力学里的方程式，也可以出现在金融证券领域里面。数学之所以有这样强大的生命力，就在于它能够把一个领域的思想、最新的进步，经过抽象的过程提炼出来，再把这些思维转移到完全不相关的领域里面去，使得这些领域也得到很大的发展。所以，纯数学（或者说基础数学、核心数学）的研究成果，常能在你完全意想不到的地方开花结果。计算机的作用体现在什么地方呢？计算机的作用其实就在于使数学的原理能够得以很快地实现，因为它有很强的计算能力和逻辑能力，就为数学的应用领域的发展开辟了很广阔的空间。本来数学跟社会各行各业、各种学科之间都有联系，但在过去，就算你有理论，也算不出结果来，即使能算出来，也太晚了，赶不上解决现实的问题；而现在计算机把这个距离大大地缩短了，数学就能够在各个方面大显身手了。

所以联合国教科文组织（UNESCO）就支持国际数学联盟（IMU）的倡议，宣布 2000 年为"世界数学年"。最重要的目标，就是要在跨进新世纪之际，使广大公众认识数学对人类发展的作用和数学教育的重要性。这个问题，是半个世纪的科学技术革命对全世界提出来的课题。现在不要说是公众，即使是政府官员、企业界的领袖,乃至于教育工作者本身,也不见得能真正认识到这个变化,所以联合国教科文组织的这个决定是十分有远见的。

数学的作用发展了,那么对一个国家的数学实力的衡量也要有一定相应的变化。数学本身,特别是基本理论的研究水平虽然仍是主导的因素,数学与科学、技术、经济、文化的相互作用,数学的应用水平,也是十分重要的。因为只有通过这种相互作用,数学才有社会效益,社会才能得益于数学;同样也只有通过这种相互作用,数学才能得到新的问题、新的思想、新的活力,这样才能形成一个良性的循环,才能健康地发展。从这个角度来观察,我们国家的数学研究,虽然在整体上比起世界的先进水平来是有不少的差距,但是从数学本身的研究来讲,在某些领域里、某些课题上,是有值得骄傲的成就的。相比之下,数学的应用这方面的差距就更大,更显得薄弱了。当然,这方面在当前受制于社会的需求,因为在我国经济和技术的发展中,现在更多地依靠引进,而不是主要依靠创新,还没有全面地投入国际市场的激烈竞争中去。但是进一步地看,这种相互作用也受制于界面,即相互作用的界面,数学应用的发展受制于各界骨干人才的数学水平。那么改变这种状态的根本出路,就是要改革数学教育,一方面,要普遍地提高各个科系的大学生的数学修养;另一方面,数学系也要培养出一批受过良好数学训练的毕业生,投身到各行各业中去。

以上这就是我想说的第一个方面,就是说数学本身的发展和作用在半个世纪里起的根本性、革命性的变化,这是我们考虑数学教育改革的出发点。第二个方面我想说一下,在这个基础上,我们就要考虑一下数学教育的指导思想,就是为什么要学数学?

为什么要学数学,传统的说法可以归结为两句话,一句话是:“数学是思维的体操”,另一句话是:“数学是科学的语言”。大家都公认,数学是开发智力的重要途径,而且是锻炼理性思维的必由之路。我想大家对这个都没有疑义。当然数学也是学习科学技术的钥匙和先决条件,因为各种科学技术都有定量表示的形式。这两句话本身都没有错,但是光凭这两句话还不能反映出当代数学所发挥出来的非常活跃的作用。从另外一个角度来说,光凭这两句话,如果没有进一步的补充,它还有一些言外之意、弦外之音,好像学数学只是为了升学,只是为了学习别的科学。只强调了学习的需要,没强调工作岗位的需要,重视学而不重视用。刚才已经讲过,数学在各方面的重要作用是这半个世纪以来一个非常突出的现象,现在应该在这方面有所改善。但是,恰恰是弦外之音的缺陷的一面,在我们当前的数学教育里表现得相当严重。比如说数学系的课程,往往过分强调了数学的逻辑性,所以课程体系变成了紧密的逻辑链条,而按照逻辑链条来安排课程,学了四年,许多影响深远、应用广泛的数学思想、数学方法连提都没提到,学生四年下来也没有听说过这些思想和方法。而在数学系以外的专业,数学课程往往被看成是一种服务性的课程,内容取舍的首要的准则就是只教专业课程需要用的数学知识,而这些内容的讲法又往往是从数学系相应的内容进行删节得到的。这样一种现状是很不适应需要的。我们可以拿出国留学生来作为一面镜子。出国留学生是一批比较拔尖的学生,他们在国外所碰到的问题,可以反映我们的差距——学数学的留学生被认为基础是很扎实的,但知识面不够;而学工科的学生则普遍反映数学是他们进一步学习所碰到的最大困难,很多通用的数学概念他们都不知道,于是数学就变成他们的拦路虎。这样的一些情况,应该使我们反思我们数学教育的指导思想,也就是说,在刚才那两句老话后面,恐怕还要加上一句:在这个数学技术的时代,无论是在什么行业的激烈竞争里面,"胜人一筹"与"功亏一篑"的差距,往往就在于他是不是能够把数学用上、用好。数学是在竞争中取胜的法宝,是强者的翅膀。

我们要着眼于学生的将来,学生的适应性、竞争能力和潜力,努力提高大学生的数学修养（或者说数学素质）。这种修养,我认为至少应该包括理解、抽象、见识和体验这几个方面。理解:数学本身是一门逻辑性很强的学问,所谓理解力,当然包括逻辑推理的能力,还应包括数学中分析、代数、几何等不同语言对应转换的能力,几何想象的能力等,这是大家已经注意和重视的。抽象:抽象能力是指什么呢？是指一种观察能力、洞察能力,是灵活的联想对比、举一反三的能力,特别是把实际问题转化成数学问题的能力。近几年来,国内高校陆续开设关于数学模型的建立和分析的课程(数学建模),以及不断开展数学建模竞赛,对此是十分有益的。见识:要见识一些重要的数学思想和数学方法,以及用数学来解决问题的一些著名事例。就是说不单单要知道数学宝库里面的很多先进武器,而且要了解数学在人类文明史上的独特的贡献。有了这样的见识,思路才会比较开阔,办法才会比较多,遇到困难时才会比较自觉地求助于数学,把数学用上去。体验:数学实际上是一种分析问题,解决问题的实践活动,数学本身不是些教条,而像打猎一样,是一种活的本领,如转换观察问题的角度,选择适当的方法,熟悉现有的软件;此外,你还要能够检验所得到的结果是对还是不对？可靠性如何？要有一个适当的判断,要善于从里面发现毛病,寻找原因。这些环节只有亲身经历才能够真正学到手,所以体验也是比较重要的方面。数学修养的提高自然是一辈子的事,还有创造性、技巧性等更深层次的含义,但是前面提到的理解、抽象、见识和体验等几个方面,在大学阶段就应该注意培养。不能再像过去那样,重"学"不重"用",只注重一个"懂"字。当然培养数学修养也并不仅仅是数学课程的事情,尤其是在非数学类的系科,专业课有着非常大的影响,在专业课程中把数学用上去,那么对数学的理解往往就可以起一种画龙点睛的作用,学生才能真正体会到数学的妙处。这件事情实际上是需要数学老师和专业课老师共同努力来完成的,当然不同科系的学生也有不同的要求。这就是我要说的第二方面,就是由于现在情况发生了变化,数学的作用和地位发生了变化,我们对数学教育要有新的看法、新的指导思想了。

第三个问题我就想要联系上数学系来讲了。从20世纪50年代以来就流行这样一个说法:数学系是培养数学的研究人才和教学人才的。在今天这个时代,恐怕只有研究生阶段甚至博士生阶段才好这样说了。那么数学系本科的主要使命是什么呢?现在各行各业都需要大批的具有比较高的理性思维素养,善于分析问题、解决问题的人才。我觉得数学系本科的主要任务就是要提供这样的人才,就是说要使学生掌握基本的数学理论和方法以及使用计算机解决问题的基本技能,另外还要受到现代数学思维的熏陶。换句话说,我觉得数学系的本科恐怕在以后是一种高层次的素质教育,而不是一种专业教育。将来的数学系毕业生也就可以适应社会多样化需求,只要经过有关的业务实践和必要的培训,就能够投身到各方面成为骨干。通过就业是一个途径,通过转为其他专业的研究生也是一个途径,数学系本科生将成为各个行业吸收高质量人才的一个来源。这在国外是早已如此,在国内也出现了这样的现象。北大方正集团的好几位主将就都是数学系出身的。王选同志本人就是数学系出身的,他常说,这些一开始就受到严格数学训练的人确实具有与众不同的素质,跟其他专业毕业生不同的素质。在美国,计算机系的教授里,数学博士比计算机博士要多;取得数学学士学位后继续深造的人中,取得非数学博士学位的比取得数学博士学位要多,都是不争的事实。所以数学系的学生投身到其他行业去,这是社会的需要,这应该是主流。当然数学系应该、也一定会培养出一批被数学的巨大威力所鼓舞,或被数学本身真善美的魅力所吸引的有才华的年轻人,立志选择数学职业,继续深造成为数学科学的研究和教学人才。

数学系低年级的基础训练对于学生素质的培养一直是关键,这是数学系的优势,是必须保证的。但是即使这样,数学系的基础课程内容也要改革,需要减轻学生负担。运算技能所占的比重也应该有适当的调整。我过去常常想,数学总要算,运算不得不占去很大比重,现在好了,很多计算可以用计算机、软件包来做,所以我们需要对运算训练作适当的调整,才会有利于学生真正领会思想,掌握数学一些根本性的、更精髓、更本质的东西。那么非数学类专业的数学课呢?我觉得低年级的基础课应该粗分几个档次,不宜过分强调结合专业。在高年级,应该开设一批介绍现代数学思想,介绍一些应用比较广泛的数学方法的课程,这些课程应该是面向全校的,非数学系的学生可以选,数学系的学生也可以选。对于那些真的有志于在数学上深造的人,在本科阶段的高年级也可以直接去选修一些研究生的基础课。选修课的每门课程都不要太大,课程之间的联系应该比较宽松,这样才能使得学生能够根据自己的基础、兴趣、志向来决定自己学习的道路。总之,数学课程体系的设置、数学课程的改革是为了提高学生的数学素养,要在保证基本的训练下强调广和用。

第四方面我想说一下数学教育与计算机训练之间的关系,这两者的关系长久以来存在着一些误解。现在由于就业市场的需求,促进很多高校加强了计算机的课程。这是件大好事,因为计算机的使用是一种技能,就像骑自行车和开汽车一样。但是你怎么样利用计算机去达到你的目的,去解决你的问题?很要紧的是,在数学上要有正确的了解,只有这样才能够真正用计算机算出正确可靠的结果来,否则的话,在使用计算机的过程中就会迷失方向,错了你也不知道。计算机算出错误的结果来并不是一件很新鲜的事情,问题是你这个使用计算机的人要有判断能力。所以使用计算机的训练,包括软件包的使用和操作,都不是、也不能替代数学教育,这是两码事。我记得在二十年前,还在“文化大革命”的后期,数学系的教员和同学都下厂搞任务,那个时候帮工程界做些计算,不但是程序设计,连计算机纸带上穿孔的事情都要我们自己来做,这简直是寸步难行。现在情况很不一样了,现在工程技术界大量使用现成的软件包来做。但是如果要真正到国际竞争的前沿去,要根据自己的需要做自己的软件包,这个层次的工作,和只使用引进的软件有大的差异。这就必须要有比较好的数学修养的同志来做,包括两方面:一是工程技术界本身的数学修养,二是受过好的数学训练的人投身到各个部门去,两部分人结合起来才做得好。

另一方面,计算机和软件包的使用对于数学教育本身,为数学教育质量的提高创造了很好的条件,这就是所谓的计算机辅助教学。计算机辅助教学在某些学科中起了很大的作用,比如说外语教学,使面貌有很大的变化,无论是质量和效益都大有改观。在数学教育方面,因为数学学科本性,怎样才能使计算机在数学教育里对教学质量的提高起到更大的作用?这是一个需要进一步探讨的问题。在数学教学里面,最突出的矛盾就是抽象和具体、逻辑和直观的矛盾,这是困扰数学教学的永恒的矛盾。太简单的例子不足以说明问题,稍微复杂一点的例子就很难在课堂算给你看;在课堂上很难采用好的图像,所以形成理性和感性脱节,学生觉得不好懂,也不会用。计算机强大的计算功能和图像功能正好能弥补这种缺陷。可以通过一些演示帮助学生观察一些现象、理解一些概念和领会一些数学方法。也可以借助数学软件包,通过自己动手,去计算、体验解决问题的过程。所以我觉得应该试验组织那种数学实验的课程,在教师指导之下,探讨某些理论课题,或者是应用课题,而学生有什么新鲜的想法,也可以借助数学软件包来迅速实现,他能够马上知道他那个想法是行还是不行,在失败与成功的过程中就可以得到活的知识。这样就有条件将过去那种被动灌输式的课堂教学方式,变成学生能够主动参与、比较有利于培养学生独立工作能力和创新精神的教学方式。所以我觉得计算机辅助教学在数学教学质量提高方面需要进行进一步的探讨。

最后我想说的一句话就是,数学教学的改革本身是关系到我国经济和社会长远发展的一件很紧迫的事情,但这本身也是一项非常庞大的系统工程。因为所有科系的同学都要学习数学,所以有不同类型、不同层次的需求。从课程体系、教学内容、教学方式方法到教材、师资、试验、交流等,范围广、周期长,工作量极大,真是任重而道远。从20世纪50年代以来,几十年形成的习惯势力不是那么容易被冲破的,从学术内容来讲也是富有挑战性、开创性的工作。可以说是费力大又不易见功效的,但是对国家、民族影响深远。我们的高等学校长期以来在教学方面是比较缺乏朝气的,所以需要大力提倡在教学上开创性的工作。这里"开创性的工作"着重于开创性,而不是说这个教学研究、那条定理的证明怎样改进一点,不是这样局部性工作,而是比较开创性的工作。我觉得这方面是我们长期以来比较缺乏的。要取得成功,我觉得关键是要吸引一批经验丰富的、思想比较开阔的学者、教授,还需要吸收一批真正朝气蓬勃、精力充沛的年轻人。能不能把这两部分的人都吸引进来,是我们能不能取得改革成功的关键。所以,这样大的事情,很难用统一的模式来一下子做成功。现在我们在进行指导思想的研究,教委也在组织小组进行这方面的研究,这个当然是很重要的,但是它更大的目的恐怕还是引起较大范围的讨论,以求在基本问题上达成共识。要提倡在所有有条件的地方都要开展不同风格的研究,而且要逐步地把改革的思想付诸实践。从不同的风格不同的角度来进行比较、交流,我觉得是非常重要的。

那么怎么样才能使教育改革得到持续发展呢?不能光是鼓动一阵子,而是要形成风气。如果要能持续地做下去,那么我觉得从教委到地方、从学校到院系,各级的领导都要努力创造一个有利于教学改革的政策和环境,要形成一种健康的、健全的承认机制和激励机制。我觉得目前我们在管理上的一些急功近利的做法是要不得的,要真正尊重学校工作的规律,树立实事求是、脚踏实地的作风。现在有很多做法,说老实话,跟我们当前教学改革是不适应的,甚至背道而驰的。比如说现在非常强调"量化管理",什么东西都要报个数字,什么东西都要打个分数,工作量算得细而又细。这样的结果是什么呢?由于教学改革是费力大又不易见功效的,所以有许多东西不容易量度;相对于量来说,度更不好把握。比如说科学研究方面,这个度也不好把握,不过至少还可以数数发表论文的篇数,但现在,不管是评职称也好,各种人才评奖也好,都把这个东西看得太重,就有问题了。教学,特别是需要花大力气的教学方面的开创性工作,恰好是最不容易衡量的,是不大容易得到承认的。现在这种越来越强调量化,越来越"成果化",管理上这种急功近利的趋势,使老师们不愿意投入教学改革。如果在这方面不作一些改变,不作一些探讨,说句不好听的话,我们的会尽可以开,但是能不能把关键性的两批人(一批是有经验、有见解的老师,另一批是年轻人)中的有识之士动员起来,恐怕是很难做到的。而做不到这一点,教育改革就得不到持续的发展,就不能有真正的教学改革,不能收到效果。

以上这些都是我自己的一些看法，不一定正确，请大家多多指正。

整理：黄旭

1995年3月11日国家教委展开的《面向21世纪教学内容和课程体系改革报告会》上的报告，华中科技大学出版社《中国大学科技启思录》校样 2002/4/10

关于工科数学系列课程教学改革的建议

第五届工科数学课程教学指导委员会

（1996年11月定稿）

一、工科数学教学面临的新形势和存在的主要问题

（一）工科数学教学面临的新形势

1. 数学的科学地位发生了巨大变化。国内外不少专家认为，由于数学的发展和重要性的提高，应把数学学科提高为数学科学，与自然科学、社会科学并列为基础科学的三大领域；众多有识之士都将能否运用数学观念定量思维作为衡量民族文化素质的一个标志，将提高数学素质作为提高民族文化水平的一个重要途径；高技术本质上是数学技术的观念已日益为人们所共识；科学计算已和理论研究、科学实验并列为科学研究的三大方法。数学地位的巨大变化，必将提高工科数学课程在整个高等工程教育中的地位与作用。

2. 数学的飞速发展使数学本身的面貌发生了很大变化。泛函分析、拓扑和近世代数已经成为现代数学的三大基础；现代数学在理论上更加抽象，方法上更加综合，应用上更加广泛；新的数学分支层出不穷，数学各分支之间，数学与其他科学之间相互交叉、相互渗透，在更高层次上呈现出综合统一的新趋势；数学中的非线性、非局部以及非确定性等问题，日益受到人们的重视；运筹、控制、统计等众多数学理论和方法在实际应用中越来越显示出其强劲的活力。

3. 数学的应用范围急剧扩展。数学不仅被更广泛深入地应用于自然科学和工程技术，而且已被成功地应用于生命科学、经济科学与社会科学等众多的新领域；大量新兴的数学方法正在被有效地应用于科学研究、工农业生产、行政管理甚至人们的日常生活之中。现代数学不再仅仅是其他科学的基础，而且已在科技革命的第一线发挥着重要作用，正在显示出它第一生产力的本性。

4. 计算机的广泛使用，数值计算、符号演算以及软件包等计算技术的高速发展，不但代替了许多人工的推导和运算，而且正在改变着人们对数学知识的需求，冲击着传统的观念和方法。要求科学工作者和工程技术人员掌握更多的数学新概念、新思想和新方法，有更强的数学建模能力和数据处理的能力。

5. 社会主义市场经济的建立，不仅要求所培养的人才有宽广的知识面和较强的应变能力，也促使毕业生向不同方向分流。作为重要基础的工科数学系列课程

必须适应这种需要。

（二）当前工科数学教学存在的问题

长期以来，在国家教委领导下，由于各级领导与广大数学教师的辛勤劳动和忘我工作，在工科数学的课程建设方面做了大量的工作：制订了教学基本要求，出版了一系列教材，研制了高等数学试题库，进行了课程评估和测试。这些在稳定教学秩序、保证教学质量等方面起了重要的作用。很多院校和教师还在教学内容、课程体系和教学方法手段的改革方面，进行了一些积极的有益尝试。但是，面对21世纪，面对科技的飞速发展和市场经济需要，工科数学的教学受到了新的挑战。当前，工科数学教学还存在以下问题：

1. 教学内容方面，虽然在局部上做了一些改革，但从总体上来看，几十年来变化不大。存在着经典较多、现代不足，连续较多、离散不足，分析推导较多、数值计算不足，运算技巧较多、数学思想不足等倾向。缺乏现代数学的思想、观点、概念和方法，也缺乏现代数学的术语和符号。这种状况不仅影响学生进一步学习现代数学知识，也影响学生数学素质的提高，不能满足21世纪工程技术人才的需要。

2. 在课程体系上，工科数学中各部分按学科独立设课，过分强调各自的系统性、完整性，缺乏应有的相互联系、相互渗透。这样不仅增加了教学时数，而且不利于培养学生综合运用数学知识的能力。

3. 教学内容的取舍和处理不能很好地满足后继课程的需要，联系实际的领域不够宽阔。特别是在工科数学系列课程的总体设计中，对培养学生应用数学解决实际问题的意识、兴趣和能力尚注意得不够，缺少相应的教学环节和教学手段。

4. 教学要求统一、缺少层次，教学模式单一、缺少多样性，不仅不能很好地适应不同专业、不同培养规格的需要，也不利于因材施教和优秀人才的成长。

5. 在教学思想上，往往偏重于知识的传授，在传授知识的过程中存在着应付考试的现象。过分追求运算技巧的训练，对学生数学素质和能力的培养注意得不够。

6. 在教学方法上，课堂信息量少，讲得过细，灌输得多，引导学生自己钻研不够，不利于学生独立思考，不利于学生学习能力的培养。教学方法比较单调，教学手段落后，考试方法也不利于引导学生对能力的培养。

上述问题与科学的发展和市场经济的需要很不适应。工科数学系列课程的总体优化设计势在必行，教学改革刻不容缓。

二、工科数学系列课程教学改革的基本思路

1. 关于教学思想和教学观念的转变。转变教学思想和教学观念是教学改革的先导。数学教学不仅仅是数学知识的传授，更应注重于数学素质的培养。要改革单纯的知识传授，要改变应试型教学，要加强基础，加强应用。在传授知识的同时，注意传授数学思想，培养学生的创造性思维习惯，授人以能力。对于数学运算，也应着眼于解题思路和基本方法,不要过多地追求运算技巧。

2. 关于工科数学系列课程的总体优化设计。应当立足于21世纪对工程技术人才的需要,面向科技的发展和社会主义市场经济的要求,充分估计到计算机和计算技术的发展对数学知识和能力的需求,对传统教学观念的冲击,从整个高等工程教育对学生应有的数学知识、能力和素质的要求出发来总体优化设计,进行系列课程的建设。

3. 关于课程体系的改革。应当鼓励突破原有课程的界限,促进相关课程和相关内容的有机结合和相互渗透,建立工科数学的教学新体系。要避免内容不必要的重复和人为的隔离,密切与后继课程的配合,加强对学生综合运用数学能力的培养。

4. 关于教学内容的改革。教学内容的改革是课程教学改革的重点和难点。教学内容应吐故纳新,处理好传统内容与现代内容的关系。在讲解经典内容的同时,注意渗透现代数学的观点、概念和方法,为现代数学适当地提供内容展示的"窗口"和延伸发展的"接口"。鼓励探索用现代数学的观点和方法来改造传统教学内容的新路子。在课程设置上还可考虑开设反映现代数学基本知识和工程中常用现代数学方法的选修课和讲座。鼓励教师编写改革创新的教材和辅助读物,以推动教学改革,扩大学生的知识面和视野。

5. 关于加强实践性环节。要加强对学生建立数学模型并利用计算机分析处理实际问题能力的培养和训练。实践表明,数学建模是培养学生综合运用数学知识分析解决实际问题的意识、兴趣和能力的一种有效手段,是提高学生数学素质的重要途径。以数学建模和数值计算为核心的数学实验是加强数学素质教育的一个重要环节。应当逐步创造条件,开设数学实验课程。

6. 关于教学模式的改革。教学改革的途径和内容体系的结构模式是多种多样的,要提倡不同风格、不同教学模式的改革试点。探讨多层次的教学形式,根据学生的专业、要求和毕业后去向的不同,对学生进行分流培养。

7. 关于教学方法和教学手段的改革。教学方法要加强启发式,加大课堂信息量,注意培养学生的自学能力,发挥学生的主观能动性。各校可根据自身的条件,开展声像教学、计算机辅助教学和多媒体教学,逐步实现教学手段的现代化。努力探索将计算机引入课堂教学,促进教学内容、课程体系改革的途径。

8. 关于考试方法的改革。考试是教与学的一个重要指挥棒,考试方法的改革直接关系到教学改革的成败。考试内容与考试方法不但应当能检查学生对基本知识掌握的情况,还应当能检测学生素质和能力的高低。要鼓励广大教师对考试方法的改革进行大胆的探索和实践,同时也希望国家教委考试中心对硕士研究生的入学考试进行改革试点。

9. 关于点和面。应当坚持面上慎重稳妥,试点大胆积极的原则。面上教学仍应确保国家教委颁布的教学基本要求,改革要小范围、大幅度。改革试点应解放思想,迈开步伐,加快进程。经校、系批准的改革试点,可以不受教学基本要求的约束,可以不参加学校组织的统一测试,对其教学质量的考核也应相应改革,全面地进行评价。

10. 关于重点院校与一般院校。在教学改革中,重点院校与一般院校应各有侧重。重点院校应按上述思路积极进行教学改革的试点。一般院校首先应根据国家教委颁布的教学基本要求,确保教学质量。教学改革可参照上述精神,根据本校实际情况以及教学条件和师资队伍的状况,重点研究如何转变教学思想和教学观念、如何加强教学内容的应用性和实践性以及开展教学方法和教学手段的改革等问题。

11. 关于教学改革的长期性和阶段性。教学改革是一个长期的、复杂的、艰巨的过程。既要面向21世纪,高瞻远瞩,立足先进,大胆改革;又要从我国工科数学教学的现状出发,注意到改革的阶段性、渐进性。既应有改革力度大的改革方案、改革试点和相应的改革教材,引导改革方向;还要考虑到在一段时期、一定范围内推广的可能性,制订阶段性改革方案,编写相应的改革教材,以保证教学改革工作不断地向前推进。

三、工科数学系列课程改革中关于知识、能力、素质的要求

(一) 知识块

1. 基本知识

(1) 工科分析基础

映射(函数),极限,连续,一元函数微分学及其应用,一元函数积分学及其应用,多元函数微分学及其应用,多元函数积分学及其应用,场论初步,无穷级数,常微分方程与方程组及其应用。

(2) 代数与几何

行列式与矩阵,线性方程组,特征值与特征向量,二次型,线性空间与欧氏空间,线性变换,向量代数与向量分析初步,直线与平面,二次曲面,微分几何的初步知识。

(3) 概率论与数理统计

随机事件与概率,随机变量及其分布与数字特征,大数定律与中心极限定理,参数估计与假设检验,方差与回归分析。

(4) 数学实验

数学建模,实用数值方法,常用软件包的使用,数据处理。

2. 选学知识

(1) 现代数学物理方法;(2) 最优化方法;(3) 应用统计方法;(4) 运筹学;(5) 稳定性与最优控制;(6) 张量;(7) 工程中常用的几何方法;(8) 随机过程;

(9) 离散数学;(10) 模糊数学;(11) 现代数学概论等。

3. 讲座

分支、分形、混沌、神经网络、小波分析、灰色系统、数学方法论等。

几点说明:

(1) 基本知识是工科大学生应当具备的;选学知识可根据各校的具体条件、专业特点、学生水平有选择地开设,也可根据专业需要把某些选学知识作为基本知识;讲座是为了开阔学生的知识面和视野。

(2) 上面所列举的基本知识和选学的知识块及其排列顺序均不涉及课程设置、内容的深广度与体系的安排。关于课程设置、教学内容的取舍以及课程体系,各校可根据自己的实际情况自行决定,在四年内统筹安排。

(3) 在讲授传统内容时,应注意运用现代数学的观点、概念、方法以及术语符号,加强各不同分支之间的相互渗透,不同内容之间的相互联系。淡化运算技巧的训练。

(4) 在教学过程中应注意传授对工程技术人员有用的数学思想方法。例如:逼近与迭代、线性化、离散化、最优化等。

(5) 各校可根据本校的具体条件开设不同要求的数学实验课。可以进行简单的数学建模训练,学习一些实用的数值方法;也可就构造模型、选择方法、使用软件、数据处理、分析判断的全过程进行训练。但均应注意让学生结合上机,通过实践来学习有关的数学方法,提高解决实际问题的能力。

(6) 选修课应着重于讲授基本概念和基本方法,不宜追求学科的系统性与完整性。课程设置宜小型化、模块化。

(二) 能力

工科数学作为工科大学生重要的基本理论课,除其他基础理论课所能培养的共有的能力外,应着重于培养:抽象思维能力、逻辑推理与判断能力、空间想象能力、数学建模能力、数学运算能力、数据处理与数值计算能力、数学语言与符号表达能力。

(三) 数学素质

数学素质是数学知识和能力的综合体现。对于工程技术人员,主要表现在对问题善于从量的方面进行洞察、抽象和研究,思维的逻辑性与严谨性,具有应用数学的意识、兴趣和能力等方面。

四、工科数学系列课程教学改革应具备的基本条件

1. 要有一支足够数量的素质较高的稳定的师资队伍。教学改革的关键在于要有一支素质较高的师资队伍。教学改革的复杂性和艰巨性,一方面要求广大数学教师热心教育事业,具有敬业精神和责任感;另一方面,要具备坚实的理论基础和宽广的知识面。目前及今后一段时期内,各地区各院校应通过开设各种形式的

研讨班、讲习班，通过国内外进修等方式对教师不断进行知识更新：充实现代数学方面的知识、学习计算机方面的知识、培养联系实际和数学建模的能力。在改革中，要加强团结协作，提倡老中青相结合，发挥老中青各类教师的长处，充分发挥青年教师的作用，要特别鼓励热心教学工作、锐意改革的青年教师投入教学改革的第一线。要制订切实可行的措施，稳定现有的师资队伍，吸引和补充学历较高的青年教师和毕业生到工科数学的教学中。

2. 要制订一些激励政策。工科数学系列课程改革既是当前一项迫切的任务，又是一项长期艰巨的系统工程，需要广大教师付出巨大的精力和艰辛的劳动。教学改革也是科学研究，系列课程教学改革就是一项重大的教育科学研究项目。我们呼吁国家教委和各级领导对教学改革制订一些激励政策：在人力、财力和设备方面给予更多的支持；在教学工作量上给予足够的补贴；在职称晋升等方面给予必要的倾斜；教学成果应与相应级别的科研成果同等对待。

3. 要创造一个宽松的环境。教学改革，特别是课程内容体系改革的成效不是短期内所能衡量的，一定要实事求是地、科学地进行分析总结，坚持“双百”方针。回顾工科数学课程改革的历史，1959—1961 年曾在内容和体系的改革上有过一次大的冲击。但当时一哄而起，事后又未能认真地总结经验教训，造成一哄而散，致使一些好的思想幼苗被淹没，教师的积极性也受到一定程度的挫伤，这一历史教训值得我们认真地吸取。教学改革一定要坚持先试点，对于各种不同风格和不同模式的试点，不宜轻易地做结论，也不宜简单地用行政手段去干预。对于各种不同的观点和做法，应因势利导。鼓励教师在实践中去探索，去比较鉴别，共同讨论，及时总结交流，互相学习，取长补短。注意克服习惯势力的影响。

我们高兴地看到，近几年来，特别是 1995 年国家教委设立面向 21 世纪的高等工程教育“九五”重大教学改革研究课题以后，教学改革的思想已经深入人心，关于工科数学教学改革的基本思路已成为众多数学教师的共识。由 13 所重点院校参加的“工科数学教学内容和课程体系改革的研究与实践”课题组已提出了初步的改革方案，正在进行改革的试点和改革教材的编写。不少院校的教师已经或正在对工科数学系列课程大胆地进行关于内容体系的不同结构模式的改革试点。例如：有的将几何、代数与分析有机结合，相互渗透；有的突破高等数学与线性代数、复变函数、积分变换、数理方程等课程的界限，从内容的有机联系出发，建立课程新体系；有的将高等数学分成两部分，与其他课程一起按小模块形式组织课程，对学生进行分流培养；有的采用高起点、高观点，从代数结构入手，采用从一般到特殊建立体系，从特殊到一般讲解内容；有的将现代分析的内容纳入微积分，通过加强分析论证来提高学生的数学素养；有的则主张基础理论要适度，主要拓宽工程中常用的数学方法；有的主张突出微分学，削弱积分学，将最优化方法、数值计算方法等基本内容纳入高等数学；有的遵循数学应用的思路来组织教学内容，增加现代数学的基本知识和思想方法等。列举上述模式的目的在于启迪思维，活跃改革思路，贯彻“双百”方针，推动教学改革。随着教学改革的深入还会出现更多的新模式。我们认为，在内容体系方面，不同的结构模式和不同的要求可能培养出不同类型、不同层次的优秀人才，也可能殊途同归。

工科数学教学改革是历史赋予我们的使命。我们相信，在国家教委和各级领导的大力倡导和具体领导下，在众多热爱教育事业、致力于教学改革的教师坚持不懈的拼搏下，工科数学系列课程的教学改革必将以新的面貌出现在21世纪。

工科数学转变教学思想专题研讨会会议纪要

第五届工科数学课程教学指导委员会

（1997年5月8日至12日　景德镇）

由高等学校工科数学课程教学指导委员会组织的工科数学转变教学思想专题研讨会于1997年5月8日至12日在江西景德镇陶瓷学院召开。景德镇市副市长柯尔荣同志以及陶瓷学院的领导出席会议并且讲了话，来自全国51所高等院校的58位代表（包括香港中文大学岑嘉评教授）参加了这次研讨会，向会议提交了49篇论文。会议采取大会报告和分组讨论的形式，就工科数学教学中转变教学思想，更新教学观念的必要性和重要性、传统的教学思想有哪些弊病、从哪些方面转变教学思想以及在工科数学教学中如何加强学生素质和创造能力的培养等问题进行了广泛而热烈的讨论。各校代表在会上交流了一些有益的做法，对许多问题进行了探讨，在不同方面受到了启发，为会后进一步开展关于这些问题的研究，深入进行工科数学教学改革打下良好的基础。

1. 转变教学思想、更新教学观念是推进教学改革的先导

代表们高兴地看到，近几年来，以教学内容和教学方法改革为重点的面向21世纪的教学改革正在日益深入地开展。然而，随着改革的逐步推进，越来越多地涉及教学思想和教学观念方面的问题。20世纪80年代以前，工科数学教学是以保证三基（基本概念、基本理论和基本方法）为中心的知识教育；20世纪80年代开始，提出了培养能力的问题；进入20世纪90年代以后，人们才逐步认识到全面提高学生素质的重要性，提出了素质教育的观念。这种变化，是时代和社会发展的需要。当前，人类已经进入了知识、信息大爆炸的时代，面对科学技术的加速发展和急剧变革，高等教育必须改变以传授已有知识为中心的状况，把培养获取知识的能力作为重点；我国社会主义市场经济的建立，面对毕业生由统一分配向双向选择自谋职业的转变，要求所培养的人才具有坚实的基础，宽广的知识面和较强的应变能力；我国改革开放的方针要求今后的毕业生必须参与国内外的竞争。要使中华民族在竞争激烈的世界站稳脚跟，对人类有较大的贡献，迫切需要的不仅仅是继承人类已

经创造出来的文明,而且是要在已有知识的基础上创造出有价值的新思想、新理论、新方法和新技术,要求我们培养出一批具有创新精神和创新能力的优秀人才。创新是现代社会生存的必要条件,“创新是一个民族的灵魂”。因此,我们必须树立以培养创造性为中心的素质教育观念。

代表们深切地感到,当前我们的教学思想和教学观念的转变还滞后于时代的变化和社会的发展,教学改革的积极性还主要停留在领导和少数骨干教师中。即使在这一部分干部和教师中,对于转变教学思想和教学观念必要性的认识还有待深入,对于要转变哪些思想和观念以及如何转变还模糊不清。很多代表用自己在改革中的切身体会说明,传统的教学思想和教学观念仍扎根于教学过程与教学方法之中,扎根于教学制度和教学管理之中,扎根于考试制度和考试方法之中,扎根于人们的习惯和舆论之中,阻碍着教学改革工作的深入开展。转变教学思想、更新教学观念是当前教学改革的首要问题,是推进教学改革的先导。

2. 转变教学思想,更新教学观念的核心是提高学生的素质,培养学生的创新精神和创新能力

与会代表就转变教学思想、更新教学观念要解决的主要问题进行了广泛的讨论。大家认为,就一门课程而言,提高素质,培养学生的创新能力是其核心,也是教学改革的目的。与西方发达国家相比,中国的传统教育有它的长处,能给学生打下宽厚扎实的基础,但是它的着眼点是传授知识,培养的学生创造性差是中国传统教育的致命弱点。因此,提高学生素质,培养创造精神和创新能力是今后改革中要花大力气解决的问题。

代表们认为,就工科数学而言,提高工程技术人员的数学素质,培养他们创造性的应用能力,也就是应用数学知识创造性地解决实际问题的能力,是教学改革的主要目标和努力方向。什么是工程技术人员所需要的数学素质呢?这是一个值得深入探讨的问题。目前我们的初步领会是指人认识和处理数形规律、理解和运用逻辑关系、领会和研究抽象事物的悟性和潜能,也是一种思维模式和思维习惯。对于工程技术人员,主要表现在对问题善于从量的方面洞察、抽象和研究:思维的逻辑性和严谨性;用数学的原理和方法去解决实际问题的意识、兴趣和能力以及思维方式的创新性等方面。素质和创新能力不仅必须通过有效知识特别是基础知识的传授来培养,更重要的是要引导学生应用所学的知识,创造性地解决实际问题。根据这个思想,国家教委“九五”立项课题“工科数学教学内容和课程体系改革的研究与实践”课题组提出了工科大学生必备以下四个方面的数学基础:连续量的基础——以微积分为主体的工科分析基础,离散量的基础——以线性代数与解析几何为主体的代数与几何基础,随机量的基础——概率论与数理统计,数学应用基础——以数学建模、数值计算和数据处理为主体的数学实验。

应当注意的是,数学素质是人才全面素质的一个方面。因此要把对学生数学

素质的培养纳入对工程技术人才培养模式的总体框架之中,服务于整体的需要。

3. 传授有效的知识、提高数学素质、培养创造性的应用能力是转变教学思想、更新教学观念对工科数学教学内容改革提出的基本要求

会议就从哪些方面转变教学思想、培养毕业生的创造性进行了比较深入的研究。代表们认为,在工科数学教学内容改革方面,应该在传授有效知识的过程中特别注意提高学生的数学素质,培养学生创造性的应用能力。大家回忆起早在20世纪60年代的教育革命中就提出的"面包与猎枪"的关系问题,这个提法在今天仍然具有现实的意义,只是随着时代的发展,应当赋予"猎枪"新的含义。有的代表说,交给学生"猎枪"应当包含培养学生自我更新知识的能力、应用能力和创新能力三层含义。为此,在工科数学教学中,教学内容要吐故纳新,处理好传统内容和现代内容的关系。要加强基础,在讲解经典内容的同时,注意渗透现代数学的观念、概念、方法、术语和符号,为现代数学适当地提供内容展示的"窗口"和延伸发展的"接口",培养学生获取现代数学知识的能力;要努力突破原有课程的界限,促进相关课程和相关内容的有机结合和相互渗透,促进不同学科内容的综合化;要加强应用,淡化运算技巧的训练,着重讲解工程中常用的各种数学思想方法,创造条件,逐步开设数学实验课,加强对学生数学建模能力的训练,培养学生解决实际问题的兴趣、能力和创造性思维。在工科数学教学中,还应密切注意计算机的广泛使用和数值计算、符号运算以及软件包等计算技术的高速发展,对传统的教学内容和教学观念所产生的冲击,加强对学生数值计算和数据处理能力的培养,积极进行将计算机引入工科数学教学的改革试点,探索计算机的引入可能对工科数学课程结构、教学内容改革产生的影响。

4. 改变以教师为中心的注入式、保姆式教学方法,把演绎法与归纳法结合起来

注入式、保姆式的教学方法是与传统的教学思想相适应的,它以教师为中心,把学生置于被动的地位,当成知识灌输的对象。这种试图通过课堂上讲细讲透,"天衣无缝",试图在课堂上一次解决问题的方法不仅无法扩大课堂信息量,而且必然助长学生产生依赖心理,养成思想懒惰的习惯,不能激发学生学习的主动性,严重妨碍着创新意识和创新能力的培养。代表们提出,在教学过程中,要用教师的主导作用去调动学生的主观能动性,充分发挥学生的主体作用;要为学生的参与创造条件,激励学生的学习兴趣,引导学生去发现,去探索;要鼓励学生大胆地提出疑问,发表不同的见解,善于抓住学生在学习过程中闪现出的创造性思想火花。大家认为,美国在20世纪80年代提出的"问题解决式"的教学方法以及与这种方法相适应的"开放式答案"的概念是值得我们学习和借鉴的。

传统的教学思想过分重视演绎法,忽视归纳法。在数学教学中,演绎法无疑是重要的。然而,演绎法是从已知的基本原理出发去进行推演,虽然它有利于学习已

有的知识,但一般只能得到一些基本原理的推论和推广,不能引导学生去发现、去创新。要培养学生的创新精神和创新能力,必须重视归纳法。要让学生通过对各种现象的观察、分析和归纳,去发现问题、研究问题。在今后的教学过程中,我们应当努力把演绎法与归纳法结合起来。

5. 反对应试型教学,改革考试方法,建立科学的人才评判标准

代表们认为,考试是检查教学质量的一种手段,反对应试型教学不是反对考试,而是反对为应付考试而教学的思想和方法。它表现在:考什么讲什么,不考不讲;只教学生如何套公式;采用题海战术,题型教学法;帮助学生猜题压题,进行模拟考试等。这种教学方法引导学生只重视计算,忽视基本概念和基本理论;只追求技巧,忽视数学思想和数学应用;只会模仿,忽视数学素质和能力的提高。

造成这种状况的原因是多方面的。一方面,不少学校的领导、教务管理部门和舆论往往把学生考试成绩的好坏作为衡量教学质量高低的主要标准,甚至是唯一标准,把学生对教师教学的反映作为判断教师教学水平的主要依据。处在学习阶段、特别是低年级的学生对培养能力和素质的重要性认识不足,他们常以能否在课堂上听懂,甚至课后无需复习就能做作业来衡量教师教学的好坏。容易理解,每个教师都希望自己受学生欢迎,受领导的奖励和表扬,往往屈服于多年来形成的习惯势力和舆论的压力。因此,转变教学思想,改革教学方法,不仅是教师的事,也是领导和学生的事。另一方面,目前的考试方法和考试内容存在不少问题,助长了应试型的教学方法。考试是教与学的一个重要指挥棒,它直接关系到教学改革的成败。因此,改革考试方法是当务之急,是教学改革的突破口和切入口。如果考试方法和考试内容既能检查学生对基本知识掌握的情况,又能检测学生素质和能力的高低,那么必将对教学双方产生重大影响,加快教学改革的步伐。这次会上,有的老师带来了一份具体的数学试题,使与会代表受到很大的启发。代表们认为,考试不是检查教学质量的唯一手段,考试成绩也不是评判人才的唯一标准。因此,研究制订评判人才的标准和评价教学质量的科学体系也是一件非常重要的事。

6. 改革教学制度和管理方法,为优秀人才的脱颖而出创造良好的环境

在这次研讨会上,代表们还讨论了在教学中如何处理共性与个性的问题。过分强调共性,对所有的学生采用统一的教学计划,统一的教学要求和统一的教学模式组织教学是传统教育制度的一大弊病,这种做法是计划经济和统一分配制度的产物。实际上,它把教学统一在中等甚至中下等水平学生的要求上,这既不符合我国从计划经济向社会主义市场经济转变的需要,不符合毕业生由统一分配向双向聘任和自谋职业转变的需要,也不利于发挥不同学生的个性与特长。代表们认为,在同一学校,甚至同一个专业和同一个班级中,不同学生的基础、智商、兴趣和志向都不尽相同,按照统一的计划和要求进行教学,既不利于优秀人才的脱颖而出,也不利于基础较差、智商较低学生的成长,必然抑制个性,束缚特长。因此,应当根据

多层次、多模式、分流培养的思想来组织教学。就数学而言，有的学生对数学理论的要求可以低一些，多学一些数学方法和数学应用；对于那些立志攀登科学高峰的学生，则还应加强数学基础，为今后继续学习现代数学提供更大的可能性。这样做，可能要突破原有的专业和班级的界限，给教学组织和管理带来困难。因此，改革传统的教学制度和管理方法也是教学改革中的一项艰巨的任务。

代表们还就师资队伍建设问题，教学改革中应当注意的一些问题进行了讨论，提出了一些很好的意见和建议。

"当代工程科学的进展与工科数学课程教学改革报告会"总结汇报

国家教委高教司：

由国家教委高教司、西安交通大学和高等教育出版社共同主办的"当代工程科学的进展与工科数学课程教学改革报告会"（以下简称"报告会"）于 1997 年 10 月 7 日至 12 日在西安交通大学举行。现就举办这次报告会的目的和一般情况、主要收获和启示以及如何落实会议的成果等问题简要汇报如下：

（一）"报告会"的目的和一般情况

工科数学是高等工科院校中至关重要的基础课，培养和提高数学素质是培养和提高工科大学生全面素质的一个重要方面。因此，搞好工科数学系列课程的教学内容和课程体系改革在教学改革中具有举足轻重的作用。举办这次报告会的目的就是请工程科学界的专家与数学教师共同探讨工科数学的教学改革问题，会议的中心议题是：

（1）当代工程科学的飞速发展，要求工科大学生应当具备怎样的数学知识、能力和素质？

（2）面向 21 世纪，工科数学课程应当怎样进行改革？

在 1997 年 10 月 7 日上午的开幕式上，国家教委高教司副司长朱传礼同志、陕西省教委副主任胡致本同志以及高等教育出版社总编辑助理杨祥同志作了重要讲话，高教司工科处处长刘志鹏同志就认真调查研究我国高等教育改革的社会背景、高等工程教育改革中的几个问题以及加强教学基本建设等问题作了大会报告。10 月 12 日，全国高等学校工科数学课程教学指导委员会主任马知恩教授与西安交通大学副校长束鹏程教授在闭幕式上对会议作了全面总结。

会议邀请了工作在工程科学教学与科学研究第一线的 7 位两院院士和 3 位博士生导师就会议的中心议题进行了三天半的大会报告，来自全国 120 余所院校的 157 名数学骨干教师（不含西安地区和本校列席旁听的教师与研究生）参加了这次"报告会"，自始至终极其认真地听取了领导和专家们的报告，并且进行了热烈的讨论。与会代表一致认为,邀请这么多国内一流的工程科学方面的专家作报告,与数学教师共同探讨工科数学的教学改革问题,自新中国成立以来还是第一次。“报告会”组织得及时,方向对头,收获很大。大家相信,这样的报告会必将有力地推动教学改革。

（二）会议的主要收获和启示

1. 当代工程科学的飞速发展,对数学知识的需求越来越广,越来越深

应邀在大会上作报告的10位专家分别来自力学、机械、工程热物理、材料、电力、信息、控制以及海洋声学等诸多工程科学领域。他们的精彩报告把我们带领到一个个工程科学的殿堂中浏览了一番,不但为教学教师普及了一些工程科学方面的知识,大大地开阔了数学教师的眼界,而且更使代表们深切地感到,当代工程科学的发展对数学知识的需求越来越广,越来越深,可以说是今非昔比。正如有的专家在报告中所指出的,“文革”之后,当他们重新捡起书本,重新查阅国外的科技文献时,对文献中的许多内容,特别是数学的概念和理论甚至数学术语和符号看不懂,常常有目瞪口呆、不知所云之感。十多年内,工程科学对数学的要求发生的变化太大了！从专家们的报告中可以看到,当代工程科学对数学知识的需求不仅涉及诸如微积分、线性代数、微分方程、概率论与数理统计、复变函数与积分变换等传统的数学分支,而且涉及大量的20世纪发展起来的近代与现代数学的概念、理论和方法。例如:空间(高维甚至无限维的)、算子与泛函、谱、流形、拓扑、极限环、分支、混沌、孤立子、群、环、域、分形、小波以及神经网络等。当代高技术的高精度、高速度、高自动、高安全、高效率等要求所研究问题的数学模型和数学方法由低维到高维、由自治到时变、由线性到非线性、由平稳到非平稳、由局部到整体、由正规到奇异、由稳定到分支、混沌。正如有的院士所指出的,问题前面多了一个“非”字,对数学的要求就提高了一个层次。专家们从如此广度和深度上提出数学问题,在20世纪五六十年代是不可想象的,表明了工程科学的发展与数学科学发展之间的密切关系。

2. 数学科学在当代工程科学的发展中,数学教育在高等工程教育中的地位显著提高

专家们普遍认为,数学是从事工程科学研究、解决工程实际问题的最基本的必备工具。他们说:“随着科学发展的需要,数学已经融入工科专业,数学表达已成为现代工程技术的内容。”“过去说工程制图是工程师的语言,现在应该说数学是工程技术的语言了。”“实践证明,任何一个工程技术的进步或突破都与数学在某一方面的成就紧密相关。”“数学是带动自动控制学科前进的引擎。”有的院士还通过自己的科研成果应用于工程实际的具体事例说明数学是如何“变成生产力的”。

专家们强调指出,在高等工程教育中,数学不仅是工科大学生的工具、语言,更是他们必须具备的素质。有的院士说:“没有足够的数学知识已无法学习本科专业,没有一定的数学能力,已无法将设想的技术上物理模型以数学形式表达并作定

量验证,没有良好的数学素质已无法作工程技术的创新。”在谈到数学素质的时候,很多专家指出了数学在培养创新精神和创新能力方面的特殊作用。他们说:“数学是提高抽象思维能力、空间想象能力以及严密的逻辑推理和判断能力的学科。”“学好数学的思想方法,会使学生产生强烈的向往和追求欲望。”“数学方法论的学习是一次思想方法上的深刻革命,有意识地培养自已的创造性思维,将终身受用。”“数学是基础的基础,一切自然科学都是建立在数学这块基石之上的。”因此,在高等工程教育中,应当“加强数学基础”。

鉴于数学教育在工程教育中的重要性,很多专家建议,数学教学的总学时不宜减少,有的还建议应有所增加,我们认为这个意见是有道理的。在学时普遍减少的情况下,固守原来的学时可能有困难,但数学的学时不能减得太多。数学与其他学科的不同之处在于内容的连续性和不可分割性,即使是传统内容也不能不要,很难用现代的内容去代替,我们希望在学时问题上为数学系列课程改革提供较为宽松的条件。

3. 工科数学课程的教学改革必须适应当代工程科学发展所提出的要求

面对当代工程科学的发展,一个高层次的工程技术人才对数学知识的要求越来越多、越来越深,对应用数学能力的要求越来越强,对数学素质的要求越来越高。然而,教学时数还有减少的可能,在这种情况下,工科数学课程应当怎样进行教学内容、课程体系和教学方法的改革呢?这是摆在我们面前不容回避的问题。

(1) 要处理好数学的基础和拓宽的关系

对一门学科而言,在有限的时间内,是学得面宽一点好呢,还是将基础打得扎实一点好呢?很多专家的报告启示我们,要把基础打得扎实些,在此基础上去拓宽知识面。专家们都强调,在当今科技飞速发展的时代,知识更新很快,工程技术人员对数学知识的需求是不断变化的,“是一个动态的集合”。因此,在大学期间学习的数学多一点少一点不是主要的,关键在于要为他们打下较为扎实的基础,具有知识自我更新的能力,具有进入现代数学新领域的能力。有的专家建议将工科数学教学要求分为三个层次,即基础数学、选修课与讲座。基础数学是必修课,要学得扎实些,要使学生在抽象性、逻辑性和严密性等方面受到一定的训练和熏陶,要着眼于学生数学素质的提高;选修课可讲得粗些,主要介绍常用的现代数学方法;讲座的目的是拓宽学生的知识面,开阔视野。这个建议与工科数学课委会和教委立项课题《工科数学教学内容和课程体系改革的研究与实践》课题组(以下简称课题组)对工科数学系列课程的总体设计框架是一致的。为了使工科大学生具备进入现代数学新领域的能力,工科数学课程在讲解经典内容的同时,要注意渗透现代数学的概念、思想、方法、术语乃至符号,为现代数学适当地开设一些内容展示的“窗口”和延伸发展的“接口”。

(2) 教学模式要多样化,实行分层次分流培养

这次应邀在“报告会”上作大会报告的10位专家都是工作在工程科学发展前

沿的一流专家，因此，他们在报告中所谈到的对数学的要求多偏重于对培养高层次研究开发型人才的要求。但是，正如刘志鹏同志在报告中所指出的，当前及今后相当长一段时间内需要更多的在生产第一线的工程师或工艺性人才，随着科技的发展，这些人才对数学的需求也会越来越高，但与研究开发型人才是有区别的。因此，工科数学的教学要求、教学模式要多样化。一般院校与重点院校应有所不同，即使在同一学校，甚至同一专业也应区别对待，根据专业的不同，毕业后去向的差异以及学生智商的高低，实行分层次分流培养。应当鼓励各校进行不同要求，不同模式的教改试点，出版不同要求、不同风格的教材，使社会主义的教坛呈现百家争鸣、百花争艳的生动活泼的局面。

还有一点是值得注意的，数学教育是整个高等工程教育的一部分，因此，应当把对学生的数学素质的培养纳入整个高等工程教育培养模式和对工科大学生全面素质培养的总体框架之中。

(3) 要加强工科数学教学的工程背景

专家们在报告中一方面普遍强调了数学素质的重要性，强调了抽象思维和逻辑推理思想方法的重要性；另一方面也指出了工科数学教学中的一个严重缺陷，就是缺乏工程背景。很多专家建议要加强数学教学的工程背景，既要使学生进入数学，又要走出数学，知道怎样用数学，这对工科数学教师提出了更高的要求。对于这个问题，我们的理解是：并不是要求数学教师通晓各方面的工程知识，而是要求在工科数学的教学中，加强对学生应用数学知识解决实际问题的意识、兴趣和能力的培养。广而言之，就是要解决新中国成立后在历次教学改革中想解决而没有解决的数学教学如何理论联系实际问题。近几年来，课委会和课题组非常鲜明地提出要普遍开设以数学建模和数值分析为核心的数学实验课的设想，并且把它作为工科大学生必修的一门基础课(数学应用基础)，就是为了解决这个问题。因此，必须加强对数学教师的培训，鼓励数学教师参与实际课题的研究，首先提高教师分析解决实际问题的能力。

(4) 转变教学思想和教学观念，改革教学方法

很多专家报告中还提出了关于转变教学思想和教学观念、改革教学方法的问题，提出了要改变过去对什么问题都要讲细讲透的教学方法，主张要讲重点和难点，其他内容可通过自学、课外作业或课堂讨论来完成，有的还提出开设各种形式的讨论班、第二课堂，去引导学生自己主动学习，激发他们的创造性火花。

讲得过细过透，企图在课堂上一次解决问题，这是以传授知识为主的传统教育思想的反映，是传统教学方法的一大弊病。这种教学方法助长了学生的依赖心理，养成了思想懒惰的习惯，严重地影响了创新意识和创新能力的培养。传统教学方法的另一个弊病就是应试型教学，在教学中考什么讲什么，不考不讲。只注意教会学生如何套公式，采用题海战术、猜题押题、模拟考试等方式帮助学生考高分。

这种教学方法,突出数学运算,突出解题技巧的训练,忽视数学概念和数学思想,影响了对学生数学素质的培养。造成这种情况的责任不在教师,主要是因为干部、教师、学生乃至社会都受到传统教学观念的束缚。因此,必须转变教学思想和观念,才能改革教学方法。

(三) 关于落实会议成果的意见和建议

"报告会"之后,课题组紧接着召开了第三次工作会议(课题组工作会议每年一次),交流了各子课题一年来的工作情况,讨论如何落实这次"报告会"的成果,并利用这些成果推动本课题的工作,加快改革步伐。关于第三次工作会议的情况,将以会议纪要的形式另文汇报,下面着重汇报落实"报告会"成果的一些意见和建议。

1. 全面检查课委会和课题组的改革思路和规划,加快改革进程

根据这次"报告会"上领导和专家的意见,课题组的同志全面地检查了课委会和课题组的改革思路和规划。大家认为课委会与课题组所提出的改革基本思路和规划与专家们的意见是一致的,应当继续贯彻实施,主要包括:(1)课委会拟定的《建议》(已报教委)中提出的改革基本思路(共11条);(2)将工科数学系列课程划分为三个层次,即基础部分(包括连续量的基础——以微积分为主体、离散量的基础——以线性代数与几何为主体、随机量的基础——以概率论与数理统计为主体、数学应用基础——数学实验),选修部分(包括数学物理方法、数值计算方法、优化方法、应用统计方法)和讲座(视各校的具体情况开设);(3)在工科数学基础部分中大都设置了不同要求、不同风格的改革模式。例如,微积分有三种改革模式,线性代数与几何有两种改革模式,数学实验也有两个层次,这样做便于进行分层次分流教学;(4)选修部分不追求系统性、完整性,强调方法性,教材编写要小型化、模块化、积木式,便于选学;(5)将转变教学思想和教学观念,改革教学方法作为一个重要子课题,安排一个学校负责专题研究,并要求课题组所有院校在完成所承担的子课题的同时,都应研究转变教学思想和观念、改革教学方法问题;(6)研制教学软件,逐步实现教学手段现代化。

根据这次"报告会"的精神,专家认为要加强力量,加快进度,提出:(1)由西安交通大学负责编写的《工科分析基础》(暂定名)是一本面向重点院校,要求较高的改革教材,是本课题组提出的连续量的基础中第一种模式,也是"九五"国家级重点教材,应加快进度,提前于1998年1月底之前交稿,于1998年9月初由高等教育出版社正式出版,使之成为工科类第一本面向21世纪的改革教材。(2)由上海交通大学负责编写的《数学实验》属于课题组提出的数学应用基础中的一种要求较低的层次,应加强力量,于1998年5月交稿,课委会于8月组织评审,争取1999年春季出版,以满足国内许多高校的迫切需要,为工科院校普遍开设该课程创造条件。(3)由重庆大学负责的转变教学思想与教学观念、改革教学方法子课题应加强人力,加强研究,组织试点,结合数学的特点,尽早拿出具有一定指导意义的改革

方案和改革成果,课题组的其他子课题也应加快研究进程。

2. 进一步开展关于转变教育思想和教育观念的大学习与大讨论,真正把教学改革放在核心的位置上

国家教委副主任周远清同志曾多次强调指出,“改革教育思想和教育观念是推进高等教育各项改革的先导。”现在,关于这个问题的讨论正在全国范围内“悄然兴起”。然而,我们深切地感到,当前教育思想和教育观念的转变还滞后于时代的变化和社会的发展,许多与现代教育不相适应的传统的教育思想和教育观念仍然扎根在人们的头脑之中,扎根在人们的习惯和舆论之中,阻碍着教学制度和管理制度的改革,阻碍着拓宽专业口径和培养模式的改革,阻碍着教学内容和课程体系的改革,阻碍着教学方法和考试方法的改革。一方面,很多人对什么是素质教育,怎样进行素质教育还认识不清。进行转变教育思想与教学观念的学习和讨论,不但教师需要,干部和学生也需要。另一方面,教学改革的积极性主要还停留在少数领导和骨干教师中,不少学校还没有真正把人才培养和教学工作作为学校的根本任务,没有把教学改革放在核心位置上,使得教学改革工作举步艰难。就是在本课题组的 13 个院校中,在担负工科数学教学基地建设的 6 个院校中,也可以举出很多这方面的例子。某校既是课题组的参加单位,又是担负工科数学教学基地建设的 6 个院校之一,原来他们负责编写一本改革教材(属课题组的一个子课题),共有 3 个人参加,由于没有经费支持,而学校的一本研究生教材有 1 万元的经费资助,因而其中 2 位教师把主要精力投入研究生教材的编写之中。某校在课题组内担负着转变教学思想和观念改革教学方法的课题,原来由 1 位老教师带领 2 位青年教师进行该项工作,本来人就已经很少,然而目前两位青年教师中一个读在职博士,另一个读博士后,那位老教师本学期担负着三个不同类型课程的教学任务,在这种情况下,教学改革的工作怎么能够完成呢?有位教师感叹地说道,学校为了引进一位院士,不惜花掉几十万,上百万元,但对于教学改革,特别是基础课的教学改革,申请 1 万元甚至几千元,学校往往都不愿意批,把教学与教学改革放在这样的地位,怎么能够搞好呢?

3. 必须切实调动教师的积极性

教改的关键在于教师,这是大家都知道的,但是如何调动教师的积极性,特别是调动一批学术水平较高的教师积极性仍然是一个难题。教学改革是一项复杂的教育科学的研究工作,不但需要丰富的教学经验,而且需要较高的学术水平,才能站得高、看得远,这次“报告会”上 10 位专家的报告就是有力的说明。然而,要吸引这部分教师参加教学改革就更加困难。因为,在很多院校中,特别是在重点院校中,以科研为龙头,科研的地位远高于教学。那些有一定学术水平的教师宁愿多写论文,多出科研成果,希望在学术上占有一席之地;在职称评定中,在学校的许多奖励制度中,科研是硬指标,教学是软指标;那些经济条件比较困难的教师也宁愿多

到校外兼课或者搞一点横向课题,增加一些经济收入;那些学历层次较高、刚毕业的青年教师大多不愿从事教学或教学改革工作。因此真正参加和关心教学改革的教师大多是长期从事教学工作很少有机会和时间搞科研的教师。在许多学校中,虽然这部分教师工作很认真、很辛苦,但在学校的地位不高,收入较少。针对这种情况,我们建议:

(1) 必须真正摆正教学工作与教学改革工作在学校中的地位,并在学校的各种政策和制度中体现出来。有些学校为了办成"研究型大学",在财政、设备、人事、教师待遇等方面制订了一系列的倾斜政策;有的学校教务部门为了支持教学与教学改革,提出了一些非常有限的政策,虽然已得到学校的认可,但人事部门却迟迟不予兑现。这样下去,本来很多课程已处在"开天窗"状态的教学工作必将出现滑坡的局面。希望国家教委能采取有力措施,尽快扭转这种状况。

(2) 加大投入,对教学改革采取进一步激励政策。这几年来,国家教委对于教学改革给予的投入是很大的,是新中国成立以来所没有过的,这是客观的事实,然而我们感到还有些问题需要进一步研究解决。例如,作为国家教委面向 21 世纪的立项课题,投入还嫌不足。本课题组去年得到 3 万元的资助,1997 年被定为重点课题,听说也只有 5 万元的资助,课题的牵头单位和主持单位共 5 所院校,连同参加单位共 13 所院校,3 万~5 万元如何分配呢? 高教司原来的意见是只分配到主持单位,参加单位没有经费资助,如果学校再不支持,怎么能调动教师的积极性呢? 有的甚至连每年一次的出差经费都要不到。又如,为了建设工科数学的教学基地,国家的投入是比较多的,但按照学校的财务制度,这些经费的使用受到很大的限制,特别是不能像国家自然科学基金那样,可以按照一定的比例提取劳务费。基地的建设需要大量的教师投入大量的劳动,如果得不到一点哪怕是微薄的象征性的报酬,又怎么能吸引更多的教师来参加基地的建设呢? 其实由教委下达的所有教学改革经费都与基地建设基金一样,不能与科研经费同等对待,广大教师对此很有意见,虽然曾多次向学校和有关领导强烈反映,但至今仍未得到解决。此外,我们希望对于参加教学改革的教师在职称评定、住房、奖励制度和工资待遇等方面制订一些更具体的激励政策。

4. 几个具体问题

(1) 研究生入学考试的方法必须改革。考试是教学工作的指挥棒,研究生入学考试是本科教学的指挥棒。很多正在进行教学改革试点的教师越来越深切地感到考研是改革的一个后顾之忧,纷纷提出意见和建议,希望国家教委高教司与国家考试中心认真研究研究生入学考试的改革问题,尽早提出改革方案,进行改革试点。

(2) 管理制度和管理方法必须改革

管理制度和管理方法的改革应该服从于服务于培养模式、教学内容、教学方法和考试方法的改革。要按照多层次、多模式、分流培养的思想组织教学,就可能突破原有的院系专业和班级的界限,就会给教学组织和管理以及学生行政管理带来变化和困难;要进行教学方法和考试方法的改革,就必须建立科学的教学质量评价体系和人才评判标准,改变目前把学生的考试成绩好坏作为衡量教学质量高低的主要标准甚至是唯一标准的做法,改变作为在学生中评三好、评奖学金、推荐免试攻读研究生的主要依据的条例。因此,在进行教学改革的同时,必须同步进行管理制度和管理方法的改革。

(3) 加强领导,组织“大兵团协同作战”

教学改革是一个系统工程,从专业口径的拓宽,培养模式的改革到教学内容课程体系和教学方法的改革,应当构成一个全局优化的改革方案,才具有可操作性、可行性。因此,我们认为除了需要各专业、各学科的独立研究课题外,还应增加像北京科技大学大材料专业改革那样的改革试点,组成由领导、专业教师、基础课教师甚至辅导员、班主任和教学管理干部的“大兵团”,共同研究改革方案,协同作战。如果仅像目前很多单位那样,各方面的改革自成体系,各自为政,缺乏统一的领导和协调,可能造成许多改革试点的自生自灭。

以上汇报必定有许多不妥之处,请批评,请指示。

此致

高等学校工科数学课程教学指导委员会

“工科数学教学内容和课程体系改革的研究与实践”课题组

1997 年 10 月 17 日

高等数学改革研究报告
(非数学类专业)

项目总负责人 萧树铁

项目主持学校 清华大学

一、引言

数学科学与哲学、自然科学、社会科学一道共同撑起人类丰富的知识宝库。如果说,在古代,数学被称为“科学王后”,主要是人们赞美她的“数学美”。那么在近代,数学则以其对科学、技术以及社会经济所起的无可替代的促进作用,显示了她蕴藏着推动社会发展的巨大潜能。在现代,人们在看到数学蓬勃发展的同时,都热切期盼着由于数学与其他学科的联姻而产生新的突破,从而带来社会文化更大的进步。数学对于教育的重要性更是不言而喻的。她在人类精神营养中,确有“精神钙质”的作用，因为数学对一个人的思想方法、知识结构与创造能力的形成起着不可缺少的作用。很难想象，一个数学知识贫瘠的人，在科学上会有所建树。在这方面，许多科学家都有很精辟的言辞：因发现了X射线而第一个获得诺贝尔物理学奖的英国实验物理学家伦琴，在回答“科学家需要什么样的修养”这一问题时，说：“第一是数学，第二是数学，第三还是数学。”被誉为“计算机之父”的美籍匈牙利数学家冯·诺伊曼认为“数学处于人类智能的中心领域”。类似论述数学历史地位与重要意义的文献很多，这里不必多引。我们的目的只是想吸引社会对高等学校非数学类专业数学教育和改革的关注。这一点之所以重要，首先是因为高等学校非数学类专业的大学生是一个受众面广的巨大群体，他们对社会的影响与作用是不言而喻的。他们数学水平的高低直接关系到我国大学人才的素质和能力，关系到我国未来科学、技术的发展水平和在世界上的竞争力，是我们百年树人基业中的重要一环。另外，由于数学科学本身的某些特点，比如高度的抽象性，加上近几十年来教育中偏于短期功利倾向，使不少人对大学数学教育的认识有相当偏颇的一面，很有必要在历史的回眸中求前车之鉴，在未来的展望中创革新之路。因此我们希望从理论和实践两个方面，对非数学类专业的数学教学进行较全面系统的理论研究和改革实践。这正是我们1995年向原国家教委申请立项研究“我国高校非数学类专业高等数学课程体系与教学内容改革”课题的初衷。在当时国家教委和后来教育部的指导和大力支持下，我们参研的十几所大学（清华大学、北京大学、内蒙古大学、西安交通大学、复旦大学、湘潭大学、武汉大学、浙江大学、北京师范大学、中国科技大学、郑州大学、中山大学、南开大学等）共同协作，发挥各校所长，通过对未来数学科学和数学教育发展趋势的估计、数学教育在非数学类专业大学教育中的地位与作用、数学教学改革的主要原则以及教改方案的框架等理论及实际问题进行反复切磋，并就许多问题请教一些数学界、教育界的专家和学者，由教育部组织几次全国性会议，邀请从事大学数学教学的一线老师进行讨论。在这样比较广泛的基础上，形成了这篇比较系统地阐述关于我国高校非数学类专业数学教育与教学改革中一些理论和实践问题的综合性文章。这篇文章不但反映了我们十多所参研院校四年多的研究成果，同时也包含着数学教育界许多同行们的宝贵意见。但由于执笔者能力所限，难免有不少片面和不当之处，希望大家不吝指教。

二、新世纪的展望

（一）对21世纪发展前景的展望

在即将过去的20世纪，人类文明获得了史无前例的巨大进步。航天科技的成就使我们踏上了遨游太空之路，生命科学的突破开创了“人造生命”的历史，计算机和现代通信技术的飞跃使信息时代迎面而来，就是在纯数学领域中困扰了数学家三百多年的费马大定理也在20世纪即将结束时被完全攻克。所有这一切显示了人类对自身命运和未来的掌握正在由“自在状态”走向“自为状态”;人类与自然的关系也由抗争与对立的阶段走向和谐相处与持续发展的阶段;人类的知识由量的积累发展到了又一次质的飞跃。因此人们充满自信地带着更加美好的憧憬展望着即将来临的21世纪。对未来百年的各种预测中,最新也是最令人感到真实可信的提法是:21世纪将成为“知识经济”的时代。“知识经济”一词是1990年第一次由联合国研究机构正式提出的,1996年世界“经济合作与发展组织”(OCED)在题为《以知识为基础的经济》的报告中,提出了“知识经济”的指标体系,此后受到世界各国极大的重视。1997年美国总统克林顿在他的一篇报告中正式采用了“知识经济”的提法,1998年江泽民同志在庆祝北京大学建校百年大会上的讲话中对当前世界作出了“知识经济已见端倪”的估计。

所谓“知识经济”,是“以知识为基础的经济”。知识经济社会,是人类继农业经济社会、工业经济社会之后将要进入的第三个社会形态,但还刚“见端倪”,其内涵与外延还正在发展,有待时间来丰富。但以当前时代发展的背景作为观察点,许多学者还是为她勾画了一幅十分诱人的蓝图。

这是一个**知识、经济一体化的时代**。在知识经济社会中,一方面知识直接参与经济活动越来越多,对经济的影响也越来越大;另一方面,经济过程及其结果中对知识的需求越来越强,知识含量也越来越高,从而使得知识成为最关键的生产要素,成为产生社会财富的核心,一切经济行为都依赖于知识的存在;其他的生产要素都依赖于知识去更新,靠知识来装备;在知识经济时代中作为支柱产业的高新技术产业正是知识凝结与升华的结果。因此,在这个时代,知识的创新,知识转化为生产力将空前加快,人类文明将又登高峰。可以预言,由于知识资产的投入将使科学、技术与生产融为一体,综合、高效地利用各种资源。知识经济具有传递与更新速度快捷的优越性,每一项新的发明都将迅速波及全世界,并产生巨大的效益,因此知识经济是促进人与自然协调和可持续发展的经济。

这是一个**信息化、数字化的时代**。不断发展着的电子技术、数学及信息科学、软件产业将为知识经济社会铺设出“信息高速公路”网络,使她的所有领域之间既紧密联系形成一体,又各具功能,并飞速发展。在知识经济时代,这个创造财富的新体系完全依靠信息,即数据、概念、符号和表象,不受时间和空间限制地传播和交流。“信息高速公路”正是这种数字化知识传输与扩散的主要方式,也是知识经济的主要基础设施。可以设想,在知识经济时代,一个国家和地区向其他国家和地区输出的重要形式是知识、信息和新的发明创造,从而世界经济一体化的进程也将成为必然趋势。

这是一个**劳动主体逐渐高智力化的时代**。人是知识经济运作的核心,发挥着举足轻重的动力作用和加速作用。这种作用具体表现为:对知识的掌握和使用,对知识的创新,使知识源源不断,形成财富。因此,作为知识经济社会劳动主体的人必须具有高素质和高智力。这样，知识经济时代对人才的发现和培育，即对智力的开发，关系到国运的兴衰。这个时代的竞争，从根本上说是高素质人才的竞争，是教育，特别是高等教育的竞争。

（二）知识经济社会对学科发展和大学教育的影响

知识经济社会是一个崭新的社会形态，是一个新纪元的开始。江泽民同志在庆祝北京大学成立一百周年大会上指出："当今世界，科学技术突飞猛进，知识经济已见端倪……全党和全社会都要高度重视知识创新、人才开发对经济发展和社会进步的重大作用，使科教兴国真正成为全民族的广泛共识和实际行动。"他的告诫正是我们考虑问题的立足点和出发点。在知识经济时代，知识是生产的主要要素，经济将主要依赖于知识的生产、传播、应用和创新；社会劳动力的结构和素质要求将发生重大变化。这一切必将对人类的文化、伦理、观念提出严峻的挑战，也必将对学科的发展和大学教育产生深刻的影响。要准确地预测这些影响是困难的，但从大的趋势观察，可以看到以下几点：

1. 学科发展的统一性与教育发展的综合性趋势

自然界本来是对立统一的。人类一开始就是从统一性方面去观察和认识自然的，这在古今中外许多有关学说中都有明显的反映。后来由于生产力的发展，人们对客观世界的了解需要深化。随着欧洲资本主义的兴起，人文科学和自然科学逐渐分离；自然科学和技术领域中一系列重大的发现和成就，对社会物质文明产生了巨大的推动；反过来，人类对它们的不同领域、各个门类的研究也就越来越深入，分工也越来越专业，从而形成了门类繁多的学科分支，甚至到了"隔行如隔山"的程度。20 世纪以来，科学和技术又取得了更辉煌的硕果，在社会经济发展中起到了决定性的作用。同时，人类所面临的问题也更加复杂，许多重大课题，往往不能概括为少数几门学科的问题，甚至不单是自然科学和技术的问题，也是人文科学和社会问题，只有综合运用多种学科才能解决。在这种形势下，近几十年来，各学科，包括人文、社会科学，自然科学和数学科学所属的诸多学科之间彼此交叉、相互融合，形成许多边缘学科，并取得了大量有影响的成果。这一切表明，各学科之间内在的统一性，在更高的层次上正在逐渐被人们所认识，而且这一认识也变成了物质力量。可以肯定，这种统一趋势将在知识经济的催化下发展得愈来愈迅猛和广泛，其成果将是惊人的。比如，很可能一些现在的所谓"世纪之谜"，甚至某些世界难题会成为将来的"普通常识"。

在教育方面，与学科发展相适应，古代的教育是比较重视人文精神的，重点进行的是人文、社会科学教育。到了近代，主要是 19 世纪以后，自然科学与技术有了迅速的发展，学科门类不断增多，工业社会日益趋向严密的专业化和分工的方向发展，人文、社会科学与自然科学技术相分离，于是"专业教育"的思想应运而生。到了 20 世纪后几十年，由于现代科学技术的突飞猛进，又出现了既高度分化又高度综合的趋势,要求理工结合、文理渗透,人们的思维方式也开始由以分析为主转向重视综合。在这种情况下,人们逐步认识到:高等教育不仅应当进行以培养专门知识、技能、能力为目的口径较宽的“专业教育”,而且应当进行以提高人的基本综合素质为目的的“通识教育”。“通识教育”的基本要求,就是要求在现代大学教育工作中坚持人文、社会科学教育与现代自然科学及技术教育相结合的综合性教育。这种综合性的趋势正符合了知识经济社会对高素质、高智力人才的需求。目前国内一些学者提出的“坚持人文精神、科学素养、创新能力的三者统一,是现代大学教育的主要核心”和“贯彻教学、科研、产业的三结合是现代大学办学的基本道路”等观点,正是对上述趋势的呼应。

这里特别要提起的是,由于计算机的出现和迅速发展,各门学科的数量化的趋势更促进了数学和其他学科之间的结合。在这种背景下,数学本身的统一性,除了体现于各门子学科之间的相互渗透以外,还反映在连续与离散、线性与非线性、定量与定性,确定性与随机性等方面的统一研究。这种统一性趋势的发展,使得从理工到社会人文各个学科对数学的要求普遍提高。反映到大学数学的教学上,就应适当增加基础知识的内容,加强数学建模的能力,更好地体现数学的人文内涵。

2. 学科发展的多变性与教育发展的终身性趋势

当今知识更新的速度之快,每一个从事科研与教学工作的人都会有深刻的体验,今天在大学里学习的许多内容若干年后可能“面目全非”,甚至完全陌生。在知识经济社会,知识更新更会加速,人们用“知识爆炸”来形容其发展速度。作为知识系统化体现的学科,则表现为其发展的多变性,特别是那些技术性、专业性较强的学科,这一趋势将十分突出。

从高等教育方面来看,由于今天知识的激增,专门学科的多变,任何一所高等学校都不可能教授给学生任何一个专业的全部、甚至大部分知识;任何一个毕业于高等学校的专业人员都得不断学习,否则就会落后于时代。再者,由于社会的物质和文化生活水平的不断提高,改变“终身职业制”成为社会发展的必然,人们择职的自由度日益增大。因此,那种认为教育只是为青年设置、并且只是在学校里进行的传统观念,那种只为人们在投身社会之前一次性完成学校教育的传统模式,已不能再继续下去了。它必将逐渐过渡到在一生中根据需要和兴趣不断接受教育的“终身教育”。这样一来,大学教育就将从原有的职业性教育,转变为终身教育的一个重要的基础性教育阶段。因而,原来的“专业教育”必然逐步转变为“素质教育”。也就是着重于培育学生的思想素质、文化素质、专业素质与获取新知识的能力;而在大学阶段主要要求打好一个比较广泛而扎实的基础,特别是语言和数学基础,因为它们是人类交往与学习新知识不可缺少的工具。目前在我国高等教育改革中强调的“加强基础,淡化专业”的思路正是体现了这种趋势。

3. 学科发展的“数学化”与数学应用的普及化趋势

我们知道,知识是人类对客观世界各种事物及其运动认识的总和。所有事物都有质和量的两个方面,任何运动和发展都有量变与质变两种相互区分又相互转换的形态。而数学科学,如苏联 1964 年版《哲学百科全书》中的定义,“是一门撇开内容只研究形式和关系的科学。数学首要和基本的对象是数量的和空间的关系和形式。”“一般来说,数学的对象可以包括客观现实中的任何形式和关系……”这个定义是恩格斯在《反杜林论》一书中把数学定义为“研究客观世界数量关系和空间形式的科学”的继承和扩展,我们认为是比较全面和科学的,较好地反映出数学与现实世界、数学与其他学科的密切关系。事实上,一门学科在刚开始发展的阶段,其概念与方法往往多是质的定性描述,少有定量的数学表达。一般认为,对一门学科来说,其基本概念与方法的数学表述和运用(略称为“数学化”)的水平,正是衡量其发展成熟程度的一个重要标志。因此,“数学化”也是学科发展的一个值得注意的趋势。

由于各门学科的发展对数学理论和方法的需求,特别是近年来科技、生产的发展及计算机应用的普及,使得数学与人的各种实践活动更加贴近,形成了一种数学“无处不在,无所不用”的普及化趋势。在运用中,人们进一步认识到:数学不只是一种重要的“工具”或“方法”,同时是一种思维模式,即“数学思维”;不仅是一门学科,还是一种文化,即“数学文化”;不仅是一些知识,还是人的一种素质,即“数学素质”。如果说 21 世纪的竞争主要体现于人才的竞争,那么提高全民的“数学素养”将是其中的一个重要方面。因此(20 世纪)90 年代国外有所谓“大众数学”的说法,其实质应该是通过数学教育,来提高所有受教育者的认识和处理数形规律、逻辑关系及抽象模式的知识和能力,同时培育他们的理性思维和审美情操。

(三)知识经济社会对大学数学教育改革的要求

从前面对知识经济社会特征的分析,我们可以认识到,大学教育,为了能胜任造就满足知识社会需求的大批高素质、高智力人才的任务,面临着十分繁重的教育改革的课题。作为大学教育的最重要的基础课程之一的数学,其改革更是首当其冲。从我们前面已经分析的知识经济对学科的发展和大学教育可能产生的几方面深刻的影响来看,大学数学的改革首先要有教学观念的根本性变化。如果从高等教育发展的综合性及终身性趋势来考察数学教育的基础作用时,我们就会跳出只把数学作为“学习其他相关课程的基础”这种相对狭隘的认识圈子,看到它不仅是学习其他课程的基础,还是整个大学教育的一个基础,甚至是终身接受教育的一个基础。根据数学内容和思维方式的特点,以及它的应用的广泛性,这一论断已经被越来越多的人所理解,在本文后面的不少地方我们还将给予尽可能充分的论述。还有,因为知识经济的两个特性:对知识数字化的表述与处理,以及对问题认识的综合与统一观念,正是数学科学研究对象所具有的特征。这样,知识经济社会的到来,一方面将为数学科学的发展带来无限的生机,将使数学这个一直被认为处于社会经济活动边缘(甚至以外)的科学,被树于中央位置;另一方面,大学的数学教育就必须培养能处理知识经济社会提出的大量现实的数学问题或潜在的数学问题的人才。这种形势对大学数学的改革提出了前所未有的挑战,要求数学在教学内容、体系有新的突破,教学方式和方法、教学环节和手段要反映时代水平。本文主要是就大学数学教育改革的几个大的原则和理论问题以及改革方案的框架进行探讨,更全面和深入的问题有待今后进一步立项研究。

三、历史的启示

(一) 国外大学数学教育改革情况的简要回顾

科学和技术的进步,在给人类物质文明带来巨大繁荣的同时,也造成了人口压力、生态破坏、环境污染、资源枯竭等诸多危机。反映在大学教育上,过分“专业化”的严重后果就是加剧了大学教育中的单纯技术观点、功利主义的倾向;导致了人的片面发展和人文精神的滑坡。难怪联合国教科文组织总干事费德里克·马约尔惊呼:全世界几乎所有国家的高等教育都处于危机之中。可见,高等教育的改革是一个世界性的问题,事实上,各国也都一直在根据自身的具体情况进行着高等教育的改革。作为高等教育中一个重要组成部分的数学教育当然也是如此。

这里,值得一提的是 20 世纪五六十年代的“新数学教育浪潮”。当时的背景是,苏联地球人造卫星上天,引起世界震惊。特别是美国则近乎惶恐。他们分析苏联在空间科学方面成功的原因时,看到了苏联在教育上的成功。特别注意到苏联对数学教育的重视:他们有一套较完善的数学教育体系,有较好的教材,重视数学教育的研究工作;特别是有许多著名数学家关心并参与数学教育。美国教育家们认为,美国的数学教育是不成功的,不但学生的数学成绩与别国相比排名在后,而且学生不喜欢数学。这样引起了美国科教界和政界对美国数学教育的高度重视。从而,一个“数学教育现代化”的浪潮首先出现在美国,接着波及几乎全世界。在这个浪潮中,许多国家(也包括当时的苏联)在中学进行了数学教育现代化的试验,编写了不少新大纲、新教材,创造了一些新的教学方法。这场改革的目标是想按照现代数学的主要结构(主要是代数结构和拓扑结构)来改造中小学课程,以提高学生对数学科学的理解能力。到(20 世纪)70 年代,“新数学教育改革”经过十多年的实践,其效果与人们的希望相差甚远,学生计算能力和几何直观能力都很差,不能用所学的数学知识去解决日常生活中常见的问题,影响了学生的就业和升学,因此遭到了普遍的尖锐批评。人们喊出了“回到基础”的口号。这样,一场起意良好,波及世界,坚持十年的数学改革浪潮,以失败告终。改革虽然没有成功,但我们对那些数学改革的先行者们的敏锐眼光、勇气和魄力表示敬佩,对他们给后人留下来宝贵的失败教训和其中点滴的成功经验表示感谢。在后来的 20 年,人们吸取了教训,数学的教学改革更加深入和成熟,没有了前面的大起大伏。这里讲的虽然是中小学的数学教育改革,但是其思想、经验和教训对大学数学的改革是同样有指导意义的。关于国外数学教育的研究情况，还应提起的是美国国家研究委员会于1984年、1989年与1990年相继提出的三个报告：《振兴美国数学——未来的关键资源》《人人关心数学教育的未来》及《振兴美国数学——90年代的计划》。从这些报告中，我们可以看到，自“新数学教育浪潮”之后，美国政府对数学教育，包括大学数学教育与数学研究工作一直是比较重视的。

回顾历次世界范围的数学教育改革，归纳起来，可以认为主要是围绕着以下三个问题展开。

第一个是**数学教学内容如何现代化的问题**，实际是继承和发展的关系问题。因为数学内容具有很强的继承性，“新数学教育浪潮”失败的原因之一就是对这个关系处理不当。法国是在“新数学教育浪潮”起伏中一个较成功的例子，他们的中学教材相当抽象，集合论、群、环、体以及线性代数的内容不少。在1971年颁布新中学教学大纲时，大多数学校都能接受；经过10年努力，基本成功。新一代的数学教师队伍形成了，他们拥护改革，把改革成果坚持了下来。法国的大学数学从教材看，起点比较高，现代内容也比较多。美国在“新数学教育浪潮”之后，中学数学教育“回到了基础”。大学的数学教学情况，从几所著名大学，比如普林斯顿大学、斯坦福大学、加州理工学院等的面向2000年的新的教学计划看，本科阶段必修的数学学分多在25左右，内容仍是微积分、微分方程、线性代数等，而把一些以近代内容为主的数学课程列入了选修。现在，关于这个问题的争论仍很激烈。比如在欧洲目前有一种做法，把大学本科非数学类专业的数学内容大加简化，他们认为没必要让每个大学生都花太多时间去学数学，只要有点基础，满足其他课程最低需要就行了，因为是终身教育，什么时候要深入时再去学。这种观点有一定的代表性，也有一定道理。但我们认为，这种看法忽略了数学对教育人的全面影响以及基础课程学习的最佳年龄段。

第二个是**数学基础教学内容要不要或如何与实际结合的问题**，其实质是理论和实际的关系问题，这也是数学独具特色之处。因为虽然从根本上讲数学的产生和发展都是与客观实际相联系的，但数学的一个理论体系一旦形成，它可以脱离实际而独立存在，并且可以有相当的发展。在这方面，欧洲大致有两种传统：一种以英国为代表，秉承牛顿传统，强调数学与应用的结合；另一种以法、德为代表，强调数学理论的完整性。实际上这方面的争议早就存在，1904年德国著名的几何学家克莱茵在题为《关于数学和物理教学的问题》的报告中就提出数学教育中应提倡数学理论应用于实际。顺便提一下，在同一报告中他还强调数学教学应该运用教育学、心理学的观点来指导教学活动。这一点在今天还是有指导意义的。关于数学教学中结合应用的不同观点的争议是正常的，促进了数学科学与教育的前进，也反映了处于不同发展阶段和不同国家与民族的文化传统。显然，这种争议还在继续，但一定会螺旋式地上升。

第三个是**数学教学中计算工具,包括计算机软件的作用问题**。这是计算机普及以后产生的新问题。因为有了计算器特别是计算机,有一种观点认为应当减少一些计算器能胜任的基本运算,如代数推导、微分、积分等,腾出时间来加强概念或应用的训练,并且做了不少研究和试验工作,取得了相当的进展。也有不少人反对,他们引用"新数学教育浪潮"失败的教训,提出"还是实实在在把基本内容教好"。在近几届世界数学教育大会上,这些都是争论的热点。

(二)我国大学数学教育改革情况及存在的主要问题

半个世纪以来,我国的现代大学教育,伴随着国家社会主义政治和经济发展的进程,经历了"全面学苏",多次"教育改革",直到今天的"改革开放",在波浪式地发展中壮大,形成了今天的规模。在这个过程中,大学非数学类专业高等数学的教学改革几乎没有停顿过。这一段时期的数学教学应该说大体上适应了计划经济体制下培养大批各方面专门人才的需要,为社会做出了重要贡献。其中,凝聚着我国几代数学教育工作者的智慧和心血。

在我国历次的大学数学教育改革中,所涉及的问题与多数国家数学教学改革的问题大体一致,但由于我国的具体情况,侧重点往往是数学联系实际的问题。在改革开放以前相当长的一段时间里,非数学类专业数学教学的基本任务是:数学教学为专业,甚至为专业课服务。像前面提到的那样,在大学教育的过分"专业教育"化的趋势下,这样的提法也是自然的,但我们却走得更远;再加上长期封闭,不了解别的国家数学教育情况,甚至对苏联的改革情况也不清楚,没有对比很难发现问题。另外,对"数学基础教学与专业的关系"这类问题的不同意见,本应是关于教学的学术观点,是可以讨论和试验的问题,却被不恰当地说成为思想意识问题,甚至政治问题。因此不同的看法也难以发表。(20 世纪)80 年代以来,我国的改革开放给教改也带来了春天,许多禁区被打开了,人们的思想也解放了。封闭了许多年,当了解几十年来世界所发生的变化时,才认识到我们落后了,必须奋起直追。这时候,人们发现:作为一个发展中的国家,正面对着社会主义市场经济的一系列严峻挑战:资源、环境、人口的压力越来越大,信息和知识的增长越来越快,技术和产品更新的周期越来越短;加上以智力资源和创新竞争力为基础的知识经济的迅速登场,使得在原有计划经济体制下形成的许多教育观念、教学体制、课程体系、教学内容和方法中存在的问题,在今天我国经济体制转轨的形势和市场经济潮流的冲击下,变得愈来愈明显。

从大学数学教育的角度来看,存在的主要问题可以概括为以下几点:

首先是过分强调"专业教育",形成了对大学数学教育的作用的片面理解:"为专业服务。"而且这种认识是作为教育指导思想体现在教学的各个环节,由于时间长,其影响的深度与广度是不能低估的。就是在当前,在相当大一部分教学干部和教师对这个问题的认识可能仍然如此,因为以前并没有认真去研究过"大学数学课程在大学教育中的作用是什么"。

第二,由于以造就"毕业就能工作的专家、工程师"为培养目标,急于加速教学进程,再加上我国重课堂教学的传统和数学课程有严密逻辑体系的特殊性,在数学教学中使用"注入式"的教学方式可以说是"根深蒂固"。

第三,由于非数学类专业数学教师教学任务一般都很重,再加上在理工科院校将不结合实际的数学科研视为脱离实际,因此从事数学基础课教学的教师长期不接触科研,真正成了"教书匠",使他们的业务水平和教学水平难以提高。

这些问题,面对21世纪严峻的挑战,使得大学数学教育与当前教育发展形势的不适应性更加突出,其后果主要反映在以下几个方面:

对学生,由于专业过细、对基础课作用的理解过于片面,导致他们知识面偏窄(特别是数学知识),眼界不广,缺乏创造力,往往表现为"后劲"不足。

对教师,由于课程内容单调,教学计划和大纲过死,导致他们只能对书本和考试负责,难以顾及对学生能力和素质的培养,影响了教师积极性的发挥与本身的成长。

在教材上,内容相对陈旧,体系单一,缺乏鼓励教师创新教材的机制,以至教材种类虽多,却给人"千人一面"的印象,给学生掌握数学思想和方法、学习数学新知识造成困难。

在教学方法上,过于偏重符号演算和解题技巧的训练,忽视从直观(主要来自应用和美感)和问题背景方面的引导。往往走的是一条只讲推理不讲道理的"最捷"路线,使学生难以生动活泼、主动地学习。

(三)搞好我国大学数学教育应抓住的几个方面

在20世纪最后的这十年里,特别是近几年来,随着国家经济的高速发展,我国高等教育迎来了大讨论、大改革的好形势。这次教育改革无论是中央的重视程度、方针政策的求实精神、资金的投入力度以及研究问题的深广度都是前所未有的。和过去的历次教改一样,数学教学的改革仍是重点之一。而不同的是,没有局限于过去一直纠缠不清的数学与实际的关系问题,而首先把数学教育摆在21世纪社会发展的背景下,提到大学素质教育的高度上来回顾过去、审视现在和计划未来;采用立项的管理方式,把数学教育的研究纳入科学研究的轨道,提供了必要的经费支持,组织了一批研究队伍,使研究能从理论和实践两个方面去突破。确实,近年来数学教学改革取得很大进展,对当前大学数学教学的状况和存在的问题有了一个较全面和深入的估计;对数学教育在大学教育中的作用有所明确;涌现了一些立意新颖,面向时代的数学课程内容、结构、体系改革的新方案、新教材和新课程;改革数学教学方法,引进新的教学手段的研究和实践工作引起了广大数学教师的重视。但是发展很不平衡,系统研究和综合实验不够,特别是,从大面上来看,传统的数学教学方式和方法还没有太大的变化,数学教学内容的更新更是步履维艰。为适应新世纪人才培养对数学教育的新要求,全面有成效地做好调整体系、更新内容、改革方法等工作,从根本上改变我国非数学类专业大学数学教育的被动局面,还任重道远。就目前我国非数学类专业的高等数学教学现状看来,其中首要的仍是教育思想和教学观念的转变。对于大学非数学类专业的数学基础课教学来说,当前应从认识上明确以下几点:

1. 对数学教育在大学教育中的作用应有一个较全面的认识

在计划经济体制下的教育模式中,大学对专门人才的培养是“倒置式”的:由国家计划确定专业设置,根据专业口径制订教学计划,课程按专业课—专业基础课—基础课的顺序安排,特别强调后者要为前者服务。对数学基础教育来说,由于过分强调“为专业服务”的一面,忽视了数学作为一个理性思辨系统内在的统一性和数学对学生全面素质教育的特殊作用,从而一直对数学教育在大学教育中的作用缺乏一个全面的认识。总结我国多次教改中正反两个方面的经验与教训,正确、全面地认识这个问题,对我国大学数学教学改革是具有指导意义的。实际上,数学是培养和造就各类高层次专门人才的共同基础。对非数学类专业的学生,大学数学基础课的作用至少有以下三个方面:

它是学生掌握数学工具的主要课程 这一作用对培养非数学类专业学生是非常重要的,是“专业素质”的重要内容。目前的问题是:一方面,教师应研究如何在整个数学教学中更有效地使学生掌握和运用这个工具,以及在基础课阶段如何打好这方面的基础。另一方面要防止对“工具性”的理解过窄,把数学基础课看成只是为某几门专业课程服务的工具,甚至是专门应付某些考试的工具。

它是学生培养理性思维的重要载体 数学研究的是各种抽象的“数”和“形”的模式结构,运用的主要是逻辑、思辨和推演等理性思维方法。大量的事实证明,它不但不是“脱离实际”的无用理论,而是源于实际,又指导实际的一种思维创造。这种理性思维的训练,其作用是其他学科难以替代的。而这种理性思维的培养对大学学生全面素质的提高,分析能力的加强,创新意识的启迪都是至关重要的。当前的问题是我们缺乏这方面教学的成熟经验和好的教材。

它是学生接受美感熏陶的一条途径 数学是美学四大中心建构(史诗、音乐、造型和数学)之一,数学美也是人审美素质的一部分。随着人类文明的发展和科学的进步,这一事实也逐渐为人们所认识。实际上,数学为之努力的目标:将杂乱整理为有序,使经验升华为规律,寻求各种物质运动的简洁统一的数学表达等,都是数学美的体现,也是人类对美感的追求。这种追求对一个人精神世界的陶冶起着潜移默化的影响,而且往往是一种创新的动力。当前还只能说应该重视数学在美育上的作用,具体在教学和教材中如何体现,还需进一步探索。

上述三方面的作用是统一的,但在具体要求上,针对不同类型的学校、专业和学生应有不同侧重的方面,以期在数学教学中能全面体现知识、能力和素质的统一。

2. 重点应解决大学数学课程体系和内容更新的问题

从清末废科举，兴学校以来，直到新中国成立前，我国高等学校在科技方面的教育基本上一直是沿袭欧美模式。数学教学的内容，在20世纪50年代以前，除了如物理等少数专业外，大部分理工科的数学必修课程只限于简单的微积分和微分方程，医农等专业的数学课程则更少，而人文和社会科学类专业基本上就没有必修的数学课程。50年代高等学校全面引进了当时的苏联模式，形成了一种按行业的需要培养专门人才的专业教育，专业课程的设置着眼于行业知识的要求；数学等基础课则以服务于专业课程为主要目标，数学的教学内容比以前有所增加。这种体系和指导思想事实上一直延续到现在。虽然，80年代以来由于使用计算机的需要，线性代数(以计算为主)和数值方法在一部分学校成为数学必修课，但从指导思想来说仍然是“专业教育”，教学内容的变化也非常有限；加上后来一些不适当的评估，考研等引发的“应试教育”的影响，更助长了片面追求解题技巧的倾向，使改革的思路更加模糊。

然而，由于20世纪的后半叶计算机技术的飞跃发展，人们对现代数学的作用有了更多的认识；特别是近30年来，数学已经开始大步地从科学技术的幕后直接走到了前台，出现了在经济与产业中大显身手的所谓“现代数学技术”。例如，运筹优化、工程控制、信息处理、数理统计、科学计算、模糊识别、图像重建等，都是现代数学的原理和方法与计算机相结合而产生的“数学技术”。它们渗透、应用到各部门、各行业，与相关技术结合而形成了这些领域中的所谓高新技术。当今一些发达国家，对于运用数学来提高经济组织水平，从制订宏观上的战略性规划，直到产品的储存、调度、运输以至市场预测、金融、保险业务分析等方面，都取得了显著的进展。一方面，上述一切意味着数学已从传统的自然科学和工程技术，进一步渗入现代社会与经济的许多领域，并逐渐成为它们不可缺少的支柱之一。另一方面，由于科技发展带来的一系列问题，需要人们以理性的态度重新审视人与社会和人与自然之间的关系。这些都要求在大学数学教育中，加强在工具性及理性方面的训练。因此调整大学数学基础课课程体系，适当更新教学内容已是刻不容缓的任务。

3. 改革以应付各类考试为目的的“注入式”教学

近些年来，由于多种因素引发的单纯应试的教学，使考分在学生的评奖、考研、分配等方面起着几乎是决定性的作用；有的甚至把学生的考分作为评价教师的主要依据。致使教师为考试而教，学生为考试而学。考什么，教师讲什么，学生学什么。为了提高班级的平均成绩，教师花费不少时间和精力去进行题型教学。与之相应的是“注入式”的教学方法目前在我国的大学教学中仍占据着主要地位。这种教学法的特点，一是在课堂上围绕各种题型讲细、讲透，试图让学生“一听就懂”。这种做法，不仅课堂信息量少，而且必然助长学生学习上的依赖心理，养成懒于思考的劣习，严重阻碍着创新意识和创新能力的培养。二是课后不留余地，使学生以题代学，埋头做题，很少看书，忽视数学概念、思想的学习，数学应用也注意不够，更谈不上创新意识的培育。有的数学教师在调查中深切感到“与五六十年代相比，现在学生的逻辑思维和推理能力有明显下降，很多学生证明题做得很差，逻辑混乱，因果关系都弄不清楚”，这种情况是有一定代表性的。

造成“注入式”、应试型教学的原因是多方面的，其中，最本质的因素是教学观念的陈旧，我国传统的教育，从小学到中学都是瞄准考试，学生上课被动听讲，下课埋头做题。处在学习阶段特别是低年级的大学生，对培养素质和能力的重要性是认识不足的。他们常以能否在课堂听得很明白，课后是否无须复习就能做作业来衡量教师教学的好坏，而学生的考试成绩往往是学校领导部门衡量教学质量的主要标志，也是大多数社会用人单位录用人才的重要依据等。因此，要改革教学方法必须转变教学思想、更新教学观念。这不仅是教师的事，也是各级领导和全社会的事。应该大造舆论，制定政策，积极鼓励教师进行各种形式的，旨在充分调动学生学习积极性和主观能动性、培养创新精神和创新能力的教学方法。

还有一个值得注意的数学习题课的问题。近年来在教学内容改革中，数学课的内容有所增加，而数学基础课的学时不断减少。以“微积分”课程为例，“文革”前重点院校一般都在300学时以上，而目前普遍减到200学时以下。除内容有所精练并考虑到改革因素外，学时下降的重要原因是实际上取消了独立的习题课。现在看来，这种做法的后果并不好，需要重新认真考虑。

4. 大力加强师资队伍的建设

近几年来，全国重点院校中从事非数学类专业数学教学的教师队伍情况比过去有所好转，一批年轻教师，其中不少具有博士学位，充实了这个行列。一般院校的数学教师中，具有硕士学位的青年教师比例也在增加。这是一种可喜的现象，说明后继有人。但有些学校的领导还没有及时地把这一战略性的工作摆在应有的高度。例如尽管明知应该由最有学术水平和教学经验的教师来教基础课，有些学校还是要把教师按研究生教学、高年级教学、基础课教学的次序分成等级。这种导向对培养高素质人才是很不利的。另外从青年教师队伍本身来看，也有令人担忧的地方：一是思想不够稳定。二是处理不好科研与教学的关系。在重点院校一般有重科研轻教学的客观氛围，在一般院校往往存在只教学无科研的问题；作为一个高等院校的数学老师，如果没有亲身体验过某种创造性的工作，那就很难要求他能够去启发、引导、帮助和鉴别他的学生的创造性活动，因此创造一定条件，让青年教师参与一些科研工作是提高大学数学师资水平的重要措施。三是对青年教师进行基本的师德教育、优良教学传统教育不够得力。此外，青年教师中多是数学系出身，对非数学类专业数学教学的重要性及其难度了解不够，对教学内容的改革认识不足，需要一个自觉磨炼的过程。因此各方面都应当切实关心和帮助他们尽快完成这一过程。

四、改革的原则

（一）大学数学教育改革的指导思想

随着数学在现代社会中的作用和地位逐渐为人们所认识，必然使得大学数学基础课程的结构及其内容的改革，引起各方的深切关注。这里首要之点是改革的指导思想和主要原则。我们认为，总的改革指导思想应该是在邓小平同志提出的"面向现代化，面向世界，面向未来"的原则下，培养基础扎实、知识面宽、能力强、素质高的各类专门人才。由此出发，结合数学本身的特殊性，就大学数学教改的指导思想提出以下的初步意见：

高瞻远瞩，注重长期效应。高等教育是"百年树人"的基础性事业，大学数学教育是这一基业的一块重要基石。这种基石的作用要求对大学数学教育的改革必须高瞻远瞩。也就是说，对未来（至少五年以后）社会人才应具备的知识、能力、素质有合理的估计，对数学教育的要求应大体明确；对数学及其相关学科未来的发展趋势有科学的预测。这种基石的作用要求在大学数学教育的改革上注重基础的长期效应，不能急功近利。也就是说，要正确地认识和妥善处理数学基础教育的"两重性"：它是学习其他许多知识的重要工具，即所谓"工具性"；同时，数学作为"理性思维"的典型，它在"素质教育"中有无可替代的重要作用，我们称之为"素质性"，这方面的内容前面已有所涉及，后面还将作进一步的阐述。在这两重性中，根据今后教育终身化，高等教育基础化的发展趋势，以及我国对这方面长期忽视和片面认识的历史和影响，我们认为，在大学数学教育的改革中，今后一段时间，应注重对数学教育中体现其"素质性"的研究和实践。其实，我国古代科学家徐光启对数学教育的素质功能早有精辟之见。1606 年至 1607 年他和意大利传教士利玛窦（Matteo Ricci，1552—1610）合译《几何原本》时就写道："此书为益，能令学理者祛其浮气，练其精心，学事者资其定法，发其巧思，故举世无一人不当学。"今天，许多深有造诣的科学家、工程师，甚至一些事业有成的企业家，在谈起大学教育对他们成长的影响时，无不强调基础课教育的作用，还特别提到数学严格的逻辑思维，严密的推理方法的训练使他们受益匪浅，这就是"素质性"的长期效应。在培养大批 21 世纪高素质竞争性人才上更应该注意这一点。我们在改革方案中，适当压缩微积分的学时，而加强代数，增加几何，以及提倡在人文类专业中增设大学数学课程等就是基于这一指导思想。

综合考虑，整体优化。大学数学教育作为高等教育的一部分，其改革当然要纳入整个的教育改革的大系统中进行综合考虑。这意味着，首先应明确数学教育在各类人才培养中的定位和作用；在教学计划上应确保数学课程必要的教学时数和教学条件，把数学教学安排在合理时段；在课程设置和内容选择上要尽可能进行整合与优化。这里有三个整合关系，一个是专业性课程与基础性课程的整合，一个是各基础性课程间的整合,还有一个是数学基础课中不同课程间的整合。理顺这些整合关系,实际是一个在一定约束条件下的多目标优化问题。显然,如果条件限制过多,目标要求太高,这种优化的解很可能是不存在的。我们在制订教学计划时,总要求数学基本知识要更牢固一些,近代数学内容能多一些,数学应用能力要强一些,而又要求数学课的计划学时再减少一些。这种优化方案可行解的存在,取决于把握"适度目标"。为了处理好这个问题,应从三个不同层次上来考虑:首先从不同学校培养目标和学制的条件对数学基础课教学提出合适的要求,给出必要的学时;其次,要为使用数学的其他课程和教学环节创造条件,让他们在其课程中适当阐述数学的作用;这里还包括开出一些数学与其他学科交叉的新课程;最后,最基本的措施是数学课程本身在内容体系上的整合优化。我们在下面所提的改革方案中,提供了一个有弹性的参考学时框架;并行开设"微积分"与"代数与几何"两门课程;将计算方法、统计方法和优化方法最基本的内容融合在一起并与数学模型、计算机软件应用有机地结合,形成一门实践性的数学新课程"数学实验"等措施,都是力求体现这个原则。

突出基础,加强应用。基础的重要性是公认的,问题在于"什么是基础"。这里既要依据历史的经验,更要看到未来的要求。例如,对理工类专业,数学作为基础课是没有争议的,尽管多数人的着眼点也许仅限于数学"工具性"这一面。然而对多数人文学科来讲,过去基础课中没有数学,今后是否要加上?我们认为,只要全面认识了数学对培养人才的作用以及未来"知识经济"发展的趋势,当前的现状迟早会改变的。接着的问题是:"数学基础课的内容是什么?"这里除了对数学的认识,历史的经验和未来的要求外,还有一个课程体系本身的继承性的因素,这一点在数学学科上表现比较突出。对数学教学改革来讲,正确认识"基础"与"应用"以及它们之间的相互关系,是关系到改革成败的关键之一。对于"加强应用",我们将它理解为一个基于数学教学,结合相关课程,体现在各有关实践环节的整个教学过程。在这方面数学教师当然责无旁贷,但这也是其他相关课程应共同担负的责任。

无论从数学学科的历史发展和它的作用,还是从历次数学教学改革的经验教训来看,如果以人才的素质教育为基本目标,大学数学教学仍应以分析、代数与几何为基础内容。至于内容的深度和广度当然与培养对象有关,但最基本的要求则应大体相同。基于"重视基础,加强应用"原则的考虑,我们在改革方案中建议设立四门"数学核心课程",包括微积分、代数与几何、随机数学与数学实验。

(二)大学数学教育改革中的几个重要关系

大学数学教育改革是一项很细致的工作,这里有很多问题的处理既要有原则,又必须讲灵活。根据历次数学教育改革的经验和教训,下面从正确处理几方面的关系来讨论数学教改中的一些带原则性的问题。

1. 体现素质教育,注意处理好知识传授与素质培育的关系

关于"素质"及"素质教育",近年来有大量的论述。我们认为,素质是人认识和处理事物的一种心身品质,它是以先天生理条件为基础,在后天环境的影响下逐渐形成的;从教育的角度看,人的某种素质具体地表现为关于这方面的悟性与潜能。而素质教育则是用系统知识的熔炼来铸造人们优良素质的过程。世界上任何客观存在都有其"数"与"形"的属性特征,由于数学科学的进展,人们对"数"与"形"的认识已由直观的数量关系和空间形式提高到内涵更深、外延更广的抽象的"数学结构"和"空间概念"。人们认识事物的这种"数""形"属性与处理其相应关系的悟性与潜能显然是人的一种素质,我们称之为数学素质。在知识经济社会中数字化、信息化趋势的背景下,具备这种素质的重要性就更为突出。在素质教育中,大学数学教育,从教育的主体(即教育的主要目标及相应的教学行为)上来考虑,其灵魂正是数学素质,也就是前面提到的"素质性"。因为,从数学本身来看,特别是现代数学,本质上是一个从大量客观现象中抽象出来的理性思辨系统。因而其教育除了展示它如何从生动的客观事物的规律中吸取营养和提供工具外,主要的就是理性的思维技术和掌握数学工具的训练,这就是数学素质的教育。虽然它也传授"知识",但数学的这种"知识",除了与物质内容相结合从而作为为其他学科服务的"工具性"这一面之外,还有(以前往往被人忽视)作为一种传授素质的载体这一面的作用。数学教学中的素质教育,就是教师把生动活泼的理性思辨通过知识载体,对学生实施能动的心理和智能的导引;这是一种启迪智慧,开发悟性,挖掘潜能的高级教学行为。事实上,任何知识的传输过程,同时也在造就学生的某种素质,不管教师自觉还是不自觉。譬如,同一门数学课,优秀的教材和教学可以启发学生的兴趣和美感,激发学生的创造激情;而不当的教学,可能会用一大堆教条式的知识把学生灌成食古不化的书呆子,甚至引发学生对数学的恐惧乃至厌恶。两种不同的效果取决于对数学教育不同的认识和教师本身的素质。我们强调素质的教育,并不是说可以忽视数学知识的灌输,这里强调的是要善于运用这些"知识载体",使学生不但学会用数学,而且获得理性思维的培育和美感情操的熏陶。

数学以它的工具性、理性精神和美感成为当今社会文化中的一个基础组成部分,在即将到来的21世纪的社会里,一个人若不知数学技术为何物,理性思维贫乏而又缺乏审美意识,则必然影响到他的整体素质;他在工作和处世中,洞察、判断以及创造的能力,必将受到很大的限制。因此,在人才竞争日趋激烈的社会中,数学文化修养,对于一个社会成员来说,已不是一种"时髦",而是工作、学习和人际交往中的一种实在需要了。

对于今天的一名大学生来讲,今后要在复杂多变与竞争激烈的社会中立足与发展,他在学校里首先就要有意识地培养适应未来社会的素质与能力。大学只是他终生学习中最重要的基础台阶。在这个阶段,他应当在教师的帮助下,通过合适

的知识载体,不断地、自觉地学习和提高自己选择、吸取和整理知识与信息的能力。数学,正是这样一种重要的载体。在大学的数学教育中,打好数学基础,意味着初步掌握了一种现代科学的语言和工具,学到一种理性的思维模式,培育一种审美的情操;这一切构成的正是人才素质的重要组成部分——数学素质。数学,是一个蕴藏智慧的宝库,是培育人的优秀的思维品格的园地。一个从事数学教育的教师,他的事业,就是通过用自己的智慧,去唤起千百人智慧的不朽劳动。当我们自觉意识到这一点的时候,就会以此而感到自豪。

数学素质的具体内涵相当丰富,全面而深入地予以揭示,还有待于更深入的研究。这里就其最为突出和比较公认的几个特征简要地概括如下:

抽取事物"数""形"属性的敏锐意识。人对事物的数与形属性认识的进程实际上是人类文明发展水平的重要标志。千百年来,在这种认识的历史长河中,许多的数学学科产生发展起来,同时也逐渐形成了人们抽取事物"数""形"属性的敏锐意识,这是数学素质的重要特征。在今天的数学中,"数""形"的概念已发展到很高的境地。比如,非数之"数"的众多代数结构,像群、环、域等;无形之"形"的一些抽象空间,像线性空间、拓扑空间、流形,以及广义相对论中把引力这一"力"的概念归结到时空测地线的曲率这一几何形象等。另外这种数学素质还应包括在大量数据中梳理和发现规律这个方面,比如,在历史上,从浩瀚的天文观察数据中发现行星运行规律的开普勒三大定律,到利用微分方程的计算发现海王星的历史事实,这些惊世之作不但闪烁着人类智慧的光芒,同时也昭示着在未来"数字化、信息化"的社会中,培育这种"数形化"意识的极端重要性和由此而提供的广阔的创造空间。

利用"抽象模式、结构"研究事物的思维方式。前面已经提到,现代核心数学理论,本质上是一个理性思辨系统,它反映的是现实世界中各种物质及其运动机理在拓广了概念的"数"和"形"方面的一般规律,其中并不包含任何现实具体的质方面的内容。这一点与其他许多学科有着本质的差别,这是数学的特殊性。这种特殊性表现在数学研究采用"模式化"或"结构化"的思维方式,也就是通过一些抽象的数学概念与关系形成一些"抽象模式"或"数学结构",当然这种理性模式是从大量客观现象中抽象出来的,而它一旦形成,人们就可以在这个自封闭的理论系统中去进行研究,发现规律和证明论断。近几十年来,由于电子计算机的发展和应用,原来难以实现的许多数学计算和几何形象成为举手之劳,因此这种模式研究的思维方式逐渐成为研究现实问题很有效的一种形式——数学模型。数学模型是对现象和过程进行合理的抽象和量化,然后运用数学演算来进行模拟(包括用计算机进行数值模拟)和验证的一种模式化思维。它是人类在探索自然和社会的运作机理中所运用的十分有效的方法,也是数学应用于科学技术与社会的基本途径。从众多的事物和现象中找出共同性和本质内涵并描述成数学模式的抽象化思维,也是人类赖以认识和发现世界的最基本的思维方法,它与分析、归纳和类比等常用方法一起,是数学大厦中的主干。

借助符号和逻辑系统进行严密演绎的探索习性。由于数学研究的对象多是具有一定抽象性的模式,因此运用数学去发现规律,检验正误的惯用方法与许多学科,特别是实验学科很不相同。从已知的事理出发,借助符号和逻辑系统进行严密演绎和论证,推求新的事实和论证猜想,这就是众所周知的逻辑性思维。这种探求和论证方法是数学的"看家本领",是数学研究的一种习性,也是科学发现的一种重要的方法。例如,海王星、电磁波、黑洞、正电子……重大发现都是首先从数学上推算出来的。关于这方面的内容我们都十分熟悉。这里只强调两点:首先,这种逻辑推理的习性也是数学素质的体现,据研究,人的右脑正是管理这方面的功能,我们应该通过数学的教育来加以合理的开发;其次,我们要看到由于计算机与人工智能的研究,人的一些基本逻辑思维很可能延伸给计算机系统,这时候人的这方面的素质会有更大的发展。

上述三方面数学素质的特征是相互联系的,在实际的教育过程中是无法分割的,所有的大学生都应该得到这些方面的综合培育。当然,对于数学类专业和非数学类专业的学生;对非数学类专业中,理、工、农、医及人文类专业的学生,其数学素质培育的侧重点,深度和广度都会有所差别。这些问题有待于我们在具体的数学教改的研究和实践中探索解决。

2. 抓住课程体系和内容更新,处理好数学知识的继承性与现代化的关系

现行数学基础课教材的主体部分,大体上是 19 世纪以前的数学。这与物理、化学、生物等其他基础课教材恰成反照,后者大多是从 19 世纪讲起的。因此大学数学教材现代化的问题就显得很突出。不过在这个问题上我们要慎重。在大学数学教材中适当加入一些现代数学中公认为最具基础性的内容,这是不可回避的。但也必须考虑到另一面:前面已经提到,基础数学是一种思辨的科学,有其特殊性。它的体系是由逻辑来构筑的,是一层一层由下而上串联式的构造。昔日重要的数学知识,是今日数学的"逻辑基础",舍弃了前者会影响后面的学习。例如牛顿的微积分已有三百多年的历史,但今天它仍是现代数学的一块基石,是不能随便"吐故"的。这一点与别的学科有所不同。对于别的学科,19 世纪以前的学说过时了,就可以被扬弃,尽管前后的知识也有继承性,但前者不必是后者的直接逻辑基础,舍弃了并不影响对后者的学习。此外,还有一个重要的原因,就是这部分数学内容,在今天仍有较广泛的应用,例如微积分还是许多学科的数学基础。因此,大学数学教材内容的"现代化"与其他学科教材内容的现代化,概念应有所不同,不能简单地以教材中罗列了多少现代的内容作为衡量的尺度。我们以为,大学数学教材内容现代化,大致上可包括如下几个方面:首先,经典的数学内容要尽可能用现代数学的观点与语言来统率;同时应适当地介绍某些现代数学在经典数学中的

“根”。其次,对那些已经构成相关学科基础部分的现代数学重大成果,应尽可能编入教材,至少应作一通俗简介。最后,使学生具有以后自学相关专业所需现代数学的必要基础。

同样重要的是:应该适当删掉一些内容,例如一些过于烦琐的推理和完全可用计算器代替的计算;一些相对陈旧,在现代科学中没有发展前景的概念、方法等。总之,面对近两个世纪的积累,如何处理其基础内容的“新陈代谢”是个很大的难题。光靠“外延式”增加学时是行不通的,应该在课程的结构及内容的改革上下工夫。

3. 注意教学方法改革,处理好教师主导和学生主动的关系

一旦大学数学课程的教学体系与内容基本确定之后,教学方法就成为教学质量的关键问题。显然,基础数学的教学过程绝不是人对数形规律认识过程的重复,但应该遵循认识过程的基本规律;它也不能是数学问题研究过程的模拟,但应体现数学特有的研究方法和思维方式。数学教学包括教与学两个方面,是一个通过教师主导的多种教学活动,使学生获得学习数学的主动性的综合过程。所谓主动性至少有这几方面的意思:一是有学习数学的兴趣和动力;二是能在教师适当引导下进行自学;三是在学习过程中能独立钻研并提出问题;四是能把教师传授的和自己自学的有关知识,通过加工消化,建构起即使是简单而不完善的,但属于自己的知识体系。而教学方法则是实现这一过程的有效措施和途径。一般来说,有三种主要的教学方式。

第一种是“传授式”教学法,它主要是通过课堂教学,老师的讲授达到传授知识的目的。这是我们数学教学中的传统方式,其效果的优劣取决于教师的教学和学术水平以及表述能力。好的讲课可使学生终身不忘,一生受益;而其反面则是“照本宣科”,或者是对学生进行“注入式”的教学方法。

第二种是“示例式”或“示范式”教学法,这是指教师通过自身提出、分析和解决一个比较综合性的问题来给学生以示范,让学生在对示例的挖掘和思考中进行学习。从中外教育史的比较中可以看到,中国传统的数学教学主要是传授“例子加口诀”,而西方则偏重于“定理和证明”。我们在数学教学中不应轻视前者,科学和数学发展历史中不乏这样的事实,对一个富于启发性的典型例子或者一个简单而深刻的问题的研究,可能带动某些重大方向的发展。因为这种例子正是启迪悟性,引发创意的导引。

第三种是“建构式”教学法,其基本观点是认为学生的数学学习不是一个被动的接受过程,而是一个主动的建构过程。即数学知识不能从教师迁移到学生,而必须基于学生对知识的体察,从自身经验的反省,与环境,包括与他人的交流中主动地建构起来。

这三种方法互相补充,对不同的对象,在不同的阶段,起着不同的作用。学生

要通过教学过程来建构自己的知识体系，没有教师必要的知识和能力的传授，缺少教师的亲身示例是难以实现的。因此，一位优秀的大学教师，他的教学应当是灵活地运用这三种方法，利用自己在长期教学和科研实践中所积累起来的对数学思想和研究方法的体会，通过具体教学内容的传授，对学生言传身教，引导他们去分析、去提出问题、去研究、去创新，取得启迪悟性，挖掘潜能的效果。另外，学生学习和了解数学的过程不单纯是一个认识过程，这里也有意志的锤炼，感情的陶冶等非智力品德的培养。因此教师还应注意以数学的人文精神培育学生的理性精神和审美情操；平等地与学生讨论问题，满腔热忱地鼓励他们多提问题、大胆发表不同意见；细心发现学生的点滴创新意识和培植他们的创新精神；老师的一言一行对学生，特别是对刚进大学不久的低年级学生影响是很大的，因此作为基础课的教师应尽量争取做学生的良师益友。

另外，考试是教和学的一个重要指挥棒，也是促使教学改革的一种催化剂。如果考试内容和方法既能检查学生对基本知识的掌握情况，又能测试出学生通过本门课程学习所获得的知识和能力的情况，那么这种考试必将对师生的教和学产生良好的影响，也会促进教学改革的步伐。我们高兴地看到，在教育部的倡导和推动下，探索新的人才质量评判标准已开始为各级领导所重视，一些中小学的考试内容和方法已开始有所变化。在大学教学改革中也开始有了试点。

4. 重视数学实践环节，注意处理好数学基础训练与数学应用意识和能力培养的关系

由于计算机的普及和一批功能强大的数学软件系统的出现，使数学的作用和数学教学发生了深刻的变化。它使大量数据的采集和处理成为可行，也使得数学建模成为一种实验的手段。从而大大推进了数学在各个领域中的应用。在这种形势下，在大学数学的教学中，“一张纸，一支笔”的训练方式就显得远远不够了。在对问题进行了初步的分析和归纳的基础上，数学思想与计算机的结合，已成为现代数学教学的一种重要方式。我国高校在这方面已有一些经验，例如“数学模型”课，自20世纪80年代初首次在国内开设以来，现在开设此课的高校已发展到几百所，很受学生的欢迎。尤其是一年一届的全国高校数学建模竞赛，更吸引了大批各类专业的学生，推动了数学教学改革。目前以加强数学“实践环节”为目的的“数学实验”课程已在一些高校进行试验。初步结果是令人鼓舞的。建议有条件的高校进一步创造条件（例如，建立数学实验室）逐步正式开设以学生自己动手为主的，运用计算机和数学解决问题的“数学实验”新课程。在形式和内容上可不拘一格，大胆创新，不断试验，力争在三五年内形成几种不同风格和特色的课程。

5. 提倡多种方案试验，注意处理好改革指导思想基本一致与因校制宜，发挥所长，办出特色的关系

我们要以数学统一性的观点，从素质教育的高度，来设计数学基础课程的体

系。根据上面的论述，建议把微积分、代数、几何、随机数学以及数学实验作为大学非数学类专业的必修基础课程，并把这一系列课程统称为“大学数学”。对于具体课程的设置及其基本要求，可在上述观点和认识下，结合各类学校、不同类型专业的特点，根据自身情况研究制订。大学数学的课堂教学学时应保持基本稳定。建议：对一般理工和财经管理类专业，上述基础必修课的学时不应少于300，其中少数对数学要求较低的学校和专业也不应少于240学时；对农林类各专业，这些课程的学时数不应少于200；医科类力争不少于140学时；目前文科专业还未普遍开设数学基础课，但从时代发展和对学生全面素质的要求来看，在这类专业中开设数学课程是必然趋势。因此，建议有关教育领导部门积极创造条件，逐步在文科类专业中普遍开设数学基础课程，并争取学时数达到140。还有，根据数学学科的特点和历史的经验，数学课程的安排不可过于集中，一般都不应少于两个学期。

我们要充分认识数学教改的艰巨性。因为，从纵向来看，大学数学的教学内容改革必须面对数学科学两个多世纪的不断积累，以及它很强的逻辑系统；从横向来看，我们又要考虑数学与其他学科间的互相渗透，生长出许多交叉学科的发展趋势；此外还要注意数学本身的特点。因此，数学教学内容的改革，是一项十分艰巨的任务。在这方面国内外都有不少经验和教训。一方面，我们应大胆创新，努力实践，鼓励百花齐放，争取突破；另一方面，必须遵循数学和科学发展自身的规律，在大面积的教学上，要谨慎从事。

相对其他课程来说，大学数学这门课的共性比较强，因此在改革中比较容易出现忽视各校自身特点的问题。交流经验，取长补短，固然十分重要。但是，我国各类学校情况相差很大，培养人才的方面也不尽相同。因此必须强调：指导思想应求基本一致，具体做法则要因校制宜；百花齐放，突出特色，不拘一格培育人才。要办出特色必须重视基础。为此各校要确保数学基础课必要的学时，大力加强数学基础课师资队伍的建设，应该挑选一批水平较高而又有志于改革的数学教师，为他们创造必要的条件，鼓励他们潜心研究和大胆实践；在制订校、系培养计划时，应邀请数学基础课教师代表参加，把“重视基础”落到实处。同时，建议对现行的某些不利于数学基础课改革的一些措施，例如研究生入学考试中数学统考的内容和方式，各种教学评估的标准和办法等，适当改进，以创造更宽松的教学改革的外部环境。

五、方案的框架

为了使大学数学课程结构和内容既体现素质教育，又能更好地为专业服务，必须依靠各方面，尤其是广大教师的共同努力，从不同的角度进行探索。因此在课程体系的改革上，必须坚持“多样性”。以下是本课题组建议的一种课程结构的设计方案。

建议把非数学类专业的数学课程分为三个平台：即数学基础课，限选数学课及任选数学课。第一平台的数学基础课重点是进行上述数学素质的训练，不再限于古典的“高等数学”(微积分)。第二平台的限选数学课,则着眼于继续巩固数学素质教育效果的同时,使课程内容向相关专业靠拢。最后一个平台的任选数学课则完全根据各校需求的情况自行安排。

这里,着重对第一平台(基础课)的课程加以说明。

(一) 数学基础课

这一平台的目的是加强学生的基本训练。建议在三到四学期,300 学时左右的框架内,讲授微积分、几何、代数、随机数学和数学实验这五(四)门课程。

在一般情况下,一个大学新生所具有的数学基本知识,大体包括初等代数,平面和立体几何,平面三角和解析几何。从能力来说,有较好的计算和解题能力,在推理、抽象和几何直观等方面所受的训练较少,从数学中所受的理性和美感的熏陶几乎谈不上。要求他在大学前两年的学习中打好一个较全面的数学基础,困难是相当大的。加之对他们中的绝大多数来说,这也许是打好数学基础的最后阶段,所以精心选好基础课的内容是极其重要的。

微积分是传统的基础课。这门课的主要作用是它的工具性,这是经过长期历史考验的共识。它和 19 世纪出现的“数学分析”是训练重点不很相同的两门课。长期以来我们的“高等数学”课程企图把二者结合起来,结果似乎都不太理想。然而这门课是引导学生从离散运算提升到连续运算的必经之门。这里的建议是把“微积分”这门课分为四部分:传统的一元微积分(称之为“直观基础上的微积分”),极限论(称之为“理性基础上的微积分”),多元微积分和微积分的主要应用(微分方程和微分几何)。第一部分是最低要求,主要训练学生的计算和应用能力,必须配以习题课并严格要求。第二部分着重于推理能力和理性的培育。后两部分有些推理可以少讲(例如以二、三元代替一般的 n 元函数),或利用合情推理,或以典型的例子来代替。第三部分中包含了复变函数的导数与积分的最基本的内容,希望用较少时间扩大学生的知识面。第四部分介绍微积分的两个重要的应用方面,这部分可以根据专业的需要情况比较灵活地处理。

代数与几何(如果有条件,可以分为两门独立的课程)也是传统的基础课程。代数是现代数学的重要基础,是从数值和符号计算提升到一般代数结构的运算(线性空间及其上的线性映射)的重要台阶。它除了具有广泛的工具意义外,重要的是培育学生的抽象和逻辑推理的习惯。几何在历史上曾长期居于数学的中心地位,但近五十年来它几乎从数学基础课中消失,致使广大的非数学类专业的学生缺乏对各种“形”(远不止一般意义的物体的外形)进行数学处理(例如各种不同运动下的不变因数)的意识,也很少想到用图形来体现某种抽象的结构,即缺乏抽象类比和形象思维的熏陶,造成“得意忘形”(多数情况下应该说“弃形难以得意”)的缺憾。建议在数学基础课中加上射影几何初步及非欧几何(椭圆和双曲几何)的简单模型。

随机数学是一门引导学生从传统的确定性思维进入确定-随机性思维的一门基础课。这种思维模式已经日益广泛地进入现代科技的各个领域。这门课与传统课程“概率论”的不同之处在于它不追求数学理论的严密,而把重点放在通过几个典型的例子,搞清楚随机的概念以及处理随机事件和过程的基本方法。

数学实验能够加强学生使用计算机的动手能力与应用意识,也是开设这门课的目的。这个以“实验”命名的课程要求以学生自己动手为主,教师的工作主要是介绍必要的数学工具(一般包括数值方法,统计计算和优化方法)、帮助选题、组织讨论和评改作业。一般课堂讲授时间不超过全部学时的一半。

通过以上四门课的训练,希望使学生对现代数学基础部分的基本内容有一个比较统一的了解;对计算、形式推理、抽象、空间和随机模式的理解以及动手运用数学等方面具有一定的能力;初步掌握数学语言及理性思维的模式。

(二)限选数学课

这一平台的目的是使学生对应用较广的现代数学分支有一些广泛的理解。它的课程结构可采用模块式,教学方式应少用串联式推理,多用综合类比与示例性的“合情推理”。建议模块有现代几何、随机过程、数学物理方法、数值分析、运筹学等。每个模块覆盖 1~3 门课,每门学时 40 左右。最低限选门数由各校自行确定(可以不选)。

六、改革方案试点的情况

一开始我们就提到,本课题各子课题基本上是独立进行研究工作,因此除本文前节提出的改革方案框架之外,各子课题也都根据自身特点提出了一些改革设想,并且,或在总体方案上进行了较系统的改革试点,或对某一门数学课程的改革进行试验,或对编写的带改革尝试的新教材进行试教等。现已进行的改革方案和新教材试点工作有:

1)《大学数学》系列课程改革试验

第一轮实验:1998 年 8 月至 2000 年 2 月,在清华大学计算机系、工程物理系、中文系及英文系等四个系进行了大学数学系列课程——一元微积分、多元微积分及其应用、代数与几何和随机数学改革的全面试验;上述课程第二轮实验:1999 年 8 月至 2001 年 2 月,正在清华大学计算机系、汽车系、机械系及化工系部分专业进行。

2)在清华大学、北京大学、北京师范大学及中国科技大学进行了大学数学——数学实验课程的改革试验。

3)北京师范大学非数学类专业各系的数学课程改革方案于 1999 年下半年开始试验。

4)湘潭大学非数学类专业各系的数学课程改革方案于 1999 年下半年开始试验。

5）复旦大学新教材《高等数学教程》已在经济学院进行试验。

6）浙江大学新教材《线性代数》已在工科试用。

7）郑州大学新教材《高等数学教程》已在理工科试用。

8）武汉大学新教材《高等数学教程》1998年开始在物理类专业进行试验。

9）内蒙古大学新教材《微积分简明教程》已在理科系试用。

以上所有的试点工作目前都在继续进行，各子课题的负责教师都在教学第一线参加实践，设计试点方案，编写和修改教材。试点开始以来，各方面（包括教务部门，有关专业及学生）的反映一般良好。考虑到这种试点工作牵涉的面较广（例如师资、学生质量等），两三年内很难作出合适评价。我们已建议各试点单位，分析已进行的试验情况，注意及时发现问题和总结经验，经过一段时间的工作后，再进行进一步的交流和研讨，同时给予适当的评估。

项目鉴定意见

“高等理科教育面向21世纪教学内容和课程体系改革计划第一批项目”（编号01-1）由清华大学主持，十四所大学共同完成。2000年1月18日在全国高等学校教学研究中心主持下召开了项目研究成果鉴定会。鉴定委员会委员在会前仔细审阅了项目组事先提供的有关书面材料，会上认真听取了项目组代表的汇报。经全面、深入的讨论与评议，鉴定委员会对该项目的研究工作和成果作出如下鉴定意见：

第一，项目组全面、高质量地完成了项目协定书所规定的目标。委员们对项目组中十多所大学合作研究，以及所取得的丰硕成果，具有深刻印象。

第二，该项目选择非数学类专业大学数学教育与教学的规律作为研究目标，这既有较高的理论意义，又有十分重要的现实价值。项目组突破了我国几十年来数学教学的严重“专业教育”倾向的框框，以时代发展为背景，站在素质教育的高度，在分析历史、调查现况以及踏实研究的基础上，对非数学类专业教学改革的许多理论和实践问题，提出了一些很有见地的观点和认识，这是对数学教育的一份贡献。

第三，《面向21世纪非数学类专业高等数学教学改革研究报告》是一篇集中系统地体现项目组主要研究成果的文章。其中，不少理论观点既有广泛的群众认识基础，又有必要的概括和提高，比如，关于知识经济的发展对大学数学教育影响趋势的概括；关于对国内大学数学教育改革情况及存在问题的分析；关于“素质”“素质教育”和“数学素质”明确的理解；关于大学数学教育在大学非数学类专业教育中三个主要作用的定位，以及对非数学类专业大学数学教学改革的一些原则的探讨，等等。本研究报告中对改革中应处理好的一些关系及政策性问题提出的一些看法和建议，具体设计的一个非数学类专业基础数学课程体系的结构和内容的框架，对当前蓬勃开展的大学数学教育改革有很强的理论和实际指导作用。委员们对文章作了仔细的评阅，认为文章背景较广，立论较高，观点明确，论述有力，是一篇很有分量的好论文。

第四,项目组的各参研学校都有各自的教改实践与编写的新教材,这反映了他们的成果有一定的实践基础。值得提倡的是,他们没有去收集反映改革成就的师生溢美之词,而是实在地提出,由于改革方案提出及其试验时间较短,希望在多次实践后再作评价。委员们赞赏这种态度,并希望有关领导部门给他们进一步创造条件,使其试验继续下去,取得实效并在推广和使用中继续修改和提高。

第五,鉴于当前大学数学教育改革发展很不平衡,非数学类专业数学教学中的许多原则问题有待统一认识,建议将项目组的研究报告作些必要的修改,以适当形式印刷成册,并通过有关研讨会,在有关部门和人员中特别是大学师生中进行广泛宣传,使其起到应有的作用。

工科数学系列课程教学改革研究报告

项目总负责人　马知恩

项目主持学校　西安交通大学

一、引言

从新中国成立至今,历史已经跨越了半个世纪。半个世纪以来,作为历史悠久的一门学科,数学的发展出现了空前繁荣的局面。由于数学各个分支的研究取得了许多重大的突破,数学的各个分支之间、数学与其他科学之间的相互交叉、相互渗透,不但改变了数学科学的面貌,提高了它在科学中的地位,而且极大地推动了科学技术和社会经济的发展,促进了人类文明的进步。人们越来越相信,良好的数学素养,不但是科技人员攀登科技高峰,获取创造性成果的必备条件,也是现代人类科学文化素质的重要方面。因此,如何加强和改进数学教育已成为世界许多国家在进行高等教育改革中普遍关注的一个重要问题。

新中国成立以后,我国在加强和改进数学教育方面做了许多工作。在历次教学改革中,各级领导和广大教师都曾对高等工科院校数学课程的教学进行过许多有益的改革研究和改革实践,使得我国工科数学的教学质量逐步得到提高。然而,由于种种原因,总地来看,近五十年来,工科数学课程教学内容和课程体系变化不大,与当代科学技术的迅猛发展以及我国21世纪对培养高素质创新型人才的需求还相距甚远。因此,在世纪之交,如何对工科数学系列课程的教学内容和课程体系进行认真系统的改革研究,以适应科学技术和经济、社会发展的需要,适应21世纪国家对高质量人才的需要,就成为我们这一代数学教育工作者的光荣历史使命!

1995年底,经原国家教委批准,我们承担了《高等教育面向21世纪教学内容和课程体系改革计划》中工科类编号为03-11的立项课题的研究任务，项目名称为“数学系列课程教学内容和课程体系改革的研究与实践”。参加该项目研究的共有13所高等院校，它们是：西安交通大学、大连理工大学、同济大学、电子科技大学、四川大学、吉林大学（原吉林工业大学）、大连海事大学、清华大学、上海交通大学、东南大学、西北工业大学、重庆大学和华南理工大学。课题组按照全面规划、集中领导、统一部署、避免重复研究的精神，将整个项目分解为15个子项目，涵盖教育思想、教学内容与课程体系、教学方法与教学手段等方面，由参加项目研究的各校分别承担。为了保证研究成果的质量，我们在课题组内外引入竞争机制。对改革教材中除已被评为国家级和教育部的重点教材之外的，均在课题组内由各院校分工承担研制项目，同时还向全国公开招标，欢迎课题组外的院校和教师投标，并通过专家评审，择优选用。

在原国家教委（现教育部）指导下，在有关院校的大力支持下，参加本项目研究的13所院校的百余名教师在近五年的时间内，召开了多次报告会和专题研讨会，就工科数学教学改革中的一系列重大问题与数学界、工程科学界的专家以及工作在工科数学教学第一线的广大教师进行了广泛的讨论。我们从新时代对工科数学课程教学的要求出发，认真总结了新中国成立以后我国工科数学课程教学改革的经验和教训，充分吸取国外同行的有益经验；对工科数学教学内容和课程体系提出了系统的改革思路和改革方案；按照改革思路和改革方案编写了系列配套改革教材，进行了教学试点；对教学方法和考试方法进行了专题研究和改革试点；研制了多媒体教学软件和计算机辅助教学软件。这份研究报告，就是本课题组研究工作的初步总结。由于教学改革是一项长期的系统工程，改革成果的好坏需要在教学实践中检验，因此，我们真诚地欢迎数学界同行们和工程科学界的专家学者们的批评和指教，更希望理工科院校的广大数学教师积极参加教学改革，在改革实践中提出新思想、新方案和新经验。

二、21世纪的发展背景及对工科数学课程的教学要求

人类已经跨入21世纪。展望新世纪的发展前景，研究新世纪的时代特征，研究我国社会主义市场经济的建立和发展趋势，对于把握教学改革的方向，使教学改革适应时代的要求，具有重要的意义。课题组在进行课程的教学改革时，在研究改革思路和改革方案时，始终注意面向21世纪、面向未来，把时代和国家对于人才的需求和当前的改革紧密结合起来。

1. 知识经济时代的到来要求高等教育把培养高素质创新型人才作为根本目标

20世纪是科学技术、世界经济和人类文明取得空前发展和巨大进步的世纪。人们在通过对20世纪科学技术和经济发展深入研究的基础上，预测到21世纪世界将进入“知识经济时代”。所谓知识经济，是继农业经济、工业经济之后的第三

个社会形态。这个时代的主要特征是:知识和能力将成为主要的社会资源和生产要素,知识的产生和创新、知识的传播和应用是经济和社会发展的核心,劳动者的素质和高素质的创造性人才是社会发展的关键,创新是知识经济发展的灵魂。因此,知识经济时代是知识和经济一体化的时代。知识和技术的创新,高新技术的产业化,重视高素质创新型人才的培养是衡量国家综合国力的主要标志。

近几年来,党和国家的领导人对于21世纪的时代特征和科教兴国的战略给予了极大的关注,发表了一系列重要讲话,采取了一系列重大措施。1998年,江泽民总书记在北京大学校庆100周年大会上指出:“当今世界科学技术突飞猛进,知识经济已见端倪,国力竞争日趋激烈。”在1999年8月23日召开的全国技术创新大会上,他又进一步指出:“当今世界综合国力竞争的核心,是知识创新、技术创新和高新技术产业化。”在第三届全国教育工作会议上,江泽民同志针对当前的教育改革,要求我们“必须转变那种妨碍学生创新精神和创新能力的教育观念、教育模式,特别是由教师单向灌输知识,以考试分数作为衡量教育成果的唯一标准以及划一呆板的教育教学制度,要下工夫造就一批真正能站在世界科学技术前沿的学术带头人和尖子人才”。

中央领导同志的讲话,向我们明确指出了21世纪对高等教育的要求,就是要面对知识经济时代的到来,培养一大批高素质创新型人才。如果今后二三十年内我们不能培养出足够数量的具有创新精神和创新能力的科技人才,特别是能站在世界科技前沿,具有参与国际竞争能力的大师级人才;如果我们不能在科技领域创造出具有世界领先水平的新思想、新理论、新方法和新技术,并把它们迅速地转化为生产力,我们就要落后,就会在激烈的国际竞争中打败仗,就无法立足于世界之林。由于我国的科学技术与先进国家还有相当的差距,因此,要赶超世界科技的先进水平,必须实现科技的“跨越式”发展。这就要求我们能培养出更多勇于攀登科技高峰、善于进行科技创新的优秀人才。这既是对整个高等教育的要求,也是对工科数学课程教学改革的要求。作为高等工程教育重要基础的工科数学课程,必须面对时代的挑战,锐意改革,使它在培养学生创新精神和创新能力方面,在培养世界级的“种子选手”“登山队员”方面发挥应有的作用。

2. 当代科技加速增长和急剧变革的发展趋势要求高等教育应从“职业教育”转变为“终身教育”

20世纪中叶以来,科学技术呈现出加速发展和急剧变革的趋势,人类进入了知识信息“大爆炸”的时代。有人统计,人类的科技知识,19世纪是每50年增加一倍,20世纪中叶是每10年增加一倍,进入20世纪90年代以后,每3~5年增加一倍。由于科技知识的激增,新兴学科的不断涌现,知识更新的速度也在不断加快。1945年以来,现代科学技术的发展经历了5次急剧变革,即核能的利用、宇宙空间的开发、遗传和生命过程的揭秘和控制、微机的生产和使用、软件的开发和产业化,每次改革都只用了大约10年时间。当前以计算机技术为代表的电子技术、信息科学和软件产业的发展以及以基因学为代表的生命科学的巨大突破,使人们有理由相信,在即将到来的知识经济时代,这种增长和变化趋势必定会更加鲜明。

当代科技发展的上述特点,要求高等教育必须改变那种传统的“职业教育”观念。大学阶段不可能传授给学生从事任何一种职业(专业)终身够用的知识,大学毕业生走上工作岗位后必须不断地学习和更新自己的知识,以适应工作和科技发展的需要。因此,必须转变那种在走向工作岗位之前一次性地完成终身需要的所有知识的传统“职业教育”观念,使大学教育成为“终身教育”的一个基础性教育阶段。在这个阶段中,要把培养学生获取新知识的能力作为重点。为此,应当全面提高学生的素质,为今后在工作中知识的不断更新打下一个比较广泛而坚实的基础。这就要求我们在工科数学的教学改革中,改变过去那种仅着眼于传授数学知识的倾向,通过必要的数学知识的传授,培养终身所需要的良好的数学素养和能力。这就要求我们从终身所需要的基础、素养、能力出发去深入探讨教学内容、课程体系和教学方法的改革。

3. 当代科技的高度综合化发展趋势要求高等教育拓宽专业口径,加强综合应用能力的培养

20世纪以前,人类对自然界的认识,科学技术的发展,经历了由统一到逐步分化的过程。20世纪以后,由于生产力的高度发展,人类遇到了更加复杂的问题,往往需要综合运用多种学科知识才能解决,因此,科学技术的发展,呈现出既高度分化又高度综合、而以高度综合为主要特征的统一化趋势。不但各学科内部的不同分支相互结合、相互渗透,而且各学科之间也相互交叉、相互融合,出现了理工结合、文理渗透的局面。新的跨学科研究领域不断涌现,新兴的边缘学科不断形成。例如,能源科学、材料科学、生命科学、环境科学、信息科学、控制理论等,无一不需要借助于多种学科从多种角度来进行综合研究。所谓高科技,就是科学知识密集的技术。航空航天技术是集数学、物理学、力学、计算机科学、材料科学等为一体的研究;新能源技术则是集化学、物理学、地学、海洋学为一体的研究。可以预见,21世纪将是不同领域科学技术创造性相互融合的时代。

面对当代科学技术高度综合化的趋势,我国高等教育应当如何改革,适应新世纪需要的科技人才应当具备怎样的知识结构呢?这是当前教学改革中应当深入研究的问题。我们认为:(1)应当拓宽专业口径,加强基础课程的教学。专业口径太窄,学生毕业后无法适应科技发展的综合化的需要,只有具有宽厚的基础知识的人,才能具有较强的适应性和应变能力。(2)坚持人文精神、科学素养和创新能力相统一的综合性教育,加强对学生综合应用能力的培养。这就要求我们必须突破原有学科和课程的界限,进行课程重组。对工科数学而言,不但要对数学众多分支之间进行课程和内容的重组,制订新的课程设置方案,而且要加强数学与其他学科

之间的联系，认真解决数学脱离实际的问题，大力加强对学生综合应用数学和其他各种学科的知识解决实际问题的能力的培养。

4. 数学在当代科学中地位的巨大变化，数学与当代科技的高度融合，要求高等教育全面提高学生的数学素养，培养应用数学的能力

在20世纪中叶以来的半个世纪中，伴随着现代科学技术的发展，数学科学呈现出一派空前繁荣的局面。概括地说，主要表现在以下两个方面：

(1) 数学科学的面貌和它在科学中的地位发生了显著的变化

由于数学各分支的研究取得了许多重大的突破，由于数学的各分支之间、数学与其他学科之间的相互交叉、相互渗透，极大地改变了数学的面貌，提高了它在科学中的地位。泛函分析、拓扑、近世代数已经取代经典数学中的数学分析、高等几何、高等代数，成为现代数学的三大基础；非线性、非局部、非正规、非确定等问题的研究越来越受到人们的重视；现代数学在理论上更加抽象，方法上更加综合，应用上更加广泛；出于数学与计算机和软件技术的相互结合产生了科学计算理论和方法，并且科学计算已与理论研究和科学实验并列为科学研究的三大基本手段；现代数学、计算机技术与现代科学技术的有机结合产生了所谓“数学技术”；数学与生命科学、经济科学及社会科学的结合，产生了诸如生物数学、经济数学、金融数学等许多新的分支。因此，人们已把数学科学与自然科学、社会科学并列为基础科学的三大领域。数学已不仅是一种工具，而且是一种思维模式；不仅是一种知识，而且是一种素养；不仅是一门科学，而且是一种文化。众多的有识之士都将能否运用数学观念定量思维作为衡量民族文化素质的一个标志，将提高数学素养作为提高民族文化水平的一个重要途径。

(2) 数学已经被融入现代科学技术，现代科学技术的发展正在出现所有方向“数学化”的趋势

1997年10月在西安交通大学召开的当代工程科学的进展与工科数学课程教学改革报告会上，工程科学方面的院士和专家们的报告使与会代表得到极大的启示。大家深深地感到，与二三十年前有很大不同的是，当代工程科学的发展对于数学的需求越来越广，越来越深，越来越高。专家们普遍认为，当代工程科学不仅需要诸如微积分、线性代数、微分方程、概率统计、复变函数与积分变换等经典的数学知识，而且涉及大量现代数学的概念和理论。那些过去被认为非常抽象的数学分支(例如，泛函分析、拓扑、近世代数等)以及近年来发展起来的许多新领域(例如，分形、小波、神经网络等)在现代工程科学中都得到了应用。当代高技术的高精度、高速度、高自动、高安全、高质量、高效率等，要求所研究的数学模型和数学方法由低维到高维(甚至无限维)、由自治到时变、由线性到非线性、由局部到整体、由正规到奇异、由稳定到分支、混沌。专家们说：“数学已融入工科专业，数学的表达已成为现代科学技术的内容。”“没有足够的数学知识，已无法学习本专业，没有良好

的数学素养已无法在工程技术上有所创新”。无怪乎人们赞同这样的看法,高技术“本质上是一种数学技术”,在当代社会中,数学正在显示出第一生产力的本性。

国外许多科学家对于数学在当代科学技术发展中的重要作用,对于加强数学研究和教育也给予了高度的重视。例如,2000 年 11 月,美国 NSF (美国国家科学基金委员会)的主席、生物学家 Rita Colwell,在说明为什么该委员会提出了一个大幅度增加对数学科学研究资助的计划时指出,这个计划背后的动力是科学和工程所有方向的“数学化”。她认为,对科学技术的一切进展来说,数学是一个“跳板”。数学既是洞察的有力工具,也是科学的“世界语”。基础数学形成的概念和结构经常最终是正确的框架而应用在那些看上去没有关系的方向上。

当代数学科学发展的上述状况,使我们感到必须重新认识数学在高等工程教育中的地位和作用。必须改进数学仅仅是学习后继课程的工具和工程计算的方法的观念,真正树立良好的数学是攀登现代科技高峰的必要基础,是现代人类科学和文化素质的重要方面的思想。因此,改善和加强数学教育是教学改革的一项重要任务。虽然在大学本科阶段不可能为学生提供“终身够用”的数学知识,但却应当为学生打下“终身受用”的数学基础,提高学生的数学素养,培养继续学习数学和应用数学的良好能力。我们认为,对工科大学生来说,提高“数学素养”应当从两个方面着手:① 适当拓宽和加强数学基础;② 加强应用数学知识解决实际问题的意识、兴趣和能力的培养。后面,我们对这两个方面还将作更详细的阐述。

5. 我国社会主义市场经济的建立和发展,要求高等教育必须努力提高学生的应变能力,尊重个性,发挥特长,实行按层次分流培养

当前,我国正在由计划经济向社会主义市场经济过渡,世界经济正在走向全球一体化。我国已经加入世界贸易组织,这就使我们要面对发达国家的严峻挑战,面对激烈的国际竞争。因此,我国高等教育必须适应市场经济和国际竞争的需要,培养符合我国社会主义建设需要的各种不同类型的人才:既要培养大批工作在生产和管理工作第一线的技术人员和干部,又要培养一批面向世界,能参与国际竞争的高层次研究开发型人才。现在,我国毕业分配制度已由统一分配转向双向选择、自主择业,学生毕业后可能由于市场需求的变化和本人的志向不同由一种职业向其他职业不断地分流。有的本科毕业后直接参加工作,有的则要攻读硕士、博士等更高层次的学位,有的工作几年后希望再回到学校继续深造。近两年来,随着国家建设的需要和人们对接受高等教育的迫切要求,高等院校不断扩大招生规模,可以预见,21 世纪初,我国高等教育将由“精英教育”阶段进入“大众化教育”阶段。在这种情况下,同一学校甚至同一个专业,学生之间的差异必然扩大。面对这种变化的形势,我们应当着眼于学生的未来,增强他们的适应性,提高他们的应变能力。为适应这一需要,也必须像前面提到的那样,为他们打下宽厚的数学基础,培养良好的数学素养,使他们具有更新知识的能力。同时,还应当构建多样化的人才培养模

式，制订更有弹性的培养方案，实行更加灵活的学分制，尊重个性，发挥特长，实施按层次分流培养，促进优秀人才的脱颖而出，为各种不同类型人才的成长创造有利的环境和机制。就数学课程的教学改革而言，应当改变在计划经济体制下统一教学模式、统一教学要求的局面，采用适应培养不同类型人才需要的不同教学模式、教学要求和教学方法。

综上所述，面对21世纪的挑战，我国工科数学课程教学改革应当以教学内容和课程体系的改革为核心，逐步实现内容和体系的新突破；应当拓宽和加强数学基础，提高学生应用数学解决实际问题的意识、兴趣和能力，全面提高学生的数学素养；应当转变教学思想和教学观念，在进行教学内容和课程体系改革的同时，改革教学方法和教学手段；应当充分重视人才个性和特长的发展，实行按层次分流培养；应当努力培养学生的创新精神和创新能力，造就一批高素质的创新型人才。这些，就是工科数学教学改革的出发点和落脚点。

三、目前我国工科数学课程教学的现状

1. 我国高等教育和工科数学课程教学改革的简要回顾

新中国成立以后到现在，我国的高等教育经历了艰辛的发展和改革历程。概括地说，可分成六个阶段。

第一阶段（1952—1958年） 1952年开始全面学习苏联，由新中国成立前的“欧美模式”转向“全盘苏化”。按照苏联的模式，进行了院系调整，制订了教学计划和教学大纲，一批苏联的教科书被翻译出版，采用了苏联的一套教学管理和教学方法。现在看来，除理工分家的院系调整值得商榷外，许多做法在当时是十分必要的，使我国高等教育经过很短时期的过渡就基本适应了计划经济的需要，走向了正规化。这个阶段中，在学习苏联的同时，也出版了少量的我国自己编写的教材，如樊映川、朱公谨教授的《高等数学》等。

第二阶段（1958—1962年） 从1958年毛泽东主席提出“教育为无产阶级政治服务，教育与生产劳动相结合”的教育方针开始，进行了第一次教育革命和教学改革。从工科数学的教学改革来看，当时主要精力集中在贯彻辩证唯物主义思想，加强理论联系实际，冲破旧的课程体系，增加工程所需要的教学内容等方面。现在看来这些改革方向仍然是正确的。不少教师在编写符合我国实际情况的新教材以及理论联系实际等方面进行了大胆的探索与改革，其中不少改革思想和经验是值得吸取的。但是，当时对教学改革的认识过于简单化，一哄而起，鱼龙混杂，许多做法和改革成果比较粗糙；事后又未能认真鉴别总结，一哄而散，致使许多正确的改革思想和幼苗在简单的否定中被淹埋。尽管如此，这次教学改革锻炼了队伍，在不少教师的思想里播下了改革的火种。以27所院校集体编写的《高等数学》系列教材为例，虽然由于不够成熟而未能推广使用，但他们所提出的工科数学的课程设置和教学内容大都被继承了下来，并于1962年正式纳入了部颁教学大纲，对以后教学质量的提高产生了重要的影响。

第三阶段(1962—1966年) 1962年在“调整、巩固、充实、提高”八字方针的指引下,教育部设立了各基础课与技术基础课的“教材编审委员会”。我国的工科数学在“高等数学课程教材编审委员会”的指导下,进行了系统的课程建设,修订了高等数学课程的教学大纲,制订了工程数学课程的教学大纲;评选出版了一批新教材(如清华大学、西安交通大学、北京理工大学陈荩民编写的《高等数学》教材等);召开了全国工科数学的教学经验交流会;强调了基本概念、基本理论、基本运算的“三基”教学要求;1965年,按照毛泽东主席提出教学要“少而精”的“七三”指示,进行了一些课程内容和教学要求的改革。这一阶段的课程建设工作是比较扎实的,在稳定教学秩序、提高教学质量方面发挥了积极的作用,但在很大程度上仍受到苏联教育思想和教学体系的束缚。虽然后期有华罗庚、关肇直、赵访熊等著名数学家分别编写的《高等数学》教材问世,然而,在苏联教育框架的桎梏下,未能在教坛上引起足够的重视和流传。

第四阶段(1966—1977年) 伴随着“文化大革命”,在极“左”思潮的统治下,我国高等教育受到了极大的冲击和破坏,处于停滞和倒退的状态,“大学”被简单化为“大家都来学”。在数学的教学改革中,为了适应当时对“工农兵学员”教学的需要,提出“一把大锉捅破窗户纸”,把数学的概念和理论过分简单化。在教学改革中出现了若干形式化、极端化的做法。但是,不少教师在深入浅出地揭示数学概念的本质,编写有实际工程背景的应用实例,加强运用数学分析解决问题能力的培养等方面仍然做了一些有益的探索和尝试。

第五阶段(1977—1989年) 从1977年恢复大学招生考试制度开始,我国的高等教育重新走上了恢复和发展的正确道路。国家教委恢复了“教材编审委员会”,后来又改名为“课程教学指导委员会”;调整、制订了新的教学基本要求;新编一批高等数学与工程数学教材,迅速解决了教材的有无问题;开展了课程教学评估,举办了教学经验交流会。使动乱了十年的教学秩序得到了迅速的稳定,课程建设和教学质量也得到了稳定持续的发展和提高。

第六阶段(1990年以后) 从1990年开始,现在还在发展之中。20世纪90年代初,在党中央改革开放方针的指引下,历经艰难曲折发展道路的我国高等教育,在经过一段调整恢复之后,开始了以“面向现代化、面向世界、面向未来”为指导思想的教育改革。在原国家教委的领导下,工科数学课程教学指导委员会在对工科数学教学现状进行了广泛调查的基础上,于1994年在黄山举行了国内外工科数学教材研讨会,并在这个会上,集中广大教师的智慧,提出了《关于工科数学系列课程教学改革的建议》初稿,在工科数学界吹响了改革的号角,在改革方向和指导思想等方面为工科数学课程的改革奠定了良好的基础。近几年来,我国教育改革无论从改革的广度和深度来看,还是从资金的投入和研究队伍组织上来看,都出现了前所未有的大好局面。当前,这场意义深远的教育改革还在继续发展之中,本课题组所承担的研究项目和所取得的研究成果就是这次改革的一个重要表现。

2. 目前我国工科数学课程教学存在的主要问题

在我国高等教育发展和改革的前几个阶段中,工科数学课程教学基本上满足了计划经济体制下培养我国各类建设人才的需要,这是应当充分肯定的。但是,从面向 21 世纪、面对当代科技的高速发展和我国社会主义市场经济的需要来看,还存在着不少问题。

(1) 教学内容陈旧

近年来,工科数学教学内容虽然在局部上作了一些改革,但从总体上看,变化不大,主要表现在:

• 经典内容较多,现代内容不足。目前工科数学课程的教学内容,主要是 19 世纪以前的微积分和简单的微分方程、线性代数、概率论等知识,很少涉及 20 世纪以来发展起来的近代数学的内容,缺乏现代数学的思想、观点、概念和方法,缺乏现代工程中常用的应用数学方法(如最优化方法、统计方法等),也缺乏现代数学的术语和符号。这种状况,不仅影响学生今后的知识更新,也不能满足工程技术人员当前的需要。

• 连续量内容较多,离散量内容不足。当前的工科数学课程中,主要讲授连续量的基本内容,对于在现代工程中有广泛应用的线性代数(包括线性空间和线性变换的基本知识)、数值计算方法等内容显得不足。由于我国传统的教学内容中几何方面的内容很少,使得学生几何概念和几何想象能力的训练受到很大的影响。

• 重视运算技巧的训练,轻视数学概念和数学思想方法的讲授。由于我国考试制度和考试方法(包括考研)没有得到根本的改革,助长了数学教学中的重视应试教育之风,使得教师和学生片面追求解题技巧的训练,忽视了在提高数学素养中更为重要的数学概念和数学思想方法的教学。

(2) 课程体系设置缺乏综合性

我国传统工科数学的系列课程基本上是按照不同的数学学科来设置的,各门课程过分强调各自的系统性和完整性,课程之间界限分明,缺乏应有的相互联系和相互渗透。这样做,不但内容重复、浪费学时,而且不符合现代科技与现代数学高度综合性的发展趋势,不利于学生综合运用数学知识能力的培养。

(3) 数学联系实际问题没有得到根本解决

在新中国成立以后的历次教学改革中,理论联系实际问题总是改革的主要内容之一。但是,半个世纪过去了,这个问题仍没有得到根本的解决。在工科数学课程中,除了增加了一些工程数学内容外,学生联系实际的能力并没有很大提高,不敢用、不会用、不够用的情况仍然普遍存在。在教学计划中缺少相应的教学环节和教学手段,教师对培养学生应用数学解决实际问题的意识、兴趣和能力也缺少办法。

(4) 教学要求、教学模式单一,缺乏层次

新中国成立以来,我国一直对所有的学生采用统一的教学计划、统一的教学要求和统一的教学模式,这种方法是计划经济的产物,它实际上把教学统一在中等甚至中等以下水平学生的要求上。“文化大革命”中提出的“不让一个阶级兄弟掉队”的口号至今还在不同程度上影响着我们的干部和教师。这种做法,既不符合当前社会主义市场经济的需要,也不符合现代教育原理和教育规律;既束缚了优秀人才的脱颖而出,也不利于各类学生个性的发展和特长的发挥。

(5) 教学思想与教学观念陈旧,教学方法与教学手段单调

• 以教师为中心的注入式、保姆式教学方法没有根本改变。课堂上教师讲得细、讲得透、讲得多,启发学生独立思考、让学生参与教学过程少;演绎推理多,分析、综合归纳少;例题讲得多,数学概念、数学思想方法讲得少。这种方法不但无法扩大课堂信息量,而且必然助长学生的依赖心理,养成思想懒惰的习惯,严重妨碍学生创新意识和创新能力的培养。

• 以应付考试为中心的“应试型”教学方法没有根本改变。主要表现在:考什么讲什么,不考不讲,不考不学;训练学生如何套公式;采用题海战术,题型教学法;有的甚至帮助学生猜题押题,进行模拟考试等。各级领导、管理部门以及许多规章制度往往把学生考试成绩的好坏作为衡量教与学质量高低的主要标准,甚至是唯一标准。

• 考核方法单调,考试内容主要测试学生对知识掌握的情况,测试学生的运算能力和技巧,缺少测试学生素质和能力高低的试题和办法,也缺乏评判教与学质量的科学标准。

• 教学手段仍主要停留在“粉笔加黑板”的传统方式,对现代化教学手段如何应用于数学的教学之中缺乏认真的研究和实践。

(6) 工科数学师资队伍数量亟待充实,水平亟待提高

新中国成立以后,特别是近几年来,从事工科数学教学的教师队伍状况有所改善,一批具有硕士或博士学位的青年教师正在逐步充实到这个行列中来。但是,这支队伍的数量和质量与我国高等工程教育迅速发展的需求还相距甚远。

• 由于一批有经验的老教师退休,由于十年“文化大革命”造成的教师队伍“断层”,使得四十岁左右的中青年教师成为教学的中坚骨干。近十多年来,由于教师待遇偏低,青年教师受到市场经济大潮的冲击,不少有才干的青年教师或者出国或者转向公司等产业部门,造成了工科数学教师队伍新的“断层”。多数工科院校数学教师缺编,不但很少有硕士、博士学位的青年愿意当数学教师,甚至连数学专业的本科生也不愿投身到这支队伍中来!

• 现有教师队伍不够稳定。在重点院校,由于教学与科研的政策导向的偏差,多数青年教师(特别是具有硕士、博士学位的青年教师)重科研轻教学;在一般院

校,大多数教师教学任务极为繁重,很难从事科学研究。不少教师为改善生活条件,在外兼课过多,不仅影响到科学研究,而且也无法致力于教学研究和改革,甚至有的教学质量也受到一定影响。虽然与一些专业课程相比,工科数学的教学秩序和质量相对比较稳定,但同样地存在滑坡现象。

- 工科数学教师队伍中,缺少一批既有丰富的教学经验又有较高的学术水平和科研能力的骨干教师,更缺少热衷于工科数学教学和教学改革高水平的学科带头人,这将影响到今后工科数学教学改革的深化和教学质量的进一步提高。

- 工科数学教师队伍大多毕业于数学系,他们的数学基础较好,但缺乏对工程背景的了解,运用数学分析解决实际问题的能力不够强,因此,“数学实验”与“数学建模”课的师资队伍严重不足。加之他们大多缺乏教学方法的研究和严格训练,因此,教学水平与教学效果也有待提高。

根据上述情况,我们认为,正确处理教学与科研的关系,对从事教学(特别是基础课教学)工作的教师制订一些激励政策,建立充实和提高基础课教师队伍的有效机制仍是当前和今后一段时间内亟待解决的大事!

四、国外数学教学改革中值得研究和借鉴的一些动向

如前所述,新中国成立前我国高等教育照搬“欧美模式”,新中国成立初期又“全盘苏化”,这种不顾我国国情照抄照搬的方法显然是片面的。然而,不认真研究各国的情况,从中吸取和借鉴有益的经验为我所用,也是片面的!由于“文化大革命”前及“文化大革命”中闭关锁国政策的影响,很长一段时间以来,我们对国外数学教育的情况几乎一无所知。直到实行“改革开放”的方针政策以后,才逐步对国外数学教育的情况有所了解。1994 年,工科数学课委会召开了一次外国教材研讨会,对一批国外数学教材进行了初步的研究和评介,这项工作对“九五”期间工科数学教学改革产生了积极的推动作用。但总体来看,我们对国外数学课程教学和改革情况仍知之甚少,研究得更不够。因此,本研究报告不可能对国外数学课程教学改革的情况进行全面的剖析,仅就其中的几个问题谈一些我们的看法。

1. 美国“新数学教育浪潮”对我们的启示

1957 年,苏联第一颗人造地球卫星成功发射,引起了世界各国,特别是美国的震惊。他们把苏联在教育上的成功,特别是对数学教育的重视作为苏联空间科学成功的重要原因,对美国的教育,特别是美国的数学教育进行了认真的反思,掀起了改革美国数学教育的所谓“新数学教育浪潮”,并且影响到世界许多国家。这个浪潮的核心是“数学教育现代化”,他们企图从中学开始,就采用现代数学中的所谓“数学结构”的观点(即认为数学是研究代数结构、拓扑结构、序结构和测度结构等四种数学结构及其相互关系)来重新编写教学大纲和教材,以提高学生对数学的理解能力。虽然这个浪潮在美国并没有取得成功,但是却给人们留下了许多值得研究的经验和教训,并且为美国在 20 世纪八九十年代的数学教育改革奠定了基

础,我们认为,这个浪潮对我国数学的教学改革也有许多有益的启示,主要有:

• 美国能从苏联卫星上天敏锐地发现美国数学教育存在的问题,说明他们对数学在现代科技中的重要地位和作用有足够的认识。这启示我们对数学教育在高等教育和推动科技与经济发展中的地位和作用,应当有更充分的认识,真正把它摆到应有的位置上!

• 美国在这个浪潮中和这个浪潮之后,能虚心学习苏联数学教育的成功经验,组织了一批著名数学家参与数学教育的研究,编写新教材,撰写《振兴美国数学》的系列研究报告。相比之下,我国却在很长一段时间内缺乏对国外数学教育情况的了解和研究,更缺乏从事数学教育研究的组织和专门的研究杂志。由于种种原因,一些著名数学家很少关心和参与数学的教学研究,他们大多脱离本科数学教学,不了解工科院校数学教育情况,当然也无法编写这方面的教材。我们殷切希望这种状况今后能有所改变,希望我们的科学院院士和数学家也能像当年华罗庚、关肇直等大师那样关心并参与我国数学教育的研究工作,写几本高水平的大学本科用的数学教材。

• 美国在这次改革中明确地提出了"数学教育现代化",这个思路并非是错误的。但由于忽视了学生的计算能力、几何直观能力及运用数学知识解决实际问题的能力的培养,没有很好地处理传统内容和现代内容的关系,因此就使改革产生了很大的片面性,导致了改革的失败,这个教训是值得我们吸取的!

2. "新数学教育浪潮"之后的改革动向

"新数学教育浪潮"之后,世界各国都在根据本国的情况研究数学教育的改革问题,特别是在世纪之交,各国都在认真研究面对新世纪的到来,数学教育应当怎样改革才能适应科学技术和经济发展的需要。虽然不同国家之间差异很大,即使在同一个国家、同一所学校也不尽相同,但从总体上看,以下几方面的改革动向是值得我们注意的。

(1) 力图用现代数学的思想和观点来改造传统内容,注意处理传统内容和现代内容之间的关系,逐步实现教学内容现代化

前面已经说到,没有处理好传统内容和现代内容之间的关系是美国在"新数学教育浪潮"中的重要失误。因此,在此次改革之后,美国中学数学教育又"回到了基础"。从我们看到的美国工科院校使用的教材来看,多数内容比较传统,起点比较低。例如,由麻省理工学院托马斯(G.B.Thomas)教授编写的、至今已出了第九版、在美国教坛上近五十年经久不衰的《微积分与解析几何》,由美国科学院院士Strang教授于1991年新编的改革教材《微积分》,以及由以哈佛大学为首的微积分教材改革协作组于1992年新编的《微积分》,是三本比较有代表性的美国教材,它们的主要内容都是传统的。即便如此,从老教材不同版次内容的演变中,从新教材与老教材的比较中,我们可以明显地看到他们都在力图逐步使教学内容现代化,在

Strang 教授的《微积分》中这一点更为鲜明。例如，他在书中从具体问题出发，深入浅出地介绍了 δ-函数、康托尔集、混沌、分形以及吸引不动点等现代数学的概念和术语，还从黎曼积分逐步引申出勒贝格积分的思想。从传统的教学内容深入浅出地逐步引向现代内容，将现代数学的某些概念和观点渗透到古典的内容之中可能是美国多数改革教材共同的做法。法国的做法与美国有很大的不同。“新数学教育浪潮”之后，他们仍然坚持现代数学中“数学结构”的观点，多数教材起点比较高，内容较为现代化。他们在中学就介绍了不少集合、群、环、域以及线性代数等抽象内容，大学数学教材则往往从群、环、域以及线性空间和线性变换等代数结构讲起，在此基础上，再介绍微积分等分析内容。为了讲解多元函数，往往先讲从区间到赋范线性空间的映射，增加了不少关于空间曲线和曲面等几何内容。法国教材注重逻辑推理和抽象思维的训练，大量使用现代数学的术语和符号，内容的深广度大都超过美国，他们的这种做法基本上取得了成功。

近年来，独联体国家除了继承苏联重视基础理论的传统外，在教学内容现代化方面也向前迈进了一步。例如，尼柯尔斯基编写的《数学分析教程》中，不但讲解了度量空间、赋范线性空间、勒贝格积分等内容，而且还增加了广义函数、微分流形等内容，大大突破了传统教学内容的框架。即使像由曼杜洛夫编写的《高等数学教程》这样要求较低的工科院校使用的教材，也都大大加强了线性代数，增加了常微分方程组和稳定性理论等内容。

（2）在课程体系改革方面，增加了离散量和随机量的内容，注意不同学科间（特别是分析与代数、几何）的相互交叉和相互渗透，统筹安排教学内容

在这方面独联体国家和法国表现得比较突出，前者将数学系列课程分为公共数学与工程数学两大部分，设置的课程达 12 门之多，加强了线性代数、概率统计、数值分析、稳定性理论、最优化方法等。很多作者将其中的部分学科内容统筹考虑，编写在一套书中。例如，曼杜洛夫的《高等数学教程》分为三个分册：第一分册包括线性代数、解析几何、一元函数微积分；第二分册包括积分学、微分方程、向量分析；第三分册包括级数、数理方程、复变函数、数值方法、概率论。法国的许多教材常将代数、分析、几何或代数、分析、概率统一考虑。例如，由 J.Harari 与 D.Personnaz 合著的《数学教程》分为四卷，即代数、分析、概率、练习与问题；J.Dixmier 著《大学数学教程》则包括代数、分析与几何；而 P.Thuillier 的《高等数学教程》也分为四卷：第一卷为分析 Ⅰ（实函数），第二卷为分析 Ⅱ（积分、微分方程、多元函数），第三卷为代数，第四卷为解析几何与数值计算。这些教材的共同点是加强了代数基础，分析与代数并重。就是在 Strang 教授编写的《微积分》中，在重点讲授微积分的同时，还涉及线性代数、常微分方程、偏微分方程、复变函数、概率论、离散数学、计算方法和线性规划等。可见，随着改革的深化，打破不同学科的界限，进行不同学科的综合和重组是顺应科学发展潮流的！

（3）加强应用，让学生在应用中加深对数学概念、思想和方法的理解，培养学生解决问题的能力

注重应用是美国教材的最显著的特点。无论是 Strang 的书，还是哈佛大学等校编写的《微积分》，都非常重视数学概念和理论的实际背景，不但强调数学概念、数学思想是怎样从实际问题逐步抽象出来的，而且在每个数学概念和理论之后都配备大量生动有趣的应用例题和习题，在应用问题中不但保留了物理方面的实例（很多例子比过去更深入），而且涉及工程、管理、生物、天文、医学、经济、金融税收甚至日常生活等各个方面。有的书在一些章节之后还附有需要进行数学建模的大型作业。在哈佛大学等校编写的《微积分》的序言中说，我们制订的第二条原则是：

阿基米德方法：正式的定义和方法是根据对实际问题的调查研究而得出的。又说，“只要有可能，我们总是从实际问题出发，并由此导出一般性结果。”“对于涉及应用的课后作业，我们总是要求学生口头解释答案的实际意义。”Strang 教授也认为，理解微积分精髓的最佳途径是学习应用。众多生动有趣的应用实例和富有启发性的语言，往往能吸引读者去追求问题的真谛，理解数学概念和思想的本质，让读者自己去归纳、去发现、去创新。独联体国家和法国的许多教材也在这方面做了不少努力。

（4）加强数值计算方法，重视计算技术在数学教学中的应用

随着计算技术的飞速发展，世界各国大多重视数值计算方法的教学。如前所说，独联体和法国在数学课程中都增加了数值方法的课程，而美国则在许多基础课的教材中大量增加数值方法的内容。Strang 教授在他的书中介绍了各种迭代法、数值积分法、数值微分法、解线性方程组的高斯消去法等，而且还介绍大型数学软件 Mathematica 的使用。哈佛大学的《微积分》几乎在每一章中都介绍了相应的数值方法，要求学生会使用绘图计算器和具有绘图软件及计算机代数系统的计算机。就是在托马斯的《微积分》中对于数值计算和计算器的使用也给予了足够的重视。从 20 世纪 80 年代中期开始，美国有不少学校进行了把计算机引入数学课堂教学的改革试验，有的还建立了数学实验室。这种改革除了利用计算器、计算机的快速计算和图形显示功能使学生在课堂得到直观生动的印象，加深对概念的理解外，还精选一些实际问题作为课外作业，让学生在实验室中去共同讨论，分析解决，并写出实验报告。完成这种大型作业，往往要经过分析问题，建立数学模型，选择方法和软件，上机计算，检验结果等全过程，对于激发学生发现和探索问题、分析和解决问题的兴趣和热情是一种非常有效的教学形式，也是值得我们借鉴的。

（5）教学机制灵活，教学要求多样，教材多层次、多风格

西方国家，特别是美国，由于实行完全的学分制，使得不同学生可以根据自己的基础、兴趣和能力选学不同类型不同要求的课程，这就使他们具有培养各种类型各种层次人才的良好机制。相应地，他们的教材具有多品种、多层次、多风格的特

点。例如,关于函数极限的 ε-δ 定义和极限理论,有的不讲,有的讲得很少,有的讲得多,用得也多。不少美国教材先讲微积分的直观思想,再讲极限的定义和理论。对于一些定理和理论证明也有类似的情况,有的给予严格的分析论证,有的教材先作简要的说明(例如用几何解释),然后再作证明或者把严格的论证放在附录中。这种做法的目的是强调概念和理论的实际背景和基本思想,希望不要因为抽象的表述而掩盖数学概念和理论的本质与精髓,便于学生接受。但一些独联体国家(例如俄罗斯)和法国则对于概念和理论讲得很多,对于数学的严谨性和抽象思维要求很高。

上面介绍的国外数学教学改革的几个方面动向,既是国际数学教育界关注的焦点,也在近几年国内工科数学教学改革中引起了热烈的讨论。例如,有人主张我国数学课程的教学内容应当适当拓宽和加强基础,增加现代数学的教学内容;有人则以美国为例,提出美国数学的教学内容少,起点和要求也较低,为什么能培养出那么多世界一流的科学家呢?主张我国数学教学应当减少内容,降低起点和要求,这种讨论是非常必要的。但是,我们认为,在学习外国经验的时候,一方面要更深入地了解和研究国外的情况,另一方面,也要充分考虑我国的国情,继承我们的优良传统。美国和我国有很大的差异。他们的高等教育已经进入普及阶段,学生之间的差距很大,不能要求所有接受高等教育的人都学习同样的数学课程。而且,由于他们具有良好的机制,自主选择的空间大,那些基础好、有志于攀登科学高峰的人可以选学更高层次的数学课程,甚至非数学类专业的人可以选学数学系的课程。另外,美国的教学思想和教学方法鼓励学生独立思考、"标新立异",鼓励和引导创新。因此,我们应当学习人家的长处,结合我国的具体情况,提出切实可行的改革思路和改革方案。

五、改革的指导思想

1. 培养高素质创新型人才是改革的根本目标

前面已经说过,培养具有创新精神和创新能力的各种类型的高素质人才是知识经济时代的要求,是我国社会主义市场经济的要求,是实现我国科技"跨越式"发展的要求。虽然这一重任不是一门学科或一门课程所能完成的,但是,我们必须充分认识数学教育在人才素质培养中具有其他学科不可替代的重要地位和作用。大家知道,现实世界中的万事万物在其运动变化过程中,无不存在着"数量关系"和"空间形式"这两种基本属性,随着科学技术和数学科学的发展,"数"和"形"这两个属性具有更丰富的内涵和更广泛的外延,数学就是从"数"和"形"的侧面来研究和认识现实世界的客观规律的。研究数学的基本方法大都是创造性的思维方法,它们主要包括:从大量的现象和众多事物中进行分析、综合和归纳,提取共性和本质的抽象思维方法;从已有的知识和规律出发通过演绎推理获取科学新发现的逻辑思维方法;根据数学的理论和方法,利用计算机对所建立的数学模型进行数值计算、对观测数据进行数值模拟的科学计算方法等。它们构成数学素养(或“数学素质”)的基本内涵,也是数学能激发和培养人们创造性的活力所在。随着当代科学向精确化发展,各学科各领域越来越从定性研究到定量研究发展,因此,现代科学的发展越来越离不开数学。数学中的抽象思维、逻辑思维和定量思维方法已广泛渗透到其他科学技术之中,即使对于从事行政管理的领导者而言,没有受过一定的逻辑思维和定量思维的训练,也很难作出科学的判断和决策。很多老一辈的科技工作者深有感触地说,数学教育的作用不仅在于为学习和掌握科技提供语言和工具,而且在于它对人一生的成长产生潜移默化的影响,数学的原理和思想为人们正确认识世界,树立正确的世界观打下重要的基础。

因此,在数学的教学改革中,应当强化培养创新能力和创新精神的意识,采取切实措施,使数学教学在培养高素质创新型人才中发挥更大的作用。

2. 教学内容与课程体系的改革是教学改革的核心

目前工科数学的教学内容和体系大体上是19世纪以前形成的所谓“经典数学”。历史已经向前推进了一个多世纪,作为将在21世纪肩负我国经济科技发展重任的当代大学生,如果对于20世纪以后发展起来的许多具有深远影响、应用广泛的近代数学思想和数学方法几乎一无所知,是与时代对他们的要求极不相称的。也许有人会说,那些近代数学等到工作以后用的时候再学,这当然不无道理。但是,如果现在不为他们打下一些必要的基础,为他们培养知识更新(特别是学习那些比较抽象的数学知识)的能力,随着年龄的增长,就会越来越困难! 这是数学与其他学科的一个重要的不同之处。因此,教学内容和课程体系的改革与更新应当成为当前教学改革的核心。

工科数学课委会和课题组对于教学内容和课程体系的改革提出了一系列改革思路,主要有:

(1) 教学内容要吐故纳新,处理好经典内容与现代内容的关系

与其他学科不同,数学具有严密的逻辑体系,我们不可能舍弃经典数学直接学习现代数学(因为经典数学是学习现代数学的基础,而且至今仍有广泛的应用)。因此,教学内容“吐”什么、“纳”什么是一件非常困难、需要谨慎研究的问题。我们主张积极探索用现代数学的思想、观点和方法来改造传统教学内容的途径,在讲解经典内容的同时,注意渗透现代数学的思想、概念和方法,大胆采用现代数学中的术语和符号,为现代数学适当地提供内容展示的“窗口”和延伸发展的“接口”。

(2) 开设反映现代数学知识和工程中常用现代数学方法的选修课和讲座

在我们的改革方案中,提出了设置四门在工程中常用的应用数学方法课程,它们是:数学物理方法、实用数值计算方法、最优化方法和应用统计方法(详见改革方案部分),还提出各校可根据本校的具体情况,开设一些现代数学知识讲座,如分支、混沌、分形、小波、神经网络等。

(3) 打破按学科设课的界限,逐步实现课程内容的重组

长期以来,我国工科数学系列课程基本上是按数学学科来设置的。这种做法容易使工科数学课程成为数学系相应课程的简单压缩,造成内容的不必要的重复和人为的隔离,也不符合现代科技发展对培养人才综合应用数学能力的需求。因此,我们主张突破按学科设课的界限,促进不同学科内容(例如:分析、代数与几何)的相互结合和相互渗透,促进相关课程的内容重组,建立工科数学系列课程优化设置新方案(详细说明见改革方案部分)。

3. 加强基础,加强应用,全面提高学生的数学素养

为了全面提高学生的数学素养,不但要为他们打下较为宽厚而坚实的数学基础,而且要切实加强数学的应用意识和应用能力的培养。没有宽厚的数学基础,没有对数学理论和数学思想的深刻理解和融会贯通,就很难灵活地应用数学知识去解决实际问题;没有应用数学知识解决实际问题的浓厚兴趣和强烈意识,没有经过应用数学知识解决实际问题的训练,就会缺乏学习数学的动力,也很难深刻理解数学的思想和方法,更谈不上应用数学理论和方法去创新。对工科大学生而言,学习数学的目的,主要不是为了研究数学,而是为了应用数学,运用各种数学知识和方法,解决自己所从事的专业中遇到的各种各样的实际问题。因此,工科大学生的数学基础和数学素养主要应包括:(1) 具有较为宽广的数学知识,掌握处理连续量、离散量和随机量的一些基本数学思想和方法;(2) 在数学的抽象性、邈辑性与严谨性方面受到必要的训练和熏陶,具有认识处理数形规律,理解和运用逻辑关系,领会和研究抽象事物的初步能力;(3) 具有运用数学原理和方法建立数学模型,进行数值处理和数值计算的初步能力;(4) 具备今后继续学习数学知识,自我更新数学知识的能力。基于这些想法,课题组提出了工科数学的“四大基础”,要求所有本科大学生都必须学习这些基础(详见改革方案)。

应当强调指出的是,在“四大基础”中提出了要开设以数学建模、数值计算和数据处理为核心的数学实验课。这一举措不但为解决近半个世纪以来没有很好解决的数学联系实际问题打开了思路,开辟了道路,而且是培养学生应用数学的意识,提高应用数学的兴趣和能力,培养创新精神和创新能力的一条有效途径,它既可作为数学教学中的一门新的综合性课程,也可作为一个重要的实践教学环节。我们应当花大力气,下大工夫,逐步推广,争取在今后几年内将它建设成独具特色的课程。

4. 转变教学观念与教学思想,争取在教学方法改革和教学手段现代化方面有所突破

教学内容和课程体系的改革与教学方法、教学手段的改革是相辅相成的,没有教学方法手段的改革,内容和体系的改革就很难取得实际效果。这就像演戏一样,不但需要好的剧本,而且需要好的表现形式和表现手段,需要技艺高超的演员。

要改革教学方法，就必须转变教学思想和教学观念。这里有两个核心问题：第一，要让学生从知识的被动接受者转变为主动参与者和积极探索者。我国传统的注入式、保姆式的教学方法，是以教师为中心，把学生置于被动的地位，当成知识灌输的对象。我们认为，在发挥教师主导作用的同时，要充分发挥学生的主体作用，要用教师的主导作用去调动学生的主体作用；要为学生的积极参与创造条件，激励学生的学习兴趣，引导学生去思考、去探索、去发现；要鼓励学生大胆地提出问题，敢于发表不同见解；要善于激发、及时抓住、不断鼓励学生在学习过程中闪现出的创造性思想火花。要改变过去讲细、讲透的教学方法，为学生留出独立思考的空间和时间，积极探索讨论式、研究式以及精讲多练等各种形式的教学方法；改革（而不是取消）习题课，使它成为学生主动参与、开展讨论的重要环节。第二，要在讲授知识的同时，加强数学基本思想方法的传授，培养学生的科学思维方法。注重知识的传授和数学运算技巧的训练而忽视科学思维方法的培养，是传统教学思想的一个弊端。如前所述，数学中蕴藏着丰富的思想方法，它们是人们提出新概念，建立新理论，创造新方法的创新性思维方法，但是，这些思想需要教师去揭示，需要教师去点拨。教师应当在传授知识和进行必要的基本运算训练的同时，切实加强数学中基本概念、基本理论和基本思想方法的讲解，应当利用我们在长期的教学和科学研究中所积累起来的对数学中科学思想方法的体会去启迪学生的思维，增强学生的智慧，激发他们的创新欲望，培养他们的创新能力。

考试方法是教学方法改革的一个重要制约因素，是教与学的一个重要的指挥棒。改革考试方法不是要扔掉这个指挥棒，而是要更好地利用这个指挥棒，把教与学引导到正确的方向上来。我们认为：(1) 应当改变仅把学生考试成绩高低作为评价教与学的依据，改变把学生的考分作为评奖、推荐免试研究生和毕业分配中唯一标准的状况，制订评判人才和教学质量的科学评价体系。(2) 应当改变以一两次考试分数作为学生学习某门课程最终成绩的状况，探索多种考评方式相结合、平时学习与考试成绩相结合的综合评分办法。(3) 应当改革考试内容。考试内容（主要表现在试题）不仅要能检查学生对基本知识掌握的情况，还应能测试学生的能力和素养的高低。(4) 应当改革记分方法。研究各种记分办法（包括西方广泛采用的“相对分”办法等）的优缺点，逐步探索符合我国情况的科学记分法。

近几年来，不少院校已经在工科数学教学中试用了多媒体教学手段，研制了一批计算机辅助教学系统。实践表明，多媒体教学手段可以节省学时，加大课堂信息量，增强某些教学内容的直观性和启发性；计算机辅助教学系统有利于学生课外自我学习。我们认为，对以多媒体为代表的现代教育技术，应当积极扶持，大胆实践，深入探讨它在数学教学的哪些方面能发挥“粉笔加黑板”无法实现或者很难实现的作用，实现现代化的教学手段与传统教学方法的相辅相成和有机结合，而不是简单地取代。鉴于制作这类教学课件和软件需要投入大量的人力和时间，不同教师的教学方法和风格也不尽相同,为避免重复,提高质量,我们建议:(1) 设立全国性的多媒体课件和计算机教学软件制作中心,组织有关专业或课程的教师研制脚本,提出要求,再由该中心配制课件或软件;(2) 多媒体课件拟制作成模块式,组成"课件库",以便于不同教师可以任意调用或扩充,并在此基础上,进一步改制成适合自己需要的教学课件。

5. 实行按层次分流培养,为各类优秀人才的成长创造条件

根据学生的实际情况,按照不同层次对学生实行分流培养,是工科数学课委会与本课题组在教学改革中提出的另一个重要思路。事实上,不同学生的基础、能力、兴趣和志向各不相同。有的抽象思维能力较强,适宜于从事基础理论研究;有的动手能力较强,适宜于从事应用开发等实际工作;有的组织协调能力较强,适宜于从事领导和管理工作。有的本科生毕业后就走向实际工作第一线,有的则希望攻读更高层次的学位。对所有的学生按照一种要求、一种规格和一种模式进行培养,既不利于不同人才的个性发展,不符合教学规律,也不利于富有创新精神的各类拔尖人才的脱颖而出。在新中国成立后的历次教学改革中,都曾多次提出因材施教。然而,在计划经济的体制下,在统一要求的环境里,都没有找到切实可行的办法。在"不让一个阶级兄弟掉队"等极"左"思潮的影响下,为了在统考中提高本班平均成绩,不少教师把精力放在对困难学生的帮助上。面对时代的要求,我们应当在继续关注一般人才培养的同时,要特别重视研究各类优秀人才的培养问题,为他们的迅速成长创造条件,营造良好的环境。就数学课而言,可以编写不同要求的教材,组织不同要求的教学大班,开设不同类型不同要求的课程。有的对数学理论的要求可以低一些,加强数学方法和数学应用的教学;有的则应加强数学的基础理论,提高教学要求。另外,还应精减必修课,增加选修课,组织第二课堂和假日讲座,建设以学生自己动手为主的开放性的创新实验室,大力开展课外科技活动等。

实行分流培养是一件比较复杂、比较困难的事,它必然要给长期形成的、适应计划经济需要的教学组织和教学管理模式带来许多实际的困难和问题(例如,教学组织可能要打破专业和行政班级的界限)。这就要求我们进一步更新观念,改革行政管理制度,使各种规章制度和管理方法为教学改革服务,为人才培养服务。

6. 坚持改革的长期性与阶段性相结合,改革研究与改革实践相结合

教学改革是一个长期的复杂而艰巨的过程,需要几代人的不懈努力。因此,我们既要面向 21 世纪,高瞻远瞩,立足先进,大胆改革;又要从我国工科数学课程的教学现状出发,注意到改革的阶段性和渐近性。既应有改革力度大的改革方案、改革试点和改革教材,以引导改革方向;还要考虑到在一段时间和一定范围内实施和推广的可能性,以保证教学改革工作分阶段地不断向前推进,坚持将改革的长远目标与阶段性成果结合起来,将改革的研究与改革的实践结合起来。

本课题组要求所有子项目的研究成果既要有明确的改革思路和改革方案,又

要经过1~2轮面对学生的教学实践。这样做既可以保证改革成果符合教学规律，符合学生的实际情况，具有可行性，又可使改革思路、改革方案和改革教材在实践过程中不断修改、完善和提高。在改革过程中经常会碰到各种矛盾，要处理各种关系，例如，教学内容中经典与现代的关系、传授知识与培养能力的关系、淡化运算技巧与掌握必要的运算技能的关系、加强应用与理论教学的关系、教师的主导作用与学生的主体作用的关系、继承传统教学方法的优点与改革注入式、保姆式教学方法的关系等。只有将理论的研究和教学实践结合起来，才能恰当地把握好分寸，避免大的起伏，少走弯路。

7. 点面结合，逐步推广

在工科数学课程的教学改革中，我们一直坚持面上慎重稳妥，试点大胆积极的原则。面上的教学仍应确保原国家教委颁布的教学基本要求，改革要小范围大幅度，改革试点则应当解放思想，迈开步伐，加快进程。凡经过批准的改革试点，可以不受课程教学基本要求的约束，可以不参加学校组织的统一测试，对其教学质量的考核也应当改革，全面进行评价。

重点院校，承担本项目研究任务的院校，教育部批准的承担工科数学课程教学基地建设任务的院校应当是教学改革的排头兵，应当带头进行改革研究和改革实践。而一般院校首先仍应根据教学基本要求，确保教学质量，在此基础上，根据各校的教学条件和师资队伍的实际情况，重点研究如何转变教学思想和教学观念、如何加强教学内容的应用性以及开展教学方法和教学手段的改革等问题。

随着改革的逐步深入，还应当大力宣传并逐步推广改革成果。宣传推广改革成果的过程，不但是使改革成果不断完善、不断成熟的过程，而且也是进一步转变教学思想和观念，深化教学改革的过程。应当在有关的杂志上组织对改革成果的实事求是的宣传和评价，应当通过课委会、课题组、教学基地召开改革成果经验交流会，改革成果展示会，举办改革教材研讨班、培训班等逐步宣传和推广改革成果、改革教材，培训师资队伍。

8. 坚持“双百”方针，为教学改革创造一个宽松的环境

教学改革是一项艰巨的系统工程，是一项重大的教育科学的研究项目。改革的成效，特别是教学内容与课程体系改革的成效不是在短期内就能显现出来的，也不能简单地用学生考试成绩的好坏来衡量。因此，我们应当立足长远，重观后效，对改革的成果实事求是地、科学地进行分析，坚持“百花齐放，百家争鸣”的方针。如前所述，新中国成立以后，我国曾多次进行“教育革命”和“教学改革”，由于受到各种“左”或“右”的思潮的干扰，常常“一哄而起”，事后不能正确地总结经验教训，又造成“一哄而散”，致使一些好的改革思想幼苗和改革成果被淹没，广大教师改革的积极性受到挫伤。这一历史教训值得我们认真吸取！对于教学改革中各种不同的观点和改革思路，对于不同的改革方案和改革模式，应坚持先试点，不宜轻易

地做结论,更不宜简单地用行政手段去干预。应当鼓励教师在实践中去探索,去比较鉴别,共同讨论,及时总结,因势利导。同时,也应提倡互相学习,使用或借鉴别人的改革成果,克服门户之见和文人相轻的缺点,取长补短。我们相信,只要有好的改革政策和宽松的改革环境,充分调动广大教师参与改革的积极性,教学改革工作一定能不断地向前推进!

六、改革方案

根据上述改革思路,本课题组构建了一个以教学内容和课程体系改革为核心的全方位的改革方案,包括工科数学系列课程设置方案,编写配套的系列改革教材,教学方法与考试方法的改革研究和实践以及教学手段现代化的研究等四个方面,现就这四个方面分别说明如下。

1. 工科数学系列课程设置方案

该方案是在工科数学课委会提出的课程设置方案的基础上,听取各方面的意见,经过课题组的修改、补充和完善后提出的。该方案把工科数学系列课程分为如下三个层次:

(1) 工科数学基础

该层次作为工科院校大学生的必修课,向学生传授较为系统的必要的数学知识,着力于提高学生的数学素养,使学生在抽象思维和逻辑推理方面受到一定的熏陶和训练,培养他们应用数学解决实际问题的意识、兴趣和初步能力,并使他们具有进一步更新数学知识的能力,同时也要满足后继课程的基本需要。至于各部分内容的深广度如何要求,课程如何开设,应当在实践中不断总结经验。提倡不同风格、不同模式和不同要求的试点,不应强求统一。

工科数学基础应包括:

- 连续量的基础——以微积分和常微分方程为主体;
- 离散量的基础——以线性代数(包括空间解析几何)为主体,宜适当增加线性空间和线性变换方面的初步知识;
- 随机量的基础——以概率论与数理统计为主体;
- 数学应用基础——以数学建模、数值计算和数据处理为主体的数学实验。

(2) 工程中常用的应用数学方法

该层次宜作为工科院校大学生的选修课,包括数学物理方法(含复变函数、数学物理方程和积分变换等)、实用数值方法、最优化方法、应用统计方法四部分内容。这一层次应侧重于向学生介绍现代工程科学中常用的应用数学方法,因此,内容的选取要广而薄,不追求系统性和完整性;要以方法为主,注意方法的实用性和先进性;要注意与计算机和数学软件相结合;要采用模块化结构,便于不同专业的学生选学。

(3) 现代数学知识的讲座

根据各校具体情况,开设一些现代数学知识的讲座。例如,分支、混沌、小波、神经网络、应用泛函分析等。

2. 编写配套的系列改革教材

根据课程设置方案及对各层次课程的要求，对前两个层次的课程编写配套的系列教材，是本课题组改革研究与改革实践中的重要任务。课题组要求改革教材必须较好地体现改革思路，必须经过教学试点，否则不予评审，不能出版。为了适应不同院校不同专业及分流培养的需要，对于第一个层次（即工科数学基础）中的一些课程，还要求编写不同模式、不同要求的教材。其中，连续量的基础编写三种不同类型的教材，离散量的基础编写两种不同层次的教材。由于在随机量的基础方面已出版了“概率多统计少”和“概率少统计多”两种类型的《概率论与数理统计》教材，因此，需要经过一段教学实践后，再研究如何编写新的改革教材。开设数学实验课程是这次改革中第一次提出来的，由于对这门课应当如何开设，教学内容和教学要求如何把握，教材如何编写等都缺乏经验，因此，需要在实践中大胆探索，不断总结，本方案中也规划了两种不同风格和要求的教材。下面对课题组的 11 套系列教材的编写方案作简要的说明。

（1）工科数学分析基础

该书是连续量的基础中要求较高、改革力度较大的一种教材（被评为普通高等教育“九五”国家级重点教材），面向重点理工科院校对数学要求较高的非数学类专业的学生。该书包括映射，极限，连续，一元函数微分学及其应用，一元函数积分学及其应用，无穷级数，多元函数微分学及其应用，多元函数积分学及其应用，常微分方程，无限维分析入门等共 8 章。主要特点是：在实数完备性的平台上较系统地讲解极限理论，介绍了一致收敛、一致连续和含参变量积分的内容，以拓宽和加强数学基础；运用向量、矩阵等代数知识表述数学分析、特别是多元函数中的内容，研究微分方程组和空间曲线与曲面，使分析与代数、几何相互结合，相互渗透；在讲解传统教学内容的同时，适当渗透某些现代数学的观点和思想，使用现代数学的语言、术语和符号，介绍微分方程的稳定性和无限维分析的初步知识，为学习现代数学开设内容展示的“窗口”和延伸发展的“接口”；淡化运算技巧，扩大应用实例的范围，突出数学概念和数学思想方法的讲解，加强数学应用能力的培养；全书按照从一维空间上的微积分到多维空间上的微积分，再过渡到无限维空间的线索，形成三个台阶，逐步提高教学要求。用 180 个学时（含习题课）可以讲完全书的主要内容。

（2）微积分

该书是连续量基础中另一种类型的教材，面向一般理工科院校的多数专业和重点院校中的部分专业。该书既注意保持传统教材（例如，同济大学编《高等数学》）的优点，在教学内容深广度方面与现行《高等数学课程教学基本要求》大体相当，又努力贯彻改革精神，突出微积分的基本思想和基本方法；按照适当介绍和循序渐进的原则,注意渗透现代数学思想,促进微积分与线性代数及其他课程的结合;为学生进一步学习现代数学知识提供一些“接口”;较多地增加了应用题的数量,加强应用能力的培养;尝试微积分内容与计算机和数学软件使用的有机结合,书中编入 14 个数学实验。该书需用 160 学时(含习题课),另加 15~20 个课内上机学时。

(3) 工科数学基础

该书是连续量基础中第三种类型的教材,面向重点院校,兼顾一般院校,适用于按层次分流培养的需要。全书共分为三个层次。第一个层次适用于一般院校的多数专业及重点院校中对数学要求较低的少数专业,主要讲授微积分中最基本的概念、理论和方法,要求学生较好地理解和掌握微积分的基本思想,培养用微积分解决具体问题的初步能力。对微积分中的某些理论问题,不追求严格性,尽可能从几何或物理上直观给出易于接受的说明,总学时为 110(不包括向量代数和空间解析几何,以下同)。第二层次适用于重点院校的多数专业及一般院校中对数学要求较高的少数专业。在第一层次的基础上,本层次对某些理论问题给出严格论证,适当扩大知识面和深度,加强抽象思维、逻辑推理以及数学语言的运用和表达等方面的严格训练,总学时为 140。第三层次适用于重点院校中对数学要求较高的少数专业和学生,在前两个层次的基础上,进一步讲授包括勒贝格积分和无穷维空间简介的现代分析初步知识,并对某些问题开设一定的“窗口”,以扩大学生的知识面和视野,为培养研究型人才奠定更好的基础,总学时为 175。

(4) 代数与几何基础

该书是离散量基础中要求较高的一本教材(被评为普通高等教育“九五”国家教委重点教材),面向重点理工科院校对数学要求较高的非数学类专业的学生,可与《工科数学分析基础》配合使用。该书包括行列式、消元法、向量及其几何应用,线性空间、欧氏空间,线性变换与矩阵,线性方程组,特征值与特征向量,二次曲面与二次型,基本代数结构简介等共八章。该书致力于用现代数学的思想、观点和语言统一处理有关题材,内容比传统的工科教材有较大的拓宽、更新和提高;力求将线性代数与解析几何融为一体,与分析的有关内容相互渗透;突出线性空间的结构与线性映射两大核心内容的地位与训练,并以它们为主线贯穿各章,注意揭示相关理论的背景;安排了不同领域的一些典型范例。讲完基本内容约需 64 学时。

(5) 线性代数与几何

该书是离散量基础中要求较低的一本教材,面向重点理工科院校对数学要求较低的专业和一般院校中的有关专业,包含线性代数与空间解析几何的基本内容。为了适应不同要求、不同学时的需要,书中采用“模块式”结构。该书以向量空间与线性变换为主线,力图使线性代数与解析几何在思想和方法上互为背景、互相交融,既有利于学生的学习和理解,也有利于提高学生的数学素养,培养综合应用能力;该书注意讲清楚如何以几何或其他实际问题为背景抽象出代数概念的过程,强调几何直观在解决代数问题中的引导作用;增加了一定数量的实际应用例子,以体现线性代数与数值计算和实际应用的联系;在附录中给出了一些定理的证明,介绍了群、环、域、投入产出、若尔当标准型等基本知识,供学生课外阅读。用50学时可讲完全书的主要内容。

(6) 数学实验(Ⅰ)

该书提供了21个数学实验素材,采用"案例式的教学"的方式讲解,大多数实验都是从实际问题出发,讨论分析如何建立数学模型,采用什么样的数学方法去解决它。实验内容涉及物理、力学、生物、经济、管理、金融和工程技术等各个领域。通过实验,除介绍相应的数学模型和常用数值方法外,还介绍其他相关的数学方法(如摄动、仿真、运筹等)。实验要求的数学基础主要限于理工科大学一、二年级所学的微积分、线性代数和概率统计。每个实验有相对的完整性和独立性,既可单独开课,也可通过适当选择配合某门基础课进行教学,学时数也可随着所选取的实验个数不同灵活掌握。对于有些实验,结合内容,有选择性地介绍了一些相关知识和数学原理与方法,但不追求系统和完备,只针对问题的需要给出一点入门知识,为进一步学习开启一个"窗口"。每个实验都结合计算机,使用数学软件,但不强调特定的计算平台,学生可根据具体情况选择计算方法,既可选用某一软件,也可自己编程。

(7) 数学实验(Ⅱ)

该书提供了另一种教学模式,即通过"数学实验"课的教学,既培养学生的应用能力和创新精神,又带动数值计算、优化和统计等应用数学方法和有关数学知识的学习。内容包括软件平台简介、数值方法、数值统计和优化算法等四个部分。在教师对这四部分内容作简要讲授的基础上,由学生自己动手,应用所学的数学知识和软件平台主要在课外完成一定数量的实验课题,包括进行数学建模,仿真,设计算法,分析结果,写出报告等教学环节,建议学时36~48。

(8) 数学物理方法

该书是突破原工程数学中"数学物理方程""复变函数"和"积分变换"三门课程的界限,适当增加现代工程中一些常用的方法(如小波变换、变分法等),并进行课程和内容的重组后编写的一本新教材。既注意了相关内容的联系和融合,又按模块化要求使各部分内容相对独立,便于选用;既保留了传统内容中有用的基本理论和方法,又吐故纳新,注意了内容的现代化;该书注意所介绍的方法在实际问题中的应用,突出数学方法的基本思想,不追求理论的严谨性。讲完主要内容约需64学时。

(9) 实用数值计算方法

该书面向理工科非数学类专业本科生,在30~40学时(含上机时间)内向学生介绍常用的数值计算方法。力求揭示方法(或算法)的实质,使学生掌握算法的基本思想。与传统的计算方法课程相比,侧重方法的实用性,适当削弱理论部分;不追求理论的系统性和完整性,但注意方法的先进性;增加了近十几年来科技人员使用较多的方法(如分形算法、神经网络算法等)。为使学生会利用数学软件上机计算,书中针对各章内容介绍了 MATLAB 软件的相关语句,并注意与实际问题相结合,引导学生利用数值方法解决某些数学模型,加强了上机实验教学环节。

(10) 最优化方法

随着现代科技与计算机的飞速发展,最优化方法的基本知识已为越来越多的工程技术人员所需要,很多理工科院校相继为本科大学生开设最优化方面的课程,该书就是为适应这一要求而编写的。它以本科生已具备的数学知识为起点,尽量采用从几何直观入手讲清思路、适当进行理论证明的方法;突出如何将实际问题提炼成最优化问题以及如何求解两个方面;书中包含最优化方法的几个最主要的分支,选择各分支中应用广泛、通用性大的方法作为讲授的重点;同时还介绍了目前流行的 MATLAB 软件优化工具箱的使用方法,使学生能利用该软件上机求解某些最优化问题。用 30 个学时能讲完该书的主要内容。

(11) 实用统计方法

该书是为了适应数理统计方法在当代科技和工农业生产的各个领域中的广泛应用的需要而编写的。它针对理工科院校非数学类专业的实际情况,在已学过的概率统计基本知识的基础上,重点介绍各类统计方法的实际应用背景及统计思想;突出方法而不追求严格的数学理论和推导;在选材上,以实际应用为准则,注意方法的先进性。除选择一些应用价值经久不衰、发展较早的重要方法外,还尽量选择了内容较新并有较强应用背景的方法。全书内容涉及多元回归分析,主成分分析和典型相关分析、判别分析、聚类分析、非参数秩方法、列联表的独立性检验、试验设计、抽样调查等八个部分。各章自成体系,基本上没有必然的联系,便于各类专业选学。书中还简要介绍了 SAS 软件包,并针对各章内容有重点地介绍了有关的 SAS 程序。学时数可根据选学内容的多少灵活掌握。

3. 教学方法与考试方法的改革研究和实践

根据原国家教委的要求,我们把教学方法与考试方法改革的研究和实践作为改革方案的一个重要组成部分。课题组要求所有承担子项目的院校在进行课程内容与体系改革的同时,都要结合所承担项目的具体任务开展转变教育思想和观念的学习和讨论,积极探索新的教学方法和考试方法。此外,还设置了“转变教育思想,改革教学方法和考试方法”的子项目进行专题研究。该项目以转变教育思想和教育观念为前提,就素质教育思想及其在教学活动各个环节中的体现,知识能力和素质的含义及内在联系,教学方法中的继承和创新问题,数学教学中的归纳法和演绎法,教师的主导作用和学生的主体作用等问题进行了一些研究;就数学教学如何加强数学思想方法的传授，如何发挥学生的主体作用，如何培养学生的应用数学的意识、兴趣和能力、自学能力、知识更新能力以及创新精神和创新能力等方面，结合教学实践进行了一些探索；在考试内容、多种考评方式相结合以及建立科学的评分方法等方面也进行了一些改革研究和试点，取得一些有益的经验。

4. 教学手段现代化的研究

在数学教学中如何采用现代教学手段是一个应当慎重研究的大课题。鉴于这项研究需要人力、时间和经费的大量投入，因此，本课题的改革方案中仅设置了两个子项目：一个是研制多媒体教学课件，另一个是研制计算机辅助教学软件。

(1)《多媒体高等数学教学面授系统》的研制

该项目的主要任务是就“高等数学”课程，研制教师可用于多媒体教学授课的单机版和可供学生课后网上点播的网络版。所研制的系统利用多媒体技术和网络技术，采用图形显示、动态模拟、符号运算、数值计算、文字说明及同步配音解说等多种形式，形成了一个图文并茂、声像结合、数形结合的全新的多媒体教学环境或网络教学环境。考虑到科技的发展和教学内容的不断更新，本系统具有较强的可修改性和可扩充性；为了适应不同教师的教学风格、教学方法以及学生选择不同学习内容的需要，本系统具有较强的适应性和灵活性；在教学内容上，注意选择能充分发挥多媒体技术优势进行形象演示的那些内容，并使用了 Visual C++及 Authorware 等工具进行开发；按照软件重用的思想，将素材与授课课件分离，建立课程构建库，即素材库。教师备课时可从素材库中方便地调出所需课程构件，组成不同风格、不同水平的授课文件。该系统由备课子系统与授课子系统两部分组成。在备课子系统中提供了一个开发课件的写作平台，教师可根据需要重新组织课件，编辑、修改课件或写作新课件。

(2)《高等数学测试与辅导系统》的研制

该项目根据高等数学课程教学基本要求，配合课堂讲授，提供了 20 多个单元课件对学生进行测试，并针对在测试中出现的问题，提供辅导和学习指导，然后进行再测试和再辅导。如此可反复多次，直至使学生达到教学基本要求。上述过程全部在计算机上完成。该软件具有三个显著的特色：

- 个性化。能针对不同学生的不同情况，提供个别化的辅导材料和学习指导，因材施教，利于学生的个性发展。

- 智能化。该系统采用人工智能技术，模拟教学经验比较丰富的教师，通过测试，对学生的知识和能力作出评价，提供学习建议，设计辅导方案，并能对解题思路和方法给予指导，启迪思维，释疑解难。

- 情景化。发挥多媒体技术优势，精心设计用户界面，营造激发学生学习积极性的情景，吸引学生集中精力学习，提高学习效率。

该系统可用于校园网或局域网。

七、改革方案的试点情况

1. 试点概况

按照本课题组改革方案的要求,所有子项目都遵照改革研究与改革实践相结合的原则,在承担该子项目研究任务的院校进行了改革试点。

本课题组所有新编的改革教材,都至少经过了两轮试点。例如,《工科数学分析基础》教材,从1996年初开始编写讲义,1996年9月开始在西安交通大学电信学院的两个大班(约300人)和西北工业大学的一个大班(约90人)试用。随后,边编写、边试用、边修改,通过两轮试点,直到1998年正式出版。出版之后又在西安交通大学的4个大班(600多人)和西北工业大学的两个大班(约200人)中连续使用。《微积分》教材,自1996年开始编写,至1999年初正式出版前,在同济大学200多名学生中试用过两次。《工科数学基础》教材,编写过程中在大连理工大学的化工、自动化、机械、管理等有关专业进行了四轮试点,并在大连海事大学进行了两轮试点。《代数与几何基础》教材,编写过程中在西北工业大学的三个大班和西安交通大学的两个大班连续进行了四轮试点。《线性代数与几何》教材,在编写中经过三次印刷,在大连海事大学以54,48,40,36四种不同类型的学时,试用了七个学期。《数学实验》(Ⅰ)教材,编写中在上海交通大学以独立开课和与基础课相结合两种形式进行了试点。《实用数值计算方法》教材,在电子科技大学13个班级(682人)中进行了两轮试点。《最优化方法》教材,分别在大连理工大学与原吉林工业大学进行了三轮试点。

教学方法和考试方法方面,除各校配合新编改革教材的试用进行了多种改革尝试外,重庆大学从1997年开始,还在机械、电子、电工等专业的三届学生中连续进行了较系统的探索和试点。在现代化教学手段方面,《多媒体高等数学教学面授系统》曾在电子科技大学99级部分班级使用,《高等数学测试与辅导系统》曾在华南理工大学电气工程等五个专业中使用。

参与试点工作的教师、学生和有关院校的教务部门对于试点效果的反映,总体来说是好的。由于试点工作和教学质量涉及诸多因素,而且人才培养的质量不是短期内可以简单测量的,因此,各子项目改革的成果在学生培养中所起的作用,特别是在提高素养和能力方面的深远影响很难在短期内给出全面的评价。但是从试点的情况来看,各子项目改革的主要指导思想和意图以及试图达到的目标,在教学试点中得到了初步的体现。

2. 改革教材有利于学生数学素养的提高和应用能力的培养

本项目对于基础部分教材改革的重要意图是提高学生的数学素养和应用数学知识解决有关实际问题的意识、兴趣和能力。一些学校的试点显示,学生开始转变较长时期以来忙于做习题很少看书、埋头运算轻视概念和数学思想的现象,答疑时问概念和理论问题的学生明显增多,提高了学习数学特别是微积分的兴趣,增强了建模能力。一些试点学校在期中和期末考试中，在与面上水平相当的试题基础上增加了一些难度较高的概念、理论和综合应用题，成绩一般优于面上平均成绩。例如，西安交通大学在98,99两级试用《工科数学分析基础》的2 446名学生的期末考试中，试题比面上的难度大，而成绩统计为：优21.6%，良34.7%，中24.6%，差13.8%，不及格5.3%，优于面上考试的平均成绩。该校还对这两届学生进行了随机抽样问卷调查，认为该教材在培养数学素养方面对自己帮助很大的占37%，较大的占48%，不太满意的占1%；在培养严谨性、逻辑性和抽象性方面帮助很大的占46%，较大的占45%，不满意的占1%；在培养应用数学能力方面帮助很大的占38%，较大的占48%，不满意的占0%；对该教材感到满意的占56%，较满意的占39%，不太满意的占1%。由于该书在加强和拓宽基础，教学内容现代化，分析与代数、几何的相互结合以及加强应用等方面较好地体现了改革的思想，2000年获教育部科技进步一等奖。

同济大学在革新教材《微积分》中除拓宽了应用题的范围和数量外，引入了14个数学实验，把微积分的教学与计算机的使用结合起来，不仅促进了教学手段的改革，也使学生初步学会运用数学软件来解决一些与微积分相关的简单的实际问题，培养了建模能力。该校试点班级每学期末都进行上机实验考试，成绩以一定比例计入总分，每学年进行一次数学实验竞赛，受到了多数学生的欢迎。学生参加踊跃，任课教师反映"一些学生所做出的结果出乎意料的好"。

上海交通大学《数学实验》教材的试用，在提高学生应用数学的兴趣，培养应用能力、创新精神和创新能力等方面显示了明显的效果，受到了学生普遍的欢迎。学生反映："我甚至认为这（指数学实验）才是我梦想中的大学教学方式。它充分发挥了大学生各方面的能力，更摆脱了一般数学问题的枯燥和乏味。使我们充分感受了数学作为一门基础学科在社会生活中的重要意义"；"我们对这门课很感兴趣，真心地喜欢。我们常会忽然之间体会到：数学知识与现实生活真是密不可分。就在我们身边，原来蕴藏着这么多问题值得我们用数学的思想和方法去分析、解决，真有意思"；"数学实验是一门新颖而富挑战性的课程，如果要总结数学实验这门课的特点，我想最重要的，也是最有魅力的便是'自由'，无论你偏爱C++编程还是Mathematica，甚至仅使用Office软件中的Excel，也能得出令人满意的结果。这极大地发挥了同学的能动性，也避免了以往课程的循规蹈矩"。试点的基本教学方法是：先用约4学时介绍数学软件包基本内容和操作指令，并要求学生进行适当的练习，以后，每一实验首先由教师授课2学时，介绍实验的实际问题和背景，进行建模和分析，包括对问题处理的解析方法、数值方法和其他相关方法，然后布置实验任务。学生按2~3人分成小组，利用不少于3天间隔的时间，在课外对任务作讨论和准备，再上机操作2小时左右，最后写出实验报告。试点中，所有小组都能完成实验任务的基本要求，约有15%的学生完成得相当出色，显示出某种程度的创新意识和较强的应用能力。例如,有的解决问题的方法与众不同,有的运用计算机的能力突出,有的有超出实验要求或教师预计的见解与讨论等。

本项目中,关于工程中常用的应用数学方法教材编写的指导思想,在教材中得到了较好的体现,并受到任课教师和学生们的肯定和欢迎。例如,《实用数值计算方法》教材在电子科技大学试用时,总学时为42(课堂教学26,上机16)。教师们认为该书将计算方法内容与实际课题、数学软件紧密结合,简明实用,能满足工科专业少学时"计算方法"课程教学的需要;该书从大量实际问题引出方法与算法,引导学生建立数学模型,把数学软件的思想介绍给学生,不仅让学生了解实现算法的过程,而且让学生动手实践,学会用数学软件解决实际问题的操作,了解数学软件发展的前沿,学生学习该课的积极性有了明显的提高。又如,《最优化方法》教材在使用中教师反映:该书选材精练,突出了一个"用"字,对一些较新方法的处理是合理的,既有一定的先进性,也具有可读性。

3. 改革教材有利于满足按层次分流培养的需要,试点收到了初步成效

本课题考虑到便于按不同层次进行分流培养的教学要求,编写了不同层次要求的教材,随着高等教育大众化阶段的到来,愈加感到这一做法的迫切性。试用实践显示,我们所编教材也是基本可用的。例如,《工科数学分析基础》作为高要求的教材,在西安交通大学电信学院试用,学时数为180,尽管有些内容的要求尚嫌偏多、偏高,有待调整,但抽样问卷调查中,学生反映良好。对教材内容可接受性表示满意的占48%,较满意的占41%,不太满意的占0%。《微积分》作为一般要求的教材,在同济大学试用后反映:该教材较好地处理了继承和改革的关系,比较适合当前教学实际,教师和学生都比较适应。使用教师认为,该教材"面孔较新",用起来"比较顺手"。《工科数学基础》是为适应多层次分流教学的需要而编写的革新教材,曾在大连理工大学采用了按学生层次分流培养的教学模式进行试用,安排了不同学时的教学计划,组织了不同要求的考试,收到了较好的教学效果。一些教师和有关领导反映:随着大众化教育的推进,扩大招生之后学生差距的加大,实施分流培养已是大势所趋,势在必行,这套教材正好适应了这种形势的需要。用一套教材就可满足各层次教学的要求,为教师和学生都带来很大的方便。此外,工程中常用应用数学方法教材中的模块式结构,《数学实验》教材中相对独立的案例式结构等,都为分流培养提供了便利条件。

西安交通大学还在电信学院500余名学生中连续两年在《工科数学分析基础》的教学中进行分流培养的试点。该校突破了原有行政班级的界限,按照学生的基础和志愿重新分成三个教学大班,进行不同要求的分流培养。结果表明,在相同时间内,优秀学生在学习的深广度上有明显提高,促进了他们的迅速成长,同时也对基础较差的学生保证了教学的基本要求。

4. 对教学方法和手段的改革进行了有益的尝试,收到了一些成效

本课题组在教学方法和考试方法的改革方面进行了一些有益的尝试。例如，承担“转变教学思想、改革教学方法和考试方法”子项目研究任务的重庆大学，在试点中制作了“微分中值定理”和“多元函数积分学的应用”两个典型课例，每课例2学时。在实施前一课例教学时，采用了以下教学环节：课前不要求预习，上课时将学生分成3~4人一组。课堂上采用大屏幕显示动态图形，给出中值定理和数学背景——学生观察、思考，分组讨论发现定理——学生代表上台讲述他们所发现的定理——在教师引导下，由学生讨论如何证明定理——应用定理解题。每一步教师都适当引导，对学生的讨论结果给予点评。这一教学方式方法收到了较好的效果，得到了学生的充分肯定。后一课例则采用课后自学——一个单元结束后学生写小结——选两名小结较好的学生讲解——学生自由讨论和点评——教师总结的方式。这样做培养了学生学习查阅资料、归纳和深入领会方法本质的能力。

关于考试方法的改革，重庆大学除在机械、电子专业97，98，99三级试点班中进行了探索试点外，还在全校98，99级所有工科专业的期末考试中，试用以下几种形式：开卷讨论式（将学生分成3人一组，各组题目不同，限时完成，要求答卷上注明各人完成比例并排名，以便评分，并将分数按15%的比例记入总成绩）、开卷闭卷相结合（其中闭卷题90分钟，占成绩的80%；开卷题30分钟，占成绩的20%）、革新的闭卷式（改革过去重计算、重技巧的情况，加大概念题比例，约占1/3至1/2，运算不追求技巧，应用题占有一定比例，并有解答方法不唯一、有发挥余地的，开放性的试题）、写小结和论文等。这些考试方式也曾为本课题组的其他学校部分地试用，并收到了一定的成效。

课题组还与各工科数学教学基地合作，编写了旨在测试学生数学素养和应用能力高低的《新编试题选例》，并制成了光盘。对进一步推动工科数学的考试内容改革，在引导方向、活跃思想、开拓思路等方面产生了积极的作用。

在现代化教学手段方面，本课题组设立的子项目《多媒体高等数学教学面授系统》采取了边研制、边试用、边修改扩充的方法。该系统的单机版曾在电子科技大学99级部分班级中使用；二次曲面部分曾被中国纺织大学、长沙铁道学院、武汉纺织工业学院、华东交通大学、重庆工业管理学院等校使用；平面与直线部分曾被成都气象学院、重庆解放军后勤学院等校使用，反映良好。认为该系统集声音、文字、图形与动画于一体，生动直观、容易理解；教学信息量大，形式新颖，能激发学习兴趣，调动学习的积极性。该系统的网络版即将在校园网上使用，并将在CERNET上正式发布。根据试用的经验，他们体会到，该系统的单机版采用课件库的形式，更便于广大教师选择使用。

《高等数学测试与辅导系统》已在华南理工大学电气工程等五个专业中进行了教学实践，受到学生欢迎。对其“内容丰富”“启发思考”“答疑解难”“形式新颖”和“使用方便”等方面给予了好评。2000年5月，该教学软件被广东省高等教育电化教育中心评为多媒体教学软件获奖项目。

八、存在的问题与建议

由于各级领导和广大教师的共同努力，在近几年中，工科数学的教学改革取得了很多重要成果。但从本项目的改革研究和实践中我们感到，还有不少问题需要在今后的工作中加以解决，主要有：

1. 成果需要推广使用和不断完善

本项目的成果汇集了广大教师的智慧和经验，是参与研究的百名教师五年来艰辛劳动的结晶，应该逐步推广使用，让它们发挥社会效益，并在推广使用中得以完善。推广工作首先需要教学思想的转变和教学观念的更新，保守思想和旧的习惯常常会自觉或不自觉地阻碍我们去接受新的东西。知识分子"文人相轻""门户之见"等弱点也是采用别人成果的一大阻碍。其次需要政策投入。旧教材和传统的教育方法驾轻就熟，而新教材的使用、教学方法的改革、现代化教学手段的使用都要花费成倍甚至几倍的时间和精力。因此，除了要提倡敬业奉献精神和发挥干部、骨干教师的带头作用外，还要大力度地落实有关政策。否则，有些改革成果将可能被束之高阁！当然，还有一些由于客观条件的限制所造成的困难，需要我们去努力争取和创造条件，才能使改革成果得到推广应用。

另外，由于这些成果大都只在少数承担改革任务学校的部分班级中试用过，缺乏更大范围内的实践经验，新编教材在内容精减和更新方面也还存在不少问题，还需要经过多次的锤炼修改才能成为精品。因此，这些成果也必须在广泛使用的过程中吸取各方面意见，不断加以修改和完善。

2. 系列课程的综合改革需要整合实践

本项目的改革方案是从工科数学系列课程的综合改革中提出来的，但各校的研究和试点大多是就各子项目分别进行的。因此，整个改革方案如何整合，能否组装到专业的教学计划中去是一个很大的问题。某些成果从局部来看可能颇具特色，但若不能解决学时少、要求高的矛盾，不能装配到教学计划中去，就必须修改。从当前情况来看，在整合实践的基础上进行修改是一个急需进一步深入研究和解决的重大问题。

3. 教学方法与考试方法的改革尚待突破

虽然不少院校在这方面做了一些改革的尝试，但尚没有取得实质性的突破和进展。鉴于考试往往是教与学的指挥棒，没有教学方法的改革相配合，教学内容与课程体系改革的成果也很难取得大的成效，我们建议，下阶段中要进一步加大教学方法与考试方法改革的力度。

4. 采取更积极的措施，实行按层次分流培养

实行按层次分流培养是本项目改革中所提出的一个重要思想。虽然在课题组中的少数学校进行了一些试点，但由于这种培养模式涉及教学计划、教学管理，甚

至政工后勤等各方面的配合问题,需要创造条件解决许多具体困难,需要各院校有关部门的支持、组织和协调。随着我国高等教育“大众化阶段”的到来,招生人数的急剧增长,学生程度差距的扩大,使得分流培养更显迫切。建议调整并适当降低原有的教学基本要求,以切实保证基本教学质量,腾出一些空间,采取各种分流培养措施,促进不同类型优秀人才的成长。

5. 深入研究“数学实验”课的建设

开设“数学实验”课已在广大干部和教师中取得了共识,但如何把这门课程建设好,还有许多工作要做。例如,进一步明确该课程的性质、任务和目的,制订符合我国实际情况的不同层次的教学基本要求,研究开设该课程的不同模式,总结各种模式的教学经验和适用范围,进行师资培训并创造开课条件等。

6. 进一步提高使用现代化教学手段的质量

试题库、多媒体等教学辅助课件增长迅速,也正在发挥着一定的作用,但高质量的并不多见,黑板搬家、较低水平上的重复劳动时有发生。建议逐步使多媒体课件等的制作专业化,既能够提高制作质量,又能够将广大教师从繁重的编程等制作劳动中解放出来,集中精力于脚本的研制。使用现代化教学手段不仅能节省教学时间,而且能有利于启迪学生思维和对问题的深刻理解,培养和测试其数学素养和创新能力。还应注意研究现代教育技术手段与优良的传统教学方法的有机配合、相辅相成等问题。

7. 进一步探讨在工科数学教育中如何提高学生数学素养、培养创新精神和创新能力,为优秀人才的迅速成长创造条件

对这方面问题的重要性和迫切性已取得共识,问题在于在工科数学这一类基础课的教学中如何去实现这一目标,目前尚缺少更积极的思路和有效的措施,需要进一步深入研究和实践。

项目鉴定意见

“高等教育面向21世纪教学内容和课程体系改革计划”工科类课题“数学系列课程教学内容和课程体系改革的研究与实践”(1995年末立项,编号03-11)在西安交通大学的主持下,由13所大学百余名教师共同承担。2000年9月16—17日由全国高等学校教学研究中心主持,在西安交通大学召开了项目研究成果鉴定会,鉴定委员会对该项目提出如下鉴定意见:

一、该课题组全面地、高质量地完成了《立项论证报告实施计划》中所规定的目标和任务,在工科数学教学内容和课程体系改革方面取得了一批重要的改革成果。

二、课题组以培养高素质创新型人才为目标,对半个世纪以来我国工科数学教学改革的历史经验和教训进行了认真的总结,分析了我国工科数学课程教学中存在的主要问题,并借鉴国外的经验,对我国工科数学系列课程教学所提出的一系

列改革意见和建议,观点明确,思路清晰,具有前瞻性和可行性。

三、课题组撰写的《面向21世纪工科数学系列课程教学改革研究报告》从理论与实践相结合的角度,阐述了工科数学教学改革中许多值得重视的理论和实践问题,对工科数学教学内容和课程体系提出了系统的改革思路和一些改革中应当遵循的原则,并且设计了具体的改革方案。鉴定委员会认为,这些改革思路、原则和方案符合我国的实际情况,对工科数学的教学改革具有重要的指导意义,是一篇具有改革精神的优秀教学论文。

四、按照课题组提出的改革方案和改革思路编写的13套工科数学系列课程配套教材中,有11套已经或将要作为"面向21世纪课程教材"由高等教育出版社出版。课题组还进行了教学方法和考试方法的改革研究与试点,研制了《多媒体高等数学教学面授系统》和《高等数学测试与辅导系统》两套教学软件,所有这些成果都在承担该项目任务的学校进行过教学实践,并且取得了一定的成效和有益的经验。这些成果具有一定的改革力度,并且各具特色。希望这些改革成果在今后的进一步试点和推广中,不断修改、完善和提高。

五、课题组实事求是地指出了改革中还存在的问题,并对解决这些问题提出了建议。委员们认为所指出的问题是重要的,提出的建议也是中肯的。

鉴定委员会认为,课题组坚持研究与实践紧密结合,工作深入扎实,思路明确,成果丰富,对我国工科数学教学改革已经产生了积极的影响。鉴定委员会对课题组同志的辛勤工作和所取得的研究成果给予了充分的肯定,并建议对该课题组的研究报告作必要的精简与修改,印刷成册,广为宣传,以推动教学改革的深入发展。

Reforms of the University Mathematics Education for Non-mathematical Specialties

萧树铁

Abstract

This article is a part of the report for the research project "Reform of the Course System and Teaching Content of Higher Mathematics (For Non-Mathematical Specialties)" in 1995, supported by the National Ministry of Education. There are thirteen universities participated in this project. The Report not only reflects results of our participants, but also includes valuable opinions of many colleagues in the mathematical education circles.

In this article, after a brief description on the history and reform situation of the higher mathematics education in China, attention concentrates to three aspects. They are: main problems in this field existing; the functions of mathematics accomplishment for college students; these concern course system, teaching and learning philosophy, such as overemphasized specialty education, overlooking to arouse rational thinking and aesthetic conceptions, etc. The last aspect contains a discussion on several important relationships, such as: knowledge impartment and quality cultivation, inherence and modernization of the mathematical knowledge, teacher's guidance and students' initiative, mathematical basic training and mathematical application consciousness and ability cultivation, etc.

Keywords and Phrases: Higher mathematics education.

1. Introduction

This is a part of the report for the research project of "Reforms on the Course System and Teaching Content of Higher Mathematics (For Non-Mathematical Specialties)" in 1995, supported by National Ministry of Education. There are thirteen universities participated in this research project. They worked together cooperatively. Besides, many experts and scholars in mathematical and educational circles had been consulted in many aspects. This essay not only reflects the research results of our participants-universities in more than four years, but also includes valuable opinions of many colleagues in the mathematical education circles.

2. Reform situation of the university mathematics education in China and the main problems existing

For the past half a century, our modern university education, accompanying the progress process of our socialist political and economic development, experiencing the stage of "learning from the Soviet Union in all respects", many times of "educational reforms" and today's "reform and opening to the world", has grown in wave-like development and formed today's scale. In this process, the teaching reform on the university non-mathematics class specialties higher mathematics has almost not been stopped. It can be said that mathematics teaching in this period, generally speaking, adapted itself to the requirements for training professionals in various fields under the planned economic system and made important contributions for the society. In this respect, several generations of educators of mathematical teaching devoted their wisdom and hardworking.

Historically, the focus of the reform of the university mathematical education in China is always concentrated on the problem of the combination of mathematics with practice. In a long period before the reforms and opening to the world, the basic task of the non-mathematics class specialties mathematical teaching is for specialties, or mathematics courses should serve courses of specialties. As mentioned earlier, in the tendency of the extreme situation of putting too much emphasis on specialties, such a saying is natural; but we went even further. In addition, we were in a situation of long-period of isolation. We didn't know the situation of mathematics education in other countries, even were not clear on the reform in the Soviet Union. Without comparison, it is difficult to discover the problems. Moreover, different opinions on such a problem as "the relationship between the teaching of fundamental mathematics and that of specialties," should have been a problem of academic views in the first place and can be discussed and tested; but such opinions were always improperly treated as ideological problems even the political ones. Therefore, it was difficult to express different views. Since the 1980s, our policies of the reform and opening to the world have brought spring for the educational reforms. When we learned of the changes in those decades of years, we realized that we had lagged behind and we should do our best to catch up. At that time, people found that, as a developing country, China was confronted with a series of serious challenges in the socialist market economy. In addition, the rapid appearance of the knowledge economy based on the intelligent resources and innovative competition, we are forced to reconsider problems, such as educational concepts, teaching systems, course systems, teaching content and methods etc., which are formed in the original planned economy.

Viewing from the angle of the university mathematics education, the existing main problems may be summarized as follows:

First, the "specialty education" is overemphasized and thus a one-sided understanding of the role of the university mathematics education "serving specialties" is formed. Such an understanding, as the guiding idea of education, is embodied in every link of teaching. Due to its long duration, the depth and extension of its effects cannot be underestimated. Even now, among quite a large part of teaching cadres and teachers, such an understanding may still work, because in the past the problem of "what is the role of university mathematical courses in the university education" had not been studied properly.

Secondly, as the cultivation target was training "specialists and engineers who could work directly after their graduation", the teaching process was speeded up. Moreover, we have the tradition of putting emphasis on the classroom teaching, and the course of mathematics itself has its own specific strict logical system, the instillation-type of teaching methods can be said to be deep-rooted.

Thirdly, as mathematics teachers of non-mathematical class specialties usually undertake heavy teaching tasks, and in the technological and engineering colleges and universities, the mathematical scientific research not being combined with practice directly is viewed as being isolated from practice, the teachers engaged in teaching basic courses of mathematics have not touched scientific research for a long time. Under this situation it is difficult to improve their professional skills and their teaching levels.

These problems, facing the serious challenges of the 21st century, cause the inadaptability of the university mathematics education to the current education development situation to be more serious. The results are mainly reflected in the following respects.

For students, too specific majors and their one-sided understanding of the role of basic courses lead to their narrow scopes of knowledge (especially knowledge on mathematics), narrow field of vision, lack of creation and all this is usually expressed in insufficient "aftereffects".

For teachers, a single-pattern course content, rigid teaching plans and programs lead to the fact that they could only be responsible for textbooks and exams and it is difficult for them to attend to the cultivation of abilities and qualities of students. The development of teachers' active roles and their growth are both influenced.

For textbooks, most of the content is rather old and their system is stereotyped. There is no mechanism to encourage teachers to edit new teaching textbooks and materials, which gives people an impression of "one thousand people having one face" and results in difficulties for students to grasp mathematical thinking and method and to learn new knowledge in mathematics.

3. Several aspects that should be grasped in doing a good job of our college mathematics education

In recent years, with the rapid development of our economy, higher education in our country has met with an excellent situation of brisk discussions and great reforms. This time of educational reform, whether from the emphasis degree of the government, or from the realistic spirit of policies, the strength of the funds input and the depth and breadth of studying problems, they are all unprecedented. Just as the case in previous educational reforms, the reform of mathematics teaching is still among one of the key problems. What is different from the past is that the reform is not restricted to the long confusing problem of the relationship between mathematics and practice, but rather, the mathematics education is first put under the background of social development and is raised at the height of university quality education. The past is reviewed, the present is examined and the future is planned. In particular, the role of mathematics education in higher education has been clarified. There emerge schemes, new textbooks and new courses on mathematics course content, structure and system reforms that have creative intention and face the epoch. The research and practice on reforming teaching methods of mathematics and introducing new means of teaching have attracted the attention of broad masses of mathematics teachers; but the development is not balanced. There is not enough systematic research and comprehensive experiments. Especially, viewing from the great part of the circle, there are no great changes of the traditional mathematics teaching modes and methods. As for the renewal of the teaching content of mathematics, it is like "walking with the unsteady steps". The main problem still lies in the change of educational ideology and teaching concepts. For the teaching of the basic mathematical courses in non-mathematics class specialties, in our opinion, it is necessary to clarify the following points in understanding.

(1) It is necessary to have a rather comprehensive knowledge of the role of mathematics education in university

In the educational mode in the planned economy, training of professionals in universities was of an upside-down type. The national plan decided the arrangement of specialties, and teaching programs were drawn up according to the requirements of specialties. Courses were arranged according to the procedure of specialty courses-fundamental specialty courses-basic courses. It was emphasized that the latter shall serve the former. For the basic education of mathematics, the excessive emphasis of the aspect of "serving specialties", and the neglect of the inherent unity of mathematics as a rational reasoning system and the specific role of mathematics in the comprehensive quality of students, led to the lack of a comprehensive knowledge of the role of mathematics education in university education. In fact, mathematics is the common foundation for cultivating and training various levels of special professionals. For students of non-mathematics class specialties, the role of university basic mathematics courses lies at least in the following three aspects.

It is the main course for students to grasp mathematical tools. Such a role is very important for students of non-mathematics class specialties and is an important content of "specialty quality". The current problems are as follows: on the one hand, teachers should study how to effectively enable students to grasp and use this tool in the whole course of mathematical teaching and how to lay a foundation in this field in the stage of basic courses; on the other hand, it is necessary to prevent the narrow understanding of "tool", viewing the basic mathematics course only as the tool for serving certain specialty courses, and even the tool specifically for dealing with certain examinations.

It is an important carrier for students to cultivate their rational thinking. What mathematics studies is the model structures of "numerals" and "forms", and what it uses is such rational thinking methods as logic, reasoning and deduction. Large amounts of facts show that it is not a useless theory that is "isolated from practice", but is a thinking creation, which originates from practice and guides practice. The role of such a training of rational thinking could hardly be replaced by other courses. Such a cultivation of rational thinking is of utmost importance for students to improve their quality, to enhance their analytical abilities and to enlighten their creation consciousness.The current problems lie in that we lack the mature teaching experience and excellent textbooks in this respect.

It is a way for students to receive the nurture of beauty sense. The mathematical aesthetics is part of people's quality of the appreciation of beauty.With the development of human civilization and the progress of science, such a fact is being gradually recognized by people.In fact, targets mathematics is striving for—the arrangement of chaos into order, the sublimation of experience to laws and the search for the concise and uniform mathematical expression of motions of substances—are the embodiment of mathematical beauty, and are also man's pursuit for beauty sense.Such a pursuit acts as a subtle influence for the nurture of man's mental world and is always a motive force of innovation.At present we can only say that it is necessary to pay attention to the role of mathematics in aesthetic education. And further search and attempts should be made in its embodiment in teaching and textbooks.

The roles of the three aspects are unified, but in concrete requirements, according to the different kinds of colleges, specialties and students, there should be different sides to be emphasized, so that the comprehensive realization of the knowledge, abilities and quality in mathematics teaching can be expected.

(2) Emphasis should be put on the solution of problems of the renewal of college mathematics course system and content

From the abolition of the imperial civil examination system at the end of Qing Dynasty, the establishment of modern school and up to the liberation of China, the education of science and technology in colleges and universities basically followed modes in Europe and America. For the content of mathematical teaching, before the 1950s, mathematics as a compulsory course in most specialties of science and technology except in few specialties, such as physics, was only limited to simple calculus and differential equations.In the 1950s, the Soviet modes were comprehensively introduced in higher education institutes.A kind of specialty education with the aim of training professional talents according to requirements of the trades was formed.The arrangement of the courses in the specialties was aimed at the requirements of the professional knowledge. Basic courses such as mathematics were required to serve specialty courses.Such a system and guiding ideas have actually continued till now.Though in the 1980s, due to the need to employ computers, linear algebra (taking calculation as the chief content) and numerical methods became compulsory mathematics courses, viewing from the guiding ideas, the main point was still "specialty education" and the changes of teaching content were very limited.Later, there occurred improper evaluations, in addition to the influences of "examination-oriented education" induced by taking the post-graduate entrance examinations, the tendency of one - sided pursuit of the problem - solving techniques was promoted. As a result, the train of thought about reforms became more vague. However, due to the rapid development of the computer technique in the later half of last century, people had more knowledge on the role of modern mathematics. Especially in the recent 30 years, there appears the so-called "modern mathematics technique" which displays its prowess fully in economy and industries. For example, optimization, engineering control, information processing, fuzzy recognition and image reconstruction, etc. they are produced due to the combination of the principles and methods of modern mathematics with computers. They penetrate and are applied in all sectors and trades, and are combined with relevant techniques to form the so-called high and new techniques in those areas. In current developed countries, mathematics is applied to improve the organizational level of economy, and from drawing up macroscopic strategic planning to the storage, distribution and transportation of products and to the market prediction, analysis of finance and insurance businesses, significant progress has been attained. All the facts mentioned above mean that mathematics has turned from part of the traditional natural sciences and engineering techniques to further penetrating into many areas of the modern society and economy and has gradually become one of their indispensable columns. On the other hand, the development of science and technology brings about a series of problems and it is necessary for people to reexamine the relationship between man and society and between man and Nature in a rational way. All this requires that training on the tool property and rationality should be emphasized in college mathematics education. Therefore, it is an urgent task to adjust the basic course system of college mathematics and appropriately renew teaching content.

(3) Reforming the examination-oriented "instillation-type" teaching

In recent years, various kinds of factors have induced a type of examination-oriented teaching. Marks play almost decisive roles for students in many respects such as evaluation in the prizes, graduate entrance examinations and the assignment for jobs. In some occasions, students' marks are the main factor for evaluating teachers. Such a situation causes teachers to teach for exams and students study for exams. In order to raise the average marks of a class, teachers spend a lot of time and energy on the teaching of problem patterns. Accordingly, the "instillationtype" of teaching methods are in a dominating position in our college teaching. Characteristics of such methods are as follows: on the one hand, various kinds of problem patterns are explained in every detail in the classroom and efforts are made to enable students to understand them as soon as they listen to the explanations. In such a way, besides the small amount of classroom information quantity, the psychology of dependence of the students will certainly be enhanced and they will have a bad habit of being lazy in thinking, which will seriously hinder the cultivation of the innovation sense and innovation capability. On the other hand, students are busy problem solving after the class and problems are substituting learning. They rarely read books and pay little attention to the mathematical thinking and mathematical applications, let alone the cultivation of the innovation sense.

(4) Devoting great efforts to the construction of teachers' teams

This is the crux matter of our reform. In recent years, compared to the past, the situation of teachers' teams engaged in non-mathematics class specialty mathematics teaching has turned to the better. Quite a few of young teachers who have obtained Doctor's degrees join the career. In common colleges and universities, proportions of mathematics teachers who have gained Master's degrees are increasing. This is an encouraging phenomenon, indicating that there will be qualified successors to carry on mathematics teaching, but the authorities of colleges and universities have not timely put such a strategic task at a deserved height. For example, knowing clearly that the experienced teachers with high academic levels should be appointed to teach the basic courses, some colleges and universities still classify the teachers according to the order of the postgraduate teaching, senior students teaching, and the basic courses teaching. Such a guiding direction is very unfavorable for cultivating high-quality talents. In addition, viewing from the young teachers' teams, there also exists something worrying. First, their ideas are not so stable; secondly, they cannot deal well with the relationship between scientific research and teaching. In the key universities, there usually exists the atmosphere of paying more attention to scientific research than that to teaching. In common colleges and universities, there always exists the problem of only teaching without scientific research. Therefore, creating certain conditions and asking the young teachers to participate in scientific research are important measures to improve the levels of college mathematics teachers. Thirdly, not enough efforts have been made in conducting education on teacher morality and on superior teaching traditions for the young teachers.

4. Several important relationships in the university mathematics education reforms

The college mathematics education reform is a very careful job. The treatment of many problems in this respect will not only rely on principles, but also be flexible. According to the experience and lessons from the past mathematics education reform, I would like to discuss some problems concerning principles in mathematics teaching reform from the correct treatment of the relationships in several aspects as follows:

(1) Embodying quality education, paying attention to well treating the relationships

between knowledge impartment and quality cultivation

In recent years, there are a large amount of discussions on "quality" and "quality education". We assume that quality is a mental and physical attribute expressed when people understand and treat things and events. It is based on the congenital psychological conditions and is gradually formed under the influences of the postnatal environment. Viewing from the angle of education, an individual's quality in a certain aspect is shown in his power of understanding and potential energy in such an aspect. Quality education is a process during which excellent qualities of people are cast through the smelting of systematic knowledge. Any objective existence in the world has its attribute characters of "numerals" and "forms". With the progress of the science of mathematics, people's knowledge of "numerals" and "forms" has enhanced from directly-visual quantity relationships and space forms to the abstract "mathematical structures" and "space concepts" with deeper connotation and wider extension. Such attributes of "numerals" and "forms" in people's understanding things and their comprehension and potential ability in handling the corresponding relationships are obviously a kind of people's quality and we call such a quality mathematical quality. Under the background of the tendency of digitalization and informationalization in the knowledge economy society, the importance of possessing such a quality is very great. In the quality education, viewing from the main body of education (i.e. the main targets of education and corresponding teaching behaviors), the soul of the college mathematics education is exactly the mathematical quality, and is what has been discussed in the previous part—quality property. Viewing from mathematics itself, especially the modern mathematics, its essence is a rational thinking system extracted abstractly from large amounts of objective phenomena. Therefore, in its education, besides displaying how it absorbs nutrition from laws of vivid objective things and provides tools, main focus is the training of the rational thinking techniques and of the mastering mathematical tools. That is the content of the education of mathematical quality. Though it imparts "knowledge" as well, "knowledge" of mathematics acts as a carrier of imparting quality (such a role was always neglected by people in the past), besides one side that it is combined with the material content and thus acts as a tool to serve other disciplines. The quality education in the mathematical teaching is that the teachers put the lively and rational ways of thinking via the knowledge carrier to implement the motivational, psychological and mental guidance for their students.

Mathematics has become a fundamental component of the culture of the contemporary social culture via its ability of tools, rational spirit and sense of beauty. In the society of the 21st century if one has no idea what mathematical technology means, lacks both the rational thinking and the sense of beauty appreciation; then his total quality will be affected. His abilities in insight, judgement and originality would be greatly restricted. Therefore, the accomplishment of mathematical culture is not a kind of "fashion" for one in the ever-increasingly fierce competition among talents of the society; it is indeed a kind of actual necessity for one in his work, study and social communication.

The specific content of the mathematical quality is quite rich, the most outstanding specific characteristics that are generally acknowledged are summarized as follows:

- The sharp consciousness of extracting the attributes of "numerals and forms" of things.
- Thinking mode of using "abstract models and structures" to study things.
- Exploring habits of conducting compact deduction by means of signs and logical systems.

Features of mathematical qualities in these aspects are connected with each other and can' be separated in the actual educational processes. All college students should be cultivated and educated in such aspects. Of course, the education and cultivation of mathematical qualities are different in emphasis points, depth, and breadth between mathematics major students and non-mathematics class specialties students, and in non-mathematics class specialties, such differences do exist between students of science, engineering, agriculture and medicine and those of humanities majors.

(2) Grasping course systems and content renewal and treating well relationships between the inherence and modernization of the mathematical knowledge

The main body of the textbooks of current basic mathematics courses is mostly mathematics before the 19th century. This is in contrast with other basic textbooks of physics, chemistry and biology that began mostly from the 19th century. Therefore, the problem of the modernization of basic university mathematics textbooks is to be stressed. But we should be cautious in this problem. It is unavoidable to appropriately add the commonly accepted and fundamental content of modern mathematics; but it is necessary to consider another aspect: as we have mentioned above, mathematics is a kind of thinking science and has its own specialties. Its system is constructed by logic and is a structure of series established one layer after another from the bottom to the top. The mathematical knowledge important in the past is the "logical basis" of the current mathematics and throwing away the former will influence the later studies. For example, calculus has a history of over three hundred years, but it still is the foundation stone of modern mathematics and can't be thrown away casually. Such a situation differs from other sciences. For other sciences, if the theories before the 19th century are out-of-date, they can be cancelled, though proceeding and subsequent knowledge has inherent property. The preceding knowledge is not necessarily the direct logical foundation of the subsequent knowledge, so the abandonment of the preceding knowledge will not influence the learning of the subsequent knowledge. In addition, there is still an important reason. Such a part of mathematics content, for example, calculus, has still a rather wide application today. Therefore the idea of "modernization" of the content of college mathematics textbooks is somewhat different from the modernization of other disciplines and thus how much modern content has been listed in the textbook cannot be simply taken as the standard of measurement. We assume that the content modernization of the college mathematics textbooks can mainly include the following aspects. First, the classical mathematics content should be governed by viewpoints and languages of modern mathematics as far as possible; at the same time "roots" in the classical mathematics for some modern mathematics should be appropriately introduced. Secondly, significant results of modern mathematics that have formed the basic part of relevant disciplines should be put into textbooks as far as possible and a poplar introduction should be made. Lastly, it is necessary for students to possess essential basis of modern mathematics necessary for students to further study relevant specialties by themselves.

What is similarly important is to cancel some contents such as reasoning loaded down with trivial details and those calculations that can be done by calculators, and concepts and methods that are relatively old and thus have no development prospect in modern science. In summary, facing an accumulation of nearly two centuries, how to deal with the "metabolism" of the basic content of mathematics is a quite difficult problem. Depending only on "outside extension type" to increase academic hours will not work and efforts should be made on reforms on the structure and content of the course.

(3) Paying attention to the reform of teaching methods and handling well relationships between teachers' guidance and students' initiative

Once the teaching system and content of the course of college mathematics have been determined, teaching methods become the key problem of teaching quality. Obviously, the teaching process of basic mathematics is absolutely not man's repetition of cognition processes for numerals and forms laws, but basic laws of cognition processes should be observed. In addition, the teaching process cannot be the simulation of research process of mathematical problems, but should embody research methods and thinking modes specific for mathematics. The teaching of mathematics includes two sides of teaching and learning and is a comprehensive process in which many teaching activities guided by teachers lead to the initiative of students to study mathematics. The so-called initiative has at least the following meanings. First, students have the interest and dynamic force to learn mathematics.Secondly, students can learn by themselves under the proper guidance of teachers.Thirdly, students can work at and put forward problems independently during the study process. Fourthly, students can use the knowledge their teachers impart and related knowledge gained through self-study after processing and digestion to construct a knowledge system that, even if it is simple and not perfect, actually belongs to themselves.

(4) Emphasizing the practical links of mathematics and paying attention to handling well relationships between mathematical basic training and mathematical application consciousness and ability cultivation

The widespread use of computers and the emergence of a series of powerful mathematical software systems have resulted in profound changes in the roles of mathematics and in mathematical teaching. They make it possible to collect and process large amounts of data, also make mathematical model a means of experiment, and thus greatly promote applications of mathematics in all fields. The combination of mathematical thinking with computers has become an important mode of modern mathematical teaching. For example, since the establishment of the course of "mathematical models" in colleges in the 1980s, there have been hundreds of colleges and universities where this course has been set up, and the course is a favorite of students. Especially the annual national contest of college mathematics model-building attracts students of various specialties and promotes reforms in mathematics teaching. At present, the course "mathematical experiments" aiming at strengthening practice links of mathematics is being tested in several colleges and universities and the preliminary results are encouraging.

关于文科数学教育

北京大学 张顺燕

一、指导思想

我们首先注意到,数学有三个层面。这就是,作为理论思维的数学,作为技术应用的数学,作为文化修养的数学。这三个层面对不同的人有不同的含义和不同的用场。从事数学研究的人,以理论层面为主,强调理论推导,强调归纳与演绎,强调数学思想的创新。从事工程的人,以技术层面为主,强调应用与计算。从事人文科学的人,以文化层面为主,强调数学与其他学科的联系,强调数学在人类文明中的作用,强调数学在形成、扩展、完善学生的知识结构方面的作用。

文科增加数学,这是近几年的事情,有的学校可能还没有增加。如何做好文科的数学教学是一个重要的问题。对文科设置数学课的意义仍然有争论,值得讨论。

文科学生喜欢数学的人相对比较少,有相当一部分同学对数学怀有偏见,或怀有疑惧。消除偏见,启发兴趣,使同学们认识到数学的重要性,从而愿意学习数学,这是文科数学教育的一项重要任务。我每一次上新课都感觉到,转变同学观念的必要性和迫切性。我的课程取名为“数学的思想、方法和应用”,目的是使同学们认识到,数学的思想和方法无处不在。从第一堂课就亮明旗帜,用四句话作为开始:

给你一颗好奇的心,点燃你胸中的求知欲望;

给你一双数学家的眼睛,丰富你观察世界的方式;

给你一个睿智的头脑,帮助你进行理性思维;

给你一套研究模式,帮助你实现超越。

爱因斯坦说过:“使青年人发展批判的独立思考,对于有价值的教育也是生命攸关的。由于太多太杂的学科造成青年人的负担过重,大大地损害了这种独立思考的发展。负担过重必然导致肤浅。教育应当使所提供的东西让学生作为一件宝贵的礼物来领受,而不是作为一种艰苦的任务去承担。”

爱因斯坦的话说得很好,如果我们给他们的是礼物,而不是加给他们负担,他们学习的积极性会有很大变化。

赫胥黎认为,理科教育的重点不是教给人如何应用科学知识和技术,而是教给人以科学观点和科学方法,也就是塑造人的科学世界观。

这话对当前文科的数学教学更为合适。

在教学中,我们还应当注意到知识与智慧的关系。传授知识是课程的目标之一,但课程还有更重要的目标——开发智力,增加智慧。教育的本质是培养学生运用知识的艺术,是如何使知识保持活力,使学生在知识增加的同时,智力获得同步增长。没有知识作基础,人不可能聪明;但有很多知识也可以不聪明,“学了许多事物,并不等于学会了理解许多事物”。

一个好的课应包含三个方面:艺术、科学和应用。艺术的作用在于培养学生的想象力、审美力,使学生拥有丰富的个性。我觉得中国的教育有一种潜意识,即强调统一性,忽视个性,这不好。科学在于培养学生的直觉能力、逻辑思维能力和创造力,具有严密的工作精神。应用在于培养学生活用知识的能力,使他们能在自己的专业中使用数学的思想和方法,掌握量的思维方式。

二、人文科学与数学教育的历史

回顾历史会对我们有启发作用。在西方,作为独立的人文科学是什么时候诞生的?诞生于古罗马。最早起源于西塞罗(公元前106—前43)。西塞罗是罗马的政治家和演说家,他的方案后来成为古典教育的基本纲领,到中世纪这个纲领转变为基督教的基础教育。在这段时间内,人文科学主要包括数学、语言学、历史、哲学等。数学之所以成为那时人文科学的基本内容,其原因是,那时要培养雄辩家和传教士。而雄辩家和传教士对思维能力和推理能力要求很高,因此几何训练是不可少的——直到今天，这一要求仍是讲授数学的主要因素之一。

文艺复兴时期，教育发生了很大的变化。令人惊讶的是，数学一直是学校教育的主要内容。数学与人文科学的鸿沟是19世纪才形成的。法国著名哲学家李凯尔特（1863—1939）把人文科学称为“文化科学”，并提出两种基本对立：自然与文化的对立，自然科学与历史文化科学的对立。关于数学，他说：“自然科学和文化科学之间的区别仅仅对真实对象的科学才是适用的。像数学那样的关于观念存在的科学，既不属于自然科学，也不属于文化科学，因此在这一方面就不再加以考虑了。”

李凯尔特的观点反映了19世纪末20世纪初学术界的状况。当时的人们已经注意到人文科学和自然科学在方法论上有重大区别：数学和自然科学是“抽象的”，目的是得到一般规律，而人文科学是“具体的”，它的目的是探讨人的个别的和独特的价值观。因此数学方法不为当时的人们所重视。

李凯尔特把数学从自然科学和人文科学中分离出来，这是对的。数学是人脑的产物，存在于观念世界，而不是自然界。自然界没有数学圆，没有直角三角形，也没有$\sqrt{2}$和 π。但是，他没有看到数学对人文科学的作用。

第二次世界大战以后，数学应用的面貌发生了巨大的变化。数学已经从自然科学扩展到从社会科学到艺术的各个领域。

2000年，美国出版了一本书《为新世纪学习数学》。书中说，数学的作用比以往任何时期都大，而且在将来将起更大的作用。对学生的数学要求随时间而剧烈地增加。看看过去300年间美国课程表对数学的要求就清楚了。

哈佛大学于1636年建立，当时没有一个数学教授。到1726年，哈佛大学任命了第一位数学教授。当时的入学考试只考算术。1820年，要求考代数，1844年要求几何。1912年，美国数学家斯米思对国际数学教师联合会作报告时说，当时美国仅有一半的高中讲一年的代数和一年的几何，其他学校只要半年的代数。第二次世界大战使人们的数学观发生了深刻的变化。数学课成了中学最重要的课程之一。

三、数学在人文科学与艺术中的应用

我们只举两个例子：史学、语言学。

史学。数学方法的运用为历史研究开辟了许多过去不为人重视，或不曾很好利用的历史资料的新领域，并且极大地影响着历史学家运用文献资料的方法，影响着他们对原始资料的收集和整理，以及分析这些资料的方向、内容和着眼点。另外，数学方法正在影响着历史学家观察问题的角度和思考问题的方式，从而有可能解决使用习惯的、传统的历史研究方法所无法解决的某些难题。数学方法的运用使历史学趋于严谨和精确，而且对于研究结果的检验也有重要意义。

史学家巴勒克拉夫在《当代史学主要趋势》一书中指出：

“就方法论而言，当代史学的突出特征可以毫不夸张地说是所谓‘计量革命’。对量的探索无疑是历史学中最强大的新趋势，是区别于20世纪70年代和30年代对待历史研究的不同态度和不同方法的首要因素……在史学界没有任何问题比它引起更大的骚动,它的光荣地位在 1970 年 8 月于莫斯科举行的第 13 届国际历史科学大会上得到了承认。”

数学与语言学。数学与语言文学是整个中、小学时代最基础、最重要的两门学科。语言学是所有人生活、学习和工作最必需的。而数学是所有科学技术、社会统计、商业贸易等所必需的。因而这两个学科的结合是自然的,但是,很多人并不认同这一点。

哈达玛说:“语言学是数学和人文科学之间的桥梁。”事实上,数学通过语言学与所有的人文科学建立了联系。这也不难为人们所了解。

数学和语言学还有更深刻的联系。数学是研究语言学的不可缺少的重要工具。

1847 年,俄国数学家布里亚可夫斯基提出,利用概率论进行语法、词源和语言历史的比较研究。1894 年,瑞士语言学家索绪尔指出:“在基本性质方面,语言中的量和量的关系可以用数学公式有规律地表达出来。”1904 年,波兰语言学家库尔特内认为,语言学家不仅应当掌握初等数学,而且还必须掌握高等数学。这些历史事实说明,首先是语言学家提出了数学与语言学联姻的必要。1907 年,俄国数学家马尔可夫在对俄语的语序进行研究,而提出了随机过程,现在称为马尔可夫随机过程,开始了数学家对语言学的研究。计算机的出现,使数学与语言学的联系更加密切。

1946 年,第一台电子计算机诞生。英国工程师布斯和美国工程师韦弗在讨论计算机的应用时,提出了机器翻译的问题。此后,机器翻译就成了数学、语言和计算机的联合行动的一个重要方面。

在进行机器翻译前,必须研究语言结构和构词法,从而促进了形态学的研究。在自动形态分析中,数学方法起着重要的作用。例如,采用离散数学的有限自动机理论来设计形态分析模型,控制切分过程,实现单词的自动形态分析。在切分过程中,有限自动机把词典中的各个构词成分——词干、前缀、后缀、词尾——相应的语法信息记录到输入词中去。这样,在切分结束时,每一个输入词就都附上了有关的语法信息,为进一步的分析提供了数据。

用数学方法研究语言现象给语言以定量化与形式化的描述,称为数理语言学。它既研究自然语言,也研究各种人工语言,例如计算机语言。其目的有三:

(1) 创立新的语言,如国际语,计算机语言等适应人类的新需要;

(2) 探索语言发展的规律,建立更为合理的语言;

(3) 破译古语。

数理语言学包含三个主要分支:

(1) 统计语言学。它用统计方法处理语言资料,衡量各种语言的相关程度,比较作者的文体风格,确定不同时期的语言发展特征,等等。

已经有许多例子说明,统计语言学已得到广泛应用,而且研究对象都是著名问题。第一个有名的例子是对《红楼梦》的研究。从 20 世纪 70 年代,数学家就开始用统计语言学研究《红楼梦》了，而且得出了令传统红学界吃惊的结论，而这些结论是用传统方法难以得到的。另一个著名的例子是对《静静的顿河》的作者真伪的研究。他的作者是肖洛霍夫，1965 年获得诺贝尔文学奖。他是不是剽窃他人的成果？这个疑问引起了全世界的关注。

1985 年 11 月 14 日，研究莎士比亚的学者在英国 Bodelian 图书馆发现了一首仅有 429 个字的诗，没有记载谁是作者。这首诗会是莎士比亚的作品吗？两位统计学者 Thisted 和 Efron 在 1987 年用统计方法，在几乎同样长度的作品中，莎士比亚风格所含不同单词与其他作者风格所含不同单词的频率分布做了精细研究，从而发现诗的作者是莎士比亚。

同样的研究在美国有“谁是联邦主义者论文的作者”，在印度有“卡尔特亚与《印度经典》”。

莎士比亚的《错中错》和《空爱一场》是什么时间写成的？大多数莎士比亚的作品均有记录记载出版年月，但这两部作品没有。如何根据已知出版年月的作品的信息，来估计未知出版时间作品的出版年月呢？一位叫亚地(Yardi)的数学家利用纯度量的方法解决了这个问题。他把文学作品的风格度量化了，这真是让人惊奇。

(2) 代数语言学。借助数学与逻辑方法提出精确的数学模型，并把语言改造为现代科学的演绎系统，以便适用于计算机处理。

(3) 算法语言。借助图论的方法研究语言的各种层次，挖掘语言的潜在本质，解决语言学中的难题。

语言的作用有二，一是思维，用语言去思维、去探索、去推理；二是交流，用语言表达感情、收获，去交流感情和信息。这就要求：

(1) 语言有丰富性。

(2) 语言有准确性。

谈到语言的准确性，就要提数学语言。数学语言是超国界的，是由各国的最优秀的人才花费了几百年的时间才创立的。如果你没有学过真正的科学语言，特别是数学语言，你将是语言学上的残废人，不能成为一个真正的语言学家。

四、教学方法

实现五结合。

1. 讲授与适当讨论相结合

课程的进行以讲授为主是自然的，但穿插适当讨论，会使效果更好，问题是要选好论题。

例 1 在讲高斯消元法时，我让学生自愿分组总结中学数学关于二元一次联立方程组和三元一次联立方程组的解法。引导他们得到了系数矩阵的概念和矩阵初等变换的概念。实现了从具体到一般的飞跃。

例 2 我们知道，认识任何事物都要从正、反两方面去考察，例如，整个数学史就是证明和证伪的历史。所以,对概念的反面考察也是教学的重要组成部分。讲极限概念时,在给出正面的例子和定义后,我提出了一个问题:如何写出一个序列不以0为极限。请同学们想一想,然后自告奋勇到黑板上写出来。学生很踊跃,立刻有四五个学生到黑板上写出了自己的答案。经过审查,没有一个正确的。学生的情绪被调动起来了。马上有同学去改,也没有改对。经过一番讨论后,才写出了正确的答案。课间休息时,学生们说,他们已经学过形式逻辑了,没有想到在这里跌跤。

2. 历史与逻辑相结合

数学的历史发展与本身的逻辑体系不是一回事。人对数学真理的认识也与本身的逻辑体系不是一回事。讲清它们之间的关系,有助于理解数学的本质。这就是说,我们不但要讲好课本的理论体系,还要适当讲一点历史,讲一讲概念和方法的由来。

3. 数与形相结合

数学的两大主干是几何与代数,提供了两种不同的思维方式,其特点为

几何:空间形式的科学,视觉思维占主导,培养直觉能力,培养逻辑推理能力;

代数:数量关系的科学,有序思维占主导,培养符号运算能力。

认清几何与代数的基本特征对学好以后的课会有很大帮助。讲数学课,应当将数和形结合起来,使两种思维的优点都能发挥出来。

例3 解析几何与线性代数有密切的联系,把它们结合起来讲会有很大好处。解析几何中的三张平面对应于代数中的三元一次联立方程组。三张平面有唯一交点对应于代数中的三元一次联立方程组有唯一解。三张平面有唯一交点的条件是三张平面的三个法向量不共面,它对应于代数中的三元一次联立方程组的系数行列式不为0。讲课时将它们结合起来,会使学生了解得深、透,并且容易记忆。同时,体现了数学科学的统一性与协调性。展示了数学的和谐美。我们可以用一首唐诗来描述这种和谐。

寄韬光禅师

白居易

一山门作两山门,两寺原从一寺分。东涧水流西涧水,南山云起北山云。

前台花发后台见,上界钟声下界闻。遥想吾师行道处,天香桂子落纷纷。

4. 理论与应用相结合

课上既讲理论又讲应用,要求学生既学理论又自己找应用。我们增加了数学与人文科学的结合,数学与艺术的结合,因为这方面的应用过去讲得少。例如,在课上我们介绍了数学与西方政治,透视画与射影几何,音乐之声与傅里叶分析等有关应用,学生对这些内容十分感兴趣。课后学生结合自己的专业写出了很好的论文:将你的心灵数字化(心理系),数学在语言学中的应用(英语系),数学分析在国际关系中的应用(国际关系学院),地图、数学、数字地球(地球与空间科学学院)等(见张顺燕主编的《心灵之花》,北京大学出版社出版)。

5. 科学结论与方法论相结合

具体到数学上，科学结论就是定理，科学方法就是怎样发现定理、怎样证明定理、怎样理解定理、怎样推广定理和怎样应用定理。发现定理和推广定理主要用到归纳和类比，当然，不能排除演绎在数学发现中的作用，康托尔的理论就是演绎的结果。所谓归纳就是处理经验的方法。小平邦彦说，要通过经验培养数觉。有些学生缺乏数觉，理解数学总有困难。证明定理主要用演绎法，有时配合数学归纳法。

五、培养四种本领

1. 以简驭繁

我们主要讲笛卡儿的方法。在科学史上做出创造性工作的科学家很多。但是，他们的创造性工作是如何完成的呢？如何做就能得到创造性的成果呢？迄今为止，对这些问题进行过深刻地自我反省，并将自己的观察结果留给后人的情况几乎没有。笛卡儿对这些问题的自我考察作为非常珍贵的资料保存了下来。

笛卡儿是近代思想的开山祖师。他所处的时代正是近代科学革命的开始，是一个涉及方法的伟大时期。在这个时代，人们认为，发展知识的原理和程序比智慧和洞察力更重要。方法容易使人掌握，而且一旦掌握了方法，任何人都可以作出发现或找到新的真理。这样，真理的发现不再属于具有特殊才能或超常智慧的人们。笛卡儿在介绍他的方法时说："我从来不相信我的脑子在任何方面比普通人更完善。"

他列出四条原则。这四条是最先完整表达的近代科学的思想方法。其大意是：

（1）只承认完全明晰清楚，不容怀疑的事物为真实。

（2）分析困难对象到足够求解的小单位。

（3）从最简单、最易懂的对象开始，依照先后次序，一步一步地达到更为复杂的对象。

（4）列举一切可能，一个不能漏过。

这四大原则对研究任何一门学科都有不容忽视的指导作用。笛卡儿一针见血地指出："不可以从庞大暧昧的事物中，只可以从最容易碰见的容易事物中演绎出最隐秘的真知本身。"他还说："当我们运用心灵的目光的时候，正是把它同眼睛加以比较的，因为想一眼尽收多个对象的人是什么也看不清楚的，同样，谁要是习惯用一次思维行动同时注意多个事物，其心灵也是混乱的。"所以当我们进行一项科学研究时，必须首先明确我们的目标，然后把研究对象分成若干环环相扣的简单事物，在理性之光的指引下，找到这些细分小单位的由简至繁的顺序，最后从最直观，最简单的对象入手，依照一条条理清晰的道路直捣真理之本蒂。总之，笛卡儿给出一条由简入繁的路，告诉我们如何以简驭繁。用老子的话总结，就是"天下之难做于易，天下之大做于细"。

2. 审同辨异

即同中观异，异中观同。异中观同就是抓住本质，抓住共性。领域不管相隔多远，外表有多大不同，实质可能是一样的。同中观异就是超越众类，独出心裁。没有异中观同，就是没有本质性的认识；没有同中观异，就没有自己的独特理解，没有自己的特色。

我们在讲新课的时候，总是要找出新课与旧课的联系，也就是既要找出它们之间的共性——异中观同，又要使学生深刻地认识到，人们总是从已知探索未知，这是一般规律，同时又使他们认识到，他们已经站到了新的起点上，新知识的确比旧知识前进了一大步。

例如，微分学解决了初等数学中“除”所不能解决的问题，把“商”发展到“微商”。积分学解决了初等数学中“乘”所不能解决的问题，把“积”发展到“微积”。

实质认得越清楚，作出新发明的可能就越大。例如，庞加莱对 Fuchs 群的研究，高斯对数论的研究，都是找到不同问题间的共性。最近的例子是，1998 年 8 月号的《科学的美国人》刊登了阿德尔曼的一篇文章《让 DNA 作计算》。阿德尔曼写道：“我正躺着叹服于这个令人惊奇的酶，并且突然为它们与图灵发明的机器之相似而大为震动。”想到这一点使他“彻夜难眠，想办法让 DNA 作计算”。这就是 DNA 计算机的发明。

关于同中观异。恩格斯说：“从不同观点观察同一对象……殆已成为马克思的习惯。”法国雕塑家罗丹说：“所谓大师就是这样的人，他们用自己的眼睛去看别人见过的东西，在别人司空见惯的东西上能够发现出美来。”尼采说：“独创性——并不是首次观察某种新事物，而是把旧的、很早就已知的或者人人都视而不见的事物当做新事物观察。这才证明是真正有独创性的头脑。”所以必须训练自己的观察力和对事物的敏感度，否则只能停留在常人水平。例如，对方程式

$$x^2+y^2=z^2$$

如何看？我想至少有三种看法：

毕达哥拉斯：面积关系。在直角三角形上，两直角边上的正方形的面积之和等于斜边上正方形的面积。

费马：不定方程。数组 3，4，5 和 5，12，13 都满足此方程。但 $x^n+y^n=z^n(n>2)$ 没有整数解。

笛卡儿：二次曲面。

经济系同学就审同辨异写了一首诗：

异中观同，同中观异。异中观同是寻求规律，

同中观异是发现效益，情况多变，贵在夺机。

这首诗的经济味是很浓的。

3. 判美析理

我把庄子的“判天地之美，析万物之理”浓缩为四个字**判美析理**。

析理。讲析理一要讲好定理，二要分析概念。前面讲了定理，这里讲概念。讲概念除了讲一个概念的内涵和外延外，如果必要，还应该讲一点概念史。例如，在解释函数定义时（即讲函数的外延）常常引出狄利克雷函数。这个函数一无图形，

二无公式。它的意义何在？在狄利克雷以前，数学家发现或创造函数是为了研究客观世界，狄利克雷函数不是，它不反映任何客观规律。这是学生在学微积分时遇到的第一个怪函数，怪在什么地方？为什么要研究它？这个函数恰恰是从古典分析到现代分析的转折点。把这些问题说清楚了，学生对函数概念的本质，乃至数学的本质都会有新的理解。

这里顺便提提 Atiyah 给数学下的一个定义：数学是一门艺术，是一门发展概念和技巧以使人们更为轻快地前进，从而避免蛮力计算的艺术。

判美。析理讲好了，判美自然就出来了。数学理论体现了真与美的结合。希腊箴言说，美是真理的光辉。因而追求美就是追求真。著名物理学家海森堡说：“当大自然把我们引向一个前所未见的和异常美丽的数学形式时，我们不得不相信它们是真的，它们揭示了大自然的奥秘。”著名数学家外尔说：“我的工作总是尽力把真和美统一起来，但当我必须在两者中挑选一个时，我通常选择美。”美常常是科学研究的第一标准。

4. 鉴赏力

鉴真与假，好与坏，美与丑，重要与不重要，基本与非基本，非常重要。有鉴别力的学生会区分主次，自然学得好。鉴赏力可以在教学过程中逐渐加以培养。如何培养？前面几条都起作用。在数学课程的讲述中，加强“点评”。使学生

(1) 理解数学的概念和原理。

(2) 理解数学的探究过程。

(3) 理解数学与一般文化的关系。

(4) 理解数学的用场。

“弄花香满衣”，点评得好，鉴赏力就在其中了。

六、学生的反映

在教学过程中，通过答疑、考试、写论文学生反映了不少宝贵的意见。对文科数学教学的目的、取材、教法都很有启发。我选择了几个有代表性的意见，供参考。

北京大学历史系刘同学用诗的语言写出了他的感受，题目是：“美妙中透露几分苦涩。”

小学时，数学是那么形象有趣。
到中学，我失掉对她的兴趣。
过多的习题，使我忘掉了数学的真正意义，
我变成了一架没有激情的机器。
带着困惑，我进入北大历史系。
第一节数学课我难以忘记：
怀着忐忑不安的心情，我坐在一个角落里。
说来真是神奇，一节课后，

发现我的担心是多么多余。
我终于明白了,
数学是这样地有魅力:
“道通天地有形外,思入风云变态中”。
思维终于被激活,我激动不已!
思维是一种宝库,数学是宝库中闪光的金币。
我决心念好数学,
即使没有实际功用,也不余遗力!

我在清华大学上这个课时,一个半月后进行了一次考试。最后一题是“我与数学”。一位同学把题目改为“我与数学的恋爱”。她这样说,在小学,我与数学是,青梅竹马,两小无猜。到了中学,功利思想隔阂了我们,我们虽然终日相伴,却毫无感情。中学毕业了,我与数学一刀两断,各奔前程。到了大学,谁知,冤家路窄,又有数学。真是,包办婚姻,无可奈何。上了一个半月的数学课后,味道变了。现在是,旧情重温,自由恋爱,味道好极了!

这是部分同学的感受,他们还有其他看法。例如,清华大学陈同学写道:“可悲的是,由于长期‘应试’教育的结果,导致了中国的人文学者对理科的知识少而又少。以计量史学为例,迄今国内无一人敢自称专家。翻遍清华大学所有有关计量史学的书,没有一本是我们中国人自己写的,现状令人痛心!”

清华大学周同学说:“高中的数学生活简直是噩梦。别看做了那么多题,等高考一完,真正会的东西也就是一些最基本的思想了。而这些东西实际上不需要那么长的时间来学习。现在的高数课却是一种全新的模式。期中复习时,我惊奇地发现,在这短短的两个月中,我竟然学了那么多东西,涉及的领域那么广。虽然没有深层次的学习,但师傅领进门,修行在个人,以后再想提高,顺藤摸瓜也就是了!数学知识虽然对我并不常用,但其思想使我受益无穷。”

北京大学中文系一同学写道:“仅就我目前的认识水平而谈,认为应该就素质教育中的数学教学作本质上的变动,不再一味地追求烦琐的论证,而从它的源流、原理以及推广应用这几方面入手,明白数学是怎么诞生和发展的,数学蕴含的人文、社会意义是什么?怎样学以致用?从根本上变革对数学教学的既定观念,以便更好地发挥数学对人的精神的塑造作用,从而达到与人文学科一起构架完整学科体系的目的。”

七、教材改革

这次会议及时且重要。50多年来不断改革,已积累不少经验,但仍存在严重问题:

1. 内容陈旧,苏联影响仍很重。体系、例子都是旧的,与时代结合得不紧。新内容含三个方面:确定性数学,随机性数学,离散性数学。可交叉,也可分开。

2. 模式单一,风格单一。不生动活泼,缺乏启发性。建议出一批新教材:新内容,新风格,新模式。

中国工科本科高等数学课程教学改革五十年

西安交通大学 马知恩

我于1954年在上海市交通大学数学教研室任助教,1956年随校迁往西安后一直在西安交通大学工作,1959年任交大基础部教学秘书并作为教研室核心组成员,跟随老教师们参与工科数学教学改革工作。1962年任高等数学课程教材编审委员会(即工科数学课程教学指导委员会的前身)秘书,后任委员和两届主任,亲身经历了我国各个时期工科数学教学改革和发展的历程。以下所述主要依据不同时期的教学大纲和有关典型教材以及本人的感受和认识,难免有片面甚至不妥之处,因此仅供参考。虽然有关材料仅来自工科高等数学课程,但其发展变化趋势,对于其他非数学类的高等数学课程而言也许有所雷同。

从1952年进行院系调整到现在,我国的高等教育经历了艰辛的发展和改革历程,它的起伏发展不仅受到科学技术发展的影响,而且和不同时期的政治形势紧密相关。回顾工科高等数学课程的改革和发展,大致可以划分成以下七个阶段。

第一阶段(1952—1958年) 新中国成立初期,历尽沧桑的旧中国百废待兴,为了有效地培养适应新中国建设需要的人才,1952年开始全面学习苏联。教育由新中国成立前的“欧美模式”转向“全盘苏化”,按照苏联的教育模式进行了大规模的院系调整,制订了教学计划和教学大纲,组织翻译了一大批苏联教材,采用了苏联的一套教学管理模式和教学方法。现在看来,除理工分家的院系调整值得商榷外,其他许多做法在当时都是十分必要的,使我国高等教育经过很短时期的过渡就基本适应了当时计划经济的需要,走向了正规化。

新中国成立后第一批教学大纲是在原高教部的领导下于1954年在大连制订的,我校朱公谨教授受高教部的委托,负责主持了工科本科高等数学课程教学大纲的制订。朱先生是在德国获得博士学位后归国的,是数学家柯朗的学生。主张保持教学应有的严密性和揭示科学的思想性,不赞成“三氏微积分”对极限的讲法。据说他在赴大连开会之前是有种种疑虑的,但当他看到当时作为主要参考的苏联工科数学教学大纲和有关教材时,发现与其本人的思想一拍即合,所以顺利地完成了任务,并自告奋勇地编写了《高等数学》教材。这个大纲在内容和体系方面为我国工科高等数学课程几十年的教学奠定了基本的框架。当时的教学时数为360学时,内容包括平面与空间解析几何、行列式与线性方程组、微积分与常微分方程,一般分三学期完成;讲课与习题课的比例为2∶1~1∶1,课内外时数比为1∶1.5~1∶2。教材主要采用苏联别尔曼著、张理京翻译的《数学解析教程》(第七版)(以下简称《教程》)。这本书是按照苏联“高等工业学校高等数学教学大纲”的要求编写的，强调概念和数学理论、强调数学思想的启迪，讲解十分细致，正如作者在序言中的描述："工程师要想在解决技术问题时能灵活运用解析学的概念，就更有必要来掌握这些概念的精神实质"，"写这本书时，还怀着这样的目的，就是要启发读者的数学思维，引起读者对数学的兴趣和进一步研究的要求，并开阔读者对数学的眼界"。例如，《教程》把一致连续、一致收敛均作正文讲解，并对函数项级数一致收敛的分析性质与幂级数的分析运算均加以证明。

1958 年由人民教育出版社出版的同济大学樊映川等编的《高等数学讲义》(以下简称"樊书")是新中国成立初期国内最具影响力的工科高等数学教材，作者们以 1954 年的教学大纲为依据，参考了别尔曼著的《数学解析教程》，总结了自己的教学经验编写而成。内容与体系总体上与《教程》差异不大，但也有不少特色。例如，《教程》将无穷小的比较以及两个重要极限$\lim\limits_{x\to 0}\dfrac{\sin x}{x}=1$与$\lim\limits_{x\to\infty}\left(1+\dfrac{1}{x}\right)^{x}=\mathrm{e}$均放在闭区间上连续函数的性质之后才讲解，显然不利于学生求极限的训练；"樊书"把它们提前到极限运算法则之后。又如"樊书"保留了一致连续、一致收敛以及一致收敛级数分析性质的证明，但将幂级数的分析运算冠以了 * 号；《教程》在拉格朗日中值定理之后就讲解原函数概念。而"樊书"把它移到了不定积分中讲解等。这一时期我国编写的教材还有 1956 年由高等教育出版社出版的朱公谨和陈荩民分别编写的《高等数学》，但因要求较高或其他原因使用面不如"樊书"广。

这一阶段，由于教学时数充足、习题课较多、课外时数有保障，教学中强调概念、理论，加之考试要求严格，考题重视概念和理论、采用口试或笔试加口试，因而学生数学基础学得相当扎实，但知识面比较狭窄，应用能力的培养重视不够。

第二阶段(1958—1962 年)　1958 年毛泽东主席提出"教育为无产阶级政治服务、教育与生产劳动相结合"的教育方针，在教育界开展了第一次教育革命和教学改革。从工科数学的教学改革来看，当时主要精力集中在贯彻辩证唯物主义思想，加强理论联系实际，冲破旧的课程体系，增加工程中所需要的数学内容等方面。不少教师以《矛盾论》《实践论》等辩证唯物主义思想为指导，揭示数学中主要概念的实质，在编写符合我国实际情况的新教材以及理论联系实际等方面进行了大胆的探索与改革，其中不少改革思想和经验是值得吸取的。但是，在当时"大跃进"极"左"思潮的影响下，对教学改革的认识过于简单化，对认识规律和教学规律注意不够，一哄而起、鱼龙混杂，有些改革的想法过于极端，许多做法和改革成果比较粗糙，事后又未能认真鉴别总结、一哄而散，致使一些正确的改革思想和幼苗在简单的否定中被淹没。例如当时一度盛行的"单多合并"，讲微分学和积分学时，将一元与多元合并讲授，认为这样可以"多快好省"，结果由于学生难以消化巩固，很快又全盘否定。事实上，当时将多元数量值函数的概念合并讲授的想法还是可取的。尽管如此，这次教学改革锻炼了队伍，在不少教师的教学思想里播下了改革的火种。而且非常重要的一项改革成果是打破了多年以来工科本科只学仅包括解析几何、常微分方程和微积分的高等数学局面，根据科学技术的发展和工程技术的需要增添了工程数学课程。以27所院校集体编写的《高等数学》系列教材为例，虽然由于不够成熟而未能推广使用，但他们所提出的工程数学课程的设置和教学内容大都被继承了下来，并于1962年正式纳入部颁教学大纲，对以后教学质量的提高产生了重要的影响。

这一阶段，一些重点院校纷纷在教学内容、体系和教学时数上进行探索和改革。以西安交通大学为例，1959年制订的机电类教学大纲，将高等数学课分为(Ⅰ)(Ⅱ)两部分：高等数学(Ⅰ)即为过去的高等数学，学时数为330~337(机类低限，电类高限)，其中讲课与习题课的比例为2∶1，还包括14学时的"实验课"。实验课包括计算尺与计算机的使用法，误差理论以及一些简单的近似计算。课内外学时比为1∶1.5。当时提出的大纲制订的原则是：(1)贯彻辩证唯物主义与爱国主义思想；(2)加强理论与实际联系；(3)保持系统的完整性，并提高理论水平；(4)着重计算能力与独立工作能力的培养。教学内容和体系与现有传统内容相比出入不大，增添了一致收敛、旁义(反常)积分审敛准则等理论，以及渐伸线与渐屈线、包络及微分方程的算子解法和围绕微积分的一些近似计算等应用性较强的内容。高等数学(Ⅱ)供不同专业选修，包括矢量分析与场论(14学时)、复变函数(24学时)、数理方程初步(14学时)、特殊函数(14学时)、积分方程初步(12学时)、拉普拉斯变换(10学时)、差分方程(14学时)、变分法(22学时)、最小二乘法(18学时)、概率论(45学时)、线性代数(18学时)。

第三阶段(1962—1966年)　1962年在党中央"调整、巩固、充实、提高"八字方针的指引下，教育部设立了各基础课与技术基础课的教材编审委员会，负责有关课程教材建设规划和教材的组织编写、审定，并协助高教司指导有关课程的教学改革。高等数学课程教材编审委员会(以下简称"编委会")由张鸿、赵访熊、樊映川等十位教授组成。在"编委会"的指导和带领下，我国工科数学课程总结了1952年以来教学改革正反面的经验，进行了系统的课程建设，修订了高等数学课程的教学大纲；制订了工程数学课程的教学大纲；组织编写并评选出版了一批新教材，主要有樊映川等编的《高等数学讲义》第二版，清华大学、西安交通大学、王榘芳以及路见可等分别编写的《高等数学》等。同时，第一次明确提出了加强培养学生能力这一重要问题。记得当时有位教授以授学生"面包还是猎枪"为比喻阐述能力的重要性，在教师中引起了强烈的反响。

这次制订的高等数学(基础部分)的教学大纲，保留了原有大纲的框架和体系，对内容的深广度作了一些精简。例如，去掉了一致连续与一致收敛；要求讲清极限的ε-δ，ε-N定义，但不强调给出ε后求N或δ；面积分只要求定义、性质、计算法及应用，高斯公式与斯托克斯公式均未提及。该大纲对本门课程的基本要求、各章节内容的重点和深广度作了详细的说明。强调切实加强基本概念、基本理论和基本运算的所谓数学课程的“三基”训练；规定总学时为290；强调习题课，规定290学时中110学时用于习题课，并对各章习题课的时数和习题数量均作了明确的规定，以确保学生把知识学到手。与此同时，“编委会”还制订了工程数学部分的教学大纲，供不同专业选学。高等数学（基础部分）教学时数的下降为各专业根据需要在教学计划中安排某些工程数学学习内容的可能性提供了学时保障。

1964年一度兴起了“毛主席语录进课堂”的热潮，尽管教育部在1961年冬，关于修订教学大纲的（61）教一蓝字1777号文件中已明确指出“教学大纲必须以马克思列宁主义为指导思想，贯彻党和政府的教育方针和有关各项方针政策……但必须处理得当，避免生搬硬套，牵强附会，乱贴政治标签的缺点”，但在教材中生搬硬套毛主席语录的情况仍一度出现，然而为时不长便得到了纠正。1965年毛主席发出“七三”指示，提出教学要“少而精”，教学内容应砍掉1/3。工科数学的教学内容又作了一些精简，但仅局限于高等数学（基础部分），一些学校赶写了精简的《高等数学》讲义，但为时不长便开始了十年动乱。

综观这一阶段的教学，在课程建设方面的工作还是比较扎实的。总结了第二阶段正反两方面的经验，澄清了思想，稳定了教学秩序，特别是首次在全国正式确定了工程数学的课程设置和教学内容，使学生数学知识面的扩充方面有了一次大的飞跃，对人才培养质量的提高产生了重大的影响。然而，高等数学的教学内容和体系乃至教学方法在很大程度上仍停留在苏联20世纪50年代的模式。虽然后期有华罗庚、关肇直、赵访熊等著名数学家分别写的颇具特色的《高等数学》教材问世，但在苏联教育框架的影响下，未能在教坛上引起足够的重视和流传。

第四阶段（1966—1977年） 伴随着“文化大革命”，在极“左”思潮的统治下，我国高等教育受到了极大的冲击和破坏，处于停滞甚至倒退的状态。“大学”被简单化为“大家都来学”。在高等数学课程的教学改革中，为了适应对“工农兵学员”教学的需要，把数学的概念和理论过分简单化，在教学改革中出现了若干形式化、极端化的做法，应用“马克思数学手稿”和“非标准分析”中“$\frac{0}{0}$”等观点来讲解微积分一度成为改革的时尚。尽管如此，但是不少教师尝试运用唯物辩证法的思想去深入浅出地揭示数学概念的本质，阐述数学理论和证明的科学思维方法；收集和编写有工程背景的应用实例；以及在加强对学生运用数学去分析问题解决问题的能力培养方面所做的种种努力是应当予以肯定的。即便是事后引为笑谈的所谓“三毛八的微积分”（由于此书过于简单，篇幅很少，当时售价为0.38元）虽然在整体上是应该否定的，但是作者对微积分基本思想的领会和对人们颇有启迪的深入浅出的剖析，对人们领会微积分的本质和教学改革的深入产生了一定的影响。

第五阶段（1977—1989年） 从1977年恢复大学招生考试制度开始，我国的高等教育重新走上了恢复和发展的正确道路。面临百废待兴的局面，原国家教委提出了要首先解决教材的有无问题。1977 年于西安召开了数学、物理教材会议，草拟了《高等数学》编写大纲。1978 年出版的在全国使用面最大的同济大学编《高等数学》(第一版)就是在“樊书”的基础上，根据这个编写大纲编写的。1980 年工科数学教材编审委员会恢复，两年后又更名为工科数学课程教学指导委员会(以下简称“教指委”)。1980 年“编委会”受教育部委托对 1962 年制订的高等数学(基础部分)教学大纲进行了修订。与 1962 年所制订的教学大纲相比，1980 年的大纲中删去了已移至中学的行列式与线性方程组以及平面解析几何部分。在课程的目的与任务方面，1980 年版将 1962 年版中“为学习后继课程和进一步扩大数学知识打好数学基础”提高到“为培养四个现代化需要的高级工程技术人才服务”。在获取知识的同时，还提出“注意培养学生比较熟练的运算能力、抽象思维能力、逻辑推理能力、几何直观和空间想象能力”。

在课程的基本要求方面，1962 年版中要求学生正确理解的概念局限于一元函数微积分、微分方程和级数的收敛性，1980 年版增加了多元函数微积分的偏导数、全微分、重积分、线面积分的概念等内容；关于要求正确理解和应用的定理和公式方面，增加了变上限求导定理和格林公式；在要求熟练运用的法则和方法方面，去掉了洛必达法则，将积分法则限定为换元法与分部积分法，增加了二重积分计算法。总学时由 1962 年版的 290 学时中用于微积分的 264 学时减为 216~230 学时，其中主要将习题课减少至 58 学时，课内外学时数比要求为 1∶2。与 1962 年版相比，习题课的比例有了较大幅度的减少，但教学要求却提高了，特别是对多元函数积分学的要求提高了。在 230 高限学时中还包括了 1962 年版未作要求的高斯公式和斯托克斯公式，无穷级数中增加了柯西收敛原理、一致收敛与一致收敛级数的性质。

在这个教学大纲的引导下，一批符合教学大纲要求的新教材陆续出版，与此同时还出版了一批工程数学教材，迅速、及时地解决了教材的有无问题。开展了课程教学评估，举办了全国性的工科数学教学经验交流会，使动乱了十年的教学秩序得到了迅速的恢复和稳定，工科数学的课程建设开始了稳定持续的发展。

为了进一步搞好教学，有利于各校根据自身情况办出特色，也为了有利于保证基本教学质量，便于进行教学质量检查，1985 年原国家教委决定不再组织制订各门课程的教学大纲，而委托“教指委”制订本门课程的教学基本要求，以作为工科本科学生学习有关课程应达到的最低要求。各校可以结合本校的实际情况，在此基础上做特殊要求。教学基本要求是普通高校制订教学计划和教学大纲的依据，也是编写基本教材和教学质量评估的一项依据。根据上述精神，工科数学“教指委”于 1985 年开始启动、1987 年正式制订了高等数学课程教学基本要求以及其他四门工程数学课的教学基本要求。在这个“基本要求”里，将学生对不同数学知识掌握程度的要求划分为三个等级。例如，在多元函数积分学中，对重积分的概念、二重积分的计算法、两类线积分的概念与格林公式定为最高的一等要求；对三重积分的计算法、两类线积分的计算法定为二等要求;对两类曲面积分的概念、计算法、高斯公式与斯托克斯公式、平面线积分与路径无关条件的应用、散度、旋度、重积分与线面积分的应用均定为最低的三等要求。这个基本要求将高等数学课程课内教学时数(含习题课)的参考范围由1980年版的216~230学时再次降为190~210学时,但对讲课与习题课的比例没有划分。在内容方面与1980年版相比略有调整。例如,去掉了级数中的柯西收敛原理、一致收敛,恢复了对洛必达法则和简单有理函数积分法的要求,添加了散度和旋度的概念等。对教学内容顺序安排不作规定。由"教学大纲"发展为"教学基本要求"加大了各校课程内容和体系改革的灵活性,活跃了教坛,为20世纪90年代各具特色的教学改革铺设了道路。但当时对应用能力的培养仍强调不够。

第六阶段(1990—2000年)　20世纪90年代初,在党中央改革开放方针的指引下,历经了艰难曲折发展道路的我国高等教育,在经过一段调整恢复之后开始了以"面向现代化、面向世界、面向未来"为指导思想的教育改革。在原国家教委的领导下,工科数学课程教学指导委员会在对工科教学教材国内外现状进行广泛调查的基础上,于1994年在黄山举行了"国内外数学教材研讨会",并在会上集中广大教师的智慧,提出了"关于工科数学系列课程教学改革的建议"初稿。这个"建议"分析了工科数学教学面临的新形势,指出了存在的主要问题;提出了工科数学系列课程教学改革的11条基本思路;强调在传授知识的同时加强素质和能力的培养;将工科数学系列课程的知识划分为基本知识、选学知识和讲座知识三大部分,并建议了相应的教学内容。这个"建议"在我国工科数学界吹响了改革的号角,在改革方向和指导思想等方面为工科数学课程的改革奠定了良好的基础。例如1994年"建议"中指出工科数学课程教学存在的主要问题是:(1)内容比较陈旧,存在经典较多、现代不足,连续较多、离散不足,分析推导较多、数值计算不足,运算技巧较多、数学思想不足等倾向;(2)工科数学各部分按学科独立设课,缺乏应有的相互联系、相互渗透;(3)对学生应用意识、兴趣和能力培养注意不够;(4)教学要求统一,缺少层次,教学模式单一,缺乏多样性;(5)教学思想上偏重知识传授,存在应付考试现象,过分追求运算技巧,对素质和能力的培养注意不够;(6)教学方法上,课堂信息量少,讲得过细,管得过多,教学方法单一,教学手段落后,考试内容与方法也不利于学生能力的培养。经过了13年,现在回顾以上存在问题,尽管许多问题,特别是教学方法问题,尚待进一步努力,但这些问题正是这十多年来我们在工科数学课程教学改革中力图解决的一些主要问题,而且在全国广大教师的努力下,以上存在的问题大都在不同程度上获得了很大的改进。

1995年原国家教委设立了"面向21世纪高等工程教育'九五'重大教学改革研究课题",提出了"把怎样一个高等教育带入21世纪"这一激励斗志的挑战性问题,把教学改革推向了高潮。由西安交通大学主持、13所院校参加的"数学系列课程教学内容和课程体系改革的研究与实践”以及由清华大学主持、14 所院校参加的“理科非数学类专业高等数学教学内容和课程体系的改革研究”两个“九五”重大课题的研究，在这一时期我国非数学专业类的大学数学课程改革中发挥了核心作用。遵照原国家教委“教育思想观念的改革是先导”的指示，在全国范围召开了一系列数学教学改革研讨会，部署并组织编写了系列的革新教材和改革试点的教学实践。两个课题组所发表且由高等教育出版社出版的研究报告，汇总了他们的改革思想和系列的研究成果，是这一时期我国非数学类专业大学数学改革成果的典型代表。

1996 年底，原国家教委对工科数学课程在全国设立了六个“教学基地”，有的学校也自筹建设教学基地，历经七年的建设，在教学研究与改革，师资培训等方面在全国发挥了重要的示范辐射作用。

这一时期改革的思路、经验和主要成果概括起来有以下几点：

(1) 明确了数学教育在大学教育中的作用。数学是学生掌握数学工具的主要课程，是学生培养理性思维的重要载体，是学生接受美感熏陶的一条途径。

(2) 随着科学技术对数学要求的广泛和深入，大学数学教育应适当拓宽和加强基础，要用现代数学思想和观点统率传统内容，要通过知识的传授培养学生的数学素养，使学生将来有进一步更新数学知识的能力，要高瞻远瞩，注重长期效应。

(3) 确定工科数学系列课程的结构由基础部分、选学部分和讲座三部分构成。其中基础部分由以下四方面组成，并作为理工科各专业的必修数学课。

① 以微积分、常微分方程组成的连续量的基础；

② 以线性代数(包括解析几何)组成的离散量的基础；

③ 以概率论与统计组成的随机量的基础；

④ 以数学实验和简单的数学建模组成的数学应用的基础。

选学部分为下列五个在工程中常用的数学方法。

① 数学物理方法；②数值计算方法；③最优化方法；④应用统计方法；⑤数学建模。

讲座。介绍工程与科学技术中有用的数学新方法(例如分支、混沌、分形、神经网络、小波分析等)，以扩大学生的视野。

这个课程设置的框架已广泛地得到国内同行们的认可，而且已体现在大多数院校的教学计划中。

(4) 数学系列课程的安排应综合考虑，整体优化。加强分析、代数、几何之间的有机结合和相互渗透，注意数学各分支课程间的配合和整合。例如在微积分中加强向量、矩阵等线性代数知识的应用，将场论与多元函数积分学紧密结合，将复变函数、数理方程、积分变换、乃至变分法、小波分析等整合为现代数学物理方法课程等。相应的新教材(如《线性代数与几何》《数学物理方法》等)也已陆续出版。

(5) 加强应用能力的培养，在学习数学知识的同时注意培养学生应用数学知识的意识和兴趣,逐步提高其应用能力。实践证明数学建模与数学实验是培养学生应用数学意识、兴趣和能力的行之有效的重要途径,应努力地逐步推广普及。此外应拓宽数学应用题的领域,增加应用题的趣味性和综合性。各具不同特色的《数学实验》和《数学建模》不断出版,而且分别作为必修课和选修课在越来越多的院校中开设。但其教学内容要求和方式方法尚待在百花争艳中注意总结。

(6) 削枝保干、精简次要内容、淡化运算技巧。例如在不定积分中删去有理函数、三角有理函数和简单无理函数的积分,将有些相关积分放在换元法与分部积分法中训练,删去一些技巧过高的习题等。这一做法已为多数院校所采用。

(7) 注意因材施教,为学习现代数学知识和扩大应用领域适当开设内容展示的窗口和延伸发展的接口,为优秀学生的成长营造更好的环境和条件。在不少教材和教学安排中已有不同程度的体现。

(8) 长期以来统治教坛的灌输式、保姆式的教学方法不仅不能启迪学生思维,效率低下,而且容易养成学生学习上依赖教师的心理和思想懒惰的习惯,严重影响创新型人才的培养,必须进行改革。无论是课堂讲授还是教材编写,都应着力于揭示在“冰冷的美丽”的数学形式背后所隐藏的“火热的思考”。要努力探索以教师为主导、学生为主体的研究式、讨论式等教学方法。不少学校进行了教学方法改革的各种试点,但成熟的经验不多,还需要大力提倡,继续努力探索和试点,不断总结,逐步推广。

(9) 考试是教师教和学生学的指挥棒,也是教学改革的突破口。应大力探索和逐步改革考试内容和方法,使考试不仅能反映学生知识点掌握的情况,也能真实地测量学生通过知识所获得素养和能力的高低。一些学校进行了考试内容和方式方法改革的试点。“教指委”和“教学基地”也曾组织新编了一批有助于测试能力的试题。但由于考试内容与教学要求相互制约,大面积推广似应逐步进行,不宜操之过急。

(10) 在教学手段方面,多媒体教学工具是一种先进的教学手段和方式,但对数学这门具有抽象性和严密推理性特点的课程来讲,它只能是一种辅助性的教学手段,应当合理使用。应该根据不同教学内容和本人特点,使多媒体与传统黑板书写两种方式有机结合,取长补短,发挥各自的优点。广大教师已制作了一大批多媒体课件,且已在部分班级使用,应注意相互交流,提高质量,发挥更大的社会效益,避免重复劳动。还应总结和交流如何使多媒体与传统教学手段更好结合以提高教学质量的经验。将先进的计算工具和相关软件引入基础数学课程的教学是教学手段改革的另一个重要方向,目前我国已有一些学校和少数教材开始采用,但为数不多。

(11) 编写出版了一大批具有各自特色、不同风格的面向 21 世纪的革新教材。这些教材均在上述各条的某些方面展现了各自的特色,但如何使这些教材在全国发挥更大的社会效益尚需进一步努力。

(12) 由原高教司工科处直接领导的、从 1987 年开始历经十余年,由近百名教师集体完成的“工科数学系列课程试题库”,在对工科数学的教学质量宏观控制和进行教学评估等方面发挥了积极的作用。但题目尚需更新,软件的智能也有待改进。

1995年工科数学“教指委”受原国家教委的委托对工科数学的教学基本要求作了一次修订。由于这次修订工作实际上是在1993年左右进行的,这一阶段教学改革的成果尚未能包含。修改后的基本要求与1987年版相比变化不大,但更强调了通过知识的传授培养能力的重要性,特别是“注意培养学生具有比较熟练的运算能力和综合运用所学知识去分析问题和解决问题的能力”。将1987年版中对学生掌握知识的三等要求改为两等,原因是从教学实践来看,三等之间界限不很分明,教师难以把握。仍以多元函数积分学为例,重积分的概念、二重积分的计算法、两类曲线积分的概念和格林公式定为一等要求,其余内容均定为二等。1995年版去掉了对教学时数的建议,以加大各校办学的自主性,但针对当时不少学校变相取消习题课的情况,再次强调了“习题课是完成高等数学教学基本要求的一个重要教学环节”,而且规定“习题课学时不应少于总学时的1/6,且以小班为宜”。还建议课内外学时比为1∶2。

第七阶段(2000—2007年) 这一阶段我国高等教育面临的形势有以下几个特点。

(1)我国高等教育由“精英教育”转入了“大众化教育”。招生人数从1998年的108万增至2007年的570万,这标志了我国国力的强盛和教育的大发展,但也带来了学生平均入学水平的下降和程度差异的增大。广大教师普遍关心的问题有两个:一是如何保证基本的教学质量,二是如何不致束缚优秀学生的发展而为他们的迅速成长营造更好的空间和条件。

(2)党中央发出了创建创新型社会的号召,要求培养高素质的创新型人才,这一使命在大学本科阶段、特别是在高等数学的教学中应当如何体现。

(3)科学的发展对数学的要求更加普及和深入,正像2003年高等学校非数学类专业数学基础课程教学指导委员会在修订的工科本科数学基础课教学基本要求(以下简称“数学基本要求”)(初稿)所指出:数学不仅是一种工具,而且是一种思维模式;不仅是一种知识,而且是一种素养;不仅是一种科学,而且是一种文化。不仅原来对数学要求较低的农林、医药专业要求加强数学,就是文科类专业也要求学习一定的高等数学基础知识。

(4)20世纪末丰富的教学改革成果需要巩固并继续深化发展,需要打造一批精品课程、精品教材,进行立体化教材建设,发展电子化和网络教学以扩大优秀教学资源的社会效益。

为了适应大众化教育和创新型优秀人才培养的需要,一些教师主张加强个性化教育,实施更加开放的学分制或者在基础课教学中突破院系界限按学生层次编班,分流培养。让学生能根据自己的基础、爱好和志向充分发挥其所长,在其长项上成长为创新型的优秀人才。为了在时间和精力上为学生个性化发展提供可能,应将作为最低要求的“教学基本要求”适当降低。

在高等数学课程的教学改革中,内容深广度、特别是基础理论深度的处理是研究的核心问题之一,应如何处理一直有所争论。与我国当前的教学要求相比,北美教材偏浅,而俄罗斯等国的教材偏深,但他们都培养了不少从事尖端科学技术的杰出人才,如何正确认识这种差异?结合我国具体情况,为培养高质量的科学技术人才,对基础理论的要求,应如何把握?向哪个方向努力?经过一段时期的困惑和思考后,我认为:不应该要求单一模式,应该多样化发展。杰出的科技人才是多种多样的,存在着不同类型、不同特色的杰出人才,他们对数学基础理论的要求也有所不同,应该为学生的成长提供多品种的选择和比较宽松的环境和条件,应允许并鼓励学生在保证最基本要求的前提下,根据自己的基础、志趣和特长以不同模式去成长发展。

非数学类专业数学基础课程教学指导委员会于2003—2005年对原工科数学课程教学基本要求作了修订。“修订稿”总结吸收了20世纪90年代以来我国数学教学改革的成果和经验,明确提出“要不断更新教学内容,逐步实现教学内容的现代化;要加强不同数学分支间的相互结合和相互渗透,进行课程和内容的重组;要突出数学思想方法的教学,加强数学应用能力的培养,淡化运算技巧的训练;要尊重个性,发挥特长,探索现阶段因材施教的新方法、新模式;要不断探索以学生为主体,有利于调动学生自主学习积极性的启发式、讨论式、研究式的教学方法;要积极采用现代教育技术手段,使传统教学手段与现代教学手段相结合,取长补短”。“修订稿”建议各校“努力创造条件尽快开设与理论教学配套的“数学实验课”,建议微积分教学的课内外学时比为1∶2,强调“习题课采用小班为宜”,“学时应不少于总学时的1/6”。号召“积极进行考试改革”,“逐步建立起科学的人才评判标准和教学质量评价体系”。在微积分课程的教学要求方面,“修订稿”加强了对一些内容科学思想性的要求,例如要求“了解微分概念中所包含的局部线性化的思想”,“了解泰勒定理以及用多项式逼近的思想”,“掌握科学技术问题中建立定积分表达式的元素法”等;对内容深广度适当地作了精简,与1995年版基本要求相比有以下调整:“不要求学生做给出 ε 求 N 或 δ 的习题”,“不要求利用导数的定义研究抽象函数可导性的习题”,“不要求 n 阶导数的一般表达式”,“对罗尔、拉格朗日和柯西三个定理的分析证明不作要求,并且不要求掌握构造辅助函数相关问题的技巧”,“对泰勒定理的分析证明及利用泰勒定理证明相关问题不作要求”,“利用定积分定义求定积分与求极限不作要求”,“对求抽象复合函数的二阶导数只要求作简单训练”,“求隐函数的二阶偏导数不作要求”,幂级数在“区间端点的收敛性不作要求”,求幂级数的和函数只要求作简单训练”。

在精简内容的同时,不少学校实施了按学生层次分班教学,特别是对优秀学生的特殊培养,适应不同大类专业需要和不同层次教学需要的教材也陆续出版。适用文科学生的《高等数学》教材陆续面世;此外一些精品教材也在与时俱进地紧跟时代的发展,总结教学改革的成果和使用的经验,精益求精地锤炼,例如全国销量最大的同济大学编的《高等数学》第六版已经出版;不少近年新编的革新教材也出版了第二版。一些精品教材配套出版了包括教学辅导书、习题集、释疑解难、电子教案等在内的辅助教材,走向立体化。各种形式的多媒体课件、应用实例汇编、相关的英语教材和课外读物也不断涌现,大学数学的教学资源库已开始在网上运行,围绕创新型人才培养的各种教学方法改革和考试改革的试点正在积极进行。大学数学的教坛呈现出一片百花齐放的繁荣景象。

回顾五十多年来工科数学的课程改革,有以下几点体会。

1. 五十年来工科数学课程的教学面貌发生很大的变化,最为明显的有以下四点:

(1) 教学内容大幅度增加,传授效率大幅度提高。20 世纪 50 年代 360 学时只学习以微积分为主体的高等数学(基础部分)。现在 330～360 学时除了学习高等数学基础部分外还可学习线性代数、概率与统计、复变函数与积分变换、数理方程甚至数学实验内容,而且对高等数学基础部分的主要教学内容并没有减少。

(2) 数学应用能力的培养得到了明显的加强。数学实验和数学建模已成为培养数学应用能力的一条重要而有效的途径。数学应用领域也由几何、物理延伸至经济、管理、生命科学、社会科学乃至日常生活。

(3) 揭示内容本质,阐述科学思维方法,不仅要传授知识,更要通过知识的传授培养能力、提高素质的观点,已在广大教师中深入人心,并作为教学的努力方向。

(4) 具有中国特色的工科数学课程体系已初步形成。

上述这些变化也反映了工科数学教学对人才培养的贡献和教学质量的大幅度提高。

2. 教学方法对创新型人才的培养至关重要。虽然历次教改中,特别是“九五”以来大力提倡改革,但没有突破性进展。历次教学大纲或教学基本要求中所强调的习题课在不少院校中已名存实亡。建议将教学方法作为当前教学改革的一项重点任务组织攻关。

3. 我国的教学改革经历了反复曲折的过程,应吸取历史的正反面经验,辨明方向,鉴别真伪,去伪存真。新生事物往往是不完善的,应善于从不完善中、甚至失败中去发掘和扶植先进的幼苗。重大改革应先行试点,并坚持试点积极大胆、面上慎重稳妥。这样既有利于保证教学质量,也有利于扶植和保护试点成果。

4. 应注意积累教改成果,善于吸收教改中特别是“九五”以来成功的改革经验,在继承的基础上与时俱进地不断深化和发展,不要各自为政,重复劳动。

5. 促进已有教改成果的推广使用,使其发挥更大的社会效益。为此应加大宣传力度;要转变教育思想,更新教学观念;要克服文人相轻,故步自封,院校地区自我保护等不良倾向;要加大政策的引导和鼓励,以调动教师使用改革成果的积极性。

教学改革是一个永恒的主题,相信通过这届论坛,广大教师能更好地总结历史经验,结合我国实际,吸收美国和俄罗斯等国的先进教学理念和改革成果,把我国工科数学课程的改革推向新的阶段。

关于高校数学教学改革的一些宏观思考①

李大潜

任何一个人,不论天赋多高,都必须经过教育才能成才,这决定了教育是一个万古长青的事业。但是,教育的内涵和方法却不可能一成不变,而应该与时俱进,努力适应时代的进步,适应经济、科技和社会的发展。因此,教改(教育改革或教学改革)是一个持续发展的过程,也是一个永恒的主题。

对中国高校的数学教学改革,我们都是过来人和当事者,每个人都有自己的经验、教训和体会,都可以从方方面面来发表自己的看法和建议,这些都应该是宝贵的精神财富,值得认真总结。我今天就想利用这个机会,在宏观方面对高校的数学教学改革谈一些不成熟的看法,供大家参考,并欢迎批评指正。

一、要以认真负责的态度对待数学教学改革,自觉地维护其科学内涵和神圣地位

先从改革这个词谈起。改革当然意味着改变,这就涉及三个有关的词:改变,改良和改革。改变的英文是 change,意味着某种变化,但对其产生的效果究竟是好是坏并没有说明,应该说两种可能性都有,因而这个词是中性的。改良的英文是 improvement,明确说的是改进,即改变后要变得更好。这应是一个褒义的词,但因长期以来形成的习惯,往往把提倡改良主义等同于反对革命,即试图用小修小补来代替根本上的变化,结果"改良"这个词变得有些灰色了。其实,在正常的年代里,绝大多数人做的绝大多数有益的事均可归入改良这个范畴,但大家似乎都不太喜欢这个被污染了的好字眼,起码觉得很不过瘾、很不够味。我们习惯使用的是"改革"二字,它的英文是 reform,其中的前缀"re"有"重新"的意思,而"form"则是"构成、组织",合起来就是重构或重组,有推倒重来、另起炉灶的意思。因此,"改革"这个字眼的分量比较重,应该是动作比较大的一种改变,比改良的强度要大得多了。从这个意义上说,我们现在的书面或口头语言中,对"改革"这个字眼似乎有一些滥用的情况,任何一个哪怕是相当细微的改变常常被美其名为"改革",似乎不这样就不能显示其重要性。其实,真正够得上"改革"这个称呼的,恐怕为数要远远地少得多。在我们的数学教学改革中,这样的现象也不例外。这样说,似乎只是咬文嚼字的书生之见,大可不予理会,但要将数学教学改革推向深入,认真地区分一下哪些是真正意义上的改革,哪些只是一些改良,哪些只不过是一些一般性的改变,做到心中有数,不要胡子眉毛一把抓,还是很重要的。上面的这一种现象,是对"改革"这个字眼在认识上及实践中的

① 本文是作者2009年在大学数学课程报告论坛上的报告,曾发表于《中国大学教学》2010年第1期。

一个误区,应该引起我们的注意。

对“改革”这个字眼在认识上及实践中还有另一个误区。如前所述,改革应是一个动作比较大或比较带根本性的改变,然而从字面上看,对其结果是好是坏并没有说明,但我们总希望改革能带来积极的、有益的成果,甚至带来革命性的变化。这一个合理而善良的愿望实际上已经附加到“改革”这一字眼的内涵中。现在说改革,说的应该不仅是动作比较大或比较带根本性的改变,而且也应该要求它会带来一个积极的、有益的结果,甚至革命性的变化。因此,严格说来,改革应该是这样的改变:它不仅动作相当大,而且会带来突出的好效果,二者缺一不可。当我们说做一件事是进行改革的时候,应该感到这是一个分量很重的说法,要采取十分慎重的态度,要切实对人民和事业负起责任来,要有一种如临深渊、如履薄冰的感觉。轻飘飘地随口侈谈改革,是一种不负责任的态度,是要不得的。不计后果,不按规律办事,随心所欲地把自己和少数人的一些不切实际的想法强加于人,包括抓住某些舶来品的一鳞半爪或一知半解拿来推销上市,还美其名为教改,实在是对教改这一神圣的字眼的亵渎,更是要不得的,甚至可能是祸国殃民的。

我们一定要自觉地维护数学教学改革的科学内涵和神圣地位,决不要将其庸俗化,把在教学上所做的任何努力都不分青红皂白地冠以教学改革的旗号。我们所做的一些工作,有的就只是改良或改进,但这也十分值得珍惜和重视,如能坚持不懈,日积月累,就有可能达到尽善尽美的境界,造成一个大的气候,成为一个够格的优秀教学成果,甚至成为一个精品或传世之作,这就是很了不起的成就。有的还可能就只是成败未知的改变,虽然不能打保票一定成功,但只要心中有数,态度客观,也不失为一种积极的探索与实践,由此总结的经验教训对他人来说也必然会是一个有益的借鉴。要引起我们严重注意的,是那些远离教学第一线,对教学没有实际的经验和体会,对教与学的规律心中无数,随心所欲炮制的所谓教学改革方案或设想。我们不应该把十分严肃认真的教学实践作为一些胡思乱想的实验场,把教学改革的大好局面搞得一团糟,更不容许这样做还打着教学改革或引导教改潮流的神圣旗号。我们坚信,对教学改革最有发言权的,对教学改革的成败最有历史责任感和使命感的,真正和改革开放政策血肉相连、命运与共的,是那些在教学第一线上认真实践、锐意改革的广大教师。这是我们进行数学教学改革的基本队伍和依靠力量,我们应该永远和他们站在一起。

二、要真正重视和遵循教育的规律

人们常说,十年树木,百年树人。教育是一个长周期见效的事业,对教育的好坏也要有一个长周期的考察。教改的成败与得失,真正显露出来起码也要一二十年以后。看一个学校是不是一个好的学校甚至名校,不是看它的校舍,不是看它的规模,不是看它办学时间的长短,不是看它是否频频地在媒体亮相,不是看它在短期内做出了哪些轰动的效应，而是看它是否向社会源源不断地输送栋梁之材，看有多少经过它培养的学生在若干年后会成为著名的科学家、文学家、艺术家、企业家、政治家及各行各业的精英甚至泰斗，在各方面建功立业。这需要"风物长宜放眼量"，要靠历史的积淀、长期的努力，是要经过相当长一段时间的检验的。

正因为教育是一个长时间尺度的事业，本着对历史、对未来负责的精神，教改决不能搞急功近利的表面文章，也不能随心所欲地朝令夕改，而必须严格按教育的规律办事，才有可能取得积极的成果。但现在的情况是：一个教改方案往往（甚至大多数）不能执行到底，更来不及做深入的总结，就会轻易地被一个新的教改方案所代替；领导更换了，思路也往往变化，教改方案随之要进行调整，甚至有根本性的改变。这就出现了教育的长期性与教改的高频度这一突出的矛盾，是我们在教改实践中所经常看到的一个"多尺度"的现象。高频度出现新的教改举措，对教改方案的不断调整与变动，应该说是一种瞎折腾，它使教学秩序得不到基本的稳定，使教学质量不可能得到稳步的提高，反映了对教育长期性这一教育规律缺乏基本的认识，是阻碍我们教改活动不断深入、并切实取得成效的一个极大的障碍。既然教育是一个长周期的活动，既然教改是一项极为严肃的事业，在进行教改实践的时候，就不能"边设计，边施工"，敷衍塞责，草草了事，而应该真正做到谋定而后动，而一经实行，就要坚持下去，稳定好相应的教学秩序，将试验进行到底，并及时总结经验和教训，不断加以提高和改进。

观察一个教改项目的效果，也要从这个角度来考察，树立一个正确的标准。短期的评估指标，急功近利的评价体系，对于教育这一个特殊的行当，是特别不适当的，是有百害而无一利的。如果每一个高中都只片面追求升学率，强迫学生死记硬背、加班加点，以把学生送进大学特别是重点大学为唯一目标，而不管学生将来是否能适应大学的学习环境，还剩下多少学习的积极性或主动性，到底有没有后劲，这样的办学能算是有一个好的结果吗？能真正办成一个使人民满意的教育吗？答案当然是否定的。

对大学数学的教学改革，同样不能只看那些短期的、表面的效果，只看一时的考试成绩，只满足于一些近期的表现，包括经过短期突击培训后参加某些竞赛中的表现，或是那些一时显得花花绿绿的东西；而要着眼长远，着眼学生一辈子的成长和发展，要看是否真正有利于学生德智体诸方面的全面发展，要看是否有利于学生在增长知识的同时，真正提高了能力和培养了素质，要看能否激发起学生学习的积极性、主动性和创造性，要看是否真正符合未来社会的需要和未来科技的发展，使教育在培养人才方面真正起到基础性和前瞻性的作用。从这个意义上说，数学教学改革的根本目的不在于如何向学生灌输更多的定理、公式和证明，不在于把学生训练成为一个百科全书或解题工具，而在于要通过数学教学，在传授数学知识和方法的同时，使学生更多地领悟数学的精神实质和思想方法，促使学生自觉地接受数学文化的熏陶，真正对数学做到触类旁通、甚至融会贯通，变得更加聪明、更有智慧，也更有发展的底气、潜力和后劲，终身受用不尽。这固然是很难很难的要求，但数学教改的意义和魅力也不就是在那儿吗?!

三、要面对和重视数学这门学科的特点

按恩格斯的说法，数学是研究现实世界中的空间形式和数量关系的科学。关于数学的内涵、特征及意义，我在不少其他的场合已讲得很多，不再重复。我这儿只想指出：经过多年来数学家的不懈努力，数学的核心部分已经构成了一个逻辑上十分严格、甚至可以说是丝丝入扣的思想体系，呈现出高度抽象性和严密性的特点，形成了包括纯粹数学与应用数学众多分支学科在内的庞大的数学科学结构。但另一方面，数学科学又不是一个与外部世界无关的自我封闭体系，数学的概念、理论和方法不仅有其在现实世界中的原型，决不是无源之水、无本之木，而且数学的应用在现今的世界已经渗透到各个方面，并在很多情况下起着愈来愈重要、甚至关键性的作用。

从这个特点出发，在进行数学教学改革的时候，需要一直注意以下两点：一方面，数学的教学决不能只是就数学论数学，把数学搞成一个只包含定义、定理及证明的纯逻辑体系，割断数学的来龙去脉，关起门来孤芳自赏，继续重复过去数学教学中常有的理论脱离实际的弊端。这些年来，我们强调数学建模的作用，逐步开设了“数学建模”及“数学实验”课程，并且组织实施“将数学建模的思想与方法融入大学数学类主干课程”的教改实践，都是朝着这一方向做出努力的。但另一方面，在强调将数学建模的精神与方法融入数学类主干课程的时候，我们不主张采取形而上学的思维方式，简单地在所有的数学概念和命题之前都机械地装上一个数学建模的实例，把一个完整的数学体系变成处处用不同的数学模型驱动的支离破碎的大杂烩。过去在“文化大革命”中的一些教材，由于片面强调理论联系实际，号召“以典型产品带动教学”，处处充满了实际问题的例子，教师难教，学生难学，效果很不理想，应该引以为鉴。应该说，数学类课程的原有体系，是经过多年历史积累和考验的产物，没有充分的根据不宜轻易彻底变动。数学建模思想及方法的融入宜采用渐进的方式，力争与已有的数学内容有机地结合，充分体现数学建模思想的引领作用，而不宜喧宾夺主，甚至推倒重来、另起炉灶。因此，在进行数学教学改革的时候，要注意在两条战线上作战，既不要脱离实际与应用，又要自觉地维护好数学体系的严密性与完整性，要认真掌握好这一个“度”。在其中某一方面出现偏颇，无论过头或不足，都会产生不良的影响，这方面的历史教训应该说是很多的。

数学不是一门描述性的学科，而是一门推理性的学科；不是一门观赏性的学科，而是一门思考性的学科。要学好数学，必须通过认真的思考和严格的训练。作为教师,在授课的过程中,要使学生随着课程内容的展开,与教师的讲授同步地进行思考,使思维一直处于活跃的状态。正是因为这一点,那种打着多媒体教学的旗号、将教学内容简单地用PPT屏幕显示出来作为课堂教学主要手段的做法,完全违反了数学科学的本质特点,完全违反了学习数学的基本要求,我们是明确地表示反对的。将利用多媒体进行数学教学规定应不少于多少百分比的硬性评估指标,更是极为荒唐,是破坏数学教学规律的一种瞎指挥,后果将会是很严重的。这样说,并不是随意否定多媒体的作用及其在某些方面的优越性,并不是对现代技术的发展抱着闭目塞听、一概拒绝的对抗态度,而是反对多媒体技术在数学课堂教学中的滥用,或者更积极地说,希望多媒体技术能真正有效地为我们所用。我们也注意到,一些论述多媒体对数学教学所起的先进作用的文章,没有或基本上没有涉及数学这一学科的特点及特殊性,对数学教学而言实际上处于一种无的放矢的状态,难以使人信服。在这个问题上,如何更好地面对和重视数学这一学科的特点,同样是十分重要的。

四、要遵循和重视学生的认识规律

数学教学改革的主体虽然是教师,但所针对的对象则是广大的学生,因此,一定要遵循学生的认识规律,才能收到事半功倍的效果。对教学内容事先基本上一无所知的学生,和已经经过多年历练的教师,在认识水平和能力上一般不属于同一个层次。教师要有效地进行数学教学,固然自己要对教材及内容有深入的了解和领会,但教学不等于参加同行专家的研讨会,教师一定要设身处地站在学生的角度思考,考虑怎样组织教与学才能更切合学生的认识规律,而不应该把自己主观上的认识和构想强加到学生身上,特别是不应该把自己经过多年探索和实践才有所体会的"高观点"或与主题关系不大的烦琐细节强加给学生。这种拔苗助长的做法,只能使学生的认识链条人为地脱节,影响学生打好扎实的基础,是不利于他们今后的成长的。

从这个观点出发,对在大学一年级就将几何与代数合成一门课程来讲授的做法我是有相当的疑虑的。诚然,将几何与代数结合起来,在数学的历史上,笛卡儿创立解析几何是一件石破天惊的大事,也促成了微积分的发明和现代数学的兴起,意义十分重大。对于熟悉几何又熟悉代数的人来说,发现并指出这种联系,在认识上无疑是一个深化,可以带来茅塞顿开、豁然开朗的感觉。但是,对大学一年级的学生,在代数及几何两方面都缺少足够训练、基础相当薄弱的情况下,不对他们先分别在几何及代数方面进行认真的教学和严格的训练,使他们在这两方面都打下较好的基础,而一下子就要他们囫囵吞枣地接受将几何与代数相结合的教学体系,就很难使他们真正体会到将几何与代数结合起来的优势和奥妙,也会削弱他们对几何与代数这两个学科分别的理解和掌握,恐怕是一种操之过急的办法,是不符合他们由浅入深、由表及里、由分到合的认识规律的。这样的做法,客观的效果很可能是用代数取代了几何。现在大学数学教学中的一个明显的带结构性的缺失是几何方面训练的严重削弱,导致学生几何知识短缺,几何观念薄弱,几何思想贫乏,这是现在数学教学改革中应该引起严重注意的问题,而问题的发生可能在一开始将几何与代数结合起来进行教学时就已露出端倪。联系到大学生在几何训练方面的严重缺失,这已经不仅仅是一个遵循学生认识规律的问题了。

五、要认真总结新中国成立六十年来数学教学改革的经验教训

数学教学改革已有悠远的历史。远的不说,新中国成立以来差不多一直在进行教学改革,一部新中国的数学教育历史可以说就是一部新中国的数学教学改革史。这个改革规模大,时间跨度长,并经过了多次大大小小的反复,是一个宏大的社会实践活动。其经验与教训,其成功与失败,是一笔巨大的财富,是我们在中国这个土地上深入进行数学教学改革的历史积淀和重要借鉴。正因为如此,对这一段丰富的历史值得认真总结,努力找出规律性的东西,并使年轻一代的教师知道过去这一段历史,更自觉地投身数学教学改革,避免重复以往已经犯过的那些错误。遗憾的是,现在很多搞数学教育研究的同志,一味地从国外引进各式各样的教育流派及思想,以致各种各样的新名词、新概念充斥市场,使人不得要领,无所措手足,却很少有人认真总结一下我们过去走过的道路、所亲身经历的那一段历史。

对过去的历史,对过去的经验教训,采取虚无主义的态度,没有好好总结,没有认真对待,实际上已造成严重的后果,影响了数学教学改革的进程。因为没有重视历史的经验,就很容易重复以往的错误,甚至可能将过去已被证明是行不通或错误的东西当成时髦的教改举措提出来,在新的形势下重犯过去的错误。因为没有借鉴历史的经验,没有吃一堑,长一智,教改实践就不可能是一个螺旋式的上升过程,我们所进行的数学教学改革很可能就变成一个瞎折腾,而成为一个永无收敛希望的振荡迭代序列,大好的时间和精力就这样白白浪费掉了。现在,趁着一批曾经亲身参加新中国教学改革实践的同志们还在,有必要强调抓紧总结我们丰富的历史经验,把它们真正变成我们的财富。“历史的经验值得注意”。希望大家重视总结我们自己的历史经验,并认真分析梳理,找出有规律性的东西,在这方面做出自己的贡献。更希望从事数学教育与数学史研究的同志们,认真研究新中国成立以来数学教学改革的历史,认真查阅和收集资料,采访有关人员,从中找出经验教训,写出切实有分量的文章及著作来,以指导我们的数学教学改革工作。这是一个丰富的宝藏,是一个大有可为的事业,不要捧着金饭碗讨饭,一味只知道从国外搬弄一些什么东西进来,而是立足在中国的土地上,抓住这一富有我国特色的研究,为数学教学改革做一些真正有意义的基础性工作。这样做,是功德无量的,希望我们大家共同努力。

我国大学数学课程教学面临的新形势与对策

高等学校大学数学教学研究与发展中心 2009 年立项课题第一课题组[①]

(2011 年 3 月)

一、十五年来大学数学课程教学改革历史的回顾

20 世纪 90 年代教育部提出“把什么样的高等教育带进 21 世纪”这一激动人心的重大课题,并全面启动了“面向 21 世纪教学内容和课程体系改革的重点计划”。多年来,在教育部和各级部门的领导下,我国从事非数学类专业的数学基础课程(以下统称为“大学数学课程”)教学的广大教师,转变教育思想、更新教学观念,进行了一系列教学改革的研究和试点,获得了一系列丰硕的成果。在提高大学数学的教学质量方面取得了显著的成绩,主要表现在:

1. 明确了数学教育在大学教育中的作用:数学是专业学习和从事科技工作必不可少的重要工具,是培养理性思维的重要载体,是接受美感熏陶的一条途径。数学不仅是一种工具,而且是一种思维模式;不仅是一种知识,而且是一种素养;不仅是一门科学,而且是一种文化。它对各类人才的成长具有不可替代的重要作用。

2. 构建了大学数学课程的基本结构。它由基础部分、选学部分和讲座三部分组成,其中基础部分由以下四部分内容构成:

1) 以微积分、常微分方程(通常称为高等数学)组成的连续量的基础;

2) 以线性代数组成的离散量的基础;

3) 以概率论与数理统计组成的随机量的基础;

4) 以数学实验和数学建模组成的数学应用的基础。

并将作为研究空间形式基础的解析几何与线性代数或微积分结合学习。

3. 在大学数学的课程设置、内容与体系、教学方法与手段等方面,提出了一系列改革的指导思想,在大多数大学数学教师中取得了共识。在整合优化课程体系、更新内容、加强应用、淡化运算技巧等思想指导下,着力进行了教学内容与体系的改革,一大批各具特色的革新教材陆续出版。

4. 1992 年以来开展的全国大学生数学建模竞赛活动对大学数学课程的教学改革产生了深远的影响,“数学实验与数学建模是培养学生数学应用能力和创新能力行之有效的重要途径”已深入人心,而且在许多院校中设置实施。各具特色的教材也相继出版。

5. 多媒体等现代化教学手段和数字化教学资源受到广泛的重视,涌现了一大批各种形式的课件、电子教案和教学辅助资料。

---

① 第一课题组成员:马知恩,顾沛,张奠宙,郝志峰,张志让,柴俊。

6. 不少学校在分层次教学以及教学方法、教学手段和考核方法等方面进行了探索和试点。

上述的一些教学思想和部分成果已总结在21世纪初由教育部高等教育司和全国高等学校教学研究中心编写，高等教育出版社出版的《高等数学改革研究报告(非数学类专业)》与《工科数学系列课程教学改革研究报告》两本“白皮书”中，并在本世纪以来与大学数学相关的教学基地、优秀教学团队和精品课程的建设中以及众多的教学成果奖和教学研究论文中，不断地体现和发展。

在回顾上述成绩的同时，还应看到全国各类学校之间发展的不平衡性；教学方法与考核方法的改革尚未能有根本性的突破，众多的教学改革成果尚未能得到推广使用，使之发挥应有的社会效益。特别是在当今面临的新形势下，出现了不少新的问题急需研究解决，原有的思想观念也需要进一步更新，改革的成果需要进一步深化、发展。

二、大学数学课程面临的新形势和主要问题

1. 20世纪以来，我国高等教育迅速发展，已由“精英教育”转入了“大众化教育”阶段。招生规模的迅速扩大，使更多适龄青年获得了受高等教育的机会，与此同时，也使学生入学平均数学水平下移，程度差异加大。师资队伍和教学资源短缺也在一些学校出现。大学教学课程作为大学中的重要基础课，面对教育发展中所出现的这一新形势和新问题，如何提高教学质量，是广大数学教师首先关心的问题。

2. 2010年中共中央、国务院颁布了“国家中长期教育改革和发展规划纲要(2001—2020年)”，其中强调应“牢固确立人才培养在高校工作中的中心地位，着力培养信念执着、品德优秀、知识丰富、本领过硬的高素质专门人才和拔尖创新人才”，这为高等教育的人才培养指明了方向。如何认真学习和贯彻“纲要”的精神，努力研究大学数学课程在人才培养中的多种作用？增强大学数学课程在育人中的效果？如何更新教学观念，进一步改革大学数学的教学模式、教学内容、教学方法和手段，以利于更有效地培养学生的创新意识、创新思维和创新能力？这应该是当前教学改革的主攻方向。

3. 计算机的广泛应用和计算技术的飞速发展，使科学计算和数值模拟已成为各个学科的必要工具和常用手段。这不但对大学生的数学建模、科学计算和信息处理能力提出了新的要求，而且也将使大学数学的课程内容和教学手段带来变化。如何改进大学数学课程的教学以适应现代信息技术发展的形势和学生将来的需求？如何把数学建模的思想和方法以及现代计算技术和计算工具融入大学数学的主干课程？尚有待探索和实践。

4. 在当今的信息化时代，知识的内涵、获取的渠道和方式发生了许多变化。知识的大爆炸、互联网的迅速发展，促使学生获得知识的途径多元化。书本和课堂讲授只是学生获得知识多种渠道中的一种,如何适应这一形势的需要,改革大学数学课程的教学方式和评价体系?如何培养学生自主学习、多渠道地获取知识的能力?是当前面临的一个新问题。

5. 数学地位重要性的提升和向各学科的广泛渗透,使理、工、经、管、农、医、文等众多学科都把大学数学课程列为重要的学习内容。由于专业类型的不同,学校类型和培养目标的不同以及地域的差异,使人才对大学数学的要求呈现多样化趋势。种种原因使得大学数学的教学时数有所削减。在这样的情况下,大学数学的教学应如何根据不同需要,精选内容,把握基本要求,通过知识载体传授数学思想,提高学生的数学素养与自主学习和应用数学的能力?大学数学课程如何适应各种类型学校的需要?这些都尚待研究解决。

6. 教学方法与考核方法多年来虽经不少探索和改革试点,但却未能取得根本性的突破,当前已成为制约创新型人才培养的瓶颈,急需组织力量攻坚。

7. 改革开放以来,特别是 20 世纪 90 年代以来,大学数学课程的教学改革取得了不少成果,积累了不少经验,出版了许多新教材,制作了许多课件和教学资料。但不少成果与学生学习的需要针对性不够,推广使用速度缓慢,未能充分发挥应有的社会效益。

8. 基础教育近年来进行了大范围、大力度的课程改革,初中与高中数学课的教学内容和教学方式产生了很大变化。如何理清这些变化,使大学数学课的教学内容和学生的学习能力与高中更好地衔接,也是当前急需解决的问题。

9. 大学数学教育是一门科学,我国对大学教育尚缺乏理论形态的研究,整体上还没有一支稳定的研究队伍。

三、北美微积分课程教学对我国大学数学课程教学改革的启示

面对我国教学的现状和培育创新型人才的高标准要求,课题组学习研究了西方发达国家、特别是北美微积分课程教学和教学改革的情况。美国的高等学校在“二战”后招生数量大幅攀升,到 20 世纪 80 年代中期,高校的学生人数达到了历史的新高。出现了微积分课程的不及格人数与百分比的增加。由于及格率过低,引发了美国微积分课程改革的大讨论。美国国家科学基金会 1987 年宣布启动“微积分”改革计划,资助了一系列改革研究项目,出版了以哈佛大学为首、100 多所院校参与编写且颇具改革影响的《微积分》教材,在国内引起了题为“为了百万大众的微积分”等支持改革与题为“为了百万美元的微积分”等反对相关改革的激烈争论。

我国 21 世纪进入大众化教育时期以来,招生人数的急剧增加,学生水平差距加大,也同样导致了不少学生对微积分课程学习的困难。如何继承和发扬我国大学数学教学的优良传统,并从美国的教学改革中吸取先进的理念和成功的经验?值得我们认真地思索和研究。课题组认为,从美国微积分改革的讨论中至少有以

下几点值得我们借鉴：

1. 要扶持大胆的改革，鼓励不同见解的争辩。我国虽出版了不少微积分新教材，但像哈佛《微积分》那样从理念到体系、内容都有很大变革且能引起广泛关注和争议的教材尚未见到。争辩有利于突破传统的枷锁，有利于正确理念和经验的相互弥补。

2. “大学数学”课程是为非数学类专业的学生开设的，尽管数学的作用是多方面的，但是他们学习数学的主要目的是为今后去应用数学提供必要的基础、素养和能力。美国“为了百万大众的微积分”主张更好地从帮助学生在所从事的专业里运用微积分出发来设计微积分的教学，选择教学内容，恰当把握数学素养方面的要求。美国比较流行的微积分在理论要求方面一般比我国的浅，但对一些诸如多元微积分中向量的运用等后继课程和科学技术常用知识的要求，却比我国高。这一理念和做法是值得我们借鉴的。

3. 美国传统微积分的内容和理论深度比我国的浅显，但涉及的知识面和应用领域较宽，便于学生学习，有利于开阔视野，活跃思维；教材中习题的类型和数量很大，着眼于让学生从自主学习中获取知识，有助于因材施教和学生的个性化发展。美国国家科学基金会在 1987 年提出的“微积分学课程需要修正与更新”的建议中，更进一步强调应着重于培养学生“概念性的理解能力，解决问题的技巧，分析与举一反三的技能，实行新方法，减少冗长乏味的计算”这种改革思想和方向也值得我们深思。

4. 解析几何的创立者笛卡儿有句名言：“只有两种方法使人们获得真正的知识：清晰的直觉和必要的推理。”我国的数学教学强调了“推理”，但对创新至关重要的“直觉”重视不够。美国微积分教材中通过大量的例题和习题，通过图形和数值分析来培养学生猜测、判断的直觉能力，许多问题的设计更贴近生活，选用更能激发学生兴趣且又力所能及的实际问题。这种理念和做法值得重视。

5. 计算技术的飞速发展和普及也正在改变着美国大学数学教学内容的面貌，计算机和应用软件的使用已渗透在大学数学的教材和教学中。对概念的数值化理解和应用，对离散量研究的强化已成为数学教学改革的一个重要方向，有利于增强学生的应用意识和运用数学进行创新的能力，值得我们借鉴参考。

近年来陆续有一些有关西方发达国家大学数学教学和教学改革的研究报告发表，高等学校大学数学教学研究中心正在组织编辑北美与俄罗斯微积分内容和习题的精粹集锦，相信其中不少个例子和讲法不仅可供广大教师教学中选用，而且可以从中受到启发，促使我们去洞察、领会一些值得我们借鉴的教学理念和指导思想，创造性地加以运用，更好地促进我国大学数学教学改革的发展。

四、大学数学课程教学改革的主要思路

1. 进一步深化理解、认真落实大学数学课程在人才培养中的作用大学数学课程在人才培养中不可替代的作用在本世纪初的两本“白皮书”中已经明确指出,问题在于如何在教学中贯彻落实。当前不少教师虽然承认这些作用,但并未重视也不太体会如何去贯彻落实。在具体教学过程中,仍多停留于传授知识本身、特别是解题方法与技巧的训练。因此进一步加大宣传,让广大教师全面理解大学数学课程在人才培养中的作用,研究和交流如何通过教学内容的传授来全面落实这些作用的做法和经验是十分重要的。

鉴于当前大学中青年教师都有科研工作的经历和体会,对领会上述作用具备了良好的基础。应积极引导他们运用自己的科研能力去深入钻研教学内容,改进教学方法,在传授数学知识的过程中重视并切实体现数学在培养学生能力和素质方面的作用。

不仅要让广大数学教师认识全面落实数学在人才培养中作用的重要性,而且还应让学校领导和各学科领导有所领会,这样在各专业的教学计划中才能给数学课安排应有的地位和教学时数。

2. 创新意识、创新精神和创新能力的培养是当前教学改革的主攻方向

建设创新型国家的战略构想,需要大批拔尖创新人才,作为大学中重要基础课的大学数学课程,对此负有重要的责任。数学中许多新概念、新方法的引入和发展,众多数学和相关实际问题的解决,十分有利于大学生创新精神、创新思维和创新能力的培养。重要的是,教师在教学中应始终有“创新”这根弦。数学知识产生时,总是伴随着数学家“火热的思考”,但是数学知识以论文、教材的方式呈现出来时,却往往只剩下了“冰冷的美丽”。优秀的教师不仅要讲清数学知识,而且更应着力于揭示并引导学生去发掘和领会那些“火热的思考”。那些“火热的思考”的积累,就是学生创新思维的基础,而学生发掘和领会那些“火热的思考”的能力,就是学习能力的核心,也就是他们将来创新能力的重要组成部分;不仅要引导学生分析问题和解决问题,而且还要引导学生发现问题和提出问题,激励他们的创新精神,培养他们的创新意识;不能只顾课堂讲解,还应创设多种获得知识的渠道,努力营造研讨氛围,通过师生互动等各种方式来激励学生的学习兴趣,提高他们自主学习的能力;摒弃师道尊严,积极鼓励学生大胆质疑,勇于发表不同见解,引导辨伪争论,提倡标新立异,培养他们的独立思考和创新精神。

创新型国家的建设需要大量的各种类型、各种层次的创新型人才。创新人才的培养决不仅仅是部分重点院校的任务,不同类型、不同地区、不同层次的院校都应当承担起创新型人才培养的重任。创新精神和创新意识是应该普遍要求的,创新能力的培养在不同院校之间也至多是层次和侧重点上可能有所不同而已。

以往的教学中,教师常把辅导精力放在帮助差生方面。创新型强国的建设需要大批杰出的学术带头人和优秀骨干梯队,教育部近年来陆续推出的各种卓越人才培养计划以及基础科学拔尖学生培养试验计划,都是为了适应建设强国的需要。

因此，在帮助差生的同时，应该更关注优秀学生的成长，制订特殊的政策，创造多种条件，投入更多精力，促进优秀学生的迅速成长。

3. 数学思想、数学能力和数学素养是数学课程的精髓，也是科学素养和创新能力的重要基础

数学课程当然要传授数学知识，但是并非仅仅以传授知识为目的，更重要的是以知识为载体传授数学思想、培养数学素养，提高学生学习数学和应用数学的能力。这就要求教师要善于揭示概念和问题本质，剖析证明和解决问题的思想方法。我们的问卷调查表明，多数领导和教师对此是有共识的，但真正做到却并不容易。实际上，多数教师往往只顾及知识，着重于运算，远远不能令人满意。作为好的教师和好的教材，应当善于在讲述内容时启迪学生去发掘和领会那些“火热的思考”，使学生在学习知识的过程中，在数学思想、数学能力、数学素养等方面有所提升。

大学数学课程中主要包含了哪些数学思想？能够培养学生哪些数学能力和数学素养？如何在知识的传授中去体现这些数学思想、培养学生的数学能力和素养？这是很值得广大数学教师深入研究、共同讨论的重要问题。

课题组认为，就大学数学课程而言，所谓数学思想主要有：数学抽象的思想，数学推理的思想，数学建模的思想，数学审美的思想。更具体有：从已知认识未知，从特殊认识一般，从有限认识无限，数形结合，联想类比，连续量与离散量的相互转化，以及局部线性化逼近，优化，变换，聚类分析，随机，抽样统计等思想。

所谓数学能力主要有：抽象的能力，分析的能力，归纳的能力，演绎推理的能力，精确计算的能力，数值计算与数值模拟的能力，数学建模能力，数据处理能力，空间想象能力，直观猜测与判断的能力，数学语言与符号表达的能力，更新数学知识的能力等。

数学素养是数学知识、数学思想和数学能力的综合体现。对于并非从事数学研究的各类人才来说，它主要表现在：思维和表达的逻辑性和严谨性，能比较敏锐地从量的侧面对问题进行洞察、抽象和研究，从数学的角度揭示事物的本质，应用数学的意识和兴趣等。

应当强调的是，传授思想、提高能力、培养素养与传授数学知识是密不可分的，它们都不可能单独地、空洞地传授，而必须以知识为载体传授；不能在讲授知识时生拉硬扯，牵强附会地去长篇大论，而是融入其中，因势利导，画龙点睛，潜移默化。

4. 进一步加强数学应用能力的培养

数学在科学技术中的广泛渗透和日益深入，使数学应用的能力成为各类人才、特别是科技人才创新能力的重要成分。在大学数学课程学习的过程中，培养学生应用数学的意识和兴趣，逐步提高学生的应用能力是大学数学课程教学改革的重要方向。近年来许多大学数学教材和教学资料中，充实了不少应用的实例和习题，

而且冲破了过去局限于几何、物理的约束，使应用的领域更加广泛，选题方面也注意到对学生兴趣的激发。这是教学改革成果的一个重要体现，应当继续发扬。

然而，在数学知识的选取、教学要求和重点的把握等方面，仍多从数学体系本身或单纯从学生接受的难易出发，如何结合培养目标从学生今后应用和实用的需要来考虑取舍，尚研究不够；当前大学数学课的教学，大多仍是以教材为中心、以课堂为中心，实践教学较少，课外科技活动的配合注意不够。这些也都是影响学生数学应用意识和应用能力培养的重要因素，应当认真研究，着力改革。

十多年来的教学实践表明：开设数学实验与数学建模是激发学生学习数学积极性，培养学生数学应用能力和创新能力的一条行之有效的重要途径。这一事实已为广大数学教师，以及学校和相关院系领导所公认。多数院校已开设了相关的必修或选修课程。2010 年，全国有 1 195 所院校 17 404 队 51 000 多人参加了全国大学生数学建模竞赛，累计出版了近 200 种相关的教材和读物，呈现出百花齐放的蓬勃发展景象。

课题组认为数学建模与数学实验有着密切的联系，但侧重面是有所不同的。数学建模主要是通过运用数学知识解决实际问题的全过程，训练学生综合运用数学知识去刻画实际问题，提炼数学模型，处理实际数据，分析解决实际问题的能力。侧重于数学知识的综合应用。数学实验侧重于探索、发现与检验数学知识和获取基本的数学能力，使学生在应用本门课程知识、解决简单应用问题方面进行初步锻炼。数学实验一般应从问题出发，组织学生通过应用数学软件、数值计算、建立模型、过程演算和图形显示等，在教师引导下去体验探索的过程，发现和验证数学知识，启迪创新思维，锻炼动手能力和应用数学的初步能力。

数学建模与数学实验虽然已引起普遍的重视，但各校之间发展尚很不平衡。有些教师培养学生能力和创新的意识不强，将数学建模课沦为简单的知识传授，或者仅功利性地作为建模竞赛前的培训手段；数学建模课十分适合采用师生互动，课堂讨论，小课题研究实践等教学方法，但有些教师仍单纯地进行课堂灌输；教学内容和教学方法校际差异颇大；相关的教材虽然很多，但部分教材题材陈旧，缺乏特点。数学实验课的内容随意性较大，有些院校将其降格为软件学习课程，或初级算法课。也尚有三分之一的高校从未开设过此类课程。课题组认为上述状况应该尽快得到改善。各校应积极创造条件，把数学实验设为大学数学的必修课，争取设立数学建模选修课。并积极探索、逐步实现把数学建模的思想和方法融入大学数学的主干课程。

5. 教学方法的改革应是当前进行教学改革培养创新型人才的切入点和突破口

我国学生在研究工作中创新性方面存在劣势，其原因是多方面的，我们多年来教学方法比较单一，导致创新能力比较薄弱，应该是重要原因之一。20 世纪 90 年代以来，虽然在教学方法方面也进行了一些改革的研究和试点。但由于难度大且集中组织力量不够，尚无重大的突破。少数试点的经验也未能认真总结和组织推广。灌输式、保姆式、应试型的教学方法目前仍主要占据着大学数学的讲坛，已成为当前创新人才培养的瓶颈，应当引起充分的重视。

教学方法改革的一个重要方面是废除灌输式，倡导启发式。这就要求教师通过深入揭示概念和问题的本质、剖析隐含在内容中的科学思维方法、启迪学生的智慧；要求教师能激发学生的兴趣，调动学生的身心，引导学生的思考。显然教师本人的学术水平、科研能力，对教学内容的深入领会和对教学工作的投入，是做好启发式教学的基础。

另一个改革要点是改变保姆式教学，有意识地逐步培养学生自主学习的意识和能力。好心地过细讲解以及对学生保姆式的管理安排，会养成学生依赖的心理，妨碍其独立思考，严重影响创新意识和能力的培养。

“启发式教学”“互动式教学”“讨论式教学”“研究式教学”等教学方法，虽然提法的侧重点有所不同，但其共同的理念都是：在教学中以学生为主体，以人为本，以调动学生自身的学习主动性、积极性为手段，以提高学生的学习兴趣，学习能力，创新意识为宗旨，在激发学生潜能，启迪学生思维的过程中传授知识与技能，促进学生知识、能力、素质的综合协调发展。目前大学数学课的教学大多采用大课形式，这给互动式、讨论式教学方法的开展带来一定困难，需要广大教师在积极探索和实践中积累经验、课内外结合、创造各种教学形式、去实现上述目标。

教学方法的改革是多年来未能取得显著成效的一大难题。课题组呼吁相关教育管理部门，积极组织力量进行攻坚，加大政策导向，激励广大教师勇于创新、坚持不懈地进行改革试点，总结经验，逐步推广。

习题课是帮助学生深化巩固所学知识，体验解题过程，培养学生自主学习能力的一个有效的教学环节，特别是当前大学数学课的教学大多采用大班授课，习题课在培养学生能力方面的重要性显然格外突出。然而，近年来由于师资缺乏和学时数压缩等原因，大多数学校都取消了习题课，或者把习题课变成了例题讲解课。

课题组认为，习题课（有的学校也更名为辅导课）以小班或中班为宜。教师不宜讲解过多，应在教师指导下，以学生自己动脑、动手为主。可根据教学内容的不同，组织课堂讨论或引导学生做题，通过教师有针对性的点拨，组织讨论，帮助学生深化理解，引导学生总结解题思路和方法，活跃学生思想，启发学生自己提出相关的新问题，培养学生发现问题，提出问题和解决问题的能力。

与教学方法改革密切相关的是考核方法的改革。如果教学完全跟着考试的指挥棒走，则成为与“素质教育”相悖的“应试教育”。但是，考试在一定程度上会制约教学却是不可否认的事实。目前大多数数学课的考核，局限于对知识点和运算能力的考核，而忽视了对数学概念和数学思想领会的考察。课题组认为，应该注意发挥考核这个指挥棒的正确导向作用。考核不仅为了检验学生的学习效果，也是引导教师进行教学改革和学生改进学习方法的指挥棒。理想的考核不仅要能检查学生对知识掌握的情况,还要能反映出学生在该课学习中能力、素养的水平,测试学生运用数学知识解决问题能力的高低。

对学生学习成绩的评价不应是期末一卷定音,应该既看考试成绩,也兼顾学习过程。课题组建议,各校应倡导多样化的评价方式,例如把学生在课堂上师生互动中的表现,习题课中的表现,平时作业,随堂练习,课外科研训练等情况也纳入总评成绩。除闭卷考试外,还可采用读书报告,课外大作业,在线测试,半开卷或开卷考试,笔试加口试等多种评价方式。

以 PPT 为主要形式的多媒体教学方式是否适合大学数学课程教学? 当前仍有不少争论。课题组认为,多媒体是一种先进的教学手段,应当注意吸取。但对推理性较强的大学数学课的教学来说,它只能是一种辅助的教学手段。那种强制使用多媒体,认为不用多媒体的教学就不先进的极端做法和那种在数学教学中一概排斥多媒体的做法都是片面的。多媒体的使用应视课程的性质和内容而定,应与传统板书形式有机结合、相辅相成。对那些直观性较强的图形,适宜于动态描述的现象,大段叙述性的抄写,内容的归纳总结等,适当地采用多媒体教学既可节省时间还可增强效果。而那些定理的证明,推导演算的过程,传统的板书形式更有利于引导学生的思维,吸引学生的注意力。特别是应鼓励利用多媒体的优势,弥补板书的不足,更形象、更深刻地去揭示现象和问题的实质。总之,如何取舍? 应服从于有利于学生的接受和理解。多媒体与板书配合使用效果的好坏,也与教师的特点和驾驭能力有关,因人而异。那种为了节省备课时间,把讲稿搬上屏幕,照本宣科的做法必须坚决加以反对。

6. 推行多元化、分层次的教学模式,适应大众化教育的需要

招生数量的大幅度增加,学生的平均数学水平下降,差距加大,这是在大众化教育阶段所必然出现的正常现象。我们不应抱怨,应该面对现实,更新观念,积极应对。

在学生基础、智力、兴趣、志向有很大差异的大众化教育时期,那种沿袭计划经济和精英教育时期的单一模式和统一要求,显然是不现实也是不合理的。这种统一要求的结果,可能使优秀学生的成长受到抑制,使差生不仅难以掌握基本内容,而且容易失去学习的兴趣和信心。

实际上,杰出的科技人才是各种各样的,存在着不同类型,不同特色的杰出人才。他(她)们对数学基础的要求也有所不同。应该为学生提供多元化、多品种的选择,让学生根据自己的特点,发展个性,以不同的模式成长。这是大众化教育时期提高教学质量、培养各种优秀人才的一条重要途径。作为首当其冲的大学数学课程,应该根据变化了的情况,适当降低基本要求,同时开设不同层次要求的大学数学课程,让学生根据自己的特点和志向,在教师的指导下自我选择,发展自己的

兴趣和强项。使各种学生都能获得与自身条件相适应的最佳发展,培养不同类型、不同层次的优秀人才。为了因材施教,在推行完全的学分制条件尚不具备的情况下,同一数学课程可以实行“分层次”教学。既可在同一专业大类中“分层次”,也可跨专业大类“分层次”。由于同一层次中学生的知识结构、数学基础、接受能力都比较相近,便于确定教学要求和教学方法,取得好的教学效果。当然,由于分层次后所带来的教学要求的差异以及打乱了原有的行政班级,将会给排课、考评等学籍管理和班级管理带来一定的困难。需要相关部门本着管理机制创新的精神,积极地进行教学组织和管理体制的改革,来适应和推动大众化教育阶段培养人才所需要的教学改革。

难度适当,标准合理,要求严格,多向成才　目前有些高等院校对大众化教育阶段所产生的新问题认识不足,未能充分考虑到专业培养目标的定位和学生的实际情况,对大学数学课程仍力图维持原有统一的教学要求,甚至为了“攀高”而不适当地采用过高层次的教材,以致造成大面积的不及格,然后又用非正常手段放宽标准去“补救”。这种做法不仅影响到学生基本知识的掌握和能力的培养,而且还会助长学生不好的学风。真正的教学效果,并不是看教师教了多少,而是要看学生学到了多少。教师教得过多,教学要求过高,如果学生学得糊里糊涂,或者只会照猫画虎,并未掌握本质,则不但不能学好知识,更不能通过知识的学习发展自己的能力。正确的做法应该是:难度适当,标准合理,要求严格,多向成才。

7. 面对信息化时代的特征和计算技术的发展趋势进一步深化大学数学课程的教学改革

近年来计算机的普及和计算技术的发展,以及信息化所引起的知识和能力内涵与获取渠道的变化,强烈地冲击着大学数学课程的教学理念、教学内容和教学方法。数值计算和数值模拟已与理论分析、科学实验并列为科学研究的三大手段,大学数学课程的不少方法,在实践中已经从手算和人工推导发展到机算和机器推导,许多传统的计算方法已被更实用、更方便的软件所代替。而我们培养的许多大学生,毕业后很快就将面临诸如计算机辅助设计、计算机辅助制造、计算机辅助管理等适应现代社会需要的各种工作。形势的需要迫使我们不得不以前瞻性的眼光去考虑大学数学课程教学内容的更新以及教学方式方法的改进。

课题组认为,大学数学课程应该重视学生科学计算能力的培养,应该重视学生使用软件能力的培养,对于数值计算需求较多的专业,大学数学课程更应该从这一角度去考虑教学内容的更新,减少手算的教学时间,淡化特殊技巧的训练,适当增加通用软件和机算技术的教学。这样做,除了上述理由外,还有利于学生应用意识和应用能力的培养。值得注意的是,在引进先进、实用的科学计算方法和计算工具的同时,要正确认识传统方法和手算在人才培养中的作用,正确处理两者的关系,防止片面性的错误。

知识的海量和更新速度,迫使我们从书本的阅读发展到通过多媒体和网络来获取知识,丰富的数字化教学资源,为知识的获取、为教学方式方法的改革提供了广阔的天地。数学建模竞赛的经验表明,网络和数字化教学资源使用能力的高低在建模水平中发挥着重要的作用。

科学时代发展所产生的上述变化,对广大的大学数学教师而言是一次严峻的挑战。如何转变思想、更新观念,提高自身的水平和能力去适应这些变化?去应对这些变化对大学数学课程教学带来的冲击?值得广大数学教师认真地思考和探索,对不少教师来说也是一个不断学习和实践的过程。

五、有关大学数学课程教学改革的一些建议

1. 根据不同院校的特点和培养目标,科学地确定大学数学各门课的定位和教学要求

大学数学课程涉及工、理、经、管、农 、医、文等多领域和学科,学校类型和层次不同、地区差异,使人才的培养目标和教学要求呈现多样化、多模式的趋势。对大多数的学生来讲,学好大学数学的主要目的是今后在自己所从事的工作中更好地应用数学。因此,大多数专业在确定大学数学课程的教学要求时,首先应根据本校相关专业大类的培养目标和需要、从应用的角度出发恰当地定位,同时应兼顾大学数学在人才培养中的作用,使学生在理性思维等科学素养方面得到必要的训练,具备一定的更新数学知识的能力;既要考虑各专业大类的特殊性,也应注意数学作为基础学科的共性,统筹兼顾。建议对大多数专业而言,应将高等数学、线性代数与解析几何、概率论与数理与统计、数学实验作为大学数学课程的基础部分纳入教学计划,但在内容、要求和教学时数方面可视学校和专业的具体情况有较大的差异。鉴于计算技术发展对离散量的研究和数据处理要求的提高,建议可适当降低高等数学的要求,提高线性代数和数理统计的要求,加强数学建模等应用能力的培养。

2. 研究不同类型大学数学课程的基本要求

大学数学课程涉及工、理、经、管、农、医、文等多学科领域,同一学科领域又有不同层次。原有部分课程的基本要求是十多年前制订的,2005 年虽有修订,但尚未经教育部审批, 而且也不齐全。是否需要针对各类和不同层次制订教学基本要求?建议教育领导部门会同数学教学指导委员会尽快研究。特别是应组织专家,对当前五花八门的数学实验课与数学建模课的教学内容和教学方法进行梳理,提出一些规范性的要求或建议,用以指导相关课程的建设。

3. 组织力量解剖“麻雀”,深入剖析当前大学数学课程教学中的一些具体问题

更新观念、明确教学改革的方向和思想固然重要,但仅停留于此是远远不够的。许多教师虽然知道应该做,但却不知道该怎样做。因此,组织力量解剖“麻雀”,取得具体经验加以推广,是当前深化课程改革的一条重要途径。课题组建议,

可先从几个专题开始进行深入研究，例如：

1）具体研究大学数学课程教学中应该培养学生哪些数学思想？逐个研究这些思想可通过哪些具体内容来传授？如何结合内容传授？给出若干范例。

2）我国现有西交利物浦大学、诺丁汉大学等少数几所中外合办的大学，也有不少中外合办的学院。相关的数学教师们反映，中西方的教学理念、教学思想和方法，在这些学校从猛烈碰撞到逐渐融合，呈现了一些教学特色，取得了一些值得关注的教学经验。建议组织专家与该校数学教师一道认真剖析总结，发掘中西方教学的优缺点，总结中西结合、相互弥补的具体经验。

3）学生常反映线性代数课程枯燥乏味、抽象难学。根据线性代数的特点，从思维方法和内容去发现学生接受的难点是哪些？如何去克服？如何更新内容、恰当地融入现代计算技术以更好地适应实际应用的需要？

4. 组织出版多层次、多品种的高质量教材，适应多元化教学改革的需要

近年来出版的教材不少，但相互雷同的较多，不同品种的较少，特别是适用于一般院校使用的高质量教材少，理工科的多，适应其他专业大类需要的少。建议教学指导委员会和国家级出版社能组织优势力量，在教学研究和改革实践的基础上编写一些填补当前空缺和具有前瞻性、引领性的高质量教材。例如探索应用型人才与研究型人才分别需要怎样的数学基础？它们的区别在哪里？如何在教材中体现？据此编写不同要求、不同品种的教材，组织编写将数学实验、数学建模的思想和方法以及现代化计算技术和工具融入大学数学主干课程的教材，编写更有利于启迪和培养学生创新思维和创新能力的教材，更方便进行互动式教学、提高学生自主学习能力的教材，研制数字化教材以及适用于拔尖学生阅读的教学参考资料等。

5. 持续扶植并大力推广比较成熟的教学成果

多年来涌现了许多与大学数学课程相关的教学成果，国家教学基地，优秀教学团队，精品课程，优秀教材、课件和其他教学资源，教学改革的经验总结等。然而我们的问卷调查表明，成果的推广工作很差，多数的学校对外校的优秀数学教学成果了解不多，借鉴的更少，课件重复性制作也常有发生。造成这种局面的原因是多方面的：许多院校重申报，轻推广；故步自封，行业保护等陋习导致将他人优秀成果拒之门外；旧的教学观念和习惯势力影响教师接受新的事物；激励政策不足以使教师愿意投入精力与时间；各级教育行政部门缺少具体的推广机制和渠道，推广的主体也不甚明确；成果的地域分布和层次分布不均衡等。这些因素都妨碍着优秀成果更好地发挥社会效益。课题组希望，有关教育管理部门充分重视优秀教学成果的推广工作，加大宣传教育和政策激励的力度，理顺渠道，使推广工作能够落到实处。此外，前几年在教育部倡导下，许多院校和教师们辛勤建设的诸如教学基地、优秀教学团队、精品课程等优秀成果，由于缺乏领导的持续扶植，有的也自生自灭、名存实亡。希望高教司和有关教育管理部门能继续关注，持续投入，使这些组织和优秀

成果能不断发展,持续地发挥示范辐射作用。

6. 举办大学数学师资培训班,提高教师的教学水平

作为承担基础课教学的大学数学教师,同样面临着科学研究等方面的压力,致使许多教师在教学上投入精力不足,对教学内容和方法钻研不够,教学水平提高缓慢,课程建设和教学改革的骨干教师更为缺乏,不能与时俱进地适应教学改革的需要。特别是在我国中、西部地区的一些地方院校中,不少大学数学教师的业务水平和教学水平与当前提高教学质量、培养创新型人才的需要尚存在较大的差距。近年来天元基金资助的西部和其他地区的一些数学师资培训班,收到了良好的效果。建议教育部和有关教育管理部门,加大投资力度,统筹规划,更有计划地组织一些非营利性且富有实效的师资培训班和教学骨干培训班。

7. 加大教学研究与改革立项的力度,提升教学研究与改革的地位, 建设一支强有力的教学研究队伍

2000 年前后,教育部曾组织了一批面向 21 世纪教改项目与世行贷款教改项目。由于项目来源的级别高,引起了各校领导的重视,也调动了教师们参与的积极性。项目的成果丰硕,对全国的教学改革产生了极好的辐射示范作用。建议教育部高教司能筹集经费,针对当前教学改革中的一些重大热点问题,继续加大这类教改项目的设立,组织优势力量攻关。

与科研项目相比,教学研究项目的地位相对低下,影响到教师们参与的积极性。建议国家自然科学基金委,能借鉴美国等发达国家的做法,设立教学研究与教学改革的专项基金,提高教学研究的科学价值和地位,以便激励一些高水平教师对教学研究和教学改革工作的投入。作为试点,也可先在天元基金中设立数学教学研究与教学改革项目。

基础教育的数学教学理论有专门的研究,也有不少教材和专著出版,但是高等教育的数学教育理论却只有零散的研究,与西方发达国家形成差距。特别是在当前大批青年教师陆续上岗时期,倡导大学数学教育理论的研究,组织出版一些在教育理论和教学实践方面有针对性的指导读物尤其显得重要。例如,编写出版一些可供新上岗的青年教师参考的《大学数学教育读本》等。

大学数学教学的研究需要一支强有力的骨干队伍,他们在教学实践中能够深受学生欢迎,为同行做出示范;理论上能总结提高,创建大学数学教育的中国特色,并在国际交流中发挥作用。这支队伍的建设需要相关教育管理部门的倡导和扶植。

8. 研究制订大学数学课程教学质量评价的新体系

随着信息化时代科学发展对大学数学教学的冲击,面对大众化教育的新形势和培养创新人才的高标准要求,原有的教学质量评价体系已显得陈旧。建议教育部组织有关专家,尽早研究衡量大学数学教与学质量的新标准,制订新的教学质量评价体系,用以正确引导大学数学课程的教与学。

9. 密切大学数学与高中数学的衔接配合

本世纪以来,我国基础教育的数学课程进行了较大力度的改革。在教学内容方面,不少省市的高中数学教材中去掉了传统教材中诸如反三角函数、复数、极坐标、行列式等知识,而增添了原来在大学数学课中讲授的诸如函数的性态、极值与最值、极限与导数初步、古典概率、统计初步等内容。如果无视这些变化,将导致大学数学的教学与高中数学教学脱节和重复。建议有关教育管理部门在进行改革时注意广泛听取双方教师的意见,及时沟通。由于这些变化文科与理科学生不同,在各地以及各类中学中可能不同,去年与今年也可能不同,建议各高等院校在新生入学后加强调查研究,根据实际情况,调整教学方案。此外也应注意在教学方法和学生学习能力的培养上与中学教改的衔接配合和改善提高。

10. 积极研究解决研究生入学数学考试要求与大学数学课程教学要求的衔接配合问题

全国硕士研究生入学数学统一考试在一定程度上对大学数学课程内容和要求产生着指挥棒和紧箍咒的作用,多年来影响着大学数学课程的教学改革。课题组建议有关教育管理部门能组织考试中心的相关领导和出题专家、与数学基础课程教学指导分委员会的委员们相互沟通,认真研究相互的衔接配合问题,务使研究生的数学入学考试对大学数学课程的教学改革不仅不是束缚,而且能够加以促进。此外,进入研究生学习的学生,毕竟只是比较优秀的一部分,如何统筹兼顾这部分优秀学生和大面积学生的不同需求进行因材施教,也是值得我们在教学改革中认真研究的一个问题。

包括我国大学数学课程教学改革的理念、思路和建议的“我国大学数学课程教学面临的新形势与对策”是一个相当重大的课题,课题组经过比较广泛的调查、比较深入的研究与讨论形成了现在的报告,提出了教学改革的一些思路和建议,希望能够引起相关领导和广大从事大学数学课程教学教师们的关注和讨论,经过修改补充,求得大家的共识,化为广大教师的教学实践,为进一步推动我国大学数学课程的教学改革产生积极的作用。

深化教学改革　加强师资队伍建设　培养高素质创新型人才

马知恩①

摘要:建设创新型国家需要在各个行业培养大批各种类型、各种层次、不同特色、适应科学发展新形势需要的创新型人才,这对高等教育提出了更高的要求。因而高等学校必须进一步加强师资队伍建设,深化教学改革,以适应高素质创新型人

① 马知恩,西安交通大学理学院教授,第一届全国高等学校教学名师奖获得者。

才培养的要求。本文结合个人的成长和从教50余年教学经历，就当前师资队伍建设和教学改革中的某些热点问题，谈谈自己的一些体会和建议。

关键词：师资队伍建设；教学改革；创新人才培养

我是一名数学教师，1954年以来一直在西安交通大学工作，大部分时间和精力是从事大面积工科数学的教学和改革工作。50多年来，西安交通大学工科数学的课程建设和教学改革一直走在全国的前列：拥有国家教学团队，两门国家精品课程，两门国家精品教材；一名教师获高等学校教学名师奖，两名获省级教学名师奖。1980年以来，承担了教育部教学专项课题13项，获国家和教育部教学和教材成果奖8项。西安交通大学工科数学课程教学基地于2004年教育部验收评估中，名列全国4个优秀工科数学基地的前茅。西安交通大学工科数学课程建设和教学改革的思想、成果和经验，在全国工科数学界产生了重要的影响。目前，由全国高等学校教学研究中心、高等教育出版社、数学与统计学教学指导委员会与西安交通大学共建的高等学校大学数学教学研究与发展中心也设立在西安交通大学。这些成绩的取得是西安交通大学几代人半个世纪以来不懈努力的结果，而我就是在这样一个环境里，在组织的培养和老一辈师长们的带领下逐步成长的。回顾西安交通大学工科数学发展和我个人成长的历程，我有以下几点体会：

一、重培养，严要求，切实把好教学关

进行教学改革提高教学质量，关键之一在于有一支优秀的教师队伍。而这支队伍的建设，应当从青年教师抓起。与20世纪五六十年代的教师相比，现在的青年教师大多是博士，至少也是硕士，学历高、基础好，这是他们的长处。但是，在教学的敬业精神和教学方法方面却有着一定的差距。敬业精神首先反映在对教学的热爱，不仅把教学工作看做是职业，勤勤恳恳地完成任务；而且作为事业和艺术，乐于献身，勇于探索、追求完美。敬业的教师对教学具有高度的责任感，会把每次上讲台看成是一次演出，不仅课前认真准备，而且衣着整洁、提前到场。记得几年前我去西安一所大学作报告，该校校长是首届国家教学名师奖获得者，晚上请我吃饭。7点钟，热菜还没有开始上，他对我说：很抱歉，他晚上7点半有课要早退了，我说现在还早嘛！他说他从来都是提前20分钟到教室。一位当了8年的校长，对待教学的这种敬业精神实堪敬佩。敬业的教师对教学精益求精，会经常进行反思，当课讲得好时，会为自身的价值而兴奋和喜悦，难免也有讲得不好的时候，这时会感到非常难受甚至茶饭不思，这种精神会激励他们竭尽全力去讲好下一堂课。

对青年教师的培养要从开始工作时抓起，要精心培养、严格要求，要帮助他们树立良好的敬业精神，练好教学基本功，养成良好的教学素质和习惯，切实过好教学关。

要充分发挥老教师的传帮带的作用。1956年交大西迁后，尽管大家教学任务都很繁重，但每周一个单元的教学法活动却雷打不动。尽管系里的一批老教授行政工作很忙，自己还担任着教学工作，但他们都经常下班听课，而且听课后向讲课者坦诚地提出意见,鼓励他们发扬优点,真诚地帮助他们改进不足。互相观摩性听课在当时是教师间自觉的行为。近年来我校理学院拨专款组织有经验的退休教师协助师资培养工作,听中青年教师的课,或对参加授课竞赛的教师进行培训。他们在听课后与讲课者满腔热忱地促膝长谈,结合讲授情况进行具体剖析和指导,这比督导组一般性的检查性听课更有实效。如果条件允许,对讲课者进行录像,在回放过程中进行面对面地讲评,将会收到更好的效果。

应该注意发掘教学上的好苗子,热情鼓励,积极培养,大胆使用,让他们在实战中锻炼成长是培养骨干教师的一种有效途径。1959 年起,我被吸收经常参加教研室研讨教学改革的核心组会议,后又参加 1964 年出版的《高等数学》教材的编写。通过这些活动,向老教师们学习了许多教学思想和理念,也对教学内容的理解逐步深化。1962 年又让我担任了第一届高等数学课程教材编审委员会秘书,后任委员和两届教指委主任。在和大家一道工作中不断地受到熏陶和磨炼。回顾自己成长的历程,我深深地感到,如果没有组织上为我创造的这些环境和条件,没有前辈们的带领,绝不可能有我今天的成就。而我的一个重要体会就是要及时地珍惜和把握这些条件,在教学和教改工作中认真地做好"有心人"。

在对青年教师精心培养的同时,也要对他们严格要求和管理,这是老交大传统的体现。"要求严"不仅针对学生,也同样针对教师。实际上,严格要求和管理本身就是师资培养的一部分,要求辅导教师随班听课;实行大班教师责任制,辅导教师的习题课教案必须事先听取主讲教师的意见,要征得主讲教师的同意;每周必须向主讲教师汇报学生作业情况和答疑中反映出的问题;开课前必须试讲,试讲评分必须达到一定标准才有资格讲课。在交通大学历史上,有的教师甚至辅导了四五年仍不能上讲台讲课。正是这种严格的要求和管理,促使了青年教师在教学上的迅速成长,也正是对教师这种严格的要求和精心培养,打造了西安交通大学工科数学课程的教学名牌。

要促进各类教师的成长,要使优秀教师永葆教学青春,必须在政策上体现"干好干坏不一样"。"干多干少不一样"容易通过工作量的报酬解决,科研上"干好干坏不一样"也比较容易衡量和解决,但教学上"干好干坏不一样",除两头冒尖者外,比较难以衡量,也缺少好的解决办法。一定的物质鼓励固然是必要的,但对一个热爱教学的教师来说精神的鼓励更为重要。除高度的责任感外,学生对自己的敬佩、尊敬和爱戴以及对荣誉的珍惜是这些教师永葆教学青春的重要源泉。我校数学系曾采用过每年排课时由教师填报两个志愿而由各用人单位选聘任课教师的办法,收到一定的效果,但因比较麻烦而未能坚持;有的学校采用学生跨班级选择教师的办法;有的采用学生评选任课教师、用人单位奖励表彰的办法。总之我主张要设法在教师能够承受的前提下,适当地引入竞争机制来激励教师的自觉性,促使教学差的努力改进,好的不断保持而且与时俱进。

二、提高业务水平,钻研教学内容,培养高素质、创新型人才

培养高素质、创新型人才是时代的要求,强国的需要。教师把书本上的知识讲懂是比较容易做到的,但是要通过传授知识,启迪学生的智慧、培养学生的科学素养和能力却不是一件简单的事。数学家和数学教育家波利亚在评价伟大的数学家欧拉时说:"在前辈数学家中,欧拉对我的影响最大,主要原因在于,欧拉做了一些跟他才能相当的伟大数学家从没有做过的事,即他解释了他是如何发现他的结果的,对此,我如获至宝。"国际数学教育委员会前主席,荷兰数学家 H. Frendenthal 说过:"没有一种数学思想以它被发现时的那个样子发表出来。一个问题被解决以后,相应地发展成为一种形式化的技巧,结果使得火热的思考变成了冰冷的美丽。"我想其他学科也有类似的情况。优秀教师的水平在于他能够揭示隐藏在"冰冷的美丽"背后的"火热的思考",在传授知识的同时,善于启迪学生去发掘和领会这些"火热的思考",这就是启发式教学的核心。这些"火热的思考"的积累,就是学生今后创新的思想源泉。而学生这种发掘和领会"火热的思考"的能力,就是他们学习能力的主要成分,也就是他们今后研究能力和创新能力的重要组成部分。优秀教师的作用不仅是教给了学生知识,更重要的是启迪和培养学生学习和研究的素养和能力。显然,教师发掘与领会"火热的思考"能力的高低,首先取决于他们的业务水平和科研经验,很难设想一个从未做过科研工作的教师能够培养学生的研究创新能力,所以进行科学研究不仅是大学教师的职责之一,也是提高教学质量的需要。

现在的青年教师,许多都是博士毕业,也做了不少科研工作,往往容易轻视基础课的教学,实际上学过和教过对课程内容的理解和体会是有很大差距的。博士毕业应该说是具备了深入理解基础课内容的能力,但还需要运用这种能力去深入钻研基础课的教学内容。否则,不一定都真正懂了,更不一定能体会隐藏在"冰冷的美丽"背后的"火热的思考",即便自己有所体会,怎样去让学生体会?怎样培养学生自主学习的能力,更需要去学习、思考和实践。

全国高等学校教学研究中心联合高等教育出版社近 6 年来投资两三千万元,针对 10 个学科分别连续举办了 6 届大学基础课程报告论坛,参会教师多达 3 万余人次,围绕如何通过课程教学培养高素质创新型人才这个主题,为广大一线教师提供了一个高水平的研究和交流平台,在动员教师、提升理念、引导方向、启迪思维、交流经验等方面发挥了重要的作用。

在当今的信息化时代,知识和能力的内涵、获取的渠道和方式都发生了许多变化,知识的海量与更新速度要求我们从书本知识的阅读发展到通过多媒体和网络来获取信息;知识的应用,要求从手算到机算,从公式的使用发展到算法的选取和软件包的使用,从单纯地计算到数值模拟仿真。如何适应这些变化?如何应对这些变化对教育所带来的冲击?对不少教师来说有一个不断学习和实践的过程。譬

如,对数学来说,如何把数学建模和现代科学计算技术和工具的使用融入基础课教学是培养数学应用能力和创新能力的一个重要举措。然而,除教学时数的限制外,不少从事大学数学的教师数学建模能力不强、使用计算机从事科学计算尚不够熟练也是导致这方面的改革进展缓慢的一个重要原因。

中国数学会原理事长张恭庆院士在评价我国应用数学发展情况时曾指出:与发达国家相比,我国应用数学工作者的最大缺陷是:根没有扎进实际应用领域,其结果使得不少应用数学的研究成果,从数学上看理论水平不高,从实际应用来看,不符合相关应用部门的需要,不能引起实际部门的重视。我本人在生物数学领域工作了近30年,对此深有同感。我想其他应用科学也许有类似的情况。造成这种情况的原因之一也在于教育,在于师资的现状。所以,对有些教师来说还存在一个业务转向和再学习的问题。西安交通大学数学学科发展的特点是发展广泛意义下的应用数学,并力求逐步改变上述局面,培养更符合要求的应用数学工作者。我们通过国家应用数学拔尖学生培养试验班,让本科生在学好数学的同时向某一应用领域扎根,学习相应应用领域中某些必要的基础知识,尽早参与相关教师的课题组,聘请应用领域的专家实行双导师制,把专业建设与学科建设紧密结合,在培养人才过程中,带动应用数学方向教师的转向和再学习,促进教师研究方向与实际更紧密的结合。

当前不少学校中还有一些历史原因留下来的教师,学历较低,年龄偏大,也缺乏科研的锻炼,特别是在有些地方院校中,不少教师的业务水平还亟待提高。除了鼓励他们在职学习外,建议教育领导部门有计划地举办一些具有实效的师资培训班。西安交通大学在自然科学基金委天元基金的资助下,举办过四届西部及周边地区的大学数学教师培训班,每期历时三周,内容是大学数学疑难问题选讲、数学建模培训以及“从大学数学走向现代数学”的提高性专题,参加培训的教师达400余人。各地区也举办了不少各种类型的专题培训班,都发挥了一定的作用,希望总结经验,摒弃营利思想,使其更具有实效性。此外,我认为鼓励和组织这些教师在搞好教学的同时,承担一些应用性的研究课题,或指导学生综合性的实践课题,例如数学建模培训和竞赛指导等,也是提高这些教师素质和能力的一种可行且有效的途径。

三、以培养创新型人才为目标,改革教学方法

我国赴发达国家的留学生在研究生课程学习时,成绩都很优秀,这是由于中国大学生的基础厚且扎实,而且中国留学生学习勤奋努力。然而,在研究工作中就反映出创新性方面的弱势。当然,其原因是多方面的,但中国学生独立思考与自主学习的意识和能力缺乏应该是重要原因之一。我国自20世纪90年代以来,进行了一系列教学改革,取得了众多成绩,教学内容体系也有了不少更新,但教学方法的改革虽有不少试点,却尚无明显的突破。灌输式、保姆式、应试型的教学方法目前仍主要占据着讲坛,严重影响着创新型人才的培养,也影响着一些教改成果发挥应有的效益。全国高教学会会长周远清同志明确指出“教学方法的改革是当前教学

改革的切入点”,我认为是非常正确的。

通常学生评价一个好教师往往主要看他是否内容讲得很清楚、很细致,使自己课堂上都能听懂,诚然,这样的教师是一个比较好的老师,但从培养创新型人才的要求来看,还需要进一步从教育理念和教学方法上加以改进。单向地灌输、过分细致地讲解会使学生产生依赖教师的心理和思想懒惰的习惯。过去我答疑时会碰到有的学生拿着书本来问问题,希望我把某一段再讲一遍,我问他“你什么地方不懂?”他说,“我整个这一部分都糊里糊涂,您再给我讲一遍”。实际上他是由于上课没有听懂,缺乏自学的意识和信心而不能静下心来去看书。这种依赖心理和懒惰学习习惯的形成,与灌输式、保姆式教学方法直接相关。试问这样的学生将来怎么能够去研究、去创新?因此,应该根据培养高素质创新型人才的需要,与时俱进地研究并重新制订教学质量的标准,来及时地引导教和学的努力方向。另外,从中学到大学,在教学方法上我们应该修一个有坡度的桥梁去有意识地培养学生独立思考和自主学习的意识、习惯和能力。桥的坡度和长度应该视课程性质和学生基础而定,要让多数学生通过艰苦的努力能够上得去。

习题课是帮助学生深化巩固所学知识,培养自主学习能力的一个有效的教学环节,近年来由于学时数的减少和师资的缺乏,许多学校都取消了习题课。西安交通大学的工科数学课程的习题课从20世纪50年代一直坚持到现在未曾中断,虽然习题课时数有所减少,但高等数学的习题课仍占总学时的五分之一左右。这一事实表明教学计划是能够容纳的。我们打算把习题课改名为辅导课,根据不同内容的需要安排练习或讨论,以加强对学生自主学习能力的培养。

由于师生的学习经历和多年教与学的习惯,特别是基础课大班授课所带来的困难,要改革灌输式,实现互动式、研究式、讨论式等教学方法并非易事。正因为如此,教学方法的改革多年来虽一再提倡却变化不大。我们高兴地看到教育部新世纪教学研究所拨款100万元组织并资助教学方法改革的专项研究。大学数学教学研究与发展中心也组织了五个教学方法研究与实践的子课题。我们期待为培养创新型人才的教学方法改革能于一两年内在若干点上有所突破,创造经验、逐步在面上推广。

与教学方法改革密切相关的是考试方法的改革,考试是教和学的指挥棒和紧箍咒,如果考试的内容和方法不改革,教和学也很难变化,考试的内容应该是既能够检测学生对知识点的掌握情况,也能反映出学生通过本门课程学习所获得的素养和能力的高低。考试的方式方法也不应该是一锤定音,应该既看结果也兼顾过程。但由于考试与教学方法和教学要求紧密相关、互相依赖、相互制约,处理起来颇不容易。总之,我认为教学内容与教学方法的改革必须在考试中有所体现,否则改革不能坚持且会流于形式。考试改革可以带动教学内容和教学方法的改革,但步子不能太大,否则师生都跟不上会造成大批量的不及格。考试必须改革,但要与教学要求同步、逐步地进行。

研究生的入学考试制约着大学本科有关基础课、特别是“大学数学”课程的教学改革,也束缚着相关教师教学个性特点的发挥。建议教育部能加强考试中心的有关命题组与相关教学指导委员会的沟通,在改革方向、思想和力度等方面取得一致,彼此协调、相互促进。

四、加强个性化教育,培养不同特色的优秀人才

近年来招生数的急剧上升,使得学生的基础、学习能力和学习自觉性平均水平下移,差距加大;素质教育的需要引起许多课程教学时数减少。在这种情况下,如何提高教学质量,培养高素质创新型人才,不少教师感到困惑。我认为解决问题的一个出路是推行个性化教育,这是大众化教育发展的必然趋势。在学生基础、智力、兴趣、志向等有很大差异的大众化教育时期,那种沿袭计划经济时期的单一模式和统一要求,显然是不现实也是不合理的。这种统一要求的结果,可能使优秀学生的成长受到抑制;使差生不仅难以掌握基本内容,而且还容易丧失学习的兴趣和信心。应该让学生在教师的指导下去发掘和发展自己的长项,培养不同类型、不同层次的优秀人才。要推行个性化教育,就必须为学生提供足够的时间和多元化的环境,使学生有可能根据自己的特点自我选择,同时也有时间和精力在保证基本要求的同时去发展自己的长项。我很赞成现在有的学校实行的完全学分制。实际上,很多学生入学时选择专业是有盲目性的,应该允许他们在认识自己的特点和优势后转换专业,更好地发展自己。我也主张把基础课的基本要求适当降低,同时,在校内多层次地开设同一门课程,让学生根据专业的要求和自己的情况有选择的余地。如果推行完全的学分制条件尚不具备,也可考虑实行跨专业大类按层次分班教学,这样使优秀学生能更快成长,也有利于差生的学习。当然,这种变化会给教学组织和管理带来许多新问题。但是,我想我们应该积极进行教学组织和管理的改革去适应和推动培养人才需要的教学改革,而不是束缚改革。

众所周知,对于数学等基础课而言,教学内容和要求特别是理论要求方面,俄罗斯与北美有很大的差异。以大学数学为例,俄罗斯比我国现行的要求高很多,而北美则要低一些。然而他们都培养了不少从事高科技的杰出人才。多年以来,我一直在思考中国的大学数学教学要求应该向哪个方向发展?我也问过许多中外专家,但众说纷纭。近两年来,对个性化教育的认识使我有所醒悟。杰出的科技人才是多种多样的,存在着不同类型、不同特色的杰出人才,他们对基础理论的要求也有所不同,应该为学生的成长提供多品种的选择,让学生根据自己的特点以不同模式去发展成长。

目前有些地方院校中不能很好地把握定位,有一种攀高的倾向,统一地要求自己学校采用较高要求的通用教材,以此表明学校的教学水平,而未能充分考虑到专业培养目标的定位和学生的实际情况。结果教师很难教,学生也学不好,试题尽管

一再简单仍会出现30%甚至50%不及格,然后不得不利用数学公式换算成正态分布。这种高标准宽要求的做法不仅影响到学生基本知识的掌握和能力的培养,而且还会助长学生不好的学风,代代相传,形成恶性循环。应该恰当标准、严格要求,根据培养目标的定位与学生的实际情况,分类型、分层次提出合理的标准,选用恰当水平的优秀教材,严格要求,使学生真正学到手,才能不断提高教学质量。

五、建立相对稳定的教学团队,保证教学改革的持续发展

像“大学数学”这样的大面积公共基础课,在数学学院或数学系中是否应成立独立的行政机构在历史上一直有所争论。目前多数院校仍保留作为教研室或其他相关名称,承担大部分大学数学课程的教学任务。这样做有利于课程建设和教学改革。但也有些学校认为这样不利于大学数学任课教师的学术成长,因而撤销了相应的行政组织。西安交通大学在历史上对当时的工科数学教研室也曾两次撤销又两次恢复。但不论怎样,对这种大面积的公共基础课,有一支由一定数量且相对稳定的骨干教师组成的教学团队是十分必要的。西安交通大学工科数学发展中的一条重要经验就是:从20世纪50年代以来,在不同历史时期都有一批教学骨干凝聚在课程负责人的周围,持之以恒地进行课程建设与教学改革的研究和实践,而且新老交替、相互传承、代代相传,保证了教学改革思想的连贯性并且与时俱进地不断深化与发展。这批骨干教师在带领广大数学教师在工科数学课程建设和教学改革中不断做出新贡献的同时,自身也迅速成长,逐渐成熟。正是由于教学思想的代代相传、不断结晶和发展,使西安交通大学工科数学课程建设和教学改革的理念和经验能够不断地深化和发展,得到国内大多数同行的认可,获得了较高的声誉,并在推动我国工科数学教学改革中发挥了重要的作用。

当然,也要关心这些骨干教师以及从事大面积基础课教学的教师们的业务成长和科学研究,为他们创造条件,鼓励他们跨教研室参加相关方向的学术讨论班,联合申请研究课题。我们也曾实行过连续从事大学数学教学工作三年有半年的学术假、五年有一年的学术假的制度,以便他们有集中的时间进行学术进修和科学研究。

六、加大政策力度,更新教学观念,激励教学研究与改革的开展,推动改革成果的应用

处理好教学与科研的关系是调动广大教师积极性使学校工作全面发展的一个关键因素,在当今的高等院校中,对教师,特别是中青年教师,应该要求既能够搞教学又能够搞科研,使教学与科研相互促进。但随着他们在发展中所呈现出的优势,应该允许有所侧重,而且领导应该善于尽早发现他们的优势,像培养干部的接班人那样,去部署、鼓励和扶植他们在不致偏废的前提下发展自己的优势,成为教学或科研的骨干力量。

在高校中特别是在重点高校中,教学的地位与科研相比有其先天的弱势,尤其

是基础课教师,承担的课程对自身业务的提高作用不大,重复地讲授大多是时间和精力的付出,加之教学时数很多,这些都势必影响到他们科学研究的开展。因此,领导对他们应该给予更多的关心。诚然,学科建设是龙头,学术水平和研究实力是学校水平的重要标志,但本科教育毕竟是基本任务。因此,在提高学术水平、激励科学研究的同时,应当制订恰当的政策引导和吸引一批有水平、有能力的优秀教师乐于去从事课程建设与教学改革,成为骨干力量。否则,课程建设与教学改革是不可能做出大的成绩的。有些学校的文件中常谈到教学研究论文及教学改革成果和相应的科研论文及成果同等对待,然而在人们心中和职务晋升的评审中,两者是不等价的。事实上,要在全国性的重要杂志上发表一篇教学研究文章也并非易事。特别是教学改革的试点和实践,费时多、有风险、周期长,有的需要几年的时间才能完成,而其中优秀成果的社会效益绝不比 SCI 检索的一般性学术论文差。希望各级领导能充分理解上述这些艰辛和困难,要让我们所制订的政策使那些潜心教学、深受学生爱戴,而且在课程建设和教学改革中做出优秀成绩的以教学为主的教师感到有前途、有奔头。此外,为扶植教师在教学改革中大胆地创新试点,也需要有宽松的环境和政策。冲破旧习惯势力的改革创新,不仅要花费成倍甚至几倍的时间和精力,而且在初期是容易受到来自各方责难的。学生开始时不适应可能会有意见,成绩也有可能产生波动,同行们也可能有不同的议论。这也正是一些教师不愿或不敢大胆改革的一个重要原因。我认为只要改革方向正确,领导应为他们分担风险,为他们撑腰。对于那些有计划且经过领导批准的改革试点,还应该给予人力和财力上的支持,可以单独命题考试,力争改革成功但也要允许失败,这样才能调动更多教师投入教学改革的积极性。

近十多年来,在各级领导的倡导和带领下,在广大教师的努力下,产生了大批的优秀教学成果,出版了许多反映教学改革成果的优秀教材、制作了许多课件、各种参考资料和网络资源。但是,这些成果推广使用的速度却比较缓慢,未能充分发挥应有的社会效益,课件重复性的制作也常有发生,造成人力财力的浪费。除了“文人相轻、行业保护”等不良因素外,改革成果难以推广的主要因素是习惯势力的影响和教师不愿花费精力与时间。学校和教师在用惯一种教材之后往往不愿轻易改变,教师形成一套教学观念和思路后,也往往不易接受新的变化。我校虽然统一使用自编的革新教材,但仍有教师穿新鞋走老路,虽然用新教材,却仍按自己老一套讲法去教。对新教材的主要精神和一些内容处理的思想并未领会,甚至也未仔细阅读钻研。究其原因,有的是故步自封,有的是不愿花费时间和精力。因此,转变思想、更新观念不仅是教学改革的先导,也是教改成果推广的先导。要使改革成果发挥更大的社会效益,需要加大宣传教育的力度。不仅需要宣传教学改革成果的思想和优点,还需要鼓励教师为提高教学质量而甘愿付出的敬业精神。当然,由于使用新的成果毕竟要花费更多的时间和精力,适当的政策鼓励也有助于成果的推广使用。

愿更多的数学精品教材成为传世的经典①

李大潜

教材是相应课程的剧本,不仅是密切为课程建设服务的,而且从某种意义上说,是课程的灵魂和载体,教材建设在课程建设中无疑具有极为重要的地位。教育部为推进教学内容与课程体系的建设与改革,对推动教材建设是花了很大的精力的。据我所知,先后建设了“九五”重点规划教材、“十五”重点规划教材、“十一五”重点规划教材及“十二五”重点规划教材,并在此基础上建立了面向21世纪教材系列以及精品教材系列。在这样的一些框架中,就数学学科而言,已出版或修订了一大批优秀或比较优秀的教材。根据不完全的统计,共出版了61本“十五”规划教材(其中15本由高等教育出版社出版),268本“十一五”规划教材(其中130本由高等教育出版社出版),并从“十一五”规划教材中遴选出版了35本精品教材(其中26本由高等教育出版社出版),而由高等教育出版社出版的部分面向21世纪教材也达到53种。除此以外,以往出版的种种数学教材,以及在同一时间阶段中没有列入这些教材系列的教材,肯定还有很多,其中也有不少优秀或比较优秀的教材。这样粗略地估算一下,我们国家前前后后出版的各种类型的数学教材,少说也有一两千种,说不定已达到三四千种,这是一个很可观的数字。这使我国大学数学教材的面貌发生了极大的变化,也有力地推动了相应的数学教学实践与改革,是值得欢欣鼓舞的。我感到教育部对教材建设的高度重视和大力推动,其指导思想是促进更好更多的优秀教材问世,并且使这些教材作为优秀的教学资源,能更好地为更多的学校及学生享用。最近提出在“十二五”期间建设国家精品开放课程,包括精品资源共享课程以及精品视频公开课程,同样明确显示了这方面的要求和愿望。

在已有了这么多大学数学教材的前提下,我们有理由希望在我们的数学教材中将会出现一些传世之作,成为数学教材的经典,使我国的教材建设,不仅在数量上,而且在质量上,位居世界的前列,确保我国在培养数学人才方面的优势地位。但是,这是一个要求很高的战略目标,其实现决不会轻而易举,更不能一蹴而就,而是需要在多个方面做很大的努力,做艰苦的奋斗,更需要大家献计献策,集思广益。我下面提出的一些思考与建议,希望能作为引玉之砖,引起大家进一步的讨论与研究。

一、牢固树立搞好本科教学是大学最主要任务的观念,高度重视本科教学,将教材建设不仅作为大学教师、特别是大学骨干教师的重要职责和光荣任务,而且作

① 本文是作者2012年在大学数学课程报告论坛上的报告,曾发表于《中国大学教学》2012年第12期。

为水平考核的重要标志

现在通常说,大学有教学、科研及服务社会这三方面的职能,这自然是正确的。但是,大学不同于科学院,它是以培养人才为第一要务的,因此,教学,特别是本科教学,是大学教师的第一职责,也应该是考核大学教师的第一指标。只有重视了教学,以培养优秀人才为己任,才能专心致志地钻研教学,才有可能积极投入教学改革,才有可能结合教学实践编写出优秀的教材,并不断修改完善,使之逐步成为精品。

在国际上,不乏第一流的数学家编写出精品教材的范例。以苏联的教材来说,在高等教育出版社组织编辑出版的“俄罗斯数学教材选译”序列中,就有柯尔莫哥洛夫编著的《函数论与泛函分析初步》,拉夫连季耶夫编著的《复变函数论方法》,庞特里亚金编著的《常微分方程》等。他们都是苏联科学院的院士,是享誉世界的一代宗师,所编写的教材不仅质量上乘,而且极富特色,至今已经多次重版,也早已译成了中文,为我国读者所熟悉,可谓影响深远。我国的前辈数学大师,像华罗庚、苏步青先生等,都是很重视本科教学的。他们当年编写的教材《高等数学引论》《微分几何》等,时隔多年,不仅没有被淘汰,而且仍在发挥积极的作用,同样为我们树立了光辉的榜样。由这样一些第一流的数学家所编写的教材,由于他们对数学的深入理解和感悟,由于他们高屋建瓴、胸有全局,大体相同的材料就会被写得有声有色、回味无穷,并能深入浅出,触类旁通,自然在同类教材中显得鹤立鸡群、超凡脱俗,成了公认的精品。应该说,这在我们过去是一个光荣的传统,也是一个历史的经验。就我们复旦来说,不仅苏步青、陈建功等老一辈的数学家,就是谷超豪、夏道行这些第二代的数学家,甚至一批第三代的数学家,都曾认真编写并出版过教材,而且造成了较大的影响。

但是,现在我国年轻一代的优秀的数学家,特别是很多属于国内第一流的数学家,却很少看到他们有相应的教材问世,也很难看到他们对大学本科教学专心致志地进行研究和实践。这对现在编写的大学数学教材难以进入精品行列,更难望成为传世之作,恐怕应该是一个重要的因素吧!究其原因,看来还在政策导向方面。现在的大学,由于过度地强调科研,过度地强调科研成果的考核和评定,实际上已经大大淡化了对教学的要求,特别是对大学本科教学的要求。教师要升等升级,着重看的是论文发表的篇数和档次,看的是科研的成果和水平,而对教学往往只满足于完成基本的教学工作量,实际上没有什么明确的要求,变成了可有可无的任务。这种科研上一俊遮百丑的状况,使很多青年教师将科研作为硬任务,将教学作为软任务,看成无可奈何的负担和支出,不用心、不出力,甚至不认真、不负责。这使本科教学质量实际上得不到可靠的保证,甚至可能还在滑坡。在这样的情况下,很少有人会主动积极地认真编写教材(为升等升级炮制一个敲门砖而编写出版教材的情况除外,以这样目的编写的教材也决不可能成为精品!);即使编成了教材,在评估指标中也抵不上一篇 SCI 论文,又有哪个真正有水平的教师愿意花力气来编教材呢?!由于这涉及一个高校的真正定位和如何落实这一定位,解铃还需系铃人,大学的领导首先应该端正思想,真正将育人作为学校的首要任务,并认真严格地加以落实。也只有这样,才能保证学校能源源不断地向社会输送合格甚至优秀的人才,他们将来建功立业的实际表现将是学校水平和绩效的最终表现,将为学校赢得永恒的真正的声誉。有关的领导决不能让一些目光短浅的近期评估指标所左右,忘记了根本。否则,就对不起广大的学生和家长,对不起国家,也严重违背了科学的发展观,是根本要不得的。

应该相信,广大教师是有编写教材的巨大的积极性的,也不一定只有第一流的专家才能编写出优秀的教材。那些长期奋斗在教学第一线,为提高教学质量和深入教学改革殚精竭虑的教师,通过长期的教学实践和积累,也一定可以编写出、而且已经编写出了一些优秀的教材,造成了相当广泛的影响,也使他们自己赢得了普遍的赞誉。仍以苏联的数学教材为例,在我们中国有着广泛影响的教材,例如《微积分学教程》《实变函数论》等,他们的著者菲赫金哥尔茨、那汤松等人,从学术地位来说,恐怕在苏联也不一定能列入第一流的水平,但他们在数学界的影响,特别是对年轻数学工作者的影响,比一些第一流的大数学家恐怕都不会逊色,当年有谁不是念着他们的书成长的呢?!实际上,一本优秀教材的影响,无论从广度和深度方面,都远远超过一篇优秀论文的影响。一个数学教师如果能认真编写出版好一本优秀的教材,并作为经典传之后世,一直发挥作用,就是一项重大的贡献,就是自己数学生涯中的一个巨大的成就,也必将留下永恒的声誉。

欧几里得在公元前 3 世纪所编著的《几何原本》,并不是一本总结他自己科研成果的专著,而实际上是集当时古希腊几何学大成的一本教材或讲义。它不仅材料丰富殷实,而且从少数几个公设及公理出发,推演出所有的结论,在数学中开创了严格逻辑演绎的先河,为后世提供了楷模。该书有众多的版本及各种文字的译本,包括在我国也已有了好几种译本,其总印数据说可以和《圣经》媲美,真正是一本传世的经典,也造就了欧几里得崇高的地位及不朽的声名,有哪一个数学家能够宣称自己不是欧几里得的弟子呢?!

除了欧几里得已为我们树立了光辉的榜样外,我还想在这儿说一下欧拉。作为 18 世纪最伟大的数学家,欧拉对由牛顿及莱布尼茨发明的微积分这一学科走向规范和成熟做出了杰出的贡献,当时被誉为“分析学的化身”。分别于 1748 年出版的三卷《无穷小分析》,1755 年出版的二卷《微分学》及 1763 年与 1773 年出版的四卷《积分学》,是欧拉最负盛名的著作。它使微积分从零散的状态形成一门独立和自洽的学科,成了现代分析的基础,也是后来差不多所有微积分教材撰写的模本。在这一套书中,欧拉首次引入了 $f(x)$ 的符号来表示函数,并将函数作为分析学的核心概念和起始点,演绎出整个微分、积分及无穷级数、无穷乘积等一系列重要的概念。对照现今的微积分教材,我们不得不承认,我们仍始终在欧拉这一传世经典所提供的框架之下工作。一本优秀教材影响作用之大,由此也可见端倪。

教师忠诚教育事业,对学生尽心尽责,对教学工作兢兢业业,对不断提高教学质量、对积极投身教学改革和教材建设,总是视为自己的天职,这是一种可贵的主动性和积极性。有关领导要善于发现和鼓励它,并采取各种政策措施来加以引导和推动,而决不能有意无意地加以抑制或挫伤。这样,我们的本科教学就会有很大的希望,一大批优秀的教材必然会逐步应运而生,一些传世的经典也可望慢慢地成长起来,这是我们所迫切期待的。

二、要鼓励、支持优秀教材的编写,严格并提高精品教材的准入标准,并不断扶持推动优秀教材的升级换代,力求精益求精、尽善尽美

为鼓励广大教师积极参与教学实践和改革,潜心编写教材,建议制订相应的政策与措施,将教师的教学工作列为升等升级指标框架的重要而核心的内涵,将教师教学的能力和水平、教师教学的业绩和贡献,作为教师考核的硬性指标,并将编写与出版教材的情况和效果作为教学业绩方面的重要贡献,力求有效地改变并扭转目前在大学中普遍存在的重科研、轻教学的弊端和倾向。

对于精品教材的遴选,一定要高标准、严要求。除要严格执行至少经过三年以上教学实践这一必要的条件外,还要按照"定位准确,特色鲜明,繁简适度,表达清楚"以及"由浅入深,引人入胜"的原则,来认真把关。不仅要强调科学性,而且要符合认识论。决不能以次充好,更不能通过走关系、付"买路钱"等方式来蒙混过关,滥竽充数。

对于已经入选的精品教材,不应该仅仅贴上某个好听的标签后就万事大吉,而应该根据科学及形势的发展及进一步的教学实践,不断修改完善,力求精益求精。对于其中一部分特别优秀的精品教材,更应该着力采取措施,使其努力逐步成为精品中的精品,能长期发挥重要的作用,甚至成为传世的经典。

为了做到这一点,一本优秀的精品教材应该始终注意维护并保持其品牌,在不断改进和发展的基础上,定期推出更新的版本,形成红旗不倒、永远高扬的局面。苏联那些曾经给我们带来重大影响的教材,到现在仍然活跃在市场上,但已经再版好多次了。前面我们提到的那几本书,《微积分学教程》2005 年已出到第 8 版,《常微分方程》2006 年已出到第 6 版,《函数论与泛函分析初步》2004 年已出到第 7 版,《复变函数论方法》2005 年已出到第 6 版,《实变函数论》2009 年也已出到第 5 版。它们从初版问世过了大半个世纪,仍然在发挥着突出的作用,在我们国家也都修订重印了。这件事告诉我们:将一本好教材不断修订重版,是维持该教材品位,树立该教材权威,打造该教材成为传世佳作的有力措施和重要手段。

在我们的国家,情况似乎恰恰与之相反。出版单位更多追求的是每年出版新书之数量,这成了他们重要的业绩考核指标。一本教材经过补充、修改要重版,出

版社往往希望作者换一个新的书名，作为一本新书出版，而不愿意只是重印出版一本（修订过的）老书。这样做，也许可以造成出版业本身表面上的繁荣，但却无形中丢失、践踏了已有的品牌，阻断了一些优秀教材可能通向更高层次的攀登之路，怎么可能造就和形成中国教材中可能的传世之作呢?！在优秀教材参评图书奖方面，也有一个相应的规定，就是每次只评近两年中出版的新教材。这种“喜新厌旧”的做法，将老字号的优秀教材无情地打入冷宫，反映并助长了急功近利的浮躁心态。在这样的奖励制度下，有谁还愿意花时间和精力，锲而不舍地不断提高教材的质量和水平，向更高的目标攀登奋进呢？

当然，我们有一些教材由于作者的坚持和执着，也有出了好几版的，但为数不多，而且往往作者去世后就戛然而止。其后的改版，有的改头换面后换上了全新的作者，原先的作者消失得无影无踪；有的在原作者前或后赫然加上了改编者的名字。这些改编者应该大都是原先作者的学生或同事，这样的做法，从知识产权的角度不知有没有得到授权或认可，从质量和品位的角度也不知是否真正得到提高，但原来的品牌实际上却已经完全丢失了。看看人家苏联的教材，上面提到的这些教材的作者，全部或至少绝大部分早已作古，尽管其他教授为该书改版做了大量、认真的修订工作，但改版仍是以原先教材的形式出现于世。以《微积分学教程》为例，尽管 2005 年的一次修订，除改正了原先各版中的一些印刷错误外，又从现代读者的角度，对书中可能产生理解不便的地方增加了 122 个注释，但修订者只在改版序言中轻描淡写地表示他曾做了一些简短的注释，并表示对注释的内容承担全部责任，而没有把自己的大名加到作者名单上去。这样，原来的书仍在，原先书的作者地位仍在，如果这本书最终能成为一本传世的经典，我们除了应该感谢原先的作者以外，难道不应该感谢那些为修订改版做出了巨大贡献而又默默无闻的原作者的学生和同事吗？从这样行事的风格方面，难道我们不能学到一些什么吗?！

由此可见，我们应该认真抓紧、抓好一些优秀精品教材的不断修订与改版工作，最好能制订相应的规定和条例，使这一工作有规可依，有例可循，做得愈来愈到位、愈来愈好。同时，还应该特别重视将我国富有特色的优秀教材向国外介绍，有的放矢地翻译成外文在国外出版，以扩大它们的国际影响，使我们的优秀教材不仅能在国内独领风骚，而且能在国际上发扬光彩。如果一家国外的著名出版社愿意将我们的某些教材译成外文在该社出版，至少应表示这些教材和国外的同类教材相比，具有自己鲜明的特色，具有自己独特的优势，是有自己的品位和竞争力的。关起门来自吹自擂、甚至称王称霸是没有意义的，也是经不起历史和时间的考验的。努力走出国门，在国际上参与竞争，难道不能作为我们遴选优秀精品教材，并逐步发现、培育属于我们自己的传世经典的一个客观而重要的手段和途径吗？

三、关于大学数学教材建设的一些宏观看法和建议

数学教材只有具有明确的指导思想和定位，具有鲜明的特色和个性，才有可能

进入先进的行列，才能逐步成为精品。面对着国内出版的这么多的大学数学教材，从宏观来说，存在的最大问题看来也就在这些方面。如果仔细地观察与分析一下，就可以发现有不少雷同的教材，甚至少数粗制滥造的作品；按定位准确、特色鲜明来严格要求，恐怕不及格的也会不在少数。为了帮助改进和改善这种状况，下面我对现有教材可能存在的一些弱点和不足，冒昧地提出一些批评和建议，这同时也反映我对如何编写大学数学教材的一些理念和思考，请大家批评指正。

首先，现有的一些数学教材，在传授数学知识方面，总的应当说还是做得比较好的。一大堆数学的概念、定理、公式与证明，都得到了认真的展现和推演，讲课教师也力图将这些知识灌输到学生的头脑之中，恨不得将学生变成一个活的数学字典，甚至是数学的百科全书，其意甚诚，其情可感。但是，无论是教材的编写或是教师的讲授，往往忘记了数学最根本的三件事。哪三件事呢？

一是这些数学知识的来龙去脉，是从哪儿来的，又可以到哪儿去？数学并不是无源之水、无本之木，它发展的最根本的源泉是现实世界的实际需要，是有很丰富的现实背景和需求的；而且，有意义的数学结果和内涵，也一定会在现实世界的方方面面得到广泛的应用。不讲来龙去脉，就割断了数学与生动活泼的现实生活的血肉联系，学生怎么会对数学有深入的领悟，怎么会有学习数学的持续的积极性呢？近年来，在大学生数学建模竞赛的基础上，开展了将数学建模的思想和方法融入大学主干数学课程的教学改革实践，在这方面开始取得了一些突破，但还仅仅是开始，是值得大力提倡和认真实践的。

二是数学的精神实质和思想方法，而不仅仅是一些数学知识和证明技巧。只讲知识，不讲精神；只讲技巧，不讲思想，学生只能让教师牵着鼻子走，不可能触类旁通、真正开窍，不可能学到数学的精髓，是不可能真正成才的。数学的精神实质和思想方法，涉及很多方面，有丰富的内涵，要靠不断的启发诱导和总结体会，才能化为一个人的觉悟，形成相应的数学素养，使人变得更为聪明、更有智慧，一生受用不尽。忽视了这一点，死记硬背一些数学公式和结论，就只能入宝山而空回了。

三是数学的人文内涵。数学是人类文明的一个重要组成部分和坚实支柱，整个的人类文明史是和数学的发展史交融在一起的。数学作为一门科学，在人类认识世界和改造世界的过程中起着关键的、不可替代的作用。人们实际上天天享受着数学文化带来的恩惠，但往往浑然不觉、习以为常，我们对此总会感到遗憾和抱怨。然而，扪心自问，我们编写的数学教材，我们数学老师的讲授，在这方面又教给了学生多少呢？古人云：“天不生仲尼，万古长如夜”，其实，如果没有数学的发展与进步，我们仍将处于一个长如夜的愚昧状态之中。不启发学生关注数学文化的功能和作用，不促使学生自觉地接受数学文化的熏陶，学生是不可能真正走近数学、了解数学、领悟数学并热爱数学的。

上面所说的这三方面的内容，并不需要占用大量的时间和篇幅。但抓住了这三点，就抓住了数学的灵魂，就可以起到画龙点睛的效果，相应的数学教材就会显得充满思想和意蕴，变得生动活泼、趣味盎然，学生对数学的认识和理解就会大不一样，学习也就会更有成效了。

其次，数学不是一个由其种种分支学科组成的杂乱无章的大拼盘，而是一个紧密联系的有机整体。法国过去大学数学的教学就有一个传统：所有的数学课程都是由一个主讲教授讲到底的。讲课人对整个的数学全局在胸，不受学科分支的划分所局限，可以自如地从各个不同的角度讲清数学的概念和问题的实质。苏联斯米尔诺夫主编的《高等数学教程》，共五卷，每卷还包括若干分册，也是将差不多全部的数学内容一口气讲到底的。现在大学数学的教学，是分解为若干单独的课程来进行的，每个课程对应于一个分支学科。由于数学科学已是由纯粹数学与应用数学的众多分支学科以及种种相关交叉学科组成的庞大的学科体系，这种适当分门别类的课程设置方式是必要的。但是，对应于一个分支学科的每一门单独的课程，它在数学科学这一大家庭中是和其他种种分支学科紧密联系着的，决不是一个自我封闭并孤芳自赏的独立王国，相应的教材及教学也不能片面地追求天衣无缝和自我完善。相反，要尽量创造机会与数学的其他分支和数学之外的种种学科沟通联系，互通有无，并汲取营养，使相应的课程在开放的状态中显得更有生机活力，使学生的认识会更加全面和深刻。对照这一要求，我们现在每门数学课的教材及教学，更多的是强调这一分支学科的特点和特色，却削弱、淡化甚至割裂了与其他方面的联系，追求的是一种自我封闭、作茧自缚的状态，实际上陷入王婆卖瓜、自卖自夸的局面。这样做，会造成学生认识上的片面性，抑制了学生创造性的思维和想象，造成了课程间不必要的重叠和隔阂，也加重了学生的负担。可以设想一下，如果在一些课程之间做一些有机的结合，并在课程体系的设计方面相应地精简与改造一些原有的课程，效果会不会更好呢？

举例来说，现在的数学分析与数值分析是截然分开的两门课，一个讲理论，一个讲计算，互不通气，各守门户。但从解决现实世界中实际问题的角度看，如果将二者结合起来，开出一门“数学分析与数值分析”的课，会不会更好？会不会反而使同学的认识更加全面而深刻一些呢？对函数 $y=f(x)$，在数学分析中讲得头头是道，似乎是天衣无缝，但在实际应用中的情况却远远没有这么简单。为了得到一个具体的函数，为了对一个任意给定的自变量 x_0，得到相应的函数值 $y_0=f(x_0)$，往往要经过必要的试验和测量，有时甚至要求解相应的偏微分方程的边值问题才能决定。因此，花了很大力气，实际上能得到的，最多也就是这个函数在若干离散点上的值，而且由于测量难免的误差，这些值还只是一些近似值。了解了这一点，数学分析中对初等函数用得很成功的那一套就碰壁了。如果这时有的放矢地介绍插值的方法和理论，不仅顺其自然，而且雪中送炭。数学分析方法和数值分析方法的相互联系，功能互补，只会使学生对问题认识得更深刻，对解决现实问题更有信心，也一定会变得更加灵活和聪明起来。再如求导,从差商取极限就得到导数。对于初等函数或由初等函数组成的函数来说,求导自然是不成问题的,但若只知道在离散点上的函数值,要想对导数有一个较好的了解,一个自然的方案就是由导数后退到差商,而数值微分的理论和方法就可以由此展开了。再如积分,数学分析中能够积分出来的函数本来不是很多,大部分情况下的积分是算不出来的,这是我们学积分时常有的遗憾,而要算出一个复杂的积分也往往很使人头疼。难道我们就要在一棵树上吊死吗?当然不会。利用函数在离散点上的值,就可以用曲线下的相应矩形或梯形面积求出积分的近似值,各种数值积分的方法和理论就可以自然而然地展现出来。如果真的将数学分析和数值分析这两门课有机结合,相信可以减少不少互相重叠的叙述,可以增强学生的理解和实际能力,说不定是一个数学教学改革的突破点,而且一定会形成自己的特色和品位,是不是可以试上一试呢?

对数学物理方程和偏微分方程数值解这两门课程,也有类似的情况。一方面,真正能够显式求解的偏微分方程的定解问题实际上为数很少,在应用中绝大多数的偏微分方程定解问题都是用数值方法求解的。另一方面,偏微分方程的理论对设计其数值解法或算法又起着至关重要的指导作用,不同的偏微分方程数值解法,实际上是与对偏微分方程的解的不同理解密切对应的。将这两方面有机地结合起来,难道不可以起到既节省时间精力、又加深理解这样相得益彰的效果吗?!

再说泛函分析,讲的是无穷维空间的理论。然而,就无穷维空间讲无穷维空间,不了解无穷维空间和有限维空间到底有什么异同,效果必不会好。由于线性代数讲的是有限维空间的理论,如果在泛函分析的教材及教学中,不时地比照线性代数中的相关概念和内容,揭示其间的联系与区别,决不是打横跑、跑野马、不务正业,相反,可以真正推动学生对泛函分析的深入理解,起事半功倍之效,难道不值得大力提倡吗?

这样的例子,可以举出很多。从数学整体的角度打破学科分工的局限,打破不同专业与教研组之间的隔阂,加强课程间的联系和呼应,精心设计一些有机结合的教材和课程,难道不能闯出一条有特色的新路来吗?

再次,根据培养优秀创新人才的要求,要鼓励和启发学生的好奇心和求知欲,要推动学生勇于提问、善于思考,使思维一直处于一种开放的活跃的状态。学生不仅要善于学,更要善于问,而且要问在点子上,问出水平来。看来以往强调要培养学生分析问题和解决问题的能力,固然十分重要,但单单会解决别人提出的问题,单单会熟练解题,单单会证明别人已经得到的结论,还远远不够,还应该强调要培养学生发现问题和提出问题的能力,使他们逐步具备发明和创新的潜质。从这个意义上说,一门课程和教材,如果给学生造成一种尽善尽美、天衣无缝的印象,没有任何缺点,没有什么不足,使学生感到没有任何思考的余地,只需生吞活剥、死记硬背,恐怕恰恰是一个不好的表征,也完全不符合实际的状况,是一个明显的误导。

其实，每一门学科，都有它的独特优势，有它的拿手好戏，但同时也决不可能十全十美，都必然有它的弱点和软肋，都有它解决不了或解决不彻底的问题。前面我们讲微积分的例子，就已经充分地说明了这一点。这儿再举一个例子。函数求极值，在微积分中是一个经典的课题，似乎已经被彻底搞定了，至少有关教材给我们的印象就是如此。其实，利用函数在极值点的一阶导数为零的必要条件，真正能够彻底解决的极值问题往往需假设函数为凸的条件。对于复杂一些的函数，求极值就相当困难，而在整个定义范围中求其最值（即整体极值）更是难上加难。不仅在数学理论分析的角度看十分困难，就是在数值近似分析的角度看也很困难，因为对任何一个给定的算法都一定存在使其失效的例子。现代规划的理论和方法，本质上面对的就是这一类的困难，问题还远远没有解决。

然而，我们的很多教材，总是在竭力宣传这一门学科成功的一面，举的例子、安排的习题都是经过挑选，最能显示理论和方法威力的，而将自己无能为力或有力使不上的众多生动活泼、并颇能启发思考的情况束之高阁，不使它们露面。这种回避矛盾、掩耳盗铃的做法其实很不可取。最大的问题就是使学生不明真相，觉得学了这些内容以后可以打遍天下无敌手，因而只满足于囫囵吞枣、死记硬背，从而无所作为，使脑筋处于一种盲目的状态。这必然扼杀了他们的好奇心和求知欲，扼杀了他们思考、探索、发现、发明的意愿和勇气。而如果在教材中既讲成功的一面，又讲不足的一面，既讲有用的理论和方法，又讲可能面临的、难以完满解决的问题，学生的学习积极性只会得到激发，学生对教材内容的理解只会更深，而创造和探索的愿望更会从他们的内心深处迸发出来，培养优秀的创新人才就更有保障和希望了。如果我们的教材不仅向学生传授知识，而且能激起学生创造的激情和求知的渴望，有助于造就未来出色的创新人才，这是多么值得欢欣鼓舞的事啊！

最后，讲一下针对有关专业的数学教材问题。既然是针对某一专业（例如工科、医科、农科、经管等专业）的数学教材，就应该密切联系该类专业的实际，充分针对该类专业的迫切需求和特殊要求。教材的编写者就应该长期深入该专业，和相应的专业工作人员取得共同的语言，深入地了解他们的工作，尽可能地挖掘该专业与数学的结合点，最好还能和该专业的人员长期协作，参与解决一些该专业的重要课题，取得第一手的经验和材料。经过了这一个过程，针对该专业编写出来的教材，才能特色鲜明，有血有肉，从而深受该专业的欢迎，产生重要的影响。这是专业类大学数学教材应有的定位和标准。现在，简单地将专业类大学数学教材化约为各种不同层次的简化教材的做法，可说是不胜枚举，是不值得提倡的。在这一领域内，相信经过艰苦的结合与努力，一批有特色、高品位、深受有关专业欢迎的教材，将会改变现有的这种初级阶段的状态，打造出一片崭新而有深远影响的局面来。

总之，希望通过我们大家及各方面的持续而认真的努力，会有更多的数学精品教材逐步形成为传世的经典。

附录V 部分地区大学数学课程建设与教学改革活动情况简介

上海市高校工科数学协作组十九年工作总结（1978—1996 年）

曹助我 龚成通 翁跃明*

前言

1976 年“文革”结束，1977 年高校开始恢复招生，1978 年上海市高教局（市教委前身，下同）教学处为适应形势发展，协调提高各高校的教学质量，陆续恢复组建了 23 门学科的协作组，上海市高校工科数学协作组（以下简称“协作组”）是第一批成立的协作组之一。上海地区 20 多所工科院校的高等数学教研室主任均作为协作组成员参加活动。

十九年来，我们协作组依靠全体成员的共同努力，广大数学教师的积极支持，在“活跃学术思想、探索教学改革、交流教学经验、提高师资水平、帮助督学评议、提供社会服务”等诸方面有计划地开展了一系列的活动，取得了一定的成绩。凝练了协作组的理念、精神——改革、交流、协作、提高。

在总结回顾的时候，我们不能不提到我们协作组的组长陆子芬老师和曹助我老师。

上海海运学院**陆子芬教授从协作组成立开始就担任组长主持协作组工作，他虽然社会活动较多，教学任务很重，但总是亲自组织主持协作组的各项活动，团结了上海地区各高校从事工科数学教学的专家积极参与协作组活动。在协作组恢复正常活动的一开始，就讨论制订了活动和管理章程。

后来陆子芬老师年事渐高，委托他的助手上海海运学院曹助我老师主持协作组活动。协作组全体成员一如既往继续支持配合曹助我老师主持工作。

在曹助我老师主持下，为使协作组工作稳定、持续地向前发展，我们对管理章程和组织构架不断健全完善。在协作组下面又设立了秘书组、教改研讨实践组、教材与通报的研讨编写组、资料组、大专职大电大组。要求骨干成员既共同参与各组活动，又具体负责分工小组的工作，各组每件事情都能落实到人。

曹助我老师以他那强烈的敬业精神、认真的工作态度和独特的人格魅力，团结了协作组全体成员，形成了一批始终不渝地积极努力参与协作组活动的骨干分子队伍。

十九年来，我们的活动一直是正常有序、有声有色、生气勃勃，在提高上海市高校工科数学的教学水平、深化教学改革、促进教风和学风建设中产生了很大的影响，成效卓著，有目共睹。

上海市高校工科数学协作组的一系列活动在诸多方面为全国工科数学课程教学指导委员会（以下简称“课委会”）做出了重大贡献。除了积极参与教学大纲的拟定、教材的编写、题库的建设等方面外，更重要的是为全国高校提供了“建立地区性协作组开展卓有成效的活动”方面的丰富经验。

协作组成立伊始，就得到了课委会的关心、指导和表扬、鼓励，课委会陆庆乐主任曾经多次亲临上海协作组指导工作，对我们协作组的工作成绩以及为课委会所做的贡献作了充分的肯定，在多种场合（包括全国性的会议）多次称我们“上海高校工科数学协作组的活动有声有色，成果辉煌，为我们全国组织区域性教学协作交流提供了丰富经验，值得推广学习”。

我们的工作和成绩，离不开上海市高教局有关部门的指导和大力支持，高教局教学处各届领导陈华乾、沈本良、徐国良同志对我们协作组工作一直是非常关心并给予了具体的支持。

我们的工作也与上海地区各高校的教务处、基础部、数学系（教研室）的重视和配合密切相关。

回顾这十九年来，我们协作组遵循“改革、交流、协作、提高”的精神，在拨乱反正、整顿教育，全面提高高等教育质量的时代背景下，起到了功不可没的作用。

协作组的一系列活动大致有如下几个方面。

一、交流研讨，共同提高

协作组的日常工作和最重要的功能就是协作交流。通过交流，积聚能量，联络感情，互通有无，携手探索，形成合力，分享成果，共同提高。

（1）日常定期组织交流

定期组织交流是上海市高校工科数学协作组章程下的一项日常工作。

每学期召开的两次工科数学教学的交流研讨活动绝不流于形式，对每次活动的内容都有精心安排，总有一两个明确的主题。既有事先安排的系统全面的重点发言，又有即时发挥的精彩插话，讨论往往是热烈而深入。

这些内容丰富形式活跃的交流，吸引了全体成员始终能积极参加，是我们的活动得以持续开展的重要因素，选择几个典型的活动内容介绍一下。

① 各校数学教学的改革探索和实践的经验是交流内容的重点。

例如华东化工学院龚成通老师介绍了他们高等数学老师挂牌上课，学生自由选课的试点方法和经验。老师挂牌开出特色不同、教学基本要求不同、教学时数不同、学分不同的各种不同层次的高等数学课，学生不仅可以选择老师，还可以“就高不就低”选择较高层次的课，很多学生根据自己的兴趣爱好，或为以后转专业、考研或为就业时创造一定的优势，而选择了比自己所读专业规定要求更高层次的数学课程。虽然产生了某些弊端，形成了最大班级有近 400 名学生，最少班级选课学生只有 8 人。但是这对于促进教师在如何上好课方面多动脑筋以吸引学生，促使教师从认真备课开始到如何形成自己的教学特色等诸方面进行深刻思考，对提高教学质量的效果明显。

上海建材学院韩仲豪老师也介绍了他们学校高等数学教师挂牌上课的类似经验和不同的方式。

协作组认为这些做法必然会得到逐渐推广，号召大家为这些经验的推广早做准备，务必形成自己讲台上的鲜明特色和良好形象，接受新的挑战。

② 对于青年教师的培养和提高的问题，也经常是协作组交流的主题。

上海科技大学蔡天亮老师专门介绍过他们组织青年教师轮流作“小报告”，事先排定次序，自选内容，用自己的思考和理解进行报告，收效甚佳。

上海工程技术大学刘振周老师介绍他们老教师和青年教师一对一结对子传帮带的做法，一起备课、随堂听课、课后评议，同时和青年教师进行谈心活动，使青年教师安心工作，教学水平得到显著提高。

上海机械学院孟尔镛老师介绍了他们创造条件让青年教师有走出去听课学习、接受培训的机会，给青年教师拉（拉一把）扶（扶上马）压（压担子），使他们胜任教学第一线的主力军任务，培养若干教师成为教科组的骨干力量和核心人物。

③ 如何在抓好大面积教学的同时，注意因材施教为“快出人才、出好人才”做努力，是高等教学的一个重要课题，不少学校在这方面都做过不少的试点。

协作组专门组织过有关方面的交流。上海交通大学的李重华老师、同济大学的骆承钦老师和华东理工大学的龚成通老师都长期从事这方面工作，上海交通大学、同济大学直接组织保送生建立优秀生班。华东理工大学除了在保送生中进行选拔外，还在报到的新生中进行动员报名参加选拔。

这几个学校因材施教试点的共同经验，是使用数学专业的《数学分析》和《高等代数》教材,教学起点高,教学要求高,教学时数却不高。

优秀生班实行淘汰制度,有些不适应节奏跟不上进度的学生会主动提出退出,而更多的普通班的学生经推荐考核后进入优秀生班学习,保持并提高优秀生的"浓度"。

④ 协作组也经常组织把收集来的国内外数学教学观点、动向、方法、资料进行交流,协作组组长曹助我老师专门介绍了美国专家委员会写给政府部门(包括国防部、经济决策机构)的关于重视国民数学教学的一份报告,及俄罗斯数学界给总统写的数学教学与发展国民经济密切关系的类似的信;桂子鹏老师介绍了德国分层次进行数学教学的做法,并对此作出自己的分析。

⑤ 协作组还经常在一起交流切磋教学经验的某些细节,这些细枝末节尽管不是什么重大课题,可是对提高教学效果影响很大,值得一提。

如上海科技大学蔡天亮老师从多年的教学经验中总结出各种"求导运算口诀":把乘积的导数公式记为"'我导你不导'加'你导我不导'"、复合函数的导数公式记为"外导乘内导,一层一层导"……

又如上海技术师范学院洪继科老师也有他的分部积分口诀"LIATE(汉语拼音谐读:你爱他)",其中"L"指对数函数、"I"指反三角函数、"A"指代数函数(幂函数或多项式)、"T"指三角函数、"E"为指数函数,正好是五类基本初等函数的英文名首字母,分部积分时以此排列次序前者取为 u,其他处理为 $\mathrm{d}v$……这些都在协作组得到及时的推广,成了我们难以抹去的记忆,直到现在还有年轻的老师还在继承的基础上创新使用。

有关教学改革和教材的研讨、建设等有关方面的交流活动内容,将在下面另作专题介绍。

(2) 适时组织重要活动

除了日常定期组织交流外,协作组还经常会组织一些临时性的重要活动。

例如在全国工科数学教学经验交流会召开前期,先组织征集教学研究论文(报告)并互相交流,还组织代表上海高校工科数学协作组集体的教改研究探索论文(报告);全国工科数学教学经验交流会开完后,协作组及时组织活动传达会议精神、领导讲话和具体交流内容,推荐各地有特色的工科数学教学经验。

再如 1991 年年底课委会关于征求工科数学(高等数学、线性代数、概率统计、复变函数、数理方程)教学基本要求(即教学大纲)的修订意见,我们工科数学协作组三个月里连续组织了六次活动(不包括分组后各小组的分头联系活动),先是组织各校数学教研室(组)认真讨论,提出种种建议和方案,然后集中研讨,再进行分组归纳与分析讨论,最后形成统一意见,1992 年 3 月完成书面材料,于 4 月初寄出。

这些临时组织的活动有一个共同的特点,规模和形式比较灵活,时间安排常常较为集中。在接到通知后,大家都能在较短时间内做好充分准备,所以活动都有较

高的效率。

（3）协作组年会活动

从 1984 年开始，每两年组织召开一次具有一定规模的“上海市高校工科数学协作组年会”，交流各院校工科数学教学的教学研究成果，教学改革探索和实践的经验，教材建设的组织与思考。

每次年会都组织邀请这两年来在上海地区工科数学教学上有突出成效的数学老师参加作交流介绍，也要求各工科院校数学老师在探索和实践的基础上积极主动撰写数学课程的教材研究、教学改革（包括考试改革）、教学研究等诸多方面的心得体会论文向年会投稿，组委会挑选若干篇在年会上作报告演讲，其他论文在讨论会上或更多不同场合作摘要交流，并作为大会资料分发给与会成员。

年会参加对象为上海高校工科数学协作组成员（各校的数学教学的负责人或优秀骨干教师）、向年会组委会投稿参与交流的老师。

年会的报告及交流的内容丰富多彩，给大家启发很大，台上台下经常是积极互动，与会成员对此都留下了很深刻的印象。

这样的年会先后共组织过六届，分别在屯溪、建德、烟台、无锡、淀山湖、嘉定等地召开。

与会者在会后回到各自单位都认真传达、讨论、学习同行们在年会上介绍的方法和经验，这对推动各校的教学研究和提高教学质量起到一定作用。

无论是年会活动、定期活动还是临时组织的交流活动，宗旨都是一样：介绍经验，协调探索；互通有无，资料共享；互相学习，取长补短。以期实现“共同进步，一起提高”的目的。十九年来，我们的工作始终步伐一致，所有目标任务都圆满成功。

二、教学改革，创新实践

教学改革始终是协作组开展活动的永恒主题。

教学改革的试点工作各个学校分别都在搞，但是各校参加的人数少，交流的圈

子小,可能费了大力气,得不到理想的效果。

协作组考虑到如果在全市范围内组织起来,形成合力,效果就不一样了。协作组把组织发动各校进行数学课程的教学改革试点作为工作重点之一来抓。在协作组下专门设置了一个“教改小组”,定期组织研讨会,进行探索、交流、讨论,还跨校组织“联合教改试点”工作。

(1) 培养自学能力的试点

1982年在协作组协调组织下,由华东化工学院、华东纺织工学院、上海海运学院、上海工程技术大学的骨干教师成立“联合教改小组”。

我们“联合教改小组”的全体成员都认识到,学校里老师在课堂上讲的内容都是最基本的知识,而人的一生需要用到的知识多数不是在学校老师那里学来的。所以我们在数学教学中传授知识的同时要培养学生的各种能力,特别是自学能力。

我们的“联合教改小组”专门进行“自学能力培养”的试点,这几所大学具体参加试点实践的老师,大致三个星期聚一次讨论编写自学指导教材,交流教学实践的心得体会和成功经验。

上海市高校工科数学协作组联合教改小组《关于培养学生自学能力的探索和实践》在全国高等工科院校高等数学教学经验交流会上作了报告,这个交流报告得到大会的充分肯定。

(2) 大力支持积极指导上海高校数学教改实践

上海理工大学“现代工程数学基础教改试点”是在协作组的大力支持和积极指导下取得重大成果的一个典型例子。

上海理工大学蔡兴国等老师将他们在“现代工程数学基础教改试点”方面的思考和探索情况及时在协作组内作介绍,他们把高等数学、工程数学和现代数学方法(如数学建模方法、最优化方法等)糅合为一门课程的思考与探索,引起协作组成员的广泛关注和赞赏。大家从他们探索得到了启发,扩大了视野,协作组为此组织专题研讨,大家共同参与研究和宣传,并以协作组的名义全力推荐,争取到了课委会立项,成为得到课委会资助的基础课教改研究项目。在课委会和协作组的指导和帮助下,经过上海理工大学教改小组十几位教师长期的艰苦努力,最后荣获

“上海市教学成果一等奖”，并推荐申报国家二等奖。

对此项教改试点的成果，上海市教委评委会的评价是“在国内同类教改研究中，他们起步早，力度大，在历时六年的改革过程中，经过五轮反复实践与研究总结，在内容改革、教法研究和教材建设方面取得了国内领先的高水平的系统成果，而且实践效果好，得到1996年8月课委会组织的成果鉴定会的充分肯定，具有很大的推广价值”。

（3）组织现代化教学手段的研制开发和推广实践应用

协作组大力提倡、认真组织、积极推广现代化教学手段的研制开发和实践应用。

我们在上海市冶金高等专科学校和上海电力学院计算机辅助教学取得初步成果的基础上，在上海市冶金高等专科学校举办了“工科数学 CAI 学习班”，在上海电力学院召开了课堂教学的现场展示会。

协作组的这些活动得到上海技术师范学院、上海科技大学、上海海运学院、华东理工大学等多所高等院校的积极响应，现代化教学手段的研制开发和实践在上海得到逐步铺开，向纵深发展。上海技术师范学院制作了包括“拉格朗日中值定理”在内的十个演示软件，上海科技大学制作了包括“二次曲面、重积分、无穷级数”在内的多段动画录像片。

协作组还组织编制高等数学计算机答疑、质疑智能系统，拍摄“高等数学绪论课录像”“高等数学复习课录像”。

三、专题讲座，示范教学

（1）组织基础知识和新兴门类知识讲座

在20世纪80年代拨乱反正时期，教师队伍严重青黄不接，青年教师急需提高，中年教师需要充电，老年教师也需要了解新鲜知识。协作组就组织大家参加有关方面举办的讲座。

上海师范大学尹制夷老师做“数理逻辑”系列讲座，华东师范大学董纯飞老师做“图论”系列讲座，还请铁道学院娄世博老师做“模糊数学”专题讲座，请复旦大学秦曾复、许宝元老师做有关“实分析”“泛函分析”等的专题讲座。

这种讲座深受各类教师欢迎，每次讲座都把上海科学会堂、上海教育会堂或上海交通大学新上院150人的教室挤得满满的。

（2）组织特色讲座，推动教书育人，探索能力培养

① 教书育人经验讲座

在上海市高教局表彰上海交通大学长期在教学一线从事高等数学教学工作的王嘉善老师“教书育人的先进事迹”后，协作组立即通过协作组全体成员，向各校推荐王嘉善老师“在高等数学课程教学中进行教书育人”的经验。

很多院校以校领导的名义邀请王嘉善老师为全体数学老师以及各学科院系负

责抓教学的有关领导作报告。校领导除了号召全体数学老师认真学习王嘉善老师“教书育人”的经验外,还号召该校其他学科的老师一起认真学习。

由于王嘉善老师教书育人经验不是一般的泛泛之谈,一个个生动具体的故事所产生的反响特别大,于是在上海高校数学老师中掀起了一个“学习王嘉善老师,在数学教学中探索、研究、实践教书育人”的高潮,并逐渐成为数学老师课堂教学中育人的良好自觉习惯。

协作组还专门请教书育人方面有丰富经验的同济大学张萱绮老师和中国纺织大学姜至本老师来介绍他们的具体做法和经验体会,他们的形式和做法虽然不尽相同,但是有一个共同特点,就是把教书育人作为自己的天职,身教重于言教,寓思想教育于数学课程课堂教学的具体内容之中,这使大家受到很大启发。

② 课外兴趣小组与第二课堂活动专题讲座

上海交通大学高等数学课外兴趣小组活动搞得非常精彩,协作组专门请李重华老师介绍了他们组织开展课外数学兴趣小组活动与组织学生写小论文的经验,这些活动在不少学校得到推广试点,对促进学风建设做出了重大贡献。

华东理工大学的高等数学第二课堂活动开展得有声有色,龚成通老师给学生开设的“微积分在实际中的应用”第二课堂系列讲座活动深受学生的欢迎,大大提高了学生学习数学的兴趣,协作组请他做了专门介绍,他展示的两个学期 24 次讲座的目录提纲,深受协作组成员的欢迎,大家纷纷要求复印索取。

③ 素质能力培养的专题讲座

协作组邀请了复旦大学欧阳光中教授给工科数学老师讲“关于数学课程中传授知识与提高能力的思考”,上海市工科院校近 200 个数学老师参加听讲,演讲给大家非常大的启发,演讲过程中讲台上下踊跃互动,听众积极提问发言,高度参与,浓厚的讨论气氛说明了大家对素质培养的重视。

④ “启发式教学”特色示范讲座

协作组还组织华东化工学院有“启发式教学”特色老师就“函数连续性”章节做示范课堂教学,上海科技大学有使用示波器“电子模拟辅助教学”特色手段的老师示范“显示三角波叠加”的课堂教学活动。

四、教材建设,推陈出新

(1) 积极开展教材研讨

组织教材研讨是教材建设一个重要环节,这是协作组工作活动的重要内容之一。比较突出的例子是:

同济大学王福楹老师介绍同济大学高等数学教研室关于《高等数学(第一版)》再版的有关想法(1982 年);

华东理工大学龚成通老师介绍他使用美国麻省理工学院高等数学教材(格林斯潘《数学分析初步》)的经验和体会(1986 年),得到上海大学钱伟长教授的肯

定,钱伟长组织上海大学数学老师到华东理工大学听课交流;

上海交通大学孙微荣老师介绍了他们学习“威斯康星大学高等数学教材结合数学软件作小课题”的特色进行试验实践的经验,后来在市教委教学处徐国良和协作组组织下由上海交通大学牵头,同济大学、华东理工大学、上海大学参与合作,四校联合进行一定规模的推广试点(1994年)。

(2) 组织编写出版各种层次适用的各类大学数学教材

在协作组全体成员大力支持和具体指导下,上海理工大学“现代工程数学基础教改试点”最后形成整体的教学思想理论和系统的教学方法经验,编写成的教材《现代工程数学基础》,由上海交通大学出版社出版,荣获上海市教育委员会颁发的“1997年上海市高校优秀教材一等奖”殊荣。

在协作组成员对于教材的广泛研究和深入讨论的基础上,组织一些志同道合的教师分工合作编写出版了一套《高等工程数学》(四册:线性代数、概率论和数理统计初步、复变函数与积分变换、数学物理方程),本科适用的《高等数学(上、下)》和专科适用的《高等数学(上、中、下)》及学习指导书。其中专科适用的《高等数学(上、中、下)》教材深受全国各地专科院校的欢迎,被全国很多专科院校选为教学用书,多次重印。应出版社的要求,在第一版使用的基础上,编写组广泛吸收意见又出了第二版,累计印数超过30 000册。该教材荣获上海市优秀教材一等奖。

(3) 编写数学教学辅导书

在各校提供的各种类型的资料基础上,协作组组织有丰富教学经验的老师编写了《高等数学解析大全》,深受广大工科数学教师的欢迎,有些学校(如华东理工大学)还将此书作为青年教师学习讨论班的专门配套教材,本书获得当年“北方八省市优秀教材一等奖”。

五、题库建设,资料共享

(1) 收集、整理各校工科数学试卷及竞赛试题

在收集整理各校工科数学期中期末考试卷的基础上,每年编印一套《上海高校工科数学试题汇编》,1979—1989年共编印了11套。1990年组织编写出版工科数学教学辅导书《高等数学试卷库》和《工程数学题库》。这是资料共享,互通有无的一个重要方面。

这些辅导书的出版在当时深受学生的欢迎,为促进上海高校学生学风的好转

起了一定的推动作用。同时对各校青年老师在掌握工科数学课程的教学要求,理解教学大纲的重点,提高教学质量,也有积极意义。

上海交通大学和华东理工大学等很多院校每年都组织高等数学竞赛,他们对试题及其答卷所做的深刻分析,对于探索研究进一步提高教学质量有很大作用。大家都毫无保留地向协作组成员提供出来,这些别具风格各有特色的竞赛试卷对大家启发都很大。通过互相交流,在提倡"发现人才、培养人才"及推行"因材施教"方面起了极为积极的重大作用。

(2) 参加全国试题库系统研制

协作组选派了10位有丰富教学经验的数学老师参加国家教委工科数学课程指导委员会《高等数学试题库》编辑工作,其中有丰富计算机编程经验的同济大学桂子鹏老师还参加了《试题库》软件系统的开发研制工作。

我们还给协作组各成员院校分配具体的专题任务,要求收集、编写"紧扣教学大纲,符合教学实际"的试题"题卡"。各校都积极投入,保质保量,认真按时完成。

国家教委工科数学课程指导委员会《高等数学试题库》二期工程获得国家教委教学成果奖。

六、观摩教学,共同提高

上海高校工科数学协作组专家到各校听课,始于接受高教局或有关院校的委托邀请。由于这种形式的听课不仅仅是一种检查、监控、督促的手段,而且院校之间通过互相交流听课,在提高教育质量方面也取得了非常显著的效果,受到高教局和各院校的重视。于是互相观摩听课便成为上海高校工科数学协作组的一种制度式的活动。十九年来我们几乎把上海市所有高校的工科数学课程全听遍了,不少学校还听了多次。

我们每学期都组织专家教师选择一到两所学校去观摩听课,要求该校根据原来的课程表安排确定日期,使我们尽可能多地听到他们开出的高等数学和工程数学课程的门类,并且要求能够听到老、中、青各种年龄层次的多个老师的课。以利于在较全面了解情况后,做出更深入交流。

协作组专家们对于听课工作非常认真,课后对教师上课情况进行公开点评,在充分肯定上课老师的优点和特色的基础上,不全讲好话,实事求是,毫无保留,指出尚可改进提高的不足之处,大家畅所欲言。

课后交流时还要求该校的课程负责人从教材选择、编写、使用到关于教改的思考、探索、实践做全面介绍。

各校的有关领导对观摩交流活动非常重视和支持。专家的各种评价总是能得到该校领导和任课老师的接受,即使是全国重点的名校,也对专家们客观到位的点评意见心悦诚服。各校都表示将优点和特色继续发扬光大,对于存在问题要积极整改。

我们还组织观摩学习有鲜明特色的老师的讲课活动,例如集体旁听学习上海交通大学王嘉善老师的“强化师生互动”的高等数学讨论课。

就这样,组织观摩教学的活动成了上海高校工科数学协作组工作生动活泼的一大特色。

七、编辑通报,探索交流

协作组从恢复活动开始,就定期编辑出版“上海市高校工科数学协作组简报”,及时交流报道各校教改动态,同时也给更多的老师有一个以书面形式发表教学心得体会、交流教改探索的经验提供了一个园地。

《简报》从发刊开始就生气勃勃,上海地区高校工科数学的老师积极投稿,甚至还有上海交通大学、华东理工大学和上海海运学院等院校组织学生写数学小论文踊跃投稿。

《简报》形式生动活泼,内容丰富多彩,有:

1. 数学论文;

2. 教学方法的研究讨论;

3. 教书育人的体会;

4. 用工科数学方法解决工程技术问题的实例;

5. 介绍数学教改的探索和经验;

6. 国内外工科数学教材的介绍、分析和评价;

7. 报道国内外工科数学教学的发展与动态;

8. 学生的数学小论文。

很快该《简报》改为了《高等数学通报》期刊,并申请到国家期刊的刊号,从第13期起和北京联合大学合办,突破了只接受刊发上海地区来稿的限制,开始接受全国各高等工科院校的来稿,质量得到进一步提高。

据统计从13期到75期,刊登外地来稿189篇,这些作者分布在全国27个省、直辖市、自治区,刊发的稿件除了高等院校教师的投稿外,还有部队(例如中国人民解放军95809部队)和企事业单位(例如昊华海通投资有限公司、中国气象局、高等教育出版社等)的个人来稿。

已故陈雄南老师(上海同济大学)为了搞好《高等数学通报》期刊的编辑、出版、发行,废寝忘食、呕心沥血、鞠躬尽瘁,值得我们永远怀念与学习。

八、以评促建,功在建设

从协作组成立伊始,就应邀积极参与各类教育评估工作,例如一些成人教育机构以及专科转本科的院校。

20世纪90年代初期协作组协助上海市高教局做好国家教委委托的高等数学评估的试点工作,拿出了具有特色的科学易行的评估方案和指标体系,为1993年上半年国家教委在上海高校正式进行高等数学课程教学评估做了充分的准备。

受高教局委托对上海科技大学、上海城建学院、上海技术师范学院、上海农学院进行课程验收;对华东理工大学进行教育评估。

1988 年接受市高教局教学处的委托,组织上海市工科院校高等数学课程的评估工作。要求各校学生填写对学校及高等数学老师的评价、建议和要求的答卷,要求各校有关教务部门及数学教研组填写自我评价表。并组织全市性的高等数学课程统考的命题,各校各抽两个班级进行统考、统一阅卷。最后对答卷进行深入地分析,对各种表格进行汇总,为高教局做出评估结论提供数据材料。

上海市高校工科数学协作组还接受华东理工大学教务处邀请,参与“华东理工大学青年教师讲课比赛”的指导评价工作。

协作组的这些评估工作,有力地推进了各地方院校的课程建设,为以后的本科评估打下了基础。

九、组织竞赛,提高能力

1992 年受上海市高教局教学处的委托,协作组组织筹备并具体举办了上海市工科院校大学生高等数学竞赛。比赛分重点大学组、普通本科组和大专高职组三类组别,参赛院校有 20 多个,报名学生近 1 500 人,两个考场 20 多个教室。高教局伍贻康局长亲临视察指导,媒体跟踪采访报道。

这一活动,对培养学生学习高等数学课程的兴趣,鼓励学生的钻研精神,提高学生的数学解题能力,提升高等数学的教育质量,起到很大的积极作用。

十、服务社会,旨在奉献

大学的功能有三:培养人才,研究科学,服务社会。

协作组在服务社会、培养人才方面做了很多工作,在全市范围以至全国范围内开办了 20 多个社会人才培训班、高校师资培训班、工科数学课程教材研讨班。

面向社会办的班有 1987—1988 年与华东师范大学一起连续办了两期“管理工程培训班”,1989 年与外贸学院一起办了“外贸培训班”,共培养了 300 名高端人才,我们的教学质量不仅有“毕业论文集”为证,而且对于他们毕业后在岗位上的工作,我们有跟踪,他们有汇报。

面向高校办的班就更多,如:1988 年全国有 31 所院校参加的“经济数学模型及方法”,1990 年全国有 63 所院校参加的“工科数学课程建设研讨班”,1991 年全国有 39 所院校参加的“数学建模”系列讲座……

为了让大家在培训期间专业知识上的收获得到最大化,我们既不组织参观、也不组织旅游,所有课余时间都用来组织教员与学员间、学员与学员间的切磋、交流、讨论。例如,1991 年 7 月在上海海运学院举办“数学建模”讲座。围绕一本教材,做系统深入讲解。一共 6 天,坚持每天上午 4 节课下午 2 节课,在 36℃ 的高温下,教员在讲台上挥汗如雨,学员在位子上全神贯注认真听课,每天记下的笔记量都超过 20 页,大家反映这样的培训班办得实在、成果具体、收获丰富。

在为社会服务的同时,我们有一定的经济盈余,然后协作组又将这些创收用到新的服务社会项目中去,也为协作组开展更多的其他活动创造了一定的基础。

结束语

在总结协作组 1978—1996 年这十九年工作的时刻,我们要感谢那些曾经一起共事的,现在还健在的和已经过世的数学老师们,是我们一起用心血撰写了上海高校工科数学协作组昨天的辉煌,把宝贵的财富留给了后人。

* 在国家教委大学数学课程指导委员会的组织指导下,在原上海市工科数学协作组全体成员座谈回顾的基础上,曹助我、洪继科、蔡兴国、龚成通、翁跃明五位老师反复酝酿本文的构写框架及资料取舍,由龚成通和翁跃明具体执笔,再由以上五人多次认真修改,仔细推敲,五易其稿,方形成本文。由于年月久远,成文仓促,不当之处敬请指正。

** 本文中有多处提到的学校名称是当时的原名,有些院校至今已经几度合并或多次易名。

大学数学(工科)教学六十年(西南片区资料)

王明慈

大学数学(工科)教学六十年回顾大致可分为六个阶段:

第一阶段(1949—1952 年) 这一阶段教学基本维持新中国成立前的做法,使用的是欧美教材,如“三氏微积分”等,理论浅,着重于演算,重视方法与应用。

第二阶段(1952—1958 年) 1952 年全国高校院系调整,教学上全面学习苏联,微积分与微分方程合并,统称“高等数学”。当时制订了全国统一的教学大纲,推荐教材是贝尔曼特著《数学解析教程》。1954 年在大连重新制订新的教学大纲,四年制,分三种类型:350~380 学时、320~340 学时、280~300 学时。当时以贝尔曼教材为基础,吸取苏联教材的优点,国内教材建设工作陆续展开。同济大学樊映川等编写的适用于 320~380 学时的《高等数学讲义》于 1958 年出版。

第三阶段(1958—1960年) 这一时期是教材建设较活跃的时期,这一阶段提出适当降低理论上某些严密性的要求,加强实践与应用环节。1959年天津大学等27所院校集体编出《高等数学》四书:基础部分、无线电类型专业部分、土木类专业部分和化工类专业部分,即工程数学按专业大类分成三种类型,西南交通大学笛邦均教授等参与了教材的编写。

第四阶段(1961—1966年) 1962年教育部召开了全国工科院校教育工作会议,提出了“少而精”的原则,同年,高教部成立全国高等工科学校教材编审委员会,抓教材建设。同时又公布了五年制高等数学与工程数学大纲,统一为290学时,讲习比规定为2:1。沈恒范编“概率论讲义”也在此阶段出版。

第五阶段(1966—1976年) “文革”十年特殊时期。

1972年,全国高校开始招收工农兵学员,他们的特点是年龄差距大,文化程度差距大,有的工农兵学员基础很差,甚至连三角、代数、几何都没有学过或学了少部分,但是教师们的积极性很高,他们不辞辛劳地首先为学员补习三角、几何、代数,随后才进入一元函数微积分,常常是教师在教室连续上四节课,甚至五节课。学生学习也很刻苦,工农兵学员共计招收了五届,即1972—1976年共五届。也培养出了不少得力的国家干部。

第六阶段(1977年至今) 1977年高校恢复高考招生制度,1978年教育部恢复了教材编审委员会,1987年更名为工科数学课程教学指导委员会(以下简称“教指委”)。这一阶段是大学数学教育及数学教学改革,数学课程体系改革最活跃的阶段,尤其是20世纪90年代更为活跃,这一阶段的基本思想是:数学的科学地位发生了巨大变化,国内外一些专家认为:由于数学的发展和重要性的提高,应该把数学学科提高为数学科学,与自然科学、社会科学并列为基础科学的三大领域。因此要充分认识数学教育在大学教育中的作用,包括应充分认识大学数学基础课是学生掌握数学工具的主要课程,是培养学生理性思维的重要载体,是学生接受美感熏陶的一种途径,因此“教指委”提出:

(1) 大学数学教育必须加强教学内容和课程体系的改革。

(2) 加强教学方法的改革,提高教学质量以及教学手段的现代化(包括多媒体教学、CAI课件、数学建模、数学实验等)。

(3) 坚持面上要慎重、稳妥,试点可以大胆积极的原则,即面上教学要确保教学基本要求的贯彻,而试点可以大胆迈开步伐,大胆试点。

(4) 加强对国外教材的研究,要从国外教材中看国外工科数学的改革动向和趋势,发现可被我国借鉴的做法和思路。

在“教指委”的指导和领导下,全国各大区成立工科数学各大片区的协作组。

工科数学西南片区协作组于1987年底成立,西南片区包括四川省、贵州省、云南省三省。协作组成立后,片区各工科院校积极并配合开展了许多工作,取得了许多成果。

片区三省参加协作组的有成都电讯工程学院(后更名为电子科技大学)、西南交通大学、成都科技大学(后合并为四川大学)、重庆大学等20多所院校(其中包括两所军事院校和一所飞行学院)。

协作组成立后,做了以下工作:

(一) 积极支持配合"教指委"的各项工作

1. 协作组成立后,每年都会有一次年会即"西南地区工科数学教学研讨会",会上首先由"教指委"委员(王明慈、赵善中、徐扬、赵中时等)传达当年"教指委"会议精神与各项教改精神、各项改革措施,接着进行经验交流与专题研讨,我们先后开过七次会议,首次在峨眉西南交通大学举行,以后在成都科技大学、贵州工学院、昆明工学院、西南工学院、四川建材学院、四川飞行学院均各举办过一次。真正做到上情下达,下情上传,也为各校教师展示发表各自教学科研成果的平台,协作组还组织对各校投稿的论文进行评审。1991年通过了29篇研究论文,在"教指委"主办的期刊《工科数学》杂志上发表,整个工作开展得非常积极和活跃。

2. 开展成都地区校院间的观摩教学,促进校院间的相互学习、相互促进,如:

1988年在电子科技大学组织了习题课观摩教学,主讲教师:成孝于教授。

1989年3月在西南交通大学组织了一次观摩教学,内容:发现知识,获取知识的探讨,主讲教师:徐扬教授。

1991年在成都大学组织了一次观摩教学,内容:反向归纳法,主讲教师:王挽搁教授。

1992年在西南交通大学组织了一次观摩,内容:系统地给学生自己发现事物的机会,主讲教师:杨元教授。

3. 西南片区协作组积极支持"教指委"的工作,积极支持全国教学改革及课程体系的改革,"教指委"从20世纪80年代开始至今在全国范围内开过六次全国性的工科数学课程体系改革与教学经验交流会,而其中有四次在成都举行。

(1) 第一次全国经验交流会是1982年,由成都科技大学承办,在成都召开。

(2) 第二次全国经验交流会是1987年,由合肥工业大学承办,在马鞍山召开。

(3) 第三次全国经验交流会是1992年,由西南交通大学承办,在成都召开。

(4) 第四次全国经验交流会是1999年,由西南交通大学承办,在成都召开。

(5) 第五次全国经验交流会是2005年,由东南大学承办,在南京召开。

(6) 第六次全国经验交流会是2011年,由电子科技大学承办,在成都召开。

(二) 开展工科数学课程体系改革

从新中国成立初,我国工科数学课程体系经历了很大的改革与变动,比如:1949—1952年,使用欧美教材,理论较浅,注意直观与演算;1952—1958年开始全面学习苏联,全面使用苏联教材,加强了理论上的严密性,学时也很高,总学时均在

300~380学时;1958—1966年,教育部成立了工科数学教材编审委员会,开始大力抓我国自己的教材建设,尤其是1959年天津大学等27院校编写的《高等数学》,以及针对三种工科专业类型(机电类、土木类、化工类)的工程数学的问世,总学时改为290学时,并提出少而精的原则,由于上述教材参编学校太多,时间紧迫,印刷质量较差,所以使用时间不长,从课程体系角度来讲,逐步提出工程数学由按专业分类转变为按数学学科类型分类,最初提出两门工程数学——线性代数与概率统计,以后由两门发展到八门工程数学,教材编审委员会分别组织专家进行编写与评审。十年"文化大革命"以后,特别是教育部把"工科数学教材编写委员会"更名为"工科数学课程教学指导委员会"以后,"教指委"的工作特别积极,特别活跃,进一步明确了工科数学课程体系改革的指导思想是:"提高学生的数学素养,培养学生的创新能力",要使学生在学习数学的同时,学习数学的思想,探索数学的方法,在数学的发展中获得乐趣。所以20世纪80年代中期以后,工科数学课程体系的改革甚为活跃。

(1) 在本科教学中积极开设数学实验课,使学生通过数学实验"做数学",1997年电子科技大学从大学一年级两个班试点开始,结合高等数学课程开设数学实验课程,并编写出了"数学实验讲义"。1998年开始在两个班的基础上选择一年级更多班级结合高等数学与线性代数课程开设数学实验课程,1999年,电子科技大学已将数学实验课程全面推广,纳入全校工科数学一年级学生的教学计划的必修课中。

又如西南交通大学在校内积极建设用于整个大学数学课程的数学实验室,并把它作为开放式的数学实践场所,提供学生进行研究性学习的条件,并编著了"数学实验"教材,被省内许多大学选为教材使用。

(2) 为了培养学生创新意识和实践能力,不少学校尤其是重点大学积极在大学生中开设"数学建模"课程

比如电子科技大学1982年在国内率先开设"数学建模"课程,1993年开始面向全校本科生开课,并组织本科生参加由教育部高教司倡导的"全国大学生数学建模竞赛",1998年开始参加美国大学生数学建模竞赛(MCM/ICM)。2001年开始每年举办一次数学建模校内赛,参赛学生人数逐年上升,他们"以竞赛为手段,搞好数学建模普及工作,推动教学改革,提高人才培养质量"作为工作指导思想,将数学建模竞赛与数学建模课程建设紧密结合,在培养学生创新意识和实践能力方面取得了突出成绩,并为提升该校在海内外的影响起到积极作用。在全国大学数学建模竞赛和美国大学生数学建模竞赛(MCM/ICM)中该校学生获奖情况在国内名列前茅,至2012年为止,共获全国一等奖26项,全国二等奖33项,在美国大学生数学建模竞赛(MCM/ICM)中,2004年、2011年、2012年三次获得美国大学生数学建模竞赛特等奖,并获一等奖27项,3篇优秀论文在美国杂志UMAP Journal上发表。

又如西南交通大学,该校有悠久的数学建模历史,从20世纪90年代初就开始

了数学建模的钻研与训练。经过二十年的发展,目前积累了丰富的建模技术经验,具有雄厚的数学建模实力,形成了从知识结构、学历、年龄上配置合理的数学建模梯队,师资力量雄厚,年富力强,实践经验丰富。

在教学方面,他们开设的数学建模选修课程有数学建模 A、数学建模 B 和数学建模 C,学分类型有四学分、三学分及两学分。每年选课人数达到近三千人,课程影响很大,在西南交通大学本科教学中辐射面广。特别是每年组织的全国大学生数学建模竞赛更是该校各类学科竞赛的“主力军”。特别在 2001 年全国大学生数学建模竞赛和 2007 年全国“电机工程杯”数学建模比赛中,该校均获得了全国团体第一名的成绩,在 2012 年全国大学生数学建模竞赛中该校总成绩在四川省所有高校位列第一,获奖率达到约 70%。

他们在全校范围推广数学建模课程的学习,建立了一支稳定的教师队伍和培训体制,如系列建模讲座,以赛带练的学习机制,通过数学建模极大加强了数学实践环节的教学,他们还引导高等数学课程学习较好的学生进入数学建模协会,参加课外的数学建模活动,2012 年西南交通大学数学建模协会在全四川省的学校中荣获“飞扬之星”四川省百佳社团荣誉称号。

其他如四川大学、重庆大学等院校都在数学实验、数学建模教学与竞赛中做了大量的工作,大大提高了学生创新能力和实践能力,重庆大学任善强教授立项的“数学实验课程的研究与实践”获得了省级二等奖。

(3) 工科数学课程体系改革试点。根据“教指委”关于坚持面上要慎重稳妥,试点可以大胆积极的原则,不少学校开展了点上的试点工作,如:

成都科技大学于 1993 年开展了《工科数学课程系列改革》的试点立项课题,并在高分子材料 94 级进行试点,该项目把大学数学课程分为四门课程。

第一门课程:“基础数学”包括高等数学、线性代数、复变函数,用时 200 学时。

第二门课程:“方程与控制”是将高等数学中的微分方程单独抽出,结合工程中很有用的“控制理论”进行教学,用时 30 学时。

第三门课程:“概率论与数理统计”(概率少,统计多),用时 40 学时。

第四门课程:“数值分析”。

除了这四门课程还开设两门选修课:“数学建模”与“现代数学基础”。

该课题由马继刚与王明慈担任组长,吸收了系里优秀基础课教师和专业课教师参加。该项目获得了四川省优秀教学二等奖。另外成都科技大学高等数学教研室主任梁元第教授也提出了一个立项试点方案,即“关于工科数学课程结构模式的一种设想与可行性”。

(三) 开展教学方法与教学手段的改革

(A) 方法的改革

(1) 三校联合统考:为了提高教学质量,确保教学基本要求,我们曾多次组织电子科技大学、成都科技大学、西南交通大学三所重点大学进行高等数学统一命题、统一考试、各自阅卷的统考工作,从中找出教学中的问题,提出改进措施,此举得到四川省教育厅高教处的大力支持与赞赏。

除此,我们还组织片区各高校高等数学期末考题汇编,一方面做到相互学习,相互交流对教学基本要求的理解;另一方面,也促使各学校对教学质量的严格要求,各校领导和教师都非常重视。

(2) 挂牌教学,由于各校非常重视教学质量的提高,所以各校在提高教学质量的措施上百花齐放,百家争鸣,如成都科技大学在 20 世纪 90 年代,在校长的亲自过问下实行教师挂牌上课试验,即:一方面安排优秀教师到基础教学第一线,另一方面实施高等数学课教师挂牌试验:学生入学后的第一、二周可以自由选择高等数学教师的课听课,随后按志愿选定听课教师,若某教师被选听的学生人数不足 30 人,该班就撤销,这对教师压力很大,但对教学水平、教学质量的提升起了很大作用。

(3) 因材施教,分层教学,电子科技大学于 2002 年成功地在大面积工科教学中实行了因材施教,分层教学的改革试点,即:将"微积分"与"线性代数与空间解析几何"各开设为三个层次,第一层次:"微积分"与"线性代数与空间解析几何"(Ⅰ);第二层次:"微积分"与"线性代数与空间解析几何"(Ⅱ),第三层次:"微积分"(双语)与"线性代数与空间解析几何"(双语)。

(4) 电子科技大学从 2002 年开始在"微积分"课程进行学生"研讨课和小论文训练"的改革试点,在学院教师中引起强烈反响,到 2010 年,"学生研讨课程和小论文训练课程"由过去的 1 门增加到 6 门,在课堂教学过程中突出数学思想,贯穿研究精神,使学生听课的过程成为探索知识、发展知识的过程。

电子科技大学从 2002 年开始举办工科数学系列"疑难分析专题讲座",讲座场场爆满,成为学校一道亮丽的风景线。

(5) 贵州大学向淑文教授,立项研究"数学教学方法、手段以及考评内容和方法的改革研究与实践"。

(6) 1984 年西南交通大学周贤祥教授与涂汉生教授在机械系本科筑路专业 84 级小班(60 人)进行讨论式授课试点,学时减少了三分之一,试验结果学生成绩由中下上升为中上,试点获学校教学改革成果奖。西南交通大学还采取多种措施提高教学质量,如认真批改作业,对学习差的同学进行个别质疑,认真上好分析讨论课,面向全校开设高等数学的课外辅导讲座,青年教师讲课比赛等。

(B) 教学手段的改革

西南地区各高校,尤其是几所重点大学在教学手段和教学手段现代化的改革方面做了不少工作,比如:

1991 年以来,电子科技大学坚持开展计算机辅助教学(CAI)课件的开发与推广应用。1996—1997年,研制完成了基于 Windows 环境下的"多媒体高等数学演示系统",并在电子科技大学十几个班500多名学生中使用。学生认为,"多媒体高等数学教学演示系统"对理解高等数学的基本概念、基本定理有帮助,对提高空间想象力也很有帮助,提高了学习兴趣与积极性,1997年该系统经"教指委"专家组评审,确定为全国工科数学 CAI 重点研制软件,1997年起,根据教育部"九五"重点项目《迈向21世纪工科数学系列课程教学内容与课程体系改革的研究与实践》的研究计划,又立项研制"多媒体高等数学面授系统(MAMCIS)",1999年电子科技大学在一年级部分班级使用了(MAMCIS),引起了较大的反响,大大提高了学生的学习兴趣与热情。

2005年,电子科技大学为进一步加强"微积分""线性代数与空间解析几何"及"概率论与数理统计"这三门工科学生最重要的基础课程建设,首次设置了首席教师负责制。

西南交通大学采取多种形式的答疑方法,如统一集体答疑,对学习差的同学进行个别质疑;面向全校开设高等数学的课外辅导讲座;在全校实行学生网上课程评价,对青年教师在讲课比赛,数学建模等学科竞赛中取得优异成绩的教师予以重奖等。

(四)积极开展工科数学教材建设

教材建设是工科数学"教指委"始终关注的重要课题,随着工科数学教育思想的不断发展、提高,各个时期对工科数学教材的要求也在不断发展。工科数学"教指委"在20世纪八九十年代的每次会议都会对一些教材进行认真审查,"教指委"也非常重视对国外教材的研究。

目前全国大多数高校使用的工科数学教材:如同济大学主编的《高等数学》,西安交通大学编写的《复变函数》,同济大学主编的《线性代数》,浙江大学主编的《数值计算方法》《概率论与数理统计》以及王明慈、沈恒范主编的《概率论与数理统计》(概率少,统计多)等都是经过"教指委"认真审查或评选出来,并推荐给高等教育出版社出版的全国通用教材,随着教改的不断深入,工科数学系列课程教学改革的指导思想不断明确,一些院校,尤其是一些重点大学开始编写具有自己特色的教材。

电子科技大学根据面向21世纪工科数学系列课程改革的研究计划与工科数学课程教学基地建设规划,编写出版了一套工科数学系列改革教材:

(1)《微积分(上、下册)》,2000年9月电子科技大学出版社出版,2003年高等教育出版社出版,2009年评为普通高等教育"十一五"国家级规划教材,1998年,出版了《高等数学复习指南》。

(2)《线性代数与空间解析几何》,1997年电子科技大学出版社出版,2000年8月,高等教育出版社出版,被评为普通高等教育"十一五"国家级规划教材,"十二五”普通高等教育本科国家级规划教材，并被评为国家级精品课程。

(3)《概率论与数理统计》，1999 年 8 月由电子科技大学出版社出版，普通高等教育“十一五”国家级规划教材。

(4)《实用数值计算方法》，1999 年由电子科技大学出版社出版了讲义，2001 年由高等教育出版社出版。

(5)《数学实验》，2001 年 9 月由电子科技大学出版社出版。

(6)《数学建模入门》，1998 年 6 月由电子科技大学出版社出版，2003 年 7 月改名为《数学建模》，由高等教育出版社出版。

西南交通大学自新中国成立六十年来，共编写各类教材讲义三十余种，如：1985 年暑假为高等教育部在西南交通大学举办高校数学教师进修班编写的《积分变换》《广义函数简介》，1993 年主持编写了《线性代数》，1991 年由黄盛清教授主编的《高等数学》(上、下)，并获国家教委教材二等奖，由胡成主编的《工程数学——线性代数》获铁道部教材二等奖，2000 年后陆续编写了《高等数学导航习题册》《高等数学指导书(上、下)》《高等数学与线性代数二十讲》《高等数学网页课件》《高等数学视频课件》《高等数学习题系统》《数学实验网络资源库》等。

四川大学(合并后)编写了《高等数学(上、下册)》《线性代数》《概率论与数理统计》《复变函数》等适合本校使用的教材，马继刚、邹立志主编的 Calculus(Ⅰ、Ⅱ)(英语)也于 2010 年 7 月由高等教育出版社正式出版，并被评为普通高等教育“十一五”国家级规划教材，王明慈、沈恒范、刘晓石主编并由王明慈主讲的《概率论与数理统计》教学录像也经“教指委”评审通过，正式出版等。

(五) 工科数学教学基地建设

1997 年国家教委决定，在面向 21 世纪高等工程教育教学内容与课程体系改革计划的基础上，建立国家工科数学基础课程教学基地。

国家工科数学课程教学基地的建设单位共有 6 个，它们是：清华大学、西安交通大学、上海交通大学、哈尔滨工业大学、电子科技大学、华南理工大学。

电子科技大学为了更好地建设基地，更好地发挥西南地区协作组的作用，决定聘请以刘应明院士为首的西南地区和原电子工业部所属学校的同行专家为基地建设的顾问，共建共享教学基地建设，所以基地建立以来，电子科技大学在教学改革，在工科数学课程体系改革等方面做了大量的工作，取得了重大成果，在西南片区发挥了积极作用。

(六) 工科教学课程教学研究成果

多年以来，尤其是 20 世纪 80 年代以后，西南片区各工科院校在工科数学课程“教指委”的领导下，在教学改革、教学研究等方面做了大量的工作，取得了许多重大的研究成果。

比如:电子科技大学从1993年以来获得了:

(1) 教学成果奖12项,其中国家级二等奖3个,省部级一、二等奖5个。

(2) 精品课程奖8个。

(3) 普通高等教育“十一五”国家级规划教材5本,“十二五”普通高等教育本科国家级规划教材2本。

(4) 国家级教学名师奖1位等。

西南交通大学,20世纪80年代以来工科数学教学也分别获得了:

(1) 国家级教学成果二等奖1项。

(2) 四川省教学成果二等奖3项。

成都科技大学(即四川大学)等也都获得多项国家级或省部级教学优秀奖若干项。

附录Ⅵ 高等学校教学名师奖获得者名单

第1届(2003年)

顾沛 南开大学

曹之江 内蒙古大学

李尚志 北京航空航天大学

李梦如 郑州大学

邓东皋 中山大学

马知恩 西安交通大学

丘维声 北京大学

陈纪修 复旦大学

林正炎 浙江大学

刘建亚 山东大学

曹广福 广州大学

第2届(2006年)

姜伯驹 北京大学

李勇 吉林大学

游宏 哈尔滨工业大学

乐经良 上海交通大学

黄廷祝 电子科技大学

杨启帆　　浙江大学
项昭　　贵州师范大学
第 3 届(2007 年)
张恭庆　　北京大学
杨孝平　　南京理工大学
朱士信　　合肥工业大学
朱传喜　　南昌大学理学院
刘桂真　　山东大学
第 4 届(2008 年)
王昆扬　　北京师范大学
尹景学　　吉林大学
林亚南　　厦门大学
黄立宏　　湖南大学
刘三阳　　西安电子科技大学
第 5 届(2009 年)
史宁中　　东北师范大学
史济怀　　中国科技大学
宋乃庆　　西南大学
第 6 届(2011 年)
孙炯　　内蒙古大学
刘太顺　　湖州师范学院
吴孟达　　国防科学技术大学

附录Ⅶ　国家精品课程名单

省(自治区、直辖市)	学校	课程名称	课程负责人
2003 年			
北京市	清华大学	微积分	谭泽光
内蒙古	内蒙古大学	数学分析	曹之江

续表

省(自治区、直辖市)	学校	课程名称	课程负责人
2003 年			
上海市	同济大学	高等数学	郭镜明
浙江省	浙江大学	数学建模	杨启帆
安徽省	中国科学技术大学	数学实验	李尚志
广东省	中山大学	数学分析	邓东皋
陕西省	西安交通大学	高等数学	王绵森
2004 年			
北京市	北京大学	高等代数	赵春来
北京市	北京师范大学	数学分析	王昆扬
天津市	南开大学	高等数学与解析几何	孟道骥
吉林省	吉林大学	高等代数	牛凤文
吉林省	吉林大学	高等数学	李辉来
上海市	华东师范大学	数学分析	庞学诚
上海市	上海交通大学	数学实验	乐经良
江苏省	南京大学	大学数学	苏维宜
浙江省	浙江大学	概率论	林正炎
安徽省	中国科学技术大学	微积分	程艺
安徽省	中国科学技术大学	线性代数	李尚志
湖南省	湖南大学	高等数学	黄立宏
四川省	电子科技大学	线性代数与空间解析几何	黄廷祝
2005 年			
北京市	清华大学	数学实验	姜启源
吉林省	吉林大学	常微分方程	李勇
黑龙江省	哈尔滨工业大学	线性代数与空间解析几何	游宏
山东省	山东大学	运筹学	刘桂真
上海市	华东师范大学	高等代数与解析几何	陈志杰
北京市	北京工业大学	概率论与数理统计	王松桂
江苏省	东南大学	高等数学	管平
北京市	首都师范大学	代数学	石生明
重庆市	重庆大学	数学实验	任善强

续表

省(自治区、直辖市)	学校	课程名称	课程负责人
2006年			
天津市	南开大学	抽象代数	顾沛
江苏省	南京理工大学	概率与统计	杨孝平
江西省	南昌大学	高等数学	朱传喜
上海市	上海交通大学	高等数学	乐经良
湖北省	武汉理工大学	经济数学	吴传生
上海市	复旦大学	数学分析	陈纪修
湖南省	湘潭大学	数值计算方法	黄云清
山东省	山东大学	线性代数	刘建亚
北京市	北京航空航天大学	线性代数(非数学专业)	李尚志
北京市	北京大学	数理统计	何书元
福建省	厦门大学	统计学	曾五一
2007年			
北京市	北京大学	数学分析	彭立中
北京市	北京大学	几何学及其习题	莫小欢
四川省	电子科技大学	数学建模	黄廷祝
吉林省	东北电力大学	运筹学	张杰
吉林省	东北师范大学	数理统计	史宁中
江苏省	东南大学	数学建模与数学实验	朱道元
广东省	华南农业大学	大学数学(农科)	张国权
吉林省	吉林大学	数学物理方程	尹景学
江苏省	南京师范大学	高等几何	周兴和
山东省	山东大学	微积分与数学实验	吴臻
四川省	四川大学	常微分方程	张伟年
湖北省	武汉大学	实变函数与泛函分析	刘培德
福建省	厦门大学	高等代数	林亚南
安徽省	中国科学技术大学	线性代数与解析几何	陈发来
天津市	天津财经大学	统计学	肖红叶
四川省	西南财经大学	统计学	向蓉美

续表

省(自治区、直辖市)	学校	课程名称	课程负责人
2007 年			
天津市	南开大学	数学文化	顾沛
重庆市	西南大学	数学教育学	宋乃庆
北京市	北京邮电大学	高等数学	牛少彰
2008 年			
北京市	北京大学	概率论	陈大岳
北京市	北京航空航天大学	高等数学	郑志明
辽宁省	大连理工大学	数值分析	于波
安徽省	合肥工业大学	高等数学	朱士信
浙江省	湖州师范学院	复变函数	刘太顺
内蒙古	内蒙古大学	泛函分析	孙炯
北京市	清华大学	代数与几何	张贺春
江苏省	苏州大学	数学分析与习题课	谢惠民
上海市	同济大学	金融衍生物定价理论	姜礼尚
福建省	厦门大学	数学建模	谭忠
河南省	郑州大学	高等数学	李梦如
湖南省	中南大学	数值分析	韩旭里
陕西省	西安科技大学	概率论与数理统计	丁正生
安徽省	中国科学技术大学	概率论与数理统计	缪柏其
湖南省	国防科学技术大学	数学建模与数学实验	吴孟达
北京市	中央广播电视大学	经济数学基础	李林曙
北京市	北京大学	线性代数	冯荣权
2009 年			
陕西省	西安交通大学	复变函数	王绵森
湖北省	华中科技大学	复变函数与积分变换	李红
黑龙江省	哈尔滨工业大学	概率论与数理统计	王勇
辽宁省	大连工业大学	计算方法	任玉杰
湖南省	中南大学	科学计算与数学建模	郑洲顺
陕西省	西北工业大学	数学建模	徐伟
湖北省	武汉大学	数值分析	邹秀芬

续表

省(自治区、直辖市)	学校	课程名称	课程负责人
2009 年			
江苏省	徐州师范大学	文科高等数学	周明儒
陕西省	西安电子科技大学	线性代数	刘三阳
湖北省	武汉科技学院	线性代数	方文波
北京市	北京师范大学	统计学导论	李勇
湖南省	国防科学技术大学	概率论与数理统计	吴翊
北京市	北京航空航天大学	高等数学	李心灿
2010 年			
天津市	南开大学	大学文科数学	顾沛
河北省	河北理工大学	数值计算方法	刘春凤
上海市	复旦大学	概率论	张新生
江苏省	东南大学	线性代数与解析几何	陈建龙
山东省	山东大学	复变函数与积分变换	仪洪勋
湖北省	华中科技大学	计算方法	张诚坚
湖北省	华中师范大学	偏微分方程	朱长江
四川省	四川师范大学	数学史	张健
上海市	医学统计学	第二军医大学	贺佳

附录Ⅷ　国家级教学团队

团队名称	带头人	所在学校
2007 年		
基础数学教学团队	姜伯驹	北京大学
数学基础课程教学团队	李尚志	北京航空航天大学
科学素质教育系列公共课教学团队	顾沛	南开大学
数学分析系列课程教学团队	孙炯	内蒙古大学

续表

团队名称	带头人	所在学校
2007 年		
工科数学基地教学团队	乐经良	上海交通大学
大学数学系列课程教学团队	刘建亚	山东大学
2008 年		
数学建模方法与实践教学团队	杨启帆	浙江大学
工科数学基础课教学团队	朱士信	合肥工业大学
统计学(经济管理类)教学团队	曾五一	厦门大学
公共数学教学团队	朱传喜	南昌大学
运筹学系列课程教学团队	刘桂真	山东大学
计算数学教学团队	黄云清	湘潭大学
大学数学系列课程教学团队	马知恩	西安交通大学
国家工科数学课程教学基地教学团队	黄廷祝	电子科技大学
大学数学基础课群教学团队	杨孝平	南京理工大学
2009 年		
数学类基础课程教学团队	陈纪修	复旦大学
数学基础课程群教学团队	谢惠民	苏州大学
通识平台大学数学课程教学团队	黄立宏	湖南大学
大学数学课程教学团队	刘三阳	西安电子科技大学
基础数学(藏汉双语)教学团队	冶成福	青海师范大学
数学公共课程教学团队	冯良贵	中国人民解放军 国防科学技术大学
2010 年		
高等数学教学团队	许晓革	北京信息科技大学
本科数学基础课程教学团队	何书元	首都师范大学
概率论与数理统计专业教学团队	史宁中	东北师范大学
统计学专业教学团队	李金昌	浙江工商大学
概率论与数理统计相关课程教学团队	缪柏其	中国科学技术大学
数学与应用数学专业教学团队	杜先能	安徽大学
数学与应用数学专业主干课程教学团队	朱长江	华中师范大学
数学与应用数学专业教师教育系列课程教学团队	游泰杰	贵州师范大学

附录Ⅸ 国家工科数学基础课程教学基地名单

清华大学、西安交通大学、上海交通大学、哈尔滨工业大学、电子科技大学、华南理工大学、同济大学。

郑重声明